Wahrscheinlichkeitsrechnung u. ihre Anwend. auf Fehlerausgleichung

Statistik und Lebensversicherung. Von Hofrat Dr. *E. Czuber*, Prof. an der Techn. Hochschule Wien. I. Bd.: Wahrscheinlichkeitstheorie, Fehlerausgleich., Kollektivmaßlehre. 4. Aufl. [In Vorb. 1923.] II. Bd.: Mathematische Statistik. Mathemat. Grundlagen der Lebensversicherung. 3., durchges. Aufl. Mit 34 Fig. [X u. 470 S.] gr. 8. 1921. (TmL 9, 1 u. 2.) M. 12.40, geb. M. 15.40

„Außer den rein theoretischen Grundlagen lehrt das Werk auch die Konstruktion und den Gebrauch statistischer Tafeln und enthält davon typische Beispiele in geeigneter Auswahl. Zahlreiche literarische Nachweise ermöglichen das ausgiebigste Studium der behandelten Materie, die auch vom sozialwissenschaftlichen Standpunkte alle Beachtung verdient."
(Jahrbuch über die Fortschritte der Mathematik.)

„Czuber ist es ganz besonders zu danken, daß er im Gegensatz zur allgemeinen Mode von jeher der Wahrscheinlichkeitsrechnung diesen Teil seiner Arbeit gewidmet hat.... Gegenüber den veröffentlichten Lehrbüchern der Wahrscheinlichkeitsrechnung bedeutet es einen wesentlichen Fortschritt in der gegenwärtigen Darstellung, daß auf einem verhältnismäßig beschränkten Raume die klassische Wahrscheinlichkeitsrechnung und die modernen Anwendungen gleichzeitig dargestellt werden." **(Zeitschrift für Mathematik und Physik.)**

„Das Buch kann auf dem Gebiete der Wahrscheinlichkeitstheorie als ein Standardwerk bezeichnet werden. Überall tritt uns in der Darstellung des Gebotenen Präzision, strenge und klare Beweisführung entgegen." **(Zeitschrift f. d. Realschulwesen.)**

Die philosophischen Grundlagen der Wahrscheinlichkeitsrechnung. Von Hofrat Dr. *E. Czuber*, Prof. an der Techn. Hochschule Wien. (Wiss. u. Hyp. Bd. 24.) [VIII u. 343 S.] 8. 1923. Geh. M. 20.—, geb. M. 21.20

Dieses neue Werk des durch seine Arbeiten auf dem einschlägigen Gebiete bekannten Verfassers ist aus der Erwägung hervorgegangen, daß die Behandlung der Wahrscheinlichkeitslehre die philosophische Forschung bisher nicht gebührend in Rechnung gezogen hat. Sie will aus den philosophischen Schriften über Wahrscheinlichkeit das gewinnen, was für die mathematische Behandlung des Gegenstandes wertvoll ist, dabei auch zu den von philosophischer Seite vertretenen Auffassungen Stellung nehmen, um so zu zeigen, wie beide Richtungen befruchtend aufeinander wirken können. Das Werk wird auch als Ergänzung zu der seit nunmehr 20 Jahren als Lehrbuch bewährten „Wahrscheinlichkeitsrechnung" des gleichen Verfassers vielfach begrüßt werden.

Wahrscheinlichkeitsrechnung. Von *O. Meißner*, wissensch. Hilfsarb. am Geodät. Inst. Potsdam. 2. Aufl. I. Grundlehren. Mit 3 Fig. [56 S.] 1919. II. Anwend. Mit 5 Fig. im Text. [IV u. 52 S.] 8. 1919. (MPhB 4 u. 33.) Steif je M. 1.40

Behandelt in leichtverständlicher Form im ersten Bändchen Umgrenzung und Grundlehren der Wahrscheinlichkeitsrechnung und ihre Gesetzmäßigkeiten, im zweiten Bändchen ihre Anwendung auf dem Gebiete der Ausgleichungsrechnung, Statistik, Kollektivmaßlehre, Physik und Astronomie. Zahlreiche Aufgaben mit Lösung und historische Bemerkungen ermöglichen ein tieferes Verständnis der Hauptprobleme der Wahrscheinlichkeitsrechnung.

Geometrische Wahrscheinlichkeiten und Mittelwerte. Von Hofrat Dr. *E. Czuber*, Prof. an der Techn. Hochschule Wien. Mit 115 Textfig. [VI u. 244 S.] gr. 8. 1884. Geh. M. 6.80

Theorie der Beobachtungsfehler. Von Hofrat Dr. *E. Czuber*, Prof. an der Techn. Hochschule Wien. Mit 7 Textfig. [XII u. 418 S.] gr. 8. 1891. Geh. M. 8.—

Mathematische Bevölkerungstheorie. Von Hofrat Dr. *E. Czuber*, Prof. an der Techn. Hochschule Wien. [U. d. Pr. 1923.]

Das Buch stellt auf Grund des Materiales einer in den sämtlichen australischen Staaten nach einem einheitlichen Plane von einer Zentralstelle aus durchgeführten Volkszählung unter reichlicher Heranziehung anderweiter Ergebnisse eine Theorie des Bevölkerungswechsels, angewendet auf ein einheitliches statistisches Material, dar, wobei die sachliche Darlegung keineswegs zurücktritt. Mit Nachdruck wird die Aufmerksamkeit auf Fragen gelenkt, welche die Zukunft des Menschengeschlechts betreffen und vielleicht schon in naher Zeit auf die Tagesordnung der öffentlichen Erörterung gelangen werden.

Verlag von B. G. Teubner in Leipzig und Berlin

GRUNDLAGEN DER WAHRSCHEINLICHKEITSRECHNUNG UND DER THEORIE DER BEOBACHTUNGSFEHLER

VON

F. M. URBAN

SPRINGER FACHMEDIEN WIESBADEN GMBH 1923

ISBN 978-3-663-15382-5   ISBN 978-3-663-15953-7 (eBook)
DOI 10.1007/978-3-663-15953-7

Vorrede.

Im Jahre 1907 erhielt ich von der University of Pennsylvania den
Auftrag, eine zweistündige, ganzjährige Vorlesung über Statistik für
Studenten der biologischen Wissenschaften auszuarbeiten. Dieser Kurs
wurde in den folgenden Jahren bis zum Sommer 1914 gegeben, und aus
meinen Aufzeichnungen entstand das vorliegende Buch. Die günstigen
Arbeitsverhältnisse ließen in mir den Wunsch entstehen, das gesamte
Anwendungsgebiet der Wahrscheinlichkeitsrechnung zur Darstellung zu
bringen. Der Krieg unterbrach meine Arbeiten, und es wurde mir
bald klar, daß dieser Plan unter den gegenwärtigen Verhältnissen für
mich unausführbar ist.

Wegen des Interesses, das meinen Arbeiten von verschiedener Seite
entgegengebracht wurde, entschloß ich mich, wenigstens jenen Teil zu
veröffentlichen, auf welchem meine Studien mehr oder weniger zum
Abschluß gekommen sind. Es ist dies das Gebiet der Grundlagen der
Wahrscheinlichkeitsrechnung und der Theorie der Beobachtungsfehler.
Ich hoffe, daß hieraus meine Gedanken mit hinreichender Klarheit erkannt werden können. Hierdurch entfallen viele interessante Probleme,
allein nur diese Beschränkung ließ die Fertigstellung der Arbeit in
absehbarer Zeit erhoffen. In manchen Fällen war der Verzicht sehr
schwer. Eine Darstellung der mathematischen Statistik ist heute nicht
vollständig, falls die biometrischen Untersuchungen Karl Pearsons
und seiner Schüler fehlen. Es ist als sicher anzunehmen, daß die be-
deutungsvollsten Anwendungen der Wahrscheinlichkeitsrechnung in Zukunft auf dem Gebiete der Biologie zu finden sein werden.

Die physikalischen Anwendungen der Wahrscheinlichkeitsrechnung
sowie die analytische Darstellung statistischer Regelmäßigkeiten konn-
ten nur vorübergehend gelegentlich gestreift werden. Die interessanten
Probleme der Interpolation, die teilweise unter dem Namen der Kollektivmaßlehre abgehandelt zu werden pflegen, bilden einen umfangreichen
Komplex, dessen Bearbeitung viel Zeit und Mühe erfordert. Da keine
Möglichkeit bestand, diese Gegenstände auch nur einigermaßen erschöpfend zu behandeln, so verzichtete ich auch auf die Darstellung
meiner eigenen einschlägigen Veröffentlichungen.

Durch diese Beschränkungen verlor das Buch zum großen Teil den
Charakter eines Lehrbuches. Besonderen Wert legte ich auf die Darstellung des Zusammenhanges der Vorstellungen der Wahrscheinlich-

keitsrechnung mit jenen der übrigen Naturwissenschaften, und allgemeine Betrachtungen nehmen in diesem Buche einen verhältnismäßig breiten Raum ein. Vielleicht kann es als Beleg für die Berechtigung der hier vorgetragenen Anschauungen gelten, daß ich mich in einer sehr weitgehenden Übereinstimmung mit Herrn J. M. Keynes befinde. Nur hinsichtlich der Theorie der Beobachtungsfehler kann ich die Anschauungen des scharfsinnigen Verfassers des „Treatise on Probabilities" nicht teilen.

Die Sätze der Wahrscheinlichkeitsrechnung werden durch rein logische Schlüsse aus den Begriffen der Mengenlehre gewonnen. Hieraus folgt, daß die allgemeinen Voraussetzungen der Mathematik für die Ableitung dieser Sätze hinreichend sind, und daß die Wahrscheinlichkeitsrechnung keine neuen Begriffe einführt. Eine solche rein logische Fassung des Wahrscheinlichkeitsbegriffes bietet die einzige Möglichkeit, einen unauflösbaren Widerspruch mit unseren allgemeinen Vorstellungen über das Naturgeschehen zu vermeiden. Von einer axiomatischen Darstellung, wie sie Herr Keynes gab, konnte abgesehen werden, da die Voraussetzungen der Wahrscheinlichkeitsrechnung mit jenen der Algebra identisch sind, für welche die Aufgabe der axiomatischen Darstellung gelöst ist.

Es ist eine Konsequenz des rein logischen Aufbaues der Wahrscheinlichkeitsrechnung, daß die Methode der kleinsten Quadrate im Zusammenhange mit dem Bernoullischen Satze abgeleitet wird. Die Verteilungsfunktion der Fehler ist in diesem Falle bekannt und aus allgemeinen Voraussetzungen a priori abgeleitet. Die Theorie der Beobachtungsfehler übernimmt diesen Algorithmus und hat zu untersuchen, unter welchen Bedingungen die Voraussetzungen für die Ausgleichung von Beobachtungsdaten nach diesem Rechenverfahren gegeben sind. Die historische Entwicklung hat es mit sich gebracht, daß die Methode der kleinsten Quadrate meist als mit der Theorie der Beobachtungsfehler identisch angesehen wird. Tatsächlich aber können sämtliche Aufgaben der Methode der kleinsten Quadrate aus den Begriffen der Wahrscheinlichkeitsrechnung gestellt und gelöst werden. Zur Anwendung dieses Rechenverfahrens auf Beobachtungsdaten ist aber ein Element der Erfahrung notwendig, durch dessen Vorhandensein die Theorie der Beobachtungsfehler sich von der abstrakten Wahrscheinlichkeitsrechnung unterscheidet.

Die Bearbeitung der Literatur, die durch die Arbeiten Todhunters und Czubers in ausgezeichneter Weise erschlossen ist, wurde durch das Entgegenkommen der Universitätsbehörden zu einer angenehmen Aufgabe. Ich hoffe, daß keine der wichtigeren, vor dem Jahre 1914 erschienenen Veröffentlichungen mir entgangen ist. Da das Buch nicht beabsichtigt, historischen Zwecken zu dienen, so sind Zitationen möglichst vermieden. Der naheliegenden Versuchung, bibliographische Seltenheiten zu zitieren, glaubte ich widerstehen zu müssen. Die Zitationen sind mit möglichster Sorgfalt gesammelt. Da diese Sammelarbeit sich aber über eine Reihe von Jahren erstreckte, und es mir unter meinen jetzigen Lebensumständen nicht möglich ist, die Angaben des Manuskriptes, wie es Vorschrift ist, durch direkten Vergleich mit den angezogenen Stellen zu kontrollieren, so kann ich die Verantwortung für die unbedingte Richtigkeit der Literaturnachweise nicht übernehmen.

Der erste Entwurf dieses Buches war englisch geschrieben und wäre mir eine Veröffentlichung in Amerika, wo ich diese Gedanken auszuarbeiten Gelegenheit hatte, erwünscht gewesen, allein dies hätte die an und für sich großen Schwierigkeiten der Veröffentlichung ins Ungemessene gesteigert. Der University of Pennsylvania habe ich dafür zu danken, daß sie mich durch Verleihung des Harrison Fellowship for Research und durch sonstiges Entgegenkommen in die Lage setzte, mich dieser Arbeit zu widmen. Während meines Aufenthaltes in Stockholm erfreute ich mich eines besonderen Entgegenkommens von seiten der Kungliga Vetenskapliga Akademien bei der Benützung der Bibliothek in Freskati, wofür ich ihr an dieser Stelle gerne meinen gebührenden Dank sage.

Brünn, am 4. November 1922.

Friedrich M. Urban.

Inhaltsverzeichnis.

I. Vom Zufalle.

Die Ausdrücke Zufall und Wahrscheinlichkeit gehören zu den am häufigsten gebrauchten Worten und werden im Gedankenaustausch hingenommen, als ob ihre Bedeutung ganz klar wäre. Der Sprachgebrauch macht, allerdings nicht mit großer Strenge, den Unterschied, daß Zufall eine Eigenschaft des objektiven Geschehens, Wahrscheinlichkeit aber eine solche unserer Meinungen über dieses sei. Bei einiger Aufmerksamkeit merkt man leicht, daß die Bedeutung dieser Worte sehr wechselt. Oft bezeichnet ein Schriftsteller in verschiedenen Zusammenhängen mit diesen Worten ganz verschiedene Dinge, und aus den zahlreichen vorliegenden Erklärungen des Begriffes Zufall gewinnt man schwerlich den Eindruck, daß die verschiedenen Verfasser von demselben Gegenstande gesprochen haben können.

Es ist belehrend, eine Übersicht über die Arten von Ereignissen zu geben, die dem Sprachgebrauch nach als zufällig bezeichnet werden. Es zeigt sich, daß der Charakter der Zufälligkeit den Ereignissen auf Grund sehr verschiedener Eigenschaften zugeschrieben wird, und daß es kaum eine Eigenschaft gibt, die allen als zufällig bezeichneten Ereignissen gemeinsam ist. Hieraus erklärt sich das Fehlschlagen der Versuche, ein Merkmal anzugeben, woran die Zufälligkeit eines Ereignisses erkannt werden kann.

Zunächst verleiht die Seltenheit einem Ereignisse den Anspruch, als zufällig angesehen zu werden. Man spricht von einem kleineren oder größeren Zufalle, indem man die Seltenheit des Ereignisses als Maßstab unterlegt. Je seltener ein Ereignis ist, als desto größerer Zufall wird sein Eintreten angesehen. In diesem Sinne bezeichnet man den Zusammenstoß zweier Schiffe auf hoher See als Zufall, dessen Größe danach bewertet wird, ob das Unglück auf einer vielbefahrenen Verkehrsstraße oder abseits der gewöhnlichen Verkehrswege geschah. Es ist für den Charakter der Zufälligkeit solcher seltener Ereignisse gleichgültig, ob über die Umstände, welche sie herbeiführten, Unklarheit besteht oder nicht. Die Bezeichnung zufällig bezieht sich nur auf die Seltenheit der Ereignisse und nicht auf irgendeinen Mangel unserer Einsicht in die Bedingungen ihres Zustandekommens. So können wir in die Umstände, welche die beiden Schiffe in die verhängnisvolle Lage brachten, vollkommene Einsicht besitzen, und eine nachherige Untersuchung kann über den Hergang des Zusammenstoßes solche Klarheit verschaffen, so daß uns die Verkettung der Ereignisse als durchaus notwendig erscheint, ohne daß dem Sprachgebrauche nach die Bezeichnung zufällig richtig zu sein aufhörte.

In dem gleichen Sinne bezeichnen wir es als zufällig, wenn beim Roulettespiele mehrere Male hintereinander die gleiche Farbe, z. B. Rot, erscheint, und die Größe des Zufalls wird nach der Anzahl der Wiederholungen bewertet. Ein solches Ereignis setzt sich aus einer Anzahl von Spielergebnissen zusammen, die einzeln sowohl wie in ihrer Aufeinanderfolge sich unserer Voraussicht entziehen. In die Bedingungen, welche eine mehrmalige Wiederholung desselben Spielergebnisses hervorbringen, besitzen wir gar keine Einsicht, denn wir können nicht einmal angeben, unter welchen Bedingungen ein Stoß ein bestimmtes Resultat herbeiführt.

Die Worte Zufall und Seltenheit decken sich nicht vollständig in ihrer Bedeutung. So spricht man von seltenen Pflanzen und Tieren, von seltenen Metallen usw., wobei man das Wort selten nicht durch zufällig ersetzen kann. Das Vorkommen dieser Gegenstände an ihren gewöhnlichen Fundplätzen wird nicht als Zufall gewertet, während ihr Vorkommen außerhalb ihrer gewohnten Umgebung als Zufall gilt. Es bezieht sich dieser Gebrauch des Wortes Zufall auf das, was außerhalb des Kreises des Gewohnten liegt. In diesem Sinne werden menschliche oder tierische Mißgeburten, Steine oder Bäume, die menschliche, tierische oder sonstige bekannte Formen nachahmen, als Werke des Zufalls angesehen. Dies entspricht dem Geiste der Sprache auch dann, wenn man eingesehen hat, daß unter den bestehenden Verhältnissen überhaupt kein anderes Gebilde hätte entstehen können. Eine Bewertung der Größe des Zufalles ist in diesen Fällen meist ausgeschlossen, da ein Maßstab der Seltenheit nicht leicht zu finden ist. Als Anhaltspunkt kann nur der Grad der Kompliziertheit der nachgebildeten Figur und die Treue der Nachahmung dienen, beides Momente, die sich kaum genau fassen lassen.

Die Bewertung der Größe des Zufalles nach dem Grade der Seltenheit ist meist von individuellen Momenten abhängig und geschieht selten in rein mechanischer Weise wie in dem obigen Beispiele von Wiederholungen beim Roulettespiele. Nimmt man an dem Ereignisse irgendwelche Besonderheiten wahr, welche seinen Seltenheitswert erhöhen, so wird der Eindruck von der Größe des Zufalles verstärkt.

So wird man es mit Recht als einen großen Zufall betrachten, wenn in einem Lotterieunternehmen der Hauptgewinn zweimal auf dieselbe Nummer entfällt, wie es in der preußischen Klassenlotterie mit der Nummer 39 093 geschah. Das Gefühl der Überraschung erhöht sich noch, wenn man bemerkt, daß diese Zahl von links nach rechts und von rechts nach links gelesen das gleiche Resultat ergibt. Es ist aber klar, daß beim Bemerken solcher Besonderheiten das Interesse an Zahlen und die Bekanntschaft mit ihren Eigentümlichkeiten eine große Rolle spielt. Man kann ja auch Primzahlen, Quadrate, Kuben und andere Potenzen, runde Zahlen, Zahlen mit quadratischem Teiler usw. als ausgezeichnet ansehen, so daß schließlich kaum eine Zahl übrigbleibt, die nicht in irgendeiner Hinsicht als bemerkenswert anzusehen ist. Die Eigenschaft einer Zahl, daß sie in beiden Richtungen gelesen denselben Wert ergibt, ist vor den anderen nur dadurch ausgezeichnet, daß sie von jedermann auf den ersten Blick erkannt werden kann. Sie hat etwas Überraschendes und man überschätzt leicht die Seltenheit der Zahlen mit dieser Eigenschaft. Gibt man sich Rechenschaft darüber, daß unter den fünfstelligen Zahlen die Zahlen, denen diese Eigenschaft zukommt, ebenso häufig sind wie die durch 100 teilbaren Zahlen — eine Eigenschaft, die ebenfalls auf den ersten Blick erkannt werden kann —, so nimmt das Gefühl der Überraschung etwas ab.

Bei Ziffernfolgen besteht die Schwierigkeit darin, daß sich das Urteil über den ausgezeichneten Charakter einer solchen Folge auf eine Anzahl sehr verschiedener Merkmale stützen kann, ohne daß voraus bestimmt ist, welches Merkmal berücksichtigt werden soll. Leichter zu bestimmen ist der ausgezeichnete Charakter von Buchstaben- oder Wortfolgen, bei denen die Lesbarkeit bzw. das Vorhandensein einer Bedeutung entscheidend ist. Die Seltenheit solcher ausgezeichneter Folgen ist darin begründet, daß sie gegenüber der großen Zahl nicht lesbarer oder sinnloser Folgen, die aus denselben Buchstaben oder Worten zusammengesetzt sind, sehr wenig zahlreich sind. Allerdings sind auch diese Merkmale nicht absolut, da die Lesbarkeit von Buchstabenfolgen für Vertreter verschiedener Sprachen verschieden ist, und die Erkennung einer Bedeutung in einer solchen von den vorhandenen Kenntnissen abhängt, demnach individuell verschieden ist. Ergeben die Ziehungen aus einer Urne, die die Buchstaben B, E, I, L, L, N, O, R, U auf Zetteln verzeichnet enthält, die Folge

Bernoulli,

so wird der Grad der Überraschung und demgemäß die Bewertung des Zufalles verschieden sein, je nachdem man darin nur eine lesbare Folge oder den Namen eines der tiefsten Denker auf dem Gebiete der Wahrscheinlichkeit erkennt.

Ebenso würde man es als einen seltsamen Zufall ansehen, wenn die Ziehungen aus einer Urne, die acht auf Zetteln verzeichnete lateinische Worte enthält, einen sinnvollen, grammatikalisch richtig konstruierten Satz ergeben. Die Überraschung würde sich noch steigern, wenn es sich herausstellen sollte, daß die Wortfolge einen Hexameter ergibt. Dies gilt aber nur, wenn über die Worte keine nähere Information vorliegt. Weiß man, daß es sich um die Worte einer jener Folgen handelt, mit deren Bildung sich Bernhard Bauhuis vergnügte und die in den verschiedensten Anordnungen metrisch und grammatikalisch richtige Hexameter ergeben, so verliert ein solches Ergebnis viel von seinen überraschenden Eigenschaften. Handelt es sich um die Worte des Satzes: „Tot tibi sunt dotes, virgo, quot sidera coelo", der nach B a u h u i s „verti potest millies bis et vicies, sensu salvo et heroici carminis lege", so könnte man einer Ziehung, die einen dieser Verse ergibt, immerhin einen gewissen Seltenheitswert zuerkennen, da die Zahl der Folgen, die keinen sinnvollen Hexameter ergeben, stark überwiegt. Jedoch hängt auch hier die Bewertung des Ergebnisses von individuellen Momenten ab, da die Beurteilung, ob eine Folge einen annehmbaren Hexameter darstellt, von der Feinheit des Sprachgefühles bestimmt wird, und manche der Verse B a u h u i s Knüttelversen stark ähneln.

Von Zufall aber kann überhaupt nicht die Rede sein, wenn die Worte in jeder Reihenfolge einen sinnvollen Hexameter ergeben. B a u - h u i s gelang es, auch solche Wortfolgen zu bilden, und man freut sich darüber, die Zahl der möglichen Hexameter angeben zu können, ohne die Verse lesen zu müssen.

Hängt an dem Auftreten irgendwelcher seltener Ereignisse ein besonderes Interesse, so werden diese als ausgezeichnet angesehen und ihr tatsächliches Auftreten als Zufall bewertet. Es macht hierbei keinen Unterschied, wenn eine genauere Untersuchung zeigt, daß ein solches Ereignis mit jedem andern Ereignisse derselben Klasse gleichwertig ist. Die Ereignisse, an die sich das Interesse heftet, sind gegenüber den uninteressanten wenig zahlreich, und ihr Eintreten wird als Zufall empfunden. Dies gilt vom Auftreten gewisser Verteilungen beim Kartenspielen. Unter diesen gibt es solche, die entweder an und für sich oder für ihre Folgen für den Gewinn oder Verlust des Spieles bemerkenswert sind, und sich im Verlaufe des Spieles selten einstellen. Die anekdotische Geschichte der Spiele verzeichnet gerne solche seltene Zufälle wie die Tatsache, daß einmal beim Whistspiele trotz sorgfältiger Mischung der Karten jeder Spieler nur Karten einer Farbe erhielt, oder wie jene merkwürdige Verteilung der Karten, die als das Blatt des Herzogs von Cambridge unter den Kennern des Whist eine gewisse Berühmtheit gewonnen hat. Häufiger ist das Auftreten vollständig leerer Blätter ohne Honneurs, die für den Spieler wegen des mit ihnen verbundenen Ärgers bemerkenswert sind. In England gebraucht man für solche Blätter die Bezeichnung „Ein Yarborough" nach dem Lord dieses Namens, dem man ein besonderes Pech nachrühmt, während der Amerikaner mit dem Worte „a bust" seinem Ärger Luft macht. Um ein seltenes und für den Verlauf des Spieles wichtiges Ereignis handelt es sich auch, wenn beim Golfspiele der Ball bereits mit dem ersten Schlage in das Loch getrieben wird, wie es hin und wieder geschieht. Solche Ereignisse werden als außerordentlich empfunden und bilden für Liebhaber dieser Spiele noch lange den Gegenstand angeregter Gespräche.

Besonders merkwürdig und für die vulgären Anschauungen über den Zufall vielfach bestimmend ist das Eintreffen eines Ereignisses, das mit einem andern in Verbindung gebracht wird, trotzdem zwischen beiden kein erkennbarer Zusammenhang besteht. Es wird z. B. auf Grund irgendwelcher Vorkommnisse, die entweder von allgemeinem Interesse sind oder dem beteiligten Individuum besonders nahe gehen, angenommen, daß bei einer Lotterieziehung gewisse Nummern erscheinen werden. So setzten nach dem Tode des Kaisers Franz die Lottospieler auf die Zahl seines Geburtstages, seiner Regierungsjahre und seines Alters. Tatsächlich kam dieses Terno heraus, und die Unternehmung erlitt einen beträchtlichen Schaden. Es handelt sich hier um das Eintreffen einer bestimmten Nummernkombination unter einer großen Zahl möglicher Ergebnisse, von denen eines eintreten muß. Bemerkenswert sind nur die Gründe, aus welchen die Spieler gerade diese Nummern wählten. Gegenüber Ereignissen dieser Art, die sehr geeignet sind, die Aufmerksamkeit zu erregen und festzuhalten, geraten die Fehlschläge gleich plausibler Voraussagungen leicht in Vergessenheit, was die abergläubischen Anschauungen über den Zusammenhang der Ereignisse wachhält.

Leicht verständlich ist dieser Gebrauch des Wortes Zufall, wenn es sich um Interessen handelt, die allgemein sind oder in ihrer Bedeutung für das betroffene Individuum sofort anerkannt werden. Geht bei einem Vulkanausbruche die Bevölkerung einer ganzen Stadt zugrunde, so wird das Überleben eines einzigen Menschen als zufällig bezeichnet, und es macht keinen Unterschied dabei, wenn die Umstände, die die Rettung herbeiführten, in allen Einzelheiten bekannt sind. Macht man sich auch klar, daß die Umstände dem einen oder dem andern der vielen unglücklichen Bewohner der Stadt günstig sein mußten, so erscheint es einer rückschauenden Betrachtung immer doch merkwürdig, daß gerade dieses Individuum sich in der günstigen Lage befinden sollte. Berücksichtigt man die besonderen Lebensumstände oder Charaktereigenschaften des Geretteten, so werden leicht Betrachtungen über verdientes und unverdientes Schicksal, über Fügung usw. nahegelegt. Die Stärke und Dauerhaftigkeit einer solchen Überzeugung hängt allerdings sehr von der Empfänglichkeit ab, die man solchen Anschauungen entgegenbringt, und namentlich von der Eindringlichkeit, mit welcher sich die drohende Gefahr fühlbar machte. Aus diesem Grunde wirken eigene Erlebnisse ungleich nachhaltiger als eine noch so umständliche Erzählung fremder Erfahrungen. Dies hängt mit der Stärke der in beiden Fällen ausgelösten Gefühle zusammen.

Interessant ist es, daß gegenüber den Zufällen bei der Errettung aus außerordentlichen Gefahren im Beschauer wohl zuerst ein Gefühl der Freude und des Erstaunens ausgelöst wird, das aber bald einer gewissen humorvollen Stimmung Platz macht. Hören wir, daß L o u i s G o l d a y beim Erdbeben von St. Royal zuerst vom Erdboden verschlungen, dann von einem unterirdischen Strome erfaßt und ins Meer geschleudert wurde, um hier von der Strömung an die Oberfläche gebracht und so gerettet zu werden, worauf er nach allen diesen Wechselfällen noch vierzig Jahre ruhig weiterlebte, so wird sich leicht jenes halb belustigte Interesse einstellen, das wir vom Hören abenteuerlicher Geschichten her kennen.

Nahe verwandt mit den seltenen Ereignissen sind jene Vorfälle, bei denen wir einen Mangel an Proportion zwischen der Kleinheit der Ursache und der Größe der erzielten Wirkung wahrzunehmen glauben. Auch diese Ereignisse, die man unter dem Schlagworte „Kleine Ursachen, große Wirkungen" zusammenfassen kann, werden dem Sprachgebrauche gemäß als zufällig bezeichnet. Es ist wichtig, hervorzuheben, daß in diesen Fällen der Zusammenhang zwischen Ursache und Wirkung vollkommen klar und unbezweifelt ist, und das Interesse an diesen Vorgängen eben in der Aufweisung dieses Zusammenhanges besteht. Das Eigentümliche dieser Ereignisse liegt darin, daß ein unter gewöhnlichen Verhältnissen ganz belangloser Gegenstand oder Sachverhalt durch irgendwelche Umstände große Bedeutung gewinnt. Es ist also auch in diesen Fällen das Außergewöhnliche oder die Seltenheit, was den Ereignissen in unseren Augen den Charakter des Zufälligen verleiht.

Für den volkstümlichen Schriftsteller hat die Darstellung solcher Zusammenhänge stets besonderes Interesse. Man denke an die bekannten Betrachtungen über das Sandkörnchen in der Harnröhre Cromwells oder an die Ausführungen Zolas über die Krankheit Napoleons III. und den Zusammenbruch seiner Herrschaft. Gewöhnlich ist ein Sandkorn gewiß ein mehr oder weniger gleichgültiger Gegenstand und ohne Einfluß auf Angelegenheiten von auch nur geringer Bedeutung. Bei Cromwells Leiden hatte aber dieses besondere Sandkorn vermöge seiner Lage eine deutlich erkennbare Wirkung auf die Gesundheit und damit auf die Tatkraft und Arbeitsfreudigkeit eines Staatsoberhauptes, und übte so kaum absehbare Wirkungen aus.

Es ist eigentlich auch hier die Seltenheit und das Ungewohnte des Zusammenhanges, das die Einbildungskraft anregt, was als Zufall bezeichnet wird. Die Geringfügigkeit einer Ursache in Hinblick auf die Größe der Wirkung besteht nur darin, daß ein bestimmter Bedingungskomplex sonst sehr häufig vorkommt, aber gewöhnlich nicht hinreicht, um Vorgänge von irgendwelcher Bedeutung in Fluß zu bringen, während er in dem gegebenen Falle eine ungeahnte Tragweite hat. Besteht die Seltenheit nicht oder sind wir an den Zusammenhang gewohnt, so sprechen wir auch nicht mehr von Zufall. Zwischen dem Drücken eines Knopfes beim Schließen eines elektrischen Kontaktes und der dadurch hervorgerufenen Explosion einer Mine besteht ebenfalls ein fühlbarer Mangel an Proportion zwischen Ursache und Wirkung. Trotzdem sprechen wir hier nicht von Zufall, weil uns dieser Zusammenhang bekannt ist und uns nicht durch seine Seltenheit imponiert.

Sehr ausgedehnt ist jene Klasse von Ereignissen, bei denen der Zufall im zeitlichen oder räumlichen Zusammentreffen verschiedener Vorgänge besteht. Auch hier wird meistens nur das Zusammentreffen von Ereignissen beachtet, das sich durch Seltenheit oder sonst eine Eigentümlichkeit auszeichnet. Die Bezeichnung zufällig bezieht sich jedoch nicht auf die Seltenheit, denn sie bleibt auch dann noch richtig, wenn wir ein solches Zusammentreffen sehr häufig beobachten können. Wesentlich ist für diese Art des Zufalles, daß zwischen den beiden Ereignissen kein erkennbarer Zusammenhang besteht, oder daß dieser so entfernt ist, daß aus ihm allein das Zusammentreffen nicht vorausgesehen werden kann.

Ein typisches Beispiel dieser Art des Zufalles ist die Tatsache, daß die beiden französischen Generale Kleber und Desaix an demselben Tage und zu der gleichen Stunde den Tod fanden, der eine auf dem Schlachtfelde von Marengo, der andere durch Mord in Kairo. Will man auch den allgemeinen Grund dieser Ereignisse in der ehrgeizigen Politik Napoleons sehen, der diese Männer auf verschiedenen Posten großen Gefahren aussetzte, so genügt eine solche Kenntnis doch nicht, um den Zeitpunkt des drohenden Verhängnisses zu bestimmen, und das zeitliche Zusammentreffen der beiden Ereignisse erscheint noch immer als zufällig.

Nehmen wir an, daß zwei Brüder in denselben Truppenteil eingereiht wurden, der in einem Gefechte große Verluste erleidet, so wird der gleichzeitige Tod der beiden Brüder nicht in gleicher Weise als Zufall gewertet werden können. Der Grund dieses Ereignisses liegt in der gemeinsamen Abstammung der beiden Brüder und ihrer dadurch bedingten Zugehörigkeit zum Ergänzungsbereiche des gleichen Truppenteiles. Die Anhänglichkeit zueinander hat die beiden Brüder vielleicht sogar in derselben Untereinheit zusammengebracht. Die unausweichliche Verkettung von Umständen, die zu dem schließlichen Verhängnisse führt, ist deutlich erkennbar, und ihr Resultat imponiert uns nicht als Zufall.

Für diese Art der Zufälligkeit ist die Abwesenheit eines erkennbaren Zusammenhanges erforderlich: Fehlt ein solcher, so besteht die Zufälligkeit, sonst nicht. Das nichtverabredete Zusammentreffen zweier Freunde erscheint als Zufall, der als um so größer bewertet wird, je weiter von ihren gewöhnlichen Aufenthaltsorten die Begegnung erfolgt. Wir sprechen aber nicht mehr von Zufall, wenn die Begegnung auf Grund einer Verabredung erfolgt. Ebensowenig ist das Zusammentreffen zweier Leute zufällig, die ihre gewöhnliche Beschäftigung täglich zu gleicher Stunde denselben Weg führt.

Als Zufälligkeit derselben Art erscheint es, daß zwei abgefeuerte Kugeln sich in der Luft treffen sollen. Der Charakter der Zufälligkeit bleibt bestehen, solange wir auf Grund der vorhandenen Informationen die Notwendigkeit des Zusammenstoßes nicht erkennen. Es tut nichts zur **Sache,** daß solche Zusammenstöße vielleicht sehr häufig vorkommen und demnach **gar** keinen Seltenheitswert haben.

Nach den Vorstellungen der kinetischen Gastheorie besteht ein Gas aus einer Menge sehr kleiner **Kugeln,** die mit großen Geschwindigkeiten in allen Richtungen durcheinander fliegen. Ein solches Gemenge von Molekeln läßt in jeder Sekunde eine sehr große Zahl von Zusammenstößen gewärtigen, allein jeder einzelne Zusammenstoß erscheint nichtsdestoweniger als zufällig, weil diese Kenntnis nicht hinreicht, um die Notwendigkeit des Zusammenstoßes zweier bestimmter Molekel zu erkennen.

Ein anderer Gebrauch des Wortes Zufall bezieht sich auf Ereignisse, die planvoll unternommen wurden, aber einen der bestehenden Absicht nicht entsprechenden Verlauf nahmen. Der Zufall macht sich in einer Durchkreuzung oder Förderung menschlicher Absichten geltend. Die Erfahrung lehrt, daß unter gegebenen Umständen durch gewisse Handlungen bestimmte Zwecke erreicht werden. Auf Grund einer solchen Kenntnis können wir durch unsere Handlungen eine Reihe von Vorgängen in Fluß bringen, die ein gewisses Resultat herbeizuführen pflegen. Werden einmal diese Erwartungen nicht erfüllt, oder werden sie von dem erreichten Resultate übertroffen, oder wird gar das entgegengesetzte Resultat herbeigeführt, so spricht man von Zufall. Hierher gehört das durch sein Alter ehrwürdige Beispiel des A r i s t o t e l e s von einem Manne, der auf den Markt geht, um Einkäufe zu machen, unterwegs aber einen Freund trifft, der ihm eine Schuld bezahlt. Das Besorgen von Einkäufen pflegte im alten Griechenland wie auch noch heute bei uns das Resultat zu haben, daß man mit weniger Geld nach Hause kommt, als man beim Ausgehen in der Tasche hatte. Der unvermutete Empfang von Geld führt in diesem Falle das erfreuliche Resultat herbei, daß man von den Besorgungen mit mehr Geld nach Hause kommt.

Das Herabstürzen von großen Höhen ist meistens mit schweren körperlichen Schädigungen verbunden, und wir werden es in dem angegebenen Sinne als zufällig bezeichnen müssen, daß der geisteskranke G a u t i e r sich dreimal vom Turme St. Michel herabstürzte, die beiden ersten Male aber ganz unversehrt blieb und erst beim dritten Male den Tod fand.

Die Vereitlung menschlicher Absichten oder gar deren Umkehrung in ihr Gegenteil durch den Zufall sind beliebte Hilfsmittel der Moralphilosophen, um nachzuweisen, daß der Tatbestand allein für die Feststellung der Verantwortlichkeit nicht ausreicht. Hält man nicht darauf, seine Beispiele aus der Erfahrung zu schöpfen, so kann man leicht eine beliebige Anzahl von Belegen finden. Bekannt ist der Mann, der an einem innern Geschwür leidet, das ihm den Tod bringen muß, da er nicht den Mut hat, sich einer Operation zu unterziehen. Sein Feind versetzt ihm in mörderischer Absicht einen Dolchstich, der den Eiterherd eröffnet und so die Rettung herbeiführt. Von beträchtlichem Alter sind auch die beiden Ehegatten, die einander auf einem Maskenfeste begegnen und ohne einander zu erkennen, miteinander Ehebruch begehen. Im ersten Falle führt eine sträfliche Absicht eine lobenswerte Wirkung herbei, im zweiten äußert sie sich in einer rechtlich belanglosen Handlung. Ebenso leicht ist es, Beispiele von der Vereitlung lobenswerter Absichten zu geben.

Besonders deutlich erkennbar ist der Einfluß des Zufalles in jenen Fällen, wo der Erfolg planvoller Unternehmungen durch das unvorhergesehene Zusammentreffen von Ereignissen beeinflußt wird, so z. B. wenn ein großes Unternehmen an der Ungunst des Wetters scheitert. Gewisse Klassen von Ereignissen nehmen erfahrungsgemäß einen im vorhinein erkennbaren Verlauf, weshalb sie Gegenstand planmäßiger Handlungen sein können. Der Einfluß äußerer, mit dem planmäßigen Eingreifen nicht zusammenhängender Umstände wird als Störung oder Zufall angesehen.

Von zufälligem Mißlingen eines Unternehmens spricht man auch dann, wenn die Vorbedingungen nicht ganz so waren, wie angenommen wurde, der Unterschied aber so gering war, daß er auch einer sorgfältigen Untersuchung entgehen konnte. Bestand aber ein Unterschied, der hätte erkannt werden können oder gar hätte erkannt werden müssen, so spricht man von einem fahrlässig, bzw. schlecht geplanten Unternehmen.

Bis vor kurzer Zeit waren die Lebensbedingungen der Anopheles und die Rolle dieser Mücke bei der Übertragung des Fiebers unbekannt. Es konnte deshalb als zweckmäßige Maßregel gelten, die Füße der Bettgestelle in Spitälern für Fieberkranke in mit Wasser gefüllte Gefäße zu stellen, um das Hinaufkriechen von Insekten zu verhindern. Weiß man, daß jedes ruhige Wasser die günstigsten Lebensbedingungen für die Larven der Anopheles bietet, so wäre es wohl das Verkehrteste, in einem solchen Fieberspital offene Gefäße mit Wasser stehenzulassen, ohne sie mit einer Schicht Petroleum zu bedecken, welche wegen des Luftabschlusses das Leben der Larven unmöglich macht. Mangelnde Einsicht in diese sanitären Verhältnisse war bekanntlich eine der Hauptursachen für das Fehlschlagen des Panamaunternehmens der Franzosen.

Man besitzt selten eine vollkommene Einsicht in die Vorbedingungen eines Unternehmens und ist nie vollständig Herr über seine Ausführung. Das Scheitern klug erdachter Pläne und der unerwartete Erfolg törichter Handlungen zeigen die Macht des Zufalles. Es ist nicht überraschend, daß Erfahrungen dieser Art im Menschen den Glauben an eine Allmacht des Zufalles oder Schicksales, sowie eine Menge abergläubischer Vorstellungen über Glück und Unglück hervorgerufen haben. Die letzteren äußern sich darin, daß man den Verlauf von Unternehmungen durch irgendwelche Handlungen, die mit diesen gar nichts zu tun haben, zu beeinflussen trachtet. In diesem Sinne kann man

Aberglauben als Vertrauen in die Wirksamkeit des Belanglosen erklären. Bei einiger Aufmerksamkeit findet man leicht zahlreiche Beispiele solcher abergläubischer Vorstellungen in unserer, sich gerne als aufgeklärt rühmenden Zeit, und der gewissenhafte Beobachter muß auf die peinliche Überraschung gefaßt sein, in seinem eigenen Denken solche zu finden.

Das Leben des Menschen ist selten in dem Maße einheitlich, daß es als die planvolle Verwirklichung eines Zweckes aufgefaßt werden kann. Äußere, vom Menschen und seinen Absichten unabhängige Umstände machen sich geltend und geben dem Lebenslaufe eine oft ganz unvorhergesehene Richtung. Diese Einflüsse, die auf die Absichten störend, fördernd oder verzögernd einwirken, werden als zufällig angesehen, und zwar selbst dann, wenn eine rückschauende Betrachtung ihren Eintritt als durchaus notwendig erkennt. Beim Formen bewußter Pläne kann nur ein verschwindender Teil des Weltgeschehens berücksichtigt werden, und es ist unausweichlich, das Beharren der bestehenden allgemeinen Bedingungen in höchst naiver Weise in Rechnung zu setzen. Material zur Bildung einer begründeten Ansicht fehlt dem einzelnen, und besäße er es, so würde seine Durchsicht solche Mühe machen, daß die Ausführung aller anderen Pläne zurückgestellt werden müßte. So ist unsere Machtlosigkeit dem Zufalle gegenüber eigentlich nur ein Ausdruck unseres Mangels an Einsicht in das Weltgeschehen und an Einfluß auf dasselbe.

Je nach der Art, wie uns der Zufall mitspielt, haben wir das Gefühl, in der Hand einer böswilligen oder einer fürsorglichen Macht zu sein oder einer solchen, die in willkürlicher und spielerischer Weise in unser Leben eingreift, ohne etwas anderes zu bezwecken, als in uns grundlose Hoffnungen und Befürchtungen hervorzurufen. Schon die Erfahrung des täglichen Lebens lehrt, daß die wenigsten Ereignisse die Drohungen oder Versprechungen, die sie zu enthalten scheinen, rechtfertigen. Hören wir aber, daß der Matrose Roß vom Bord eines im Sturme kreuzenden Zerstörers gespült wurde, um nach einigen Minuten von den Wellen sanft auf das Deck des Nebenschiffes gesetzt zu werden, so gewinnen wir den Eindruck eines sinn- und zwecklosen Spielens mit dem Menschen. Das Erlebnis des Roß berührt uns ähnlich, wie der Zeitvertreib jener Tierfreunde, welche mit künstlicher Fliege und ohne Haken fischen. Mit einem großen Aufwande an Zeit, Kunst und Geschicklichkeit wird nichts anderes erstrebt und erreicht als eine harmlose Irreführung des Fisches. Der Gewinn des Fischers besteht in der Freude an der eigenen Geschicklichkeit und an dem blitzschnellen Zufassen des getäuschten Fisches. Wer aber hat etwas von der getäuschten Hoffnung oder der grundlosen Angst des Menschen? Sieht man in den Naturvorgängen die Äußerungen eines Willens, so kommt man je nach Temperament zu verschiedenen Anschauungen über denselben.

Bei menschlichen Zweckhandlungen äußert sich der Zufall in der Störung durch äußere Umstände. Die Beeinflussung einer Zweckhandlung durch einen nicht vorhergesehenen Umstand heißt zufällig. Da die Voraussicht der Folgen einer Handlung von dem Maße der vorhandenen Einsicht abhängt und demnach individuell verschieden ist, so ergibt sich, daß einer gegebenen Sachlage gegenüber von einem Menschen ein Ereignis als zufällig angesehen werden kann, was einem andern als notwendig erscheint. Da das Maß von Voraussicht, das von einem Menschen gefordert werden kann bzw. gefordert werden muß, seine Verantwortlichkeit für die Folgen seiner Handlungen bestimmt, so besteht für den Juristen in der Ausübung seines Berufes die Notwendigkeit, sich immer wieder über den Begriff des Zufälligen Rechenschaft zu geben. Tatsächlich stammt eine Reihe der ausgezeichnetsten Untersuchungen über diesen Gegenstand von Rechtsgelehrten.

Den aus der Störung menschlicher Willenshandlungen sich ergebenden Zufälligkeiten sind jene ähnlich, welche in der Natur ohne Dazwischentreten menschlicher Handlungen vorkommen. Naturvorgänge spielen sich meist in einer bestimmten Weise ab, allein es kommt vor, daß ein Vorgang sich in ganz anderer als der gewohnten Weise abspielt. Eine solche Störung des gewohnten Verlaufes wird ebenfalls als zufällig angesehen und daran ändert sich nichts, wenn die Notwendigkeit, mit der das der Erwartung nicht entsprechende Resultat herbeigeführt wurde, hinterher vollständig eingesehen wird. Die Zufälligkeit besteht nur in Hinsicht auf die Regel, die den Verlauf des Ereignisses festlegt. So sprechen wir von den zufälligen Umständen eines Versuches im Gegensatze zu den notwendigen und wesentlichen Bedingungen, die das Phänomen klar zutage treten lassen. Tatsächlich ist die Wirkung aller Bedingungen vollkommen gesetzmäßig und die Bezeichnung zufällig bezieht sich nur darauf, daß wir durch eine umständlichere Zurüstung die zufälligen Umstände ausschalten und als für das Ergebnis unwesentlich erkennen können.

Die der Regel nicht entsprechenden Fälle beeinträchtigen unser Vertrauen in ihre Richtigkeit nicht, wenn wir die Verursachung der Ausnahmen einsehen. Ist diese für uns nicht erkennbar, so kann von einer Regel nicht gesprochen werden. Ein solches Ereignis gehört in das Gebiet des Regellosen, auf dem keine sichere Erkenntnis des Verlaufes eines Vorganges möglich ist. Man kann diese Art des Zufälligen als das Unvorhersehbare bezeichnen.

Da wir in die Bedingungen eines für unsere Erkenntnis regellosen Vorganges keine Einsicht haben, so ist es uns auch nicht möglich, ein bestimmtes Ergebnis planmäßig herbeizuführen. So können wir beim Werfen eines Würfels die Umstände, welche einen bestimmten Wurf herbeiführen, nicht angeben, weshalb es auch nicht möglich ist, ein bestimmtes Ergebnis absichtlich zu erzielen. Die verschiedenen Würfe stellen sich regellos ein, ohne daß wir uns Rechenschaft darüber geben können, warum bei einem Wurfe gerade dieses und kein anderes Ergebnis erhalten wurde.

Planvolles Handeln ist demnach dem Unvorhersehbaren gegenüber nicht möglich. Wird das Unvorhersehbare als Gegenstand menschlicher Handlungen betrachtet, so ergibt sich der Begriff dessen, was nicht absichtlich hervorgebracht werden kann. Ereignisse dieser Art eignen sich als Gegenstand von Zufallsspielen, bei denen es wesentlich ist, daß das Resultat der absichtlichen Beeinflussung durch den Spieler entzogen ist. Die gebräuchlichen Spielregeln über das Mischen der Karten, das Schütteln und Werfen der Würfel, das Schleudern der Münzen usw. bezwecken, dem Spieler die absichtliche Herbeiführung eines bestimmten Resultates unmöglich zu machen. Auch Handlungen, deren Ergebnis gewöhnlich planmäßig bestimmt werden kann, können durch geeignete Spielvorschriften der absichtlichen Beeinflussung durch den Spieler entzogen und so zum Gegenstand von Zufallsspielen gemacht werden.

Beobachtungen über die Ergebnisse von Zufallsspielen waren die historische Veranlassung für die Erfindung der Wahrscheinlichkeitsrechnung. Lange blieb sie auf dieses Feld beschränkt, und noch Laplace sah sich veranlaßt, die mannigfaltigen Nutzanwendungen der Wahrscheinlichkeitsrechnung aufzuzählen. Dies hat sich seit Laplaces Zeiten geändert, denn heute zweifelt niemand mehr an ihrer Wichtigkeit. Der Mann auf der Straße — jener bekannte Besitzer des Monopols auf den gesunden Menschenverstand, aus dessen Munde manche Philosophen die Entscheidung der höchsten Fragen erwarten — läßt sich durch die Milliarden imponieren, die in Lebens- und sonstigen Versicherungen angelegt sind. Der Liebhaber genauer Naturbeobachtung wiederum kann an einer Wissenschaft nicht vorübergehen, die in der Methode der kleinsten Quadrate das Hilfsmittel geliefert hat, die Genauigkeit der Beobachtungen zu steigern und die erreichte Genauigkeit festzustellen.

Noch in einer Hinsicht haben sich seit Laplace die Verhältnisse wesentlich geändert. Laplace gehörte noch zu jenen Großen, deren Letzter vielleicht in Henri Poincaré dahingegangen ist, die das ganze Gebiet der Mathematik beherrschten. Heute ist es nicht mehr möglich, daß der einzelne in allen Anwendungsgebieten der Wahrscheinlichkeitsrechnung in gleicher Weise sachverständig ist. In der Tat erstrecken sich diese von der Zahlentheorie über Geometrie, Physik, Kristallographie, Botanik, Zoologie bis zur Psychologie und Soziologie. Handelt es sich auch nur um die Anwendung weniger einfacher Sätze, und sind die notwendigen Rechnungen auch so einfach, daß man die Wahrscheinlichkeitsrechnung meist zur niederen Mathematik rechnet, so erfordert die sachgemäße Anwendung dieser Sätze Sonderkenntnisse, die der einzelne in dem notwendigen Umfange nicht besitzen kann.

Aus Laplaces berühmtem Buche gewinnt man leicht den Eindruck, daß die Wahrscheinlichkeitsrechnung eines der schwierigsten Gebiete der höchsten Mathematik ist. In Wirklichkeit ist dem nicht so. Man eignet sich das mathematische Rüstzeug leicht an und lernt es bald sicher handhaben. Die Verschiedenartigkeit der Aufgaben macht allerdings die Anwendung verschiedener analytischer Hilfsmittel notwendig, von denen manche in den gebräuchlichen Lehrbüchern der Mathematik nicht aufgenommen sind. Dies ist eine Unbequemlichkeit eher als eine Schwierigkeit. Eine wirkliche Schwierigkeit besteht nur darin, in einem neuen Gebiete zu erkennen, ob die Voraussetzungen für eine Anwendung der Wahrscheinlichkeitsrechnung gegeben sind, und ob durch eine solche etwas Wesentliches zu gewinnen ist. Hierzu ist ein richtiges Urteil und Einsicht in die Natur des Problems erforderlich, wie sie nur durch eingehende Beschäftigung mit den Aufgaben des betreffenden Erfahrungsgebietes erworben werden kann. So ist die Wahrscheinlichkeitsrechnung ein Hilfsmittel für die mathematische Bearbeitung eines Gedankens, der selbst nicht mathematischer Natur ist, sondern einer naturphilosophischen Einsicht entspringt.

Das Gebiet des Unvorhersehbaren ist das hauptsächlichste Anwendungsfeld der Wahrscheinlichkeitsrechnung. Nicht jedes unvorhersehbare Ereignis eignet sich aber als Gegenstand einer wahrscheinlichkeitstheoretischen Untersuchung: Die Wahrscheinlichkeitsrechnung ist nicht ein Zaubermittel, um aus absolutem Mangel an Einsicht in die Bedingungen eines Vorganges Erkenntnis zu erzeugen. Soll ihre Anwendung nicht ein Dreschen leeren Strohs sein, so muß sie sich auf das Vorhandensein gewisser Kenntnisse stützen, und je sicherer diese sind, desto bedeutungsvoller wird das errechnete Ergebnis.

II. Die Lehren vom Zufalle.

Aus den Beispielen des vorhergehenden Abschnittes ist zu ersehen, daß das Urteil über die Zufälligkeit eines Ereignisses sich auf sehr verschiedene Merkmale stützen kann. Diese haben kaum etwas Gemeinsames, und es erscheint aussichtslos, in ihnen eine Eigenschaft zu finden, durch die der Zufall überhaupt definiert werden kann. Das Wort Zufall bezieht sich im nichtwissenschaftlichen Sprachgebrauche nicht auf einen bestimmten Begriff, sondern dient zur Bezeichnung ganz verschiedener Dinge. Es ist ein hoffnungsloses Unternehmen, solche der nicht wissenschaftlich gesichteten Erfahrungen entnommene Begriffe, mit denen wir uns im täglichen Leben zurechtfinden müssen, einheitlich zu definieren und widerspruchslos zu machen. Ein Verzicht auf eine allgemeine Erklärung fällt um so leichter, als viele Anwendungen dieses Wortes mehr oder weniger belanglos sind. Die abergläubischen Vorstellungen von Glück und Unglück, Vorsehung und Fügung usw., die sich an die Vorstellung vom Zufall knüpfen, sind wegen ihrer großen Macht über das Gemüt des Menschen wohl von großer Bedeutung, allein ihnen gegenüber ist eine rein logische Erklärung überhaupt ausgeschlossen, und ihr Studium gehört in das Gebiet der Völkerpsychologie.

Von hervorragender Wichtigkeit ist dagegen die genaue und widerspruchslose Fassung des Zufallsbegriffes in seinen wissenschaftlichen Anwendungen. Diese betreffen hauptsächlich das Gebiet der Wahrscheinlichkeitsrechnung und der Rechtslehre. Man hat gelernt, den Zufallsbegriff auf diesen Gebieten sicher anzuwenden und ist geneigt, seine Widerspruchslosigkeit als durch die erfolgreiche Anwendung auf die Erfahrung erwiesen anzusehen.

In dieser Beziehung ist der Erfolg der Wahrscheinlichkeitsrechnung nicht zu bezweifeln. Er kann leicht dazu verleiten, den Widerspruch des Zufallsbegriffes mit den allgemeinen Grundsätzen unserer Naturanschauung zu übersehen. Unsere Naturerkenntnis besteht in dem Nachweise des notwendigen Zusammenhanges der Ereignisse mit ihren Bedingungen, und im Laufe der wissenschaftlichen Entwicklung kam diese Vorstellung einer durchgängigen, notwendigen Verknüpfung der Ereignisse mit ihren Bedingungen zu einer mehr oder weniger unumschränkten Herrschaft. Die zufälligen Ereignisse sind scheinbar nicht durch ihre Bedingungen eindeutig bestimmt, denn unter Bedingungen, die für unsere Wahrnehmung vollkommen identisch sind, stellt sich bald das eine, bald das andere Ergebnis ein. Zwischen den zufälligen Ereignissen und ihren Bedingungen besteht also kein für uns erkennbarer Zusammenhang.

Wie ist es möglich, diese Vorstellung auf dem Gebiete der Physik, ja, der Geometrie und Zahlentheorie anzuwenden, ohne mit den Grundsätzen dieser Wissenschaften in unauflösbaren Widerspruch zu geraten? Der Begriff des Zufalles scheint die Leugnung eines kausalen Zusammenhanges der Ereignisse mit ihren Bedingungen, und damit eine Durchbrechung der Anschauungen über das Naturgeschehen, wie sie die Physik auszuarbeiten sucht, zu beinhalten.

Die Grundlagen der Wahrscheinlichkeitsrechnung widerstehen so unserm Streben nach einheitlicher Naturauffassung und bilden eine Herausforderung an unseren Scharfsinn. Es ist schwer denkbar, daß zwei kontradiktorische Begriffe — die Annahme eines durchgängigen kausalen Zusammenhanges und ihre Leugnung — bei ihrer Anwendung auf die Erfahrung in gleicher Weise Erfolg haben sollten. Berücksichtigt man das Interesse an der Klärung dieser, für unsere allgemeinen Anschauungen so wichtigen Frage, so sieht man leicht ein, daß das Streben nach einer klaren und widerspruchslosen Fassung der Begriffe Zufall und Wahrscheinlichkeit nicht leicht nachlassen kann. In der Tat vergeht kaum ein Jahr, ohne eine ganze Reihe mehr oder weniger ausgedehnter Abhandlungen über diese Gegenstände zu bringen.

Man ersieht ohne weiteres, daß einige der oben aufgezählten Merkmale, nach welchen der Sprachgebrauch Ereignisse als zufällig bezeichnet, sich für eine scharfe Fassung des Zufallsbegriffes nicht eignen, weil sie sich einer genauen Bestimmung entziehen. Dies gilt namentlich von der Seltenheit eines Ereignisses und von dem Mangel an Proportion zwischen Ursache und Wirkung. Ohne Willkürlichkeit läßt sich keine Grenze angeben, mit welcher Häufigkeit ein Ereignis auftreten muß, um aufzuhören selten zu sein. Ebenso ist es unmöglich, die Kleinheit einer Ursache im Verhältnis zur Größe der von ihr hervorgerufenen Wirkung ohne Willkür begrifflich festzulegen.

Es ist merkwürdig, daß der menschliche Geist sozusagen instinktiv nach dem Merkmale der Seltenheit greift, um den Zufall zu definieren. Befragt man Leute, die über diesen Gegenstand nur wenig nachgedacht und insbesondere keine Belehrung darüber genossen haben, so begegnet man überraschend häufig Versuchen, das Zufällige als das Seltene, nicht Häufige zu erklären. So kommt es vor, daß Leute das Erscheinen von Wappen beim Werfen einer Münze nicht als zufällig anerkennen, „weil es in der Hälfte der Fälle eintritt", das Erscheinen der Sechs beim Würfelspiele aber ohne weiteres als zufällig bezeichnen.

Der Gebrauch anderer Merkmale scheint mehr Erfolg für die Erklärung des Zufalles zu versprechen. Je nach den der Definition unterlegten Merkmalen erhält man verschiedene Auffassungen des Zufallsbegriffes. Für diese hat sich im Laufe der Zeit eine gewisse Terminologie eingebürgert, die sich für eine kurze Bezeichnung der verschiedenen Auffassungen sehr gut eignet. Die wichtigsten dieser Ausdrücke sollen hier erklärt werden.

Die hervorstechendste Eigenschaft der zufälligen Ereignisse besteht darin, daß ihr Verlauf nicht vorausgesehen werden kann. Diese Unmöglichkeit, den Verlauf der Ereignisse vorherzusehen, bezeichnet man als subjektive Zufälligkeit und spricht demgemäß von subjektiv zufälligen Ereignissen. Die Anschauung, daß der Zufall in einem Mangel an Einsicht unsererseits bestehe — gleichgültig, wodurch er hervorgerufen wird — heißt die Lehre vom subjektiven Zufalle.

Nimmt man an, daß es Ereignisse gibt, die nicht in eindeutiger Weise durch ihre Bedingungen bestimmt sind, so spricht man vom absoluten oder objektiven Zufalle. Absolut zufällige Ereignisse sind demnach kausal nicht vollkommen bestimmt und werden in diesem Sinne als ursachlos bezeichnet. Eine Abart der Lehre vom objektiven Zufall besteht darin, daß die zufälligen Ereignisse wohl als kausal bestimmt, in Hinsicht auf irgendwelche besondere Merkmale aber als unbestimmt angesehen werden. Da man abstrahierend das Auftreten dieser unbestimmt bleibenden Eigenschaften als besonderes Ereignis ansehen kann, so läuft auch diese Anschauung auf die Annahme ursachloser Ereignisse hinaus.

Äußert sich der Zufall in der Durchkreuzung oder Förderung menschlicher Zweckhandlungen, so spricht man von teleologischem Zufalle. Sieht man in Naturereignissen die Verwirklichung irgendwelcher Zwecke, so gibt sich die Gelegenheit, auch den Naturvorgängen gegenüber, den Begriff des teleologisch Zufälligen anzuwenden.

Die Auffassung, daß das Wesen des Zufalles im Zusammentreffen von voneinander unabhängigen Ereignissen besteht, heißt die Lehre vom relativen Zufalle.

Kommt einem Exemplar eines Begriffes eine Eigenschaft zu, die in der Definition des Begriffes nicht enthalten ist, so spricht man vom logischen Zufalle.

Jede dieser Anschauungen läßt noch gewisse Abänderungen zu, und außerdem können die verschiedenen Anschauungen in mannigfacher Weise miteinander verknüpft werden. Wir wollen hier eine kurze Übersicht über die verschiedenen versuchten Lösungen des Zufallsproblemes geben. Dabei wird das Feld der Darstellung in der Weise eingeschränkt, daß nur jene Lehren zur Besprechung kommen, welche für die Auffassung des Zufallsbegriffes, wie er in der Wahrscheinlichkeitsrechnung in Anwendung kommt, bedeutsam sind.

Keine Berücksichtigung finden also die Spekulationen über Schicksal, Fatum, Karma usw., die alle bestimmte Vorstellungen über den Zusammenhang der Ereignisse bedingen. Ebenso wurde auf die Analyse des teleologisch Zufälligen verzichtet, da dies das eigentliche Gebiet der Rechtslehre ist, und die Wahrscheinlichkeitsrechnung die Ereignisse ohne Rücksicht darauf betrachtet, ob sie von menschlichen Willenshandlungen abhängen oder nicht.

Man kann sagen, daß die Rechtslehre die Begriffe des teleologischen Zufalles und der psychologischen Wahrscheinlichkeit verwendet, wobei man unter dem letzteren Ausdrucke jene Anschauungen zu verstehen hat, die man sich auf Grund der gemeinsamen Erfahrung über das Vorhandensein oder Fehlen psychischer Abhängigkeiten macht. Die anderen Vorstellungen über Zufall und Wahrscheinlichkeit zu untersuchen, liegt für den Rechtslehrer als solchem kein Grund vor, da er sich nur mit menschlichen Willenshandlungen und den aus ihnen sich ergebenden Folgen zu beschäftigen hat. Allerdings ist nicht zu verkennen, daß die allgemeinen Vorstellungen, die ein Forscher sich über den Zufall gemacht hat, auch für seine Meinungen über das teleologisch Zufällige mitbestimmend sein müssen.

Die Unmöglichkeit, den Gang der Ereignisse vorherzusehen, ist ohne Zweifel die hervorstechendste Eigenschaft der zufälligen Ereignisse, und der Gedanke liegt nahe, sie für eine Definition des Zufalles zu verwerten. Soll eine solche Definition Erfolg haben, so muß sie erst folgende Schwierigkeit überwinden. Unkenntnis des Zusammenhanges der Erscheinungen mit ihren Bedingungen besteht gewiß auf weiten Gebieten, wird aber durch den Fortschritt der Wissenschaft stets weiter eingeschränkt. Sie kann nur dann objektive Bedeutung haben, wenn es Ereignisse gibt, bei denen der Zusammenhang mit den Bedingungen sich aus irgendeinem Grunde unserer Erkenntnis entzieht. Im eigentlichen Sinne zufällig wären nur jene Ereignisse, deren Verlauf selbst dann nicht vorausgesehen werden kann, wenn unsere Erkenntnis den höchsten erreichbaren Grad der Vollkommenheit besäße.

So lange dieser ideale Zustand nicht besteht, bleiben die Grenzen des Bereiches der subjektiven Zufälligkeit fortwährenden Schwankungen unterworfen, und man muß innerhalb des Gebietes des *jeweilig* Unvorhersehbaren das des *überhaupt* Unvorhersehbaren unterscheiden. Da unsere gesamte Einsicht in das Naturgeschehen in der Erkenntnis des Zusammenhanges der Ereignisse mit ihren Bedingungen besteht, so muß für die im eigentlichen Sinne des Wortes zufälligen Ereignisse eine solche Erkenntnis unmöglich sein. Um irgendwelchen Ereignissen eine solche Sonderstellung einzuräumen, müssen Gründe angegeben werden, warum diese Zusammenhänge für uns unerklärbar bleiben müssen. Die Tatsache, daß sie bis jetzt unerklärt geblieben sind, genügt nicht, da ja vielleicht schon morgen eine neue Einsicht gewonnen werden kann, die es ermöglicht, den Gang dieser Ereignisse vorherzusehen.

Unvorhersehbar sind jedenfalls solche Ereignisse, die nicht mit bestimmten Bedingungen kausal zusammenhängen. Man stellt sich mit dieser Ansicht auf den Boden des objektiven Zufalles. Gibt man das Bestehen kausaler Abhängigkeiten für alle Ereignisse zu, behauptet

aber ihre Unerkennbarkeit für gewisse Klassen derselben, so hat man
den Begriff des subjektiven Zufalles in seiner reinsten Fassung.

Die Ansicht, daß der Zufall darin bestehe, daß die Ereignisse nicht
unter Gesetzen stehen, findet sich nicht selten, z. B. bei J. Schiel[1])
und L. Nelson[2]). Da für das Bestehen eines kausalen Zusammenhanges
das Vorhandensein einer Regel wesentlich ist, nach welcher die Ereignisse aufeinanderfolgen, so beinhaltet diese Anschauung eine Durchbrechung des durchgängigen kausalen Zusammenhanges.

Außerhalb des Kausalzusammenhanges werden die zufälligen Ereignisse auch gestellt, wenn Eigenschaften, die für den kausalen Zusammenhang wesentlich sind, bei ihnen als abwesend vorausgesetzt werden. So kann man z. B. für die zufälligen Ereignisse die Notwendigkeit leugnen, mit der die Wirkung auf die Ursache folgt. Zufällig ist
also, was nicht notwendig ist. Ein zufälliges Ereignis tritt ein, ohne
daß eine Notwendigkeit vorliegt, weshalb nicht auch das Gegenteil
hätte geschehen können.

In dieser Art wurde von J. Ch. Wolff[3]) der Zufall definiert.
Gleichwertig mit ihr ist die von F. A. Trendelenburg in seinen
Logischen Untersuchungen gegebene Definition, wonach Zufall das ist,
was auch anders oder gar nicht sein könnte. Ebenso legt Rosenkrantz
den Nachdruck auf die Abwesenheit einer Notwendigkeit, wenn er den
Zufall als eine Wirklichkeit definiert, die nur den Wert einer Möglichkeit hat. In solchen Definitionen liegen häufig metaphysische Anschauungen verborgen. Da nämlich die Welt als Ganzes von uns auch
anders gedacht werden kann, so wird auf Grund dieser Anschauung
die Welt und das gesamte Weltgeschehen als zufällig bezeichnet. Diese
Zufälligkeit verschwände erst für einen Verstand, der das ganze Geschehen als notwendig erkennt.

Die Frage, ob man in sein Weltbild die Vorstellung von Ereignissen, die nicht eindeutig durch ihre Bedingungen bestimmt sind, aufnehmen solle oder nicht, läßt sich weder auf Grund allgemeiner Überlegungen noch auf Grund der Erfahrung entscheiden. Man kann gegen
diese Anschauung einwenden, daß die Vorstellung ursachloser Ereignisse
ein intellektuelles Mißbehagen erzeugt, und daß sie ein einheitliches
Bild des Naturgeschehens von vornherein unmöglich macht. Unter-
stützen kann man diese Anschauung durch den Hinweis auf die große
Zahl von Vorgängen, deren Verursachung unbekannt ist. Scheut man

---

1) J. Schiel, Die Methode der induktiven Forschung, wo der Zufall als
das erklärt wird, was man nicht auf ein Gesetz zurückführen kann.

2) L. Nelson, Ist metaphysikfreie Naturwissenschaft möglich? Abhandlungen
der Friesschen Schule, Bd. 2, S. 263: „Aber was ist ,Zufall' anderes als Unabhängigkeit von Gesetzen?"

3) J. Ch. Wolff, Vernünftige Gedanken von Gott, der Welt und der menschlichen Seele, § 175: „Da man dergleichen Sache, die nicht notwendig ist, zufällig zu nennen pflegt, so ist klar, daß dasjenige zufällig ist, davon das Entgegengesetzte auch sein kann, oder dem das Entgegengesetzte nicht widerspricht."

sich nicht vor einer zukünftigen Widerlegung, so kann man irgendein Unerklärtes als unerklärbar hinstellen, ohne für die Gegenwart eine schlagende Widerlegung befürchten zu müssen. Die Anschauungen über die absolut zufälligen Ereignisse hängen so enge mit jenen über die Allgemeinheit des Kausalsatzes zusammen, daß bei Besprechung der einen Frage die der anderen fast unvermeidlich ist.

Der Natur der Sache nach können in der Frage der Allgemeinheit des Kausalsatzes nur Überzeugungen zum Ausdruck gebracht werden — es geschah dies manchmal in recht temperamentvoller Weise —, denn das Vorhandensein der subjektiv zufälligen Ereignisse erlaubt es nicht, ein kausal geschlossenes Weltbild wirklich durchzuführen. Bei subjektiv zufälligen Ereignissen steht die Behauptung eines kausalen Zusammenhanges der Ableugnung, so weit unsere Kenntnis reicht, gleichberechtigt gegenüber. Die Behauptung eines solchen Zusammenhanges kann sich allerdings auf den Fortschritt unserer Kenntnisse berufen, der schon vielen Ereignissen den Charakter der subjektiven Zufälligkeit genommen hat und ihn ohne Zweifel vielen anderen noch nehmen wird, sowie darauf, daß die Wissenschaft mit dem Begriffe des absoluten Zufalles nichts anzufangen weiß. Diese Argumente reichen aber nicht aus, um den Glauben an ein ursachloses Geschehen, falls er vorhanden ist, zu erschüttern. In dem weiten Gebiete des subjektiv Zufälligen wird man stets Ereignisse finden, deren Verursachung unbekannt ist und sich bestreiten läßt.

Das folgende Beispiel zeigt, mit welcher Gewalt Behauptung und Gegenbehauptung in dieser Frage einander gegenüberstehen können. J. Venn[4]) meint, daß kein vernünftiger Mensch auch nur den Schatten eines Verdachtes habe, daß das Kausalgesetz auf das Werfen eines Würfels nicht anwendbar sei. H. Gomperz[5]) stellt dagegen die Behauptung auf, daß, wenn jemand jedes Jahr 60 000 Würfe mit einem Würfel mache, unter denen die Sechs ungefähr 10 000 mal erscheint, man doch nicht schließen werde, daß in jedem dieser Fälle das Resultat notwendig eintreten mußte. Gomperz hat wohl in dieser Beziehung recht, daß jemand, der nicht davon überzeugt ist, daß die Bewegung des Würfels nach mechanischen Gesetzen vor sich geht, auch durch eine solche Erfahrung nicht zu dieser Anschauung bestimmt werden wird. Für die meisten Menschen dürfte eine solche Erfahrung mehr oder weniger gleichgültig sein, da sie den notwendigen Zusammenhang zwischen dem Erscheinen einer bestimmten Würfelseite und den Bedingungen eines Wurfes kaum bezweifeln werden.

Man mag sich über die Allgemeinheit des Kausalsatzes welche Meinung immer machen, so ist jedenfalls daran festzuhalten, daß auf dem

---

4) J. Venn, Principles of Empirical and Deductive Logic, 1907, S. 107.

5) H. Gomperz, Über die Wahrscheinlichkeit der Willensentscheidungen, Sitzungsberichte d. Kais. Akad. d. Wissenschaften zu Wien, Phil.-hist. Klasse, Bd. 149, Abh. 5.

Gebiete der Wissenschaft die Vorstellung ursachloser Ereignisse unerträglich ist. Nur die Vorstellung von Ereignissen, die durch ihre Bedingungen eindeutig bestimmt sind, ist hier durchführbar.

Eine logisch interessante Fassung der Lehre vom objektiven Zufalle wurde in neuester Zeit von H. Bruns[6]) und E. Czuber[7]), zwei hervorragenden Kennern der Wahrscheinlichkeitstheorie, gegeben. Dieser Anschauung zufolge kommen wir zu der Vorstellung absolut zufälliger Ereignisse, indem wir bei den scheinbar zufälligen Ereignissen der Wirklichkeit von den kausalen Beziehungen abstrahieren, trotzdem diese, wenn auch für uns unverkennbar, vorhanden sind. Die Vorstellung des absoluten Zufalles ist eben dieser Entstehung wegen eine reine Abstraktion, d. h. ein Gedankending, das so, wie es vorgestellt wird, nirgends verwirklicht ist. Diese nur gedacht zufälligen Ereignisse sind Gegenstand mathematischer Untersuchungen, deren Ergebnis die Wahrscheinlichkeitsrechnung, ein selbständiges Kapitel der reinen Mathematik, ist. Die Vorstellung absolut zufälliger Ereignisse entsteht durch Idealisierung von Gegenständen der Erfahrung in ähnlicher Weise wie die Vorstellung eines Punktes oder einer Geraden aus den empirischen Repräsentanten dieser geometrischen Gegenstände.

In der Betonung des rein mathematischen Charakters der Wahrscheinlichkeitsrechnung, der nicht immer anerkannt wurde[8]), berührt sich diese Anschauung mit der A. A. Cournots[9]). Die Richtigkeit dieses Teiles der Ansicht Bruns' geht daraus hervor, daß die Wahrscheinlichkeitsrechnung nach Aufstellung ihrer Grundsätze keine anderen als rein logische Operationen zur Ableitung ihrer Sätze verwendet. Die logische Wahrheit dieser Sätze besteht in ihrer Übereinstimmung mit den Grundsätzen, aus denen sie abgeleitet sind, und wird nicht durch die Frage berührt, ob es in der uns umgebenden Welt Dinge gibt, die ihnen entsprechen oder nicht. Die Wahrscheinlichkeitsrechnung ist ein System abstrakter Sätze, von denen nicht ohne weiteres feststeht, daß sie auf irgendwelche Gegenstände der Erfahrung angewendet werden können.

---

6) H. Bruns, Wahrscheinlichkeitsrechnung und Kollektivmaßlehre, 1906, S. 4.

7) E. Czuber, Wahrscheinlichkeitsrechnung, Bd. 1, S. 13: „Die Wahrscheinlichkeitsrechnung abstrahiert von dem kausalen Zusammenhange des Geschehens, stellt also die Hypothese rein zufälliger Ereignisse auf, womit zugleich die völlige gegenseitige Unabhängigkeit der Vorgänge supponiert ist, welche solche Ereignisse herbeiführen." Die Anschauung von Bruns wurde von Czuber übernommen und kam in der zweiten Auflage des Buches hinzu.

8) Für J. Venn, The Logic of Chance, 1876, S. 7, ist die Wahrscheinlichkeitsrechnung ein Teil einer „science of evidence", worin Mathematik nur zufälligerweise angewendet wird.

9) Cournot legte wohl als erster besonderen Nachdruck auf den rein mathematischen Charakter der Wahrscheinlichkeitsrechnung und spricht z. B. in seinem Traité, S. 103, von „la branche de la syntactique que l'on connait sous le nom de calcul des probabilités". Zu bemerken ist, daß Cournot als Syntaktik jenen Teil der Mathematik bezeichnet, der jetzt gewöhnlich Kombinatorik heißt.

Die empirischen Repräsentanten von Geraden sind Körper — etwa Zylinder —, deren eine Ausdehnung die anderen bei weitem überwiegt. Wir können uns diese beiden Dimensionen stets abnehmend denken und erhalten so als Grenze die eindimensionale, geometrische Gerade. Durch einen ähnlichen Denkprozeß erhalten wir die Vorstellung einer reibungslosen Bewegung, trotzdem uns eine solche in der Erfahrung nirgends gegeben ist. Durch den gleichen Übergang zu einer Grenze will Bruns die Vorstellung der absolut zufälligen Ereignisse gewinnen. Die Vorstellung ursachloser Ereignisse nach Bruns ist ein Hilfsbegriff — eine Fiktion im Sinne H. Vaihingers[10]) oder ein Grenzbegriff im Sinne F. A. Langes. Die Berechtigung eines solchen Begriffes wird erwiesen durch seinen Wert für unser Denken.

Der Wert der Brunsschen Anschauung ist beschränkt, und tatsächlich leistet sie kaum mehr als die Erklärung der Unabhängigkeit der zufälligen Ereignisse. Nicht geleistet aber wird die Hauptaufgabe, die darin besteht, der Wahrscheinlichkeitsrechnung eine Grundlage zu geben, die mit den übrigen Fundamentalanschauungen über das Naturgeschehen verträglich ist. Dies ist eine logische Aufgabe, bei der ein Widerspruch nicht in den Kauf genommen werden kann. Es ist also immer noch besser, sich mit den Unbestimmtheiten der klassischen Definition der mathematischen Wahrscheinlichkeit abzufinden in der Hoffnung, daß diese einmal geklärt werden, als die Brunsschen Anschauungen, die die Vorstellung ursachloser Ereignisse enthalten, anzunehmen. Ein Hinausschieben der Entscheidung dieser Frage ist um so leichter möglich, als die klassische Definition für alle praktischen Aufgaben durchaus hinreichend ist.

Lehnt man den Zufall als Eigenschaft des objektiven Geschehens ab, so ist er eine rein subjektive Erscheinung und besteht in einem Mangel unserer Erkenntnis. Als Urheber dieser Ansicht wird gewöhnlich Laplace angesehen, der den Zufall als „vain son, *flatus vocis*, qui nous servirait à déguiser l'ignorance, où nous serions les véritables causes" bezeichnet oder auch D. Hume[11]), der ebenfalls die objektive Existenz des Zufalles leugnet, und nur sein Äquivalent, unsere Unkenntnis hinsichtlich der Ursachen eines Ereignisses, zugibt. Die Mehrzahl der Schriftsteller nach Laplace machten diese Meinung zu der ihren und geben Laplace als Gewährsmann an. Es handelt sich hier

---

10) H. Vaihinger, Die Philosophie des Als Ob, 1913, S. 73 ff., wo auf E. v. Hartmanns Anschauungen verwiesen wird. Die Annahme des Zufalles soll für unsere Erkenntnis unentbehrlich sein, und an Stelle der Gewißheit, die für uns unerreichbar ist, muß die Wahrscheinlichkeit gesetzt werden.

11) Die betreffende Stelle findet sich in Humes Philosophical Essay Concerning Human Understanding und lautet: „Though there be no such thing as chance in the world, our ignorance of the real cause of any event has the same influence on the understanding and begets a like species of believe or opinion." Auf Hume bezieht sich z. B. A. Darbon, Le concept du hasard dans la philosophie de Cournot, 1911, S. 5.

jedoch um eine Anschauung, die schon vor Laplace häufig ausgesprochen wurde und die deutlich bis in die griechische Philosophie verfolgt werden kann.

Vergegenwärtigt man sich die Aufgabe, so hat diese Tatsache nichts Überraschendes an sich. Es läßt sich in der Tat schwer annehmen, daß Denker, die von der Allgemeinheit des Kausalsatzes überzeugt sind, nicht auf den Gedanken verfallen sein sollten, den Zufall als eine rein subjektive Erscheinung, hervorgerufen durch die Beschränktheit unserer Erkenntnis, aufzufassen. Aristoteles[12]) glaubt nicht an die Allgemeinheit des Kausalsatzes und verteidigt in seiner Physik seine eigenen Ansichten gegen die Meinung einiger nicht genannter Philosophen, die zufälligen Ereignisse seien ursächlich bestimmt und nur unsere mangelhafte Einsicht gebe ihnen den Charakter der subjektiven Zufälligkeit. Aus dieser Stellungnahme des Aristoteles folgt, daß es sich um eine zu seiner Zeit bekannte, und vielleicht verbreitete Ansicht handelt. Daß der Zufall eine rein subjektive Erscheinung sei, ist deutlich in den Worten des Hippokrates ausgesprochen: ἡμῖν μὲν αὐτόματον, αἰτίᾳ δ' οὐκ αὐτόματον.

Die subjektive Wendung in der Auffassung des Zufalles ist in diesen Worten ganz deutlich ausgesprochen, und in den Sätzen, in denen Aristoteles die Meinung seiner Gegner darlegt, ist insbesondere die Hervorhebung des Mangels an Einsicht unsererseits bemerkenswert. Bis in die neue Zeit kam man nicht darüber hinaus und machte sich keine Gedanken darüber, worin dieser Mangel an Erkenntnis bestehe und wodurch er hervorgerufen werde.

In der neueren Philosophie stellt sich Spinoza[13]) vollständig auf diesen von den unbekannten Gegnern des Aristoteles eingenommenen Standpunkt, indem er den Zufall nur als Mangel unserer Einsicht bestehen läßt. Man wird nicht fehlgehen, wenn man auf Spinoza die von der französischen Aufklärungsphilosophie akzeptierten Ansichten über den Zufall zurückführt, die in dem oben erwähnten Satze von Laplace ihren prägnantesten Ausdruck fanden.

Schon für Bossuet ist der Zufall nichts anderes als ein von unserer Unkenntnis erfundenes Wort. Allerdings erhält bei ihm der Gedanke eine theologische Wendung, indem er von einem höheren Ratschlusse spricht, für welchen es nichts Ungewisses, und damit keinen Zufall gibt.[14])

<hr>

12) Aristoteles Phys. II: εἰσὶ δέ τινες οἷς δοκεῖ εἶναι αἰτία μεν ἡ τύχη · ἄδηλος δὲ ἀνθρωπίνῃ διανοίᾳ. B 4, 196a, 11: πολλὰ γὰρ καὶ γίνεται καί. ἔστι ἀπὸ τύχης, ἃ οὐκ ἀγνοοῦντες ὅτι ἐστι ἐπανενεγκεῖν ἕκαστον ἐπί τι αἴτιον τῶν γινομένων.

13) Ethik, I., Prop. 33, Schol. 1 (Opera, ed. 1803, Bd. 2, S. 65): „Res aliqua nulla alia de causa contingens dicitur, nisi respectu defectus notsrae cognitionis.“

14) Bossuet, Discours sur l'histoire universelle, III, 8: „Ne parlons donc plus de hasard ni de Fortune, ou parlons-en seulement comme d'un nom, dont nous couvrons notre ignorance. Ce qui est hasard à l'égard de nos conseils incertains est uns dessein concerté dans un conseil plus haut, c'est à dire dans ce conseil éternel qui renferme toutes les causes et tous les éffets dans un même ordre.“

Bei Voltaire[15]) fällt die theologische Wendung weg, und für ihn ist der Zufall nichts anderes und kann nichts anderes sein als die unbekannte Ursache einer bekannten Wirkung. Wir erwähnen noch den *Dictionnaire des sciences philosophiques* von Franck, wo ebenfalls die objektive Existenz des Zufalles geleugnet und nur das Bestehen einer subjektiven Unkenntnis über die Natur der Dinge zugegeben wird. Unter den zahlreichen Schriftstellern, welche die Ansicht Laplaces übernehmen, verdient L. A. Quetelet[16]) wegen des großen Einflusses seiner Schriften hervorgehoben zu werden. Genaue Nachweise über die Nachfolger Laplaces zu geben, hätte kaum Interesse, da die Ansicht nur wiederholt, nicht aber vertieft wird. Sie findet sich in den meisten Lehrbüchern der Wahrscheinlichkeitsrechnung, erfreut sich also unter den Mathematikern einer vielseitigen Zustimmung.

Unter den Ansichten über die Gründe, welche die subjektive Zufälligkeit hervorrufen, ist der Hinweis auf die übergroße Verwicklung der Bedingungen, von welchen die Ereignisse abhängen, am wichtigsten. Über das Bestehen von Regeln, nach welchen die Ereignisse von ihren Bedingungen abhängen, ist kein Zweifel, ja diese Regeln können vollständig bekannt sein. Die Bestimmungen sind aber so kompliziert, daß sie sich entweder einer genauen Feststellung überhaupt entziehen oder Zurüstungen erfordern, die wegen ihrer Umständlichkeit nicht durchgeführt werden können.

So ist z. B. beim Würfelspiele das Resultat jedes Wurfes durch die dem Würfel erteilten Geschwindigkeiten und Rotationen nach den drei Achsen, sowie durch die physikalische Beschaffenheit des Würfels und der Unterlage vollkommen bestimmt. Die in Betracht kommenden Gesetze sind vollständig bekannt, und die Durchführung der Rechnung böte keine wesentliche Schwierigkeit. Diese liegt einzig in der zahlenmäßigen Bestimmung dieser Größen, die an und für sich mühevoll und umständlich, während des Spieles aber durch die zu beobachtenden Spielregeln unmöglich gemacht ist. Da es ausgeschlossen ist, dem Würfel mit der Hand genau bestimmte translatorische und rotatorische Geschwindigkeiten zu geben, und diese Größen bei einem Würfel während des Fluges sich nicht bestimmen lassen, so müßte man das Werfen durch einen Apparat besorgen lassen. Die physikalischen Konstanten des Würfels müßten durch besondere Untersuchungen festgestellt werden.

---

15) Die betreffende Stelle findet sich im Dictionnaire philosophique, art. Athéisme : „Ce que nous appellons hasard n'est et ne peut être que la cause ignorée d'un effet connu." Über diesen Gegenstand handeln die folgenden Aufsätze : J. Maldidier, Le hasard, Revue philosophique, 1897, Bd. 43 ; G. Lechalas, Le hasard, Revue néoscolastique, 1903, Bd. 10, S. 148—164 ; und von demselben Verfasser Hasard et déterminisme, Revue de Metaphysique et Morale, 1906, Bd. 14.

16) L. A. Quetelet, Sur la théorie des probabilités : „Le mot hasard sert officieusement à voiler notre ignorance."

Wären diese Beobachtungen sowie die Konstruktion des Schleuderapparates absolut genau, so ließe sich das Resultat jedes Wurfes berechnen. Für jemanden, der die Einstellung des Apparates nicht kennt, bliebe die subjektive Zufälligkeit der Würfe trotzdem bestehen.

Es ist nun leicht zu sehen, daß die Genauigkeit der Beobachtungen und der Konstruktion des Apparates gewisse Grenzen haben, die von den getroffenen Zurüstungen abhängen. Demgemäß ist auch das errechnete Resultat mit einer gewissen Unsicherheit behaftet. Da das Resultat eines Wurfes eine unstetige Funktion der Bedingungen ist, so kann es vorkommen, daß man zwischen zwei zu erwartenden Ergebnissen nicht mit Sicherheit entscheiden kann. Wird die Güte der Beobachtungen und der Konstruktion des Apparates weiter verringert, so sinkt die Genauigkeit des Ergebnisses der Rechnung, bis schließlich ein bestimmtes Ergebnis nicht mehr erwartet werden kann. So kommen wir von dem Ideale einer vollständigen Voraussicht des Resultates zu einer teilweisen oder vollständigen Ungewißheit.

Die Ansicht, daß die subjektive Zufälligkeit beim Würfelspiele in unserer Unfähigkeit begründet ist, die Vorgänge im einzelnen zu verfolgen, findet sich schon bei Johannes Kepler[17]) in den folgenden Worten: „Improvidi sunt qui hos — i. e. tesserarum jactus — plane fortuitos, hoc est ἀναιτίους esse putant: sin autem suum casum omni causa privant, nondum eius exemplum dixerunt in tesseris. Quare hoc jactu Venus cecidit, illo canis? Nimirum lusor hac vice tesselam alio latere aripuit, aliter manu condidit, aliter intus agitavit, alio impetu animi manusve projecit, aliter interflavit aura, alio loco alvei impegit. Nihil hic est, quod sua causa caruerit, si quis ista subtilia possit consectari." Man darf sich nicht daran stoßen, daß Kepler unter den verschiedenen physischen Bedingungen auch den „impetum animi" als für das Ergebnis des Wurfes bestimmend erwähnt. Das Vorurteil, daß die Haltung des Spielers, seine Mienen und seine Zuversicht auf das Ergebnis einwirken, ist sehr verbreitet und wurde z. B. von Spielern Galilei gegenüber geltend gemacht.

In neuester Zeit hat H. Bruns die übergroße Komplikation der Bedingungen als Grund der subjektiven Zufälligkeit hervorgehoben und dabei auf die angezogene Stelle Keplers hingewiesen. Ohne Hinweis auf Bruns und Kepler findet sich diese Ansicht bei E. Borel[18]), und der Satz: „... qui analysera néanmoins en detail les mouvements de la main qui jette les dés ou qui batte les cartes!" könnte fast ein Nachklang des Keplerschen Satzes sein. Borel dürfte sich jedoch

---

17) J. Kepler, De stella nova in pede Serpentarii, Opera, ed Fritsch, Bd. 2, S. 714. — In ähnlicher Weise stellt H. Westergaard, Grundzüge der Theorie der Statistik, 1890, S. 4, Betrachtungen darüber an, daß beim Ziehen einer Kugel aus einer Urne eine Menge scheinbar belangloser Unterschiede bestimmen, daß gerade eine bestimmte Kugel gezogen wird.

18) E. Borel, Le hasard, S. 7.

über die Bedeutung dieser Anschauung für die Wahrscheinlichkeitsrechnung nicht ganz klar geworden sein, denn auf S. 214 seines Buches findet sich die unmögliche Definition der Wahrscheinlichkeitsrechnung als Untersuchung der Gesetze des Zufalles.[19])

Das Beispiel vom Würfelspiele ist besonders lehrreich, weil die einschlägigen Gesetze vollkommen bekannt sind und Veranstaltungen getroffen werden können, die eine Voraussicht des Ergebnisses eines Wurfes ermöglichen. Bei anderen subjektiv zufälligen Ereignissen, z. B. der Wettervorhersage oder der Geschlechtsbestimmung einer zu erwartenden Geburt, haben wir eine solche Einsicht nicht, weshalb wir auch nicht die Vorkehrungen angeben können, die getroffen werden müßten, um eine Vorhersage zu ermöglichen.

Behufs Voraussehung eines Vorganges müssen zunächst die einschlägigen Gesetze bekannt sein, außerdem aber müssen die in einem gegebenen Augenblicke bestehenden Verhältnisse mit hinreichender Genauigkeit gegeben sein. Man pflegt dies dahin auszudrücken, daß die Differentialgleichungen und die Anfangsbedingungen des betreffenden Vorganges bekannt sein müssen. Sind die Gesetze, denen die Vorgänge folgen, unbekannt, so ist eine Voraussage unmöglich. Dieselbe Unmöglichkeit besteht aber auch, wenn bei vollständiger Kenntnis der Gesetze die Anfangsbedingungen unbekannt sind.

Sind die Gesetze bekannt, so kommt es auf die Festlegung der Anfangsbedingungen an, wobei wieder die technischen Zurüstungen, die wir fähig oder willens sind zu treffen, entscheidend sind. Hieraus folgt, daß es sogar jeweils eine Grenze gibt, über die man nicht hinaus kann, daß man aber auch je nach Bedürfnis oder Wunsch gewissen Ereignissen den Charakter der subjektiven Zufälligkeit geben oder nehmen kann. Einfache Tatbestände können mit Kautelen umgeben werden, die ihre genaue Beobachtung unmöglich machen, wodurch die aus ihnen folgenden Ergebnisse wieder den Charakter der subjektiven Zufälligkeit gewinnen.

Hieraus ergibt sich eine wichtige Abänderung des Begriffes des subjektiven Zufalles, indem man an die Stelle des absolut Unvorhersehbaren das relative Unvorhersehbare setzt. Relativ unvorhersehbar ist das, was sich bei einem gegebenen Stande des Wissens nicht vorhersehen läßt. Bezieht man sich auf die zu einer bestimmten Zeit überhaupt vorhandenen Kenntnisse, so gewinnt man den Maßstab dafür, was für den Menschen dieser Zeit als zufällig zu gelten hat. Ebenso entscheidet das Maß der Kenntnisse, die eine Person hinsichtlich eines bestimmten Tatbestandes besitzt, darüber, welche der aus diesem Tatbestande sich ergebenden Folgen als zufällig zu gelten hat. Durch Festsetzung, wel-

---

19) Über diese Definition, die eine Zeitlang beliebt genug war, um Aufnahme in ein Lehrbuch der kinetischen Gastheorie zu finden, vgl. W. S. Jevons, The Principles of Science, 1877, S. 198.

-ches Maß von Kenntnissen von einer bestimmten Person erwartet bzw. gefordert werden kann, ergibt sich der Grad der Voraussicht hinsichtlich der Folgen einer Handlung, welcher von einer bestimmten Person zu leisten ist.

In dem Hinweise auf die übergroße Komplikation der Bedingungen als Grund der subjektiven Zufälligkeit, ist ein wichtiger Fortschritt über die Laplacesche Definition des Zufalles gewonnen. Sie steht mit unseren Anschauungen über die kausale Geschlossenheit des Naturgeschehens nicht im Widerspruche. Zum Aufgeben dieser Anschauung, wie sie die Auffassung des Zufalles als ein durch seine Bedingungen nicht vollständig bestimmten Geschehens enthält, würde man sich mit größtem Widerstreben nur dann entschließen, wenn alle sonstigen Erklärungsversuche fehlgeschlagen sind.

Man kann nun versuchen, von der subjektiven Zufälligkeit zu einer Definition des Zufalles zu gelangen, indem man gewisse Klassen von Ereignissen außerhalb des kausalen Zusammenhanges stellt. Dabei ist der doppelte Weg offen, solche Zusammenhänge der Ereignisse mit ihren Bedingungen zu leugnen, oder ihr Bestehen zwar zuzugeben, ihre Erkennbarkeit aber in Abrede zu stellen. Es gibt gewisse philosophische Anschauungen, die sich als Grundlage für eine solche Ansicht recht gut eignen.

Da es innerhalb des Naturgeschehens keine Grenze gibt, über die wir die Erforschung von Kausalzusammenhängen nicht ausdehnen können, so liegt es nahe, die psychischen Vorgänge als das Gebiet jener gesetzlosen oder unerkennbaren Ereignisse zu erklären. Den psychischen Ereignisse möchte man gerne aus manchen Gründen eine besondere Stellung einräumen, und tatsächlich ist es wiederholt versucht worden, das psychische Geschehen durch Eximierung vom Kausalgesetze zu definieren. Die bekanntesten Vertreter solcher Ansichten sind William James und Hugo Münsterberg. Letzterer stellt die psychischen Ereignisse außerhalb des Kausalzusammenhanges und macht sie zum Gegenstande einer Stellungnahme des Subjektes, wodurch der Boden für die Werturteile, eine neue Kategorie, gewonnen wird.

Diese beiden Philosophen haben die aus ihren Anschauungen für die Auffassung des Zufalles sich ergebenden Konsequenzen nicht gezogen, und James ist ein ausgesprochener Anhänger der Lehre vom relativen Zufalle. Dagegen findet sich die Ansicht, daß die menschlichen Willenshandlungen nicht kausal bedingt sind und demnach im eigentlichen Sinne des Wortes zufällig sind, klar ausgesprochen bei J. Bertrand[20]), A. Darbon[21]) und P. Mansion[22]). Man darf an-

---

20) Bertrand, Les lois du hasard : „La liberté du choix produit parler rigoureusement, les seuls faits fortuits."

21) A. Darbon, Le concept du hasard, 1911, sagt bei Besprechung der Verteilung der Ziffern in der Zahl π: „En derniere analyse, le seul événement veritablement aléatoire qu'il puisse invoquer dans l'interprétation de ces éxamples, c'est

nehmen, daß diese Schriftsteller nicht durch die philosophischen Lehren von J a m e s und M ü n s t e r b e r g , sondern durch die bekannten Anschauungen über die Willensfreiheit beeinflußt wurden.

Die genannten Verfasser stehen auf dem Boden der Lehre vom objektiven Zufalle. Andere Schriftsteller nehmen eine mehr unentschiedene Haltung ein, wodurch die Sachlage nicht verbessert wird.[23]) Für die Wahrscheinlichkeitsrechnung ist damit wenig gewonnen. Die Erklärung der Anwendung des Zufallsbegriffes auf Willenshandlungen ist um den Preis einer Durchbrechung des Kausalsatzes gewonnen, und im Verständnis der Anwendung der Wahrscheinlichkeitsrechnung auf Naturvorgänge ist man nicht um einen Schritt weitergekommen.

Daß diese Anschauungen durch die bekannten Ansichten über Willensfreiheit beeinflußt sind, geht daraus hervor, daß die Verfasser sich auf die Willensentscheidungen beschränken. Die erfolgreiche Anwendung der Wahrscheinlichkeitsrechnung auf psychische Vorgänge kognitiven Charakters hat dagegen in philosophischen Kreisen nur geringeres Interesse gefunden. Es ist jedoch anzuerkennen, daß das Bestreben, die Ergebnisse der Statistik über die Regelmäßigkeiten menschlicher Willenshandlungen mit den Vorstellungen über Willensfreiheit zu vereinen, zu der interessanten Auffassung des Begriffes der Zufälligkeit geführt hat, die von der sogenannten *Moskauer mathematischen Schule* vertreten wird. Sie besagt im wesentlichen, daß es Ereignisse gibt, die durchaus gesetzmäßig verlaufen, deren Gesetze aber sich unserer Kenntnis entziehen. Die Entwicklung des Problemes und dessen von den Moskauer Denkern versuchte Lösung soll hier dargestellt werden.

Gewisse Handlungen, wie die jährlich abgeschlossenen Ehen, die begangenen Verbrechen usw. zeigen für einigermaßen große, aber abgeschlossene Gemeinschaften eine bemerkenswerte Regelmäßigkeit, trotzdem jede einzelne von der Zufälligkeit einer Willensentscheidung abhängt. Für das Schließen einer Ehe und für das Begehen eines Verbrechens ist der Einfluß der Willensentscheidung des Individuums unmittelbar klar, ebenso für die Zahl der Geburten, da diese in jedem einzelnen Falle von einem durch die Willensentscheidung der Eltern bedingten Akte abhängig sind. Den Einfluß der Willensentscheidung

---

le choix d'un système d'arithmétique et, par consequent, un fait psychologique et social, où la volonté humaine trouve peutêtre l'occasion de s'exércer." In diesen Worten sowie in dem angeführten Satze B e r t r a n d s kommt der Wunsch, die menschliche Willensentscheidung dem Kausalsatze zu entziehen, klar zum Ausdrucke.

22) P. M a n s i o n , La portée objective du calcul des probabilités, Bull. Acad. Belge, Classe des Sciences, 1903, S. 27.

23) Eine solche Unentschiedenheit findet sich bei F. A. Le D a n t e c , Le chaos et l'harmonie, 1911. Dieser vertritt die Ansicht, unsere Unfähigkeit, gewisse Zusammenhänge zu erkennen, könne teils durch einen Mangel an Einsicht, teils aber auch dadurch verursacht sein, daß die betreffenden Ereignisse keinem Gesetze folgen.

auf die Zahl der Todesfälle erkennt man sofort, wenn man bedenkt, daß die Lebensdauer wesentlich durch die Art der Lebensführung bedingt ist, deren Wahl dem Individuum freisteht.

Wir haben hier also Ereignisse, die sich einzeln durchaus unserer Voraussicht entziehen. Sind die Beobachtungen über diese Ereignisse hinreichend ausgedehnt, so ergeben sich Zahlen, auf die man die Sätze der Wahrscheinlichkeitsrechnung mit Erfolg anwenden kann. Welche Vorstellung haben wir uns über den Zusammenhang dieser Ereignisse mit ihren Bedingungen zu machen? Es liegt nahe, in der Beständigkeit der beobachteten Zahlen eine Regelmäßigkeit zu sehen, welcher die Willenshandlungen unterworfen sind. Tatsächlich haben mehrere Forscher sich an die Ergebnisse der Statistik um Auskunft über die Frage der menschlichen Willensfreiheit gewandt, und die entdeckten statistischen Regelmäßigkeiten waren Gegenstand der lebhaftesten Diskussion.

Es ist in diesem Zusammenhange bemerkenswert, daß systematische Untersuchungen über die Veränderungen der Bevölkerung, die zuerst das Hauptgebiet der Statistik waren, nicht aus wissenschaftlichem Interesse an dem Gegenstande oder aus praktischen Rücksichten unternommen wurden, sondern daß hierfür religiöse Absichten entscheidend waren: Es sollte bewiesen werden, daß die Größe der Bevölkerung der Erde mit der Annahme der Abstammung des Menschengeschlechtes von einem Paare nicht im Widerspruche stehe. Hierzu mußte gezeigt werden, wie die Nachkommenschaft eines einzigen Paares in etwa 5600 Jahren auf eine so große Zahl anwachsen könne. Die Annahme lag nahe, daß die Bevölkerung in geometrischer Progression wachse. Untersuchungen dieser Art wurden schon sehr bald von J o a n n e s T e m p o r a r i u s , D i o n y s i u s P e t a v i u s u. a. unternommen. L. E u l e r , der in der *Introductio in Analysin Infinitorum* eine darauf abzielende Bemerkung macht, schrieb 1760 eine Abhandlung über diesen Gegenstand [24], die man als Versuch ansehen kann, die Hypothese der Bevölkerungszunahme in geometrischer Progression zu analysieren. Auf Grund gewisser, mehr oder weniger willkürlicher Annahmen wird gezeigt, daß die Bevölkerungszahl durch eine rekurrente Reihe dargestellt werden kann. Die Glieder solcher Reihen schwanken anfangs ganz unregelmäßig, allein bei hinreichend langer Fortsetzung wachsen sie nahezu wie die Glieder einer geometrischen Reihe.

Seitdem S ü ß m i l c h die Regelmäßigkeiten der Statistik zum Gegenstande der Darstellung in seinem Werke über *„Die göttliche Ordnung in den Veränderungen des menschlichen Geschlechtes"* machte, verfehlten die gemachten Erfahrungen nicht, die Aufmerksamkeit der Forscher

---

24) L. E u l e r , Recherches générales sur la mortalité et la multiplication du genre humain. Vgl. E. J. G u m b e l , Eine Darstellung statischer Reihen durch E u l e r , Jahresberichte der Deutschen Mathematiker - Vereinigung, Bd. 25, wo eine Analyse dieser Schrift E u l e r s gegeben ist.

und Philosophen auf sich zu ziehen. War anfangs das Interesse mehr auf das Bestehen dieser Regelmäßigkeiten gerichtet, so wurden diese selbst und ihre Bedeutung Gegenstand ausgedehnter Erörterungen, als Quetelet sie zur Grundlage seiner Anschauungen über den mittleren Menschen machte. Die Konstanz der Zahlen wurde aus den der menschlichen Natur allgemein unterliegenden Bedingungen erklärt, wobei der Willensfreiheit nur die Rolle einer zufällige Störungen verursachenden Bedingung blieb. Hauptsächlich der letzte Teil des Satzes, die Ablehnung der Willensfreiheit, fand den lebhaftesten Widerspruch, und der Austausch der Meinungen über diesen Gegenstand wurde so lebhaft, daß für eine Zeit der Streit um die Willensfreiheit die Aufmerksamkeit der Statistiker fast mehr in Anspruch nahm als das Sammeln der Daten, die für den Aufbau dieser Wissenschaft erforderlich sind.[25]

Diejenigen Verfasser, die die Willenshandlungen als streng nezessitiert ansahen, fanden in den durch die Statistik aufgedeckten Regelmäßigkeiten eine willkommene Bestätigung ihrer Anschauungen, die jedoch manchmal, wie bei J. S. Mill[26] und H. Th. Buckle[27], stark mit metaphysischen Begriffen durchsetzt waren.[28] Man sah in diesen Regelmäßigkeiten den Ausdruck allgemeiner Gesetze des menschlichen Handelns, die in den einzelnen Fällen zwar von Zufälligkeiten überdeckt sind, sich im großen aber unweigerlich zeigen. Zwischen dieser Anschauung und jener Süßmilchs, der die statistischen Regelmäßigkeiten als durch den Willen Gottes verursacht ansieht, besteht kein wesentlicher Unterschied, da beide Anschauungen darin übereinstimmen, daß eine äußere Ursache die Willensentscheidungen derart beeinflußt, daß die erwähnten Regelmäßigkeiten zustande kommen. Die Anhänger der Willensfreiheit waren naturgemäß bestrebt, dieses Argument zu entkräften, indem sie entweder wie J. Lottin[29] die Ergebnisse der

---

25) Vgl. P. E. Fahlbeck, La régularité dans les choses humaines ou les types statistiques et leurs variations, Journal de la Société de Statistique de Paris, 1900, Bd. 41, S. 189.

26) John Stuart Mill, System of Logic, 8. ed., 1881, S. 645 f.

27) H. Th. Buckle, History of Civilisation in England, 2. ed., 1871, Bd. 1, S. 15—26.

28) Die Frage nach der Bedeutung der statistischen Regelmäßigkeiten wurde in England von Buckle, Mill und Frau Somerville in Fluß gebracht und erregte, um einen Ausdruck Venns zu gebrauchen, in manchen Kreisen eine wahre Panik. Es handeln davon: Adamson, Law of History, Owens College Magazine, 1878, Moncure Conway, Lessons of the Day, Bd. 1, S. 243; J. Venn, The Logic of Chance; J. M. Robertson, Buckle and his Critics, 1895, S. 18, 285—291.

29) J. Lottin, La statistique morale et le déterminisme, Journal de la Société de Statistique de Paris, 1908, Bd. 49, S. 334. Bei Durchführung dieser Ansicht wird der Begriff der Freiheit so gefaßt, daß diese nicht Gegenstand der Erfahrung werden kann. Der Hinweis auf den Kantischen Begriff der Willensfreiheit dürfte zur Klarlegung dieser Anschauung hinreichen. Interessant ist, daß Kant mit dem Bestehen der statistischen Regelmäßigkeiten bekannt war und sie in sein Denken

Statistik als für diese Frage belanglos erklärten, oder wie H. Gompe rz[30]) zu zeigen versuchten, daß aus dem Bestehen der statistischen Regelmäßigkeiten nicht auf die Notwendigkeit des einzelnen Falles geschlossen werden kann.

Diese Anschauungen operieren alle mit Denkelementen, die bereits geschaffen vorlagen, und man wird sie nicht als im hohen Grade originell ansprechen können. Sie lassen sich übrigens im Detail nicht unbeträchtlich abändern und bieten Gelegenheit zu einer großen Zahl verschiedener Lösungsversuche. Nicht alle sind mit einer hinreichenden Kenntnis der Wahrscheinlichkeitsrechnung und des einschlägigen empirischen Materiales geschrieben.

Bemerkenswerten Scharfsinn und eine hohe Ursprünglichkeit des Denkens zeigt die Auffassung der statistischen Regelmäßigkeiten der Moskauer mathematischen Schule, deren wichtigste Mitglieder P. L. Tschebytscheff, Nekrassow, W. G. Alexejeff und N. W. Bugajeff, das Haupt der Schule, sind. Dieser Schule gehören Forscher an, die die Mathematik und insbesondere die Wahrscheinlichkeitsrechnung in wesentlicher Weise bereichert haben, und ihre Auffassung der zufälligen Ereignisse verdient schon aus diesem Grunde Beachtung. W. G. Alexejeff hat das Verdienst, diese Anschauungen durch mehrere deutsche Artikel allgemein zugänglich gemacht zu haben.[31])

Nach den Lehren dieser Forscher muß man bei dem Versuche, eine richtige Auffassung der statistischen Regelmäßigkeiten zu gewinnen, zunächst untersuchen, unter welchen Bedingungen Ereignisse, denen einzeln der Charakter der Zufälligkeit zukommt, in großen Gruppen eine Beständigkeit der Mittelwerte zeigen können. Die Antwort ist in einem von Tschebytscheff bewiesenen Satze enthalten, nach welchem die Hauptbedingung für die Anwendung der Sätze über die Mittelwerte darin besteht, daß die einzelnen Ereignisse unverbunden, d. h. nicht voneinander abhängig sind. Besteht eine solche Abhängigkeit, so sind die Sätze der Wahrscheinlichkeitsrechnung nicht anwendbar.

Menschliche Willenshandlungen haben nun den Charakter der subjektiven Zufälligkeit und zeigen für hinreichend große Gruppen jene Beständigkeit der Mittelwerte, welche die Theorie für den Fall unverbundener Ereignisse voraussehen läßt. Hieraus folgt, daß die ein-

---

aufgenommen hatte. Die betreffende Stelle findet sich Bd. 4, S. 143 der Hartensteinschen Ausgabe.

30) H. Gomperz, Über die Wahrscheinlichkeit der Willensentscheidungen, Sitzungsberichte d. Kais. Akad. d. Wissenschaften zu Wien, Phil.-Hist. Kl., Bd. 149, Abhandlung 5.

31) W. G. Alexejeff, Über die Entwicklung des Begriffes der höheren arithmologischen Gesetzmäßigkeiten in Natur- und Geisteswissenschaft, Vierteljahrsschrift f. wiss. Phil. u. Soziol., Bd. 28, S. 72—93; N. W. Bugajeff und die idealistischen Probleme der Moskauer mathematischen Schule, 1905, ebda, Bd. 29, S. 335 bis 367; Die arithmologische und wahrscheinlichkeitstheoretische Kausalität, Ztschr. f. Phil. u. Pädag., 1906, Bd. 14, S. 50—55.

zelnen Ereignisse unverbunden, d. h. voneinander unabhängig sein müssen. Es sind nun alle Ereignisse des Naturgeschehens miteinander verbunden und stehen in einer näheren oder ferneren Beziehung. Hieraus wird geschlossen, daß die menschlichen Willenshandlungen außerhalb des Zusammenhanges des Naturgeschehens stehen müssen, da sie sonst nicht die erwähnte Beständigkeit der Mittelwerte zeigen könnten. Die statistischen Regelmäßigkeiten in den menschlichen Willenshandlungen sind nicht nur kein Beweis gegen die Willensfreiheit, sondern sogar ein Beweis dafür.

Bei der Fortsetzung des Argumentes werden die Untersuchungen der Moskauer Mathematiker über die halbanalytischen Funktionen herangezogen. Die Ereignisse des Naturgeschehens werden nach den Gesetzen der Physik durch analytische Funktionen dargestellt, und die Darstellbarkeit durch analytische Funktionen ist gleichbedeutend mit der Zugehörigkeit einer Erscheinung zum allgemeinen Naturgeschehen. Da die durch Willensentscheidungen hervorgerufenen Handlungen kein Teil des Naturgeschehens sind, so folgt daraus, daß die Ereignisse nicht durch analytische Funktionen dargestellt werden können, da sie sonst nicht unverbunden sein könnten.

In Ausführung dieses Gedankenganges wollen wir folgende Bemerkungen machen: Die analytischen Funktionen haben die Eigenschaft, daß sie durch eine endliche Anzahl von Daten bestimmt sind. Ist eine solche Funktion gegeben, so ist ihr gesamter Verlauf festgelegt. Ist also z. B. die Zeit die unabhängige Veränderliche, so läßt sich die Funktion aus einer endlichen Anzahl von Beobachtungen, die über ein endliches Zeitintervall verstreut sind, bestimmen. Ist dies gelungen, so ist die Funktion für alle positiven oder negativen Werte der Veränderlichen bestimmt. Einen Vorgang, der durch eine solche bekannte Funktion dargestellt wird, können wir in die Zukunft und in die Vergangenheit beliebig weit verfolgen.

Die nichtanalytischen Funktionen hingegen erfordern zu ihrer Bestimmung eine unendliche Anzahl von Funktionswerten, was gleichbedeutend ist mit der Aussage, daß eine solche Funktion empirisch nicht bestimmt werden kann. Vorgänge, welche durch nichtanalytische Funktionen dargestellt werden, befolgen also Gesetze, die unserer Erkenntnis nicht zugänglich sind. Ein Voraussehen des Verlaufes solcher Vorgänge ist für uns nicht möglich, und wir müssen uns darauf beschränken, ihn durch Beobachtung festzustellen, ohne je über eine rein empirische Beobachtung hinauskommen zu können.

Man wird nicht umhin können, den Gedankengang und namentlich die dialektische Geschicklichkeit, mit der das Argument Mills und Buckles umgekehrt wird, zu bewundern, selbst wenn man überzeugt ist, daß der Beweis einen Fehler enthalten muß, weil zu viel bewiesen wird. Hat man den einfachen, diesem Argumente unterliegenden Gedanken erfaßt, so darf man sich vielleicht darüber wundern, daß dieser

Gedankengang nicht schon früher entdeckt wurde. Tatsächlich wußte man schon vor Tschebytscheff — wenn auch nicht mit derselben Deutlichkeit —, daß die wahrscheinlichkeitstheoretischen Sätze über die Mittelwerte nur für unverbundene Ereignisse gelten. Die Erfahrungen in Städten mit schlechten feuerpolizeilichen Vorschriften, wo aus einem Brande leicht eine Feuersbrunst entsteht, sowie die Statistik ansteckender Krankheiten zeigen in sehr eindringlicher Weise, daß nur unverbundene Ereignisse als im Sinne der Wahrscheinlichkeitsrechnung zufällig angesehen werden können. Es tut auch nichts zur Sache, daß der Gedanke, die nichtanalytischen Funktionen für die Darstellung psychischer Vorgänge in Anspruch zu nehmen, schon früher von Boussinesq ausgesprochen wurde.

Wäre der Gedankengang der Moskauer Mathematiker richtig, so müßte er für alle Ereignisse gelten, bei denen die von der Wahrscheinlichkeitsrechnung geforderte Beständigkeit der Mittelwerte vorhanden ist. Dies ist nun bei vielen Vorgängen der Fall, die man unmöglich außerhalb des allgemeinen Naturzusammenhanges stellen kann. Dies gilt z. B. vom Würfelspiele, bei dessen Besprechung oben hervorgehoben wurde, daß über die in Betracht kommenden Gesetze kein Zweifel bestehen könne.

Ebensowenig besteht kein Zweifel darüber, daß das Eintreffen von Ebbe und Flut streng nach mechanischen Gesetzen vor sich gehe. Macht man aber Beobachtungen darüber, wie oft die Vormittagsflut an einem bestimmten Punkte der Erde — z. B. bei London Bridge — im ersten, zweiten, dritten oder vierten Viertel einer Stunde eintrifft, so findet man die von der Wahrscheinlichkeitsrechnung geforderte Beständigkeit der Mittelwerte.

Die gleiche Übereinstimmung mit den Sätzen der Wahrscheinlichkeitsrechnung zeigt sich, wenn man eine Logarithmentafel daraufhin untersucht, wie oft eine bestimmte Ziffer sich auf der zehnten Dezimalstelle der Logarithmen einstellt. Auch hier können wir in jedem Falle jedes einzelne Ereignis rechnerisch in allen Einzelheiten verfolgen, und die in Betracht kommenden Funktionen sind uns als analytisch genauest bekannt.

Der von den Moskauer Mathematikern vorgetragene Gedankengang muß also abgelehnt werden. Soll er für alle Vorgänge gelten, auf die die Sätze der Wahrscheinlichkeitsrechnung anwendbar sind, so ist er unrichtig, soll er nur für die psychischen Vorgänge gelten, so ist er willkürlich. Hinsichtlich der Sonderstellung des psychischen Geschehens besteht zwischen den Anschauungen der Moskauer Mathematiker und jenen Münsterbergs eine gewisse Ähnlichkeit.

Hält man an der allgemeinen Gültigkeit des Kausalsatzes fest, so ist jedes ursachlose Geschehen und damit der absolute Zufall ausgeschlossen. Man kann nun versuchen, zum Zwecke einer Definition jene Eigenschaft der zufälligen Ereignisse herauszugreifen, der der Zufall hauptsächlich seine überraschende Kraft verdankt, nämlich das Zusammentreffen scheinbar unabhängiger Ereignisse. Man stellt sich vor, daß verschiedene voneinander unabhängige Kausalreihen ablaufen, und der Zufall besteht in dem Zusammentreffen der Ereignisse in Zeit und Raum.[32] Auch diese Auffassung des Zufalles, der relative Zufall, ist nicht neu und findet sich schon bei Jean de la Placette[33], der den Zufall als das Zusammentreffen von zwei oder mehreren Ereignissen erklärt, deren jedes seine Ursache hat, während eine solche für ihr Zusammentreffen nicht bekannt ist. Als moderner Vertreter dieser Ansicht kann Schopenhauer genannt werden, dessen Ansichten hier besprochen werden sollen.[34] Diese Ansicht ist sehr weit verbreitet und spielt z. B. auch im Denken Goethes eine gewisse Rolle.

Zufall ist die Verneinung der Notwendigkeit. Der Inhalt dieses Begriffes ist negativ und bedeutet den Mangel einer kausalen Verknüpfung. Demnach ist das Zufällige auch immer nur negativ, und jede Begebenheit ist notwendig und zufällig zugleich: Notwendig in bezug auf ihre Ursache, zufällig in bezug auf alles übrige, denn ihre Berührung in Zeit und Raum ist ein bloßes Zusammentreffen ohne notwendige Verbindung. Die Notwendigkeit der einzelnen Begebenheiten läßt sich durch Erkenntnis ihrer Ursachen einsehen, aber das Zusammentreffen dieser verschiedenen voneinander unabhängigen Ursachen erscheint uns als zufällig, ja die Unabhängigkeit voneinander ist der Begriff der Zufälligkeit. Da aber doch jede von ihnen die notwendige Folge ihrer Ursache war, deren Kette anfangslos ist, so zeigt sich, daß die Zufälligkeit eine bloß subjektive Erscheinung ist, entstanden aus der Begrenzung unseres Verstandes, und so subjektiv wie der optische Horizont, in welchem der Himmel die Erde berührt.

Schopenhauer verdeutlicht den Begriff der voneinander unabhängigen Kausalreihen durch das Bild genealogischer Beziehungen: Bei Vorhandensein eines gemeinsamen Stammherrn besteht Abhängigkeit, sonst Unabhängigkeit. Der Hinweis auf ein angenommenes erstes Menschenpaar kann dazu dienen, die durchgängige Abhängigkeit aller Kausalreihen zu erläutern. Nimmt man eine Mehrzahl von Stammpaaren

---

32) Für das Zusammentreffen der Ereignisse in Zeit und Raum gebraucht Maldidier, Le hasard, Revue Philosophique, 1897, Bd. 43, S. 572, die passenden Ausdrücke Synchronismus und Syntopismus.

33) Jean de la Placette, Traité des Jeux de Hasard: „Pour moi, je suis persuadé que le hasard renferme quelquechose de réel et de positif, soit un concours de deux ou de plusieurs événement contingents, chacun desquels a ses causes, mais en sorte que leur concours n'en a aucune que l'on connaisse." Zitiert nach A. A. Cournot, Essay, Bd. 1, S. 56.

34) Die einschlägigen Stellen finden sich in der „Kritik der Kantischen Philosophie, Werke, 1891, S. 550 ff.; in der Abhandlung über die vierfache Wurzel des Satzes vom Grunde, § 23; und in dem Aufsatze über die anscheinende Absichtlichkeit im Schicksale des einzelnen, Parerga, Bd. 1. Eine Erörterung und Kritik der Lehre Schopenhauers findet sich bei W. Windelband, Die Lehren vom Zufall, S. 22—26, 53.

an, so erhält man eine Anzahl verschiedener voneinander unabhängiger Kausalreihen.

Dasselbe Bild gebraucht Cournot[35]) zur Erläuterung des gleichen Gedankens. Da dieses Bild die Sache sehr gut erläutert und wohl recht naheliegt, braucht man nicht unbedingt auf eine Abhängigkeit zwischen den beiden Verfassern zu schließen. Bei der geringen Verbreitung der Schriften Cournots und Schopenhauers zu Lebzeiten der beiden Verfasser ist eine solche übrigens kaum zu vermuten.

Diese Ansicht steht demnach auf dem Boden der Lehre vom subjektiven Zufalle. Schopenhauers Anschauung ist insoweit präziser als die Definition von Laplace, als der Gegenstand unserer Unwissenheit in dem räumlichen und zeitlichen Zusammentreffen der Ereignisse angegeben wird. Für eine ausgedehnte Klasse der zufälligen Ereignisse ist diese Angabe ohne Zweifel richtig, allein bei anderen läßt sie sich nur nach einer sehr interessanten Abänderung durchführen.

Man betrachte Vorgänge wie das Ziehen einer Kugel aus einer Urne, die weiße und schwarze Kugeln in gegebenen Anzahlen enthält, oder die Geschlechtsbestimmung einer zu erwartenden Geburt. Hier besteht der Zufall darin, daß ein nach Zeit und Raum individualisierter Gegenstand eine bestimmte Eigenschaft habe, daß also z. B. eine weiße Kugel gezogen oder ein Kind männlichen Geschlechtes geboren wurde. Eine Koinzidenz in Raum und Zeit im eigentlichen Sinne findet also nicht statt, sondern das Ereignis in seiner individuellen Bestimmtheit wird hinsichtlich einiger Eigenschaften als zufällig angesehen. Durch Verallgemeinerung dieser Überlegung kommt man dazu, jedes einzelne Ereignis, und damit das Weltgeschehen als Ganzes, als zufällig anzusehen.

Hat man erkannt, daß der Kausalsatz jedes Ereignis in allen seinen Bestimmungen — auch in den räumlichen und zeitlichen — vollständig festlegt, so bleibt auch für den relativen Zufall nur die subjektive Auffassung möglich. Objektive Bedeutung gewänne der relative Zufall nur dann, wenn man mit Renouvier absolute Anfänge von Kausalreihen annimmt. Hiermit stände man aber wieder auf dem Boden des absoluten Zufalles, womit nichts gewonnen ist.

Wir wenden uns nun zur Besprechung der logischen Zufälligkeit. Auch dieser Begriff ist alt und findet sich schon in aller Deutlichkeit bei Aristoteles[36]). Was in der Definition eines Gegenstandes enthalten ist, kommt ihm notwendig und wesentlich zu, alles andere ist zufällig. Daher ist der Zufall das Unwesentliche, und es gibt keine Wissenschaft vom Zufälligen, da die Wissenschaft sich nur mit dem Notwendigen und Wesentlichen befaßt. In diesem Sinne ist der in der Metaphysik vorkommende Satz zu verstehen: περὶ τοῦ κατὰ συμβεβηκὸς λεκτέον, ὅτι οὐδεμία ἐστι περὶ αὐτὸ θεωρία.

---

35) A. A. Cournot, Exposition de la théorie des chances et des probabilités, 1843, S. 72.   36) Analyt. Post. I, 4, 4.

Erschwert wird das Verständnis dieser Stellen durch gewisse Schwierigkeiten in des A r i s t o t e l e s Lehre von der Definition, die auf seinen metaphysischen Anschauungen fußt. Die Definition eines Dinges gibt nach A r i s t o t e l e s sein Wesen, durch welches auch sein Sein bestimmt ist. Werden also jene Bestimmungen eines Gegenstandes als zufällig erklärt, die ihm seinem Wesen nach nicht notwendig zukommen, so kann man diesen Satz auch dahin verstehen, daß der Gegenstand diese Eigenschaften nicht notwendig besitzt. Eine solche Auslegung wäre in Übereinstimmung mit den sonstigen Ansichten dieses Philosophen über den Kausalsatz. Es ist demnach nicht ganz sicher, daß die angeführten Stellen in rein logischem Sinne zu verstehen sind. Der Begriff des logischen Zufalles ergibt sich nur dann, wenn man die Definition rein logisch und ohne metaphysischen Hintergedanken auffaßt.

Die Anschauung, daß der Zufallsbegriff, wie er in der Wissenschaft und besonders in der Wahrscheinlichkeitsrechnung zur Anwendung kommt, rein logischer Natur ist, hat in neuerer Zeit mehrfach Anhänger gefunden. Wir nennen G. H e l m [37]), F. J o d l [38]) und R. d e M o n t e s s u s [39]). Mit besonderem Nachdrucke wies W. W i n d e l b a n d in seiner Schrift über „Die Lehren vom Zufall" darauf hin, daß der Begriff des logischen Zufalles der einzige ist, den die Wissenschaft in folgerichtiger Weise verwenden kann.

Die besonderen Merkmale eines Gegenstandes sind zufällig in Hinsicht auf einen Allgemeinbegriff, in dessen Definition sie nicht enthalten sind. Einem in der Erfahrung gegebenen Gegenstande kommen alle Eigenschaften notwendig zu. Erst wenn die Erfahrung zum Gegenstand einer abstrahierenden Begriffsbildung gemacht und ein Gegenstand als Repräsentant eines Begriffes angesehen wird, haben wir Gelegenheit, zwischen den notwendigen oder wesentlichen und den zufälligen oder unwesentlichen Merkmalen zu unterscheiden. Die Zufälligkeit existiert daher erst in der Abstraktion, denn die in der Erfahrung gegebenen Gegenstände sind in jeder Hinsicht vollkommen bestimmt, und alle Eigenschaften kommen ihnen notwendig zu.

---

37) G. H e l m , Die Wahrscheinlichkeitslehre als Theorie der Kollektivbegriffe, Annalen der Philosophie, 1902, Bd. 1, S. 368 : „. . . die Wahrscheinlichkeit ist nie eine Eigenschaft des Individuums, sondern immer nur Eigenschaft des Sammelbegriffes, der die Individuen umspannt."

38) F r i e d r i c h J o d l , Zufall, Gesetzmäßigkeit und Zweckmäßigkeit, Kais. Akad. d. Wissenschaften zu Wien, 31. Mai 1911, S. 9.

39) R. d e M o n t e s s u s , Leçons élémentaires sur le calcul des probabilités, 1908, S. 7 : „Étant donné que certains événements ont un caractère commun et, pour cette raison, consituent une classe mais diffèrent à certains points de vue, ce qui permet de les ranger en catégories bien définies, le hasard consiste dans l'absence de relations bien définies entre les causes rangeant tel événement de telle classe dans cette catégorie et les caractères distinctifs de cette catégorie." Allerdings ist hier nicht ausgesprochen, daß es sich um rein logische Beziehungen handelt, allein da die Beziehungen zwischen Klassen stattfinden, ist eine andere Annahme wohl ausgeschlossen.

In diesem Zusammenhange sollen Cournots Anschauungen über den Zufall dargelegt werden. Trotzdem er den Ausdruck „logischer Zufall" nicht gebraucht, steht er unzweifelhaft auf dem Boden dieser Anschauung. Cournot geht von der Betrachtung des relativen Zufalles aus. Es wird angenommen, daß die Kausalreihen, in deren Zusammentreffen der Zufall besteht, verschiedene Gesetze befolgen, und deshalb nicht unter einen gemeinsamen Begriff gebracht werden können. Es mag sein, daß, wie Laplace sagt, die Zahl der Naturgesetze nur gering sei, allein es genügt, daß es zwei voneinander gänzlich unabhängige Gesetze gibt, um dem Zufalle im Laufe der Welt seinen Platz zu sichern.

Der Zufall bleibt selbst bei unbeschränkter Erweiterung unserer Kenntnisse bestehen. So ist z. B. unsere Theorie der Sonnen- und Mondfinsternisse hinreichend fortgeschritten, um auf eine mathematische Formel gebracht zu werden. Dies bedeutet, daß unsere Einsicht in diese Vorgänge vollkommen ist. Dies hindert uns aber durchaus nicht, nach den Regeln der Wahrscheinlichkeitsrechnung das Verhältnis der an einem bestimmten Orte sichtbaren Mondfinsternisse zu der der Verfinsterungen der Sonne zu berechnen.[40] Der Zufallsbegriff hat also auch bei vollkommener Einsicht in die betreffenden Naturvorgänge seine Berechtigung.

Die andere Quelle des Zufalles besteht nach Cournot in den historischen Daten über den Weltverlauf. Diese lassen sich nicht weiter auf Gesetze zurückführen und müssen einfach als gegeben hingenommen werden. So könnte ein Verstand, der dem unsrigen weit überlegen wäre, im Studium der Zustände, durch die unser Planetensystem hindurchgegangen ist, viel weiter als wir vordringen, allein er würde schließlich doch auf eine Reihe ursprünglicher Daten stoßen, über die die Theorie keine Rechenschaft gibt, und die demnach als willkürlich und zufällig anzusehen sind. Diese Daten müssen als historische Tatsachen hingenommen werden, d. h. als das Resultat des zufälligen Zusammenwirkens von Ursachen, die noch weiter in der Zeit zurückliegen.[41]

---

40) Da es besonders lehrreich ist, die Anwendung des Zufallsbegriffes in genau bekannten Gebieten zu untersuchen, so ist es nicht verwunderlich, daß die im Planetensysteme herrschenden Verhältnisse häufig herangezogen wurden, um die Bedeutung des Zufallsbegriffes zu erläutern. So erklärt Humboldt im *Kosmos* bei der Planetenbildung das als zufällig, was nicht genetisch erklärt werden kann. In der Vorlesung über Wahrscheinlichkeitsrechnung stellt Bessel, Populäre Vorlesungen, 1848, S. 391, unsere Auffassung von der Verdunklung der Sonne durch ein aufsteigendes Gewitter als zufällig, jener über die Notwendigkeit des Eintretens der Verfinsterung der Sonne durch den Mond gegenüber. Bessel leitet daraus die Anschauung ab, daß der Zufall eine subjektive Erscheinung ist und für eine der unsrigen überlegene Einsicht wenig Zufälliges übrigbleiben würde.

41) A. A. Cournot, Essay, Kap. 20, S. 312. Auf keinen Begriff ist Cournot so häufig zurückgekommen wie auf die des Zufalles und der Wahrscheinlichkeit. Außer in seinen Hauptwerken und in der Exposition de la théorie des chances et des probabilités handelt er auch in seinem letzten Werke Matérialisme, Vita-

Cournots Gedanken fanden merkwürdig wenig Beachtung. Windelband erwähnt bei seiner Besprechung des relativen Zufalles die eigentümliche Fassung, die Cournot diesem Begriffe gegeben hat, überhaupt nicht. J. v. Krieß bespricht Cournot nur ganz kurz, ohne seine Leistungen in richtiger Weise zu würdigen. Erst E. Czuber hat die Verdienste Cournots um die Klarlegung der Grundbegriffe der Wahrscheinlichkeitsrechnung weiteren Kreisen verständlich gemacht. Die technische Seite der Wahrscheinlichkeitsrechnung hat Cournot kaum wesentlich verbessert, allein seine Ansichten über die grundlegenden Begriffe sind neu und originell. In gewisser Beziehung sind seine Begriffe nicht so scharf gefaßt, wie es mit den heute zur Verfügung stehenden logischen und mathematischen Hilfsmitteln möglich ist, und die Kritik hat nicht ermangelt, diesen Punkt hervorzuheben. Dies rührt daher, daß zu Cournots Zeiten die Mengentheorie noch nicht erfunden war. Wären die Begriffe der Mengenlehre ihm zur Verfügung gestanden, so hätte Cournot vermutlich eine Auffassung der Begriffe Zufall und Wahrscheinlichkeit gegeben, die mit der in diesem Buche vertretenen Auffassung in den wesentlichen Punkten übereingestimmt hätte.

Bei näherer Betrachtung der beiden von Cournot angegebenen Quellen des Zufalles erkennt man leicht, daß es sich in beiden Fällen um die Abwesenheit von logischen Beziehungen oder Abhängigkeiten handelt. Hierin aber besteht das Wesen des logischen Zufalles, daß aus einem gegebenen Begriffe das Vorhandensein einer bestimmten Eigenschaft an einem Repräsentanten dieses Begriffes nicht geschlossen werden kann.

Bei der Analyse des relativen Zufalles nimmt Cournot zwei Kausalreihen an, die verschiedenen Gesetzen, welche G und H heißen mögen, folgen. Solche Gesetze sind Sätze, die die Aufeinanderfolge der Zustände, in welcher die Prozesse bestehen, festlegen. Es ist hierbei gleichgültig, ob G und H in der Form mathematischer Funktionen gegeben sind oder nicht. Zwischen solchen Sätzen kann keine andere als eine logische Abhängigkeit bestehen: Können beide Sätze aus denselben Voraussetzungen abgeleitet werden, so sind sie spezielle Fälle eines allgemeineren Satzes und voneinander abhängig. Ihre Unabhängigkeit besteht darin, daß es keine Obersätze gibt, aus denen G und H abgeleitet werden können. Durch die Annahme, daß es mehr als ein ursprüngliches Naturgesetz gibt, ist es sichergestellt, daß nicht sämtliche Sätze aus einem allgemeinsten Satze abgeleitet werden können.

Noch leichter ersichtlich ist die logische Natur der zweiten von Cournot angegebenen Quelle der Zufälligkeit. Die historischen Daten legen den Anfangszustand fest und bestimmen, in welcher Art der

---

lisme, Rationalisme, 1875, S. 301—324, davon, wo die endgültigen Ergebnisse seines Nachdenkens über diese Gegenstände in überaus klarer und anziehender Form niedergelegt sind.

Prozeß sich wirklich zuträgt. Es ist aber nur eine Gewohnheit unseres Geistes, bei der Beschreibung eines Vorganges möglichst weit in die Vergangenheit zurückzugehen, denn ein Vorgang ist vollständig festgelegt, falls er in einem Augenblicke in all seinen Einzelheiten bestimmt ist. Es ist gleichgültig, ob dies der Anfangspunkt oder sonst irgendein Augenblick im Verlaufe des Prozesses ist.

Kann ein solcher Vorgang im Bilde einer mathematischen Funktion dargestellt werden, so ist er erst dann vollständig bestimmt, falls die Funktion und die in ihr auftretenden Konstanten gegeben sind. Die Kenntnis der Funktion verhilft nicht zu der der Konstanten, sondern diese müssen durch Beobachtung bestimmt werden. Die Funktion ist das, was Cournot das Gesetz des Vorganges nennt, während die Werte der Konstanten die historischen Daten für einen individuell bestimmten Vorgang repräsentieren. Zwischen dem Gesetze und den historischen Daten besteht also das Verhältnis der logischen Unabhängigkeit.

Wäre unsere Kenntnis des Naturgeschehens vollkommen, so würde ein System abstrakter Sätze die Beschreibung aller Prozesse enthalten, die überhaupt möglich sind. In diesen Sätzen fänden wir aber noch keine Auskunft darüber, welche Prozesse wirklich stattfinden. Hierzu müßte der Zustand des Geschehens in irgendeinem Augenblicke gegeben sein. Dies wäre das Minimum an Erfahrung, das zur tatsächlichen Festlegung des Geschehens notwendig ist, das aber nicht aus den allgemeinen Sätzen abgeleitet werden kann. Zwischen diesen beiden Elementen der Erkenntnis besteht das Verhältnis der logischen Unabhängigkeit, und diese Quelle der Zufälligkeit bliebe bestehen, falls unsere Naturerkenntnis vollkommen wäre.

Anschauungen dieser Art wurden öfters ausgesprochen. Ihren bekanntesten und überraschendsten Ausdruck hat diese Ansicht in dem sogenannten mechanischen Ideal von Laplace gefunden. Wesentlich besagt dieses, daß sich jedes Geschehnis berechnen ließe, falls die Gesetze des Geschehens und der Zustand der Welt in irgendeinem Augenblicke gegeben sind. Im Besitze solcher Kenntnisse könnte man eine „Weltformel" aufstellen, aus der durch Einsetzen bestimmter Werte für die Zeit und die Raumkoordinaten jeder beliebige Vorgang errechnet werden könnte.

Unter der etwas pedantischen Ausdrucksweise des Mathematikers erkennt man leicht die rationalistische Grundanschauung von dem durchgängigen Zusammenhange und der durchgängigen Erkennbarkeit des Geschehens. Manche Philosophen haben die rationalistische Grundansicht auf die Spitze getrieben, indem sie sich mit einem noch geringeren Maße an Erfahrung begnügen zu können glaubten als Laplace. So leitete Descartes seine Lehre aus den Regeln der Logik und dem einzigen Erfahrungsdatum der Existenz des eigenen Ich ab, und Schopenhauer meinte, daß aus einer einzigen, vollständig erkannten Tatsache das gesamte Weltgeschehen begriffen werden könne.

Die Anschauung von dem durchgängigen Zusammenhange der Ereignisse des Naturgeschehens bildet auch ein wichtiges Element in der Auffassung der unabhängigen Ereignisse, die die *Moskauer Schule* lehrt, jedoch sind diese Forscher nicht Rationalisten, da sie unerkennbare Zusammenhänge annehmen.

In Laplaces Anschauung von der Bestimmbarkeit des Weltgeschehens auf Grund der Gesetze des Geschehens und der Daten über den Zustand der Welt in einem gegebenen Augenblicke sind zwei Voraussetzungen von verschiedener Natur enthalten. Die Angabe des Zustandes der Welt in einem gegebenen Augenblicke erfordert eine Aussage über jedes Element einer dreifach ausgedehnten stetigen Mannigfaltigkeit. Eine solche Aussage ist aber nur dann möglich, falls in dem Gesamtzustande der Welt eine erkennbare Regelmäßigkeit besteht. Es müßte also auch das Gesamtgeschehen in jedem Augenblicke einheitlich sein und eine Gesetzmäßigkeit aufweisen, die auf Grund einer endlichen Erfahrung bestimmt werden kann. Da Aussagen über alle Elemente unendlicher Mengen nur mit Hilfe von Funktionen möglich sind, und der Augenblick, in dem das Geschehen gegeben werden soll, beliebig ist, so enthält diese Forderung die Voraussetzung, daß das Weltgeschehen in seiner Gesamtheit in jedem Augenblicke durch eine Funktion gegeben ist, die auf Grund einer endlichen Erfahrung bestimmt werden kann. Man wird nicht sagen können, daß die Ansicht Laplaces gewinnt, wenn man sich diese Voraussetzung klar macht.

Von besonderer Wichtigkeit ist die Forderung, daß die Gesetze des Geschehens auf Grund einer endlichen Erfahrung erkennbar sein sollen. Durch diese Forderung wird die Klasse der Funktionen, die für die Beschreibung der Naturvorgänge in Betracht kommen, in bemerkenswerter Weise beschränkt, und es lohnt die Mühe, die Tragweite dieser Forderung etwas näher zu untersuchen.

Unsere Erfahrungen über die uns umgebende Welt sind in Aussagesätzen niedergelegt, die man in zwei Gruppen einteilen kann: In solche, welche eine Aussage über ein Sein, und in solche, welche eine Aussage über ein Geschehen enthalten. Von den ersteren ist unmittelbar ersichtlich, daß sie Aussagen über das Zusammenbestehen von Merkmalen sind. Ein Gegenstand A ist durch die Merkmale $a, b, \ldots k$ definiert, und wir nehmen an ihm die weitere Eigenschaft m wahr. Ein solcher Tatbestand gibt Gelegenheit zu der Aussage „A ist m".

Der logische Charakter solcher Sätze ist leicht einzusehen. Das Prädikat als der inhaltsärmere, und darum umfangreichere Begriff, definiert eine Menge von Gegenständen, die als Teil jene Menge enthält, deren Elemente durch den Begriff des Subjektes festgelegt sind. Der Satz „A ist m" enthält also eine Aussage über jedes Element der zu A gehörigen Menge.

Für unsere Erkenntnis haben solche Sätze verschiedenen Wert, je nachdem die Menge der A ein oder mehrere Elemente enthält. In letzterem Falle enthält der Satz die Behauptung, daß bei Vorhandensein der Merkmale a, b, c, ... l auch stets das Merkmal m gefunden wird. Dies bedeutet, daß das Zusammenbestehen der Merkmale nicht ganz regellos ist. Ein solcher Satz enthält also eine Aussage über eine Regelmäßigkeit im Zusammenbestehen der Merkmale und heißt demnach eine Regel der Koexistenz.

Die zweite Gruppe von Aussagesätzen betrifft die Regeln der Sukzession. Es sei eine konstante Gruppe von Merkmalen a, b, ... l gegeben, und durch diese der Gegenstand A definiert. Es seien diese Merkmale zu den Zeiten t', t'', ... mit den Merkmalen m', n', ... z'; m'', n'', ... z''; ... verbunden. Diese Gruppen von Merkmalen heißen die Zustände des Gegenstandes A zu den Zeiten t', t'', ..., und ein solcher Tatbestand gibt Gelegenheit zur Einführung des Begriffes eines Gegenstandes, der Veränderungen erleidet. Das Wesen einer Veränderung besteht darin, daß dem Gegenstande A zu verschiedenen Zeiten verschiedene Zustände zukommen, oder, wie man es auch ausdrücken kann, daß ein konstanter Komplex von Merkmalen mit einem variablen Komplexe verbunden ist.

Einem Gegenstande mögen zu den Zeiten t_1, t_2, ... t_n die Zustände Z_1, Z_2, ... Z_n zukommen. Eine solche Folge von Zuständen heißt ein Prozeß, der mit dem Zustande Z_1 beginnt und mit dem Zustande Z_n endet. Ein Prozeß ist also eine Menge von Zuständen, deren Anordnung durch ihre Beziehung zu den ihnen entsprechenden Zeiten festgelegt ist. Die Menge der Zustände eines Prozesses ist demnach durch die Abbildung auf die Menge der Zeitpunkte wohlgeordnet.

Von besonderem Interesse sind jene Prozesse, welche mit einem konstanten oder doch nur sehr langsam veränderlichen Zustande Z beginnen, der durch das Hinzutreten einer Gruppe von Merkmalen Z' in Z_1 verwandelt wird, worauf eine Reihe von verhältnismäßig stark unterschiedenen Zuständen Z_1, Z_2, ... zu dem Zustande Z_n führt, der wiederum keine oder doch nur sehr langsame Veränderungen erfährt. Die Gesamtheit der Merkmale Z und Z', aus welchem sich Z_1 zusammensetzt, heißt die Gruppe von Bedingungen für das Zustandekommen des Prozesses. Z wird als die systematische Vorbedingung bezeichnet, während Z' eine Mitbedingung oder Komplementärbedingung heißt.

Diese Unterscheidung ist für manche praktische Zwecke vorteilhaft, da es vorkommen kann, daß Z sehr häufig, Z' aber nur selten vorkommt oder auch durch menschliche Willenshandlungen hervorgerufen werden kann. Vom logischen Standpunkte aus ist diese Unterscheidung bedeutungslos, da das Zustandekommen des Prozesses von dem Vorhandensein des Anfangszustandes Z_1 abhängt, in welchem alle Merkmale notwendig sind. Der Umstand, daß eine Gruppe von Merkmalen als letzte zu einem bereits bestehenden Komplexe hinzukommt, rechtfertigt es nicht, ihr eine besondere Stellung einzuräumen, wie es geschieht, wenn man sie als Ursache bezeichnet. Man darf die psychologische Kraft der Umstände, welche zur Aufstellung dieses Begriffes geführt haben, nicht unterschätzen und sich nicht über den Widerstand, den der von Ernst Mach, Bertrand Russel u. a. vertretene Vorschlag, den Ursachbegriff ganz aufzugeben, wundern. In neuester Zeit versuchten H. Weber und J. Wellstein sowie F. Enriques den Ursachbegriff scharf zu fassen, allein es ist ihnen nicht gelungen, seine wesentlichen und unvermeidlichen Schwierigkeiten zu beseitigen.

Prozesse können wieder als Elemente von Mengen betrachtet und zu Gegenständen einer abstrahierenden Begriffsbildung gemacht werden. Das Ergebnis einer solchen sind die Regeln der Sukzession, welche Aussagen über Mengen enthalten, deren Elemente Prozesse sind. Enthält eine solche Menge nur ein Element, so handelt es sich um ein einmaliges Ereignis, und der betreffende Satz enthält eine Aussage über ein einmaliges, individuelles Geschehen, wobei es gleichgültig ist, ob es sich um die Beschreibung eines historischen Vorganges oder um die Bewegung eines Sternes handelt. Aussagen über eine Menge von Prozessen, die mehr als ein Element enthalten, geben Regeln für die Aufeinanderfolge von Zuständen, und ihr Vorhandensein beweist, daß die Zustände nicht regellos aufeinanderfolgen. Es ist klar, daß die Regeln der Sukzession das Geschehen nicht in seiner individuellen Bestimmtheit beschreiben können, sondern nur die allgemeinen Züge der Ereignisse festlegen.

Befinden sich unter den Merkmalen, welche die Zustände beschreiben, solche, welche Größencharakter haben und stetiger Veränderungen fähig sind, so ist die Beschreibung des Prozesses nur durch Darstellung der funktionellen Abhängigkeit zu leisten. In der Tat bietet die Funktion die einzige Möglichkeit, Aussagen über alle Elemente von stetigen Mengen zu machen. In allen derartigen Regeln der Sukzession tritt die Zeit als unabhängige Veränderliche auf. Während die Regeln der Koexistenz Aussagen über das Zusmmenbestehen von Merkmalen machen, geben die Regeln der Sukzession nicht nur die Definitionen von Mengen von Zuständen, sondern setzen auch deren Anordnung fest.

Man vereinigt die Regeln der Koexistenz und die der Sukzession unter dem Begriffe des Naturgesetzes. Die Allgemeinheit eines solchen besteht darin, daß die betreffende Aussage sich auf sämtliche Elemente von Mengen beziehen, die mehr als ein Element haben. Das Wesen der Regeln der Sukzession besteht darin, daß die Zustände, deren Menge den Prozeß ausmacht, in eindeutige Beziehung zu den ihnen entsprechenden Zeitpunkten gebracht werden. Man bildet die Menge der Zustände auf die Menge der Zeitpunkte ab. Bei den Regeln der Koexistenz ist das Bestehen eindeutiger, welchselseitiger Beziehungen zwischen den Elementen von Mengen, deren keine eine Menge von Zeitpunkten ist, charakteristisch.

Ein Naturgesetz ist demnach eine Regel, nach welcher Mengen aufeinander abgebildet werden.

Es möge bemerkt werden, daß der Begriff der Abbildung der allgemeinere, der der funktionellen Abhängigkeit aber der besondere ist, da der letztere Begriff in seiner jetzt gebräuchlichen Form sich nur auf die Abbildung solcher Mengen bezieht, deren Elemente Größencharakter haben. Die in mathematischer Form geleistete Beschreibung von Prozessen oder Zusammenhängen ist ohne Zweifel der vollendetste Ausdruck, den wir unserer Kenntnis der Naturerscheinungen geben können, allein das berechtigt nicht, Sätzen, die nicht in dieser Form auftreten, den Charakter von Naturgesetzen abzusprechen.

Fälle eines Gesetzes sind Elemente derselben Menge und unterscheiden sich voneinander in Hinsicht auf das Gesetz in nichts. Die Gesetze sind also von Zeit und Raum unabhängig, und daher gegenüber jeder Transformation der absoluten Zeit- und Raumbestimmungen invariant. Dies ist aber nur dann möglich, wenn in dem Satze, der das Gesetz ausspricht, absolute Zeit- und Raumbestimmungen überhaupt nicht vorkommen.

Dies ist der logische Gehalt der Voraussetzung, die man manchmal etwas poetisch als die „Allgegenwart der Naturkräfte" bezeichnet und für die Bertrand Russell den Ausdruck Gleichförmigkeit der Natur oder des Naturgeschehens gebraucht. Der wesentliche Gehalt dieser Vorstellung besteht darin, daß Zeit und Raum für die Naturgesetze bedeutungslos sind, so daß ein durch seinen Anfangszustand bestimmter Prozeß an allen Orten und zu allen Zeiten in gleicher Weise verläuft.

Diese Voraussetzung ist nicht rein logischer Natur, wie daraus hervorgeht, daß man sie abändern kann. Tatsächlich haben einige Philosophen den Gedanken einer Evolution der Naturgesetze gefaßt, was darauf hinausläuft, absolute Zeitbestimmungen einzuführen. Zweifelhaft ist, ob ein solcher Gedanke sich als fruchtbar erweisen wird, sicher ist dagegen, daß ein solcher Gedanke auf den stärksten Widerstand treffen muß. Für Raumbestimmungen wurden ähnliche Ansichten noch nicht geäußert.

Die Zusammenfassung von Merkmalen zu einer Gruppe, durch die ein Gegenstand oder Zustand definiert wird, ist meist durch die Erfahrung nahegelegt, kann aber ganz willkürlich ausgeführt werden. Das gleiche gilt hinsichtlich der Definition eines Prozesses, dessen Anfangs- und Endzustand man auch beliebig wählen kann. Der Satz, welcher ausspricht, mit welchem Namen eine gewisse Gruppe von Merkmalen bezeichnet werden soll, heißt die Definition dieses Wortes. Durch die Definition ist durchaus nicht sichergestellt, daß es in der Erfahrung über die uns umgebende Welt Dinge gibt, die dem Begriffe entsprechen.

Die Worte sind Zeichen für die betreffenden Gruppen von Merkmalen. Neben einem gewissen Vorrate an Worten enthält jede Sprache eine Reihe von Regeln, nach welchen die Worte zu Sätzen verbunden werden. Sätze, die nicht reine Worterklärungen, also Definitionen, sind, sind Zeichen für zwischen den Gegenständen bestehende Beziehungen. Solche Beziehungen müssen vom Standpunkte der Mengentheorie aus ebenfalls als Gegenstände bezeichnet werden, und die für sie gewählten Zeichen könnten ebenso willkürlich gebildet werden wie die Worte.

Dieses Verfahren, dem manche der primitiven Sprachen recht nahe kommen, wird von keiner der bestehenden Kultursprachen angewendet, sondern die Bildung der Sätze — d. h. der Zeichen für zwischen den Gegenständen bestehende Beziehungen — geschieht systematisch nach den Regeln der Grammatik. Die Grammatik ist demnach eine Gruppe von Vorschriften, nach welchen aus den Worten systematisch die Zeichen für Gegenstände höherer Ordnung erzeugt werden. Sie enthält die Regeln für die Verknüpfung der Worte, welche mit irgendwelchen anderen Regeln der Verknüpfung auf gleicher Stufe stehen, und demnach etwa mit den Regeln, nach welchen mit algebraischen Zeichen manipuliert wird, oder mit jenen, nach welchen die Steine des Schachspieles bewegt werden, zu vergleichen sind. Man ersieht sofort, daß ein Satz richtig gebildet sein kann, ohne daß ihm irgendein Gegenstand der Erfahrung entspricht.

Die Daten der Sinnesempfindung wollen wir als die unmittelbare Erfahrung bezeichnen, während die Gesamtheit der Aussagen über unsere Sinnesempfindungen samt allen aus diesen durch rein logische Prozesse abgeleiteten Folgerungen als Erfahrung schlechthin bezeichnet werden soll.

Gibt es in der Erfahrung irgendwelche Gegenstände, welchen die ausgesagten Eigenschaften zukommen, so sind die betreffenden Zeichen — d. h. die gedruckten oder gesprochenen Worte und Sätze — im mengentheoretischen Sinne die Bilder dieser Gegenstände. Wir trachten danach, eine Menge von Zeichen herzustellen, deren jedes im mengentheoretischen Sinne das Bild eines in der Erfahrung vorkommenden Gegenstandes ist. Da wir die Menge der Zeichen beliebig vermehren können, so können wir auch eine unbegrenzte Zahl von Gegenständen abbilden und so unser Bild von der Erfahrung stets vollkommener machen. Eine Gruppe von solchen Zeichen, die einen bestimmten Teil der Erfahrung abbilden, heißt eine Wissenschaft. In diesem Sinne wollen wir den bekannten Hertzschen Satz verstehen, es sei Ziel der Wissenschaft, ein Bild von der Erfahrung zu geben.[42]

---

[42] H. Hertz hat diesen Satz aufgestellt und die daraus für die Behandlung der Mechanik sich ergebenden Schlüsse mit großer Konsequenz gezogen. Der Satz selbst ist jedoch von der Art, daß es verwunderlich wäre, wenn ähnliche Gedanken nicht schon früher ausgesprochen worden wären. Dies geschieht z. B. in dem folgenden Satze von Lavoisier: „Toute science est formée de trois choses: les faits, qui la constituent; les idées, qui les rappellent; les mots, qui les expriment; le mot doit faire naître l'idée, *l'idée doit peindre le fait: ce sont trois images d'un même cachet.*" Der Unterschied besteht darin, daß bei

Dieser Satz hat nur dann einen Sinn, wenn das Wort Bild in seiner mengentheoretischen Bedeutung genommen wird, die nur das Vorhandensein einer eindeutigen Beziehung zwischen den Gegenständen der Erfahrung und den für sie gebrauchten Zeichen voraussetzt. In seiner gewöhnlichen Bedeutung verlangt der Begriff eines Bildes das Bestehen einer Übereinstimmung zwischen dem Bilde und dem abgebildeten Gegenstande, die zwischen den Sätzen einer Wissenschaft und den Gegenständen, auf welche sie sich beziehen, offenbar nicht besteht.

Um dies einzusehen, braucht man sich nicht einmal auf die bekannte Schwierigkeit zu berufen, wie es denn möglich sei, daß unsere Vorstellungen die Eigenschaften der unabhängig von uns existierenden Gegenstände abbilden sollen. Zwischen den Vorstellungen, die man beim Lesen der Beschreibung eines physikalischen Prozesses und bei der tatsächlichen Beobachtung desselben hat, mag eine Ähnlichkeit bestehen, deren Erforschung eine psychologische Aufgabe ist, allein zwischen der etwa gedruckt vorliegenden Beschreibung und dem Prozesse selbst besteht keine wie immer geartete Ähnlichkeit. Man kann also den Ausdruck „Abbildung“ nicht im gewöhnlichen Sinne dieses Wortes gebrauchen.

Ein Satz steht zu einer Gruppe von anderen Sätzen im Verhältnisse der logischen Abhängigkeit, wenn er aus ihnen durch rein logische Operationen abgeleitet werden kann. Es kommt vor, daß eine Anzahl von Sätzen zu einer gegebenen Gruppe von Sätzen in dem Verhältnisse der logischen Abhängigkeit stehen. Man spricht dann von einem Systeme von Sätzen. Es ist hinreichend, im Besitze der Fundamentalsätze zu sein, da man aus ihnen die übrigen Sätze ableiten kann. Man bezeichnet die Fundamentalsätze als Axiome, Postulate oder Hypothesen der betreffenden Wissenschaft.

Sätze, ohne welche man einen gegebenen Satz nicht ableiten kann, sind für seine Ableitung notwendig, während eine Gruppe von Sätzen, aus denen ein Satz sich als logische Folgerung ergibt, für seine Ableitung hinreichend ist. Man spricht von einer Gruppe von voneinander unabhängigen Sätzen, falls keiner derselben zu irgendeinem andern oder zu irgendeiner Gruppe dieser Sätze im Verhältnisse der logischen Abhängigkeit steht. Eine Gruppe von Sätzen, die zur Ableitung eines gegebenen Satzes notwendig und hinreichend sind, müssen voneinander unabhängig sein, denn wenn ein unter den Voraussetzungen angeführter Satz sich aus den anderen ableiten ließe, so kann er als Folgesatz gewonnen werden, worauf der Beweis wie vorher geführt wird. Eine Gruppe von Sätzen, die zur Ableitung eines Satzes notwendig und hinreichend sind, stellen das Minimum der Annahmen dar, die man machen muß, um zu diesem Satze zu gelangen.

Bezeichnet man eine Gruppe von Axiomen mit M, eine Reihe von Sätzen mit N, N', N'', ... und das Bestehen einer logischen Abhängig-

---

Hertz dieser Gedanke nicht nur Gelegenheit für einen anziehenden Satz gibt, sondern auch ein Element des wissenschaftlichen Denkens ist.

keit mit Ɔ, so bilden diese Sätze ein System, falls die Beziehungen $M \supset N$, $M \supset N'$, $M \supset N''$, ... bestehen. Das entwickelte System der Sätze N, N', N'', ... gibt die Konsequenzen, die in den Fundamentalsätzen M enthalten sind, und gibt eine Art Definition des vollständigen Inhaltes von M.

In einer Gruppe von Axiomen, die voneinander unabhängig sind, kann jeder Satz durch sein kontradiktorisches Gegenteil ersetzt werden, ohne daß die aus dieser neuen Gruppe durch rein logische Operationen abgeleiteten Sätze miteinander im Widerspruche stehen, trotzdem die vollständig von den aus den ursprünglichen Axiomen abgeleiteten Sätzen verschieden sind. Die logische Wahrheit eines Systemes erklären wir als die Abwesenheit eines Widerspruches zwischen seinen Sätzen. Sie besteht also darin, daß kein zu dem Systeme gehöriger Satz oder irgendeine Gruppe von solchen Sätzen, oder irgendeine daraus durch rein logische Operationen abgeleitete Folgerung mit irgendeinem anderen Satze des Systemes im Widerspruch steht.

Der Charakter der logischen Wahrheit kommt einem Satze nur in Hinsicht auf ein gegebenes System von Sätzen zu. Da die Axiome beliebig gewählt werden können, so hat es keinen Sinn, von der logischen Wahrheit eines Satzes schlechthin zu sprechen. Ist ein Satz in bezug auf eine gegebene Gruppe von Axiomen logisch wahr, so gehört er zu dem Systeme der zu diesen Axiomen gehörigen Folgesätze, und ist demnach in bezug auf diese notwendig. Diese Notwendigkeit ist aber nur hypothetisch. Das, was apodiktisch ausgesagt wird, ist nur das Bestehen der Folgesätze N, N', N'', ... wenn M gegeben ist. In bezug auf jede andere verschiedene Gruppe von Fundamentalsätzen ist der Satz aber logisch falsch.

Die Axiome selbst sind unabhängig voneinander, weshalb sie im logischen Sinne weder wahr noch falsch sind. Da zwischen ihnen keinerlei logische Verknüpfung besteht, so sind sie in bezug aufeinander zufällig.

Eine systematische Wissenschaft ist eine Menge von Zeichen, die aus einer gegebenen Gruppe nach den Sätzen der Logik als Regeln der Verknüpfung gewonnen werden. Da die Axiome, aus denen Folgerungen gezogen werden sollen, ganz beliebig gewählt werden können, solange sie nicht miteinander im Widerspruche stehen, so ist klar, daß es durchaus nicht notwendig ist, daß diese Zeichen als Bilder irgendwelchen in der Erfahrung vorkommenden Gegenständen entsprechen. In diesen abstrakten Systemen ist demnach die erfahrungsmäßige Existenz irgendwelcher Dinge nicht Gegenstand des Beweises. Ebensowenig ist aber die erfahrungsmäßige Existenz irgendwelcher Gegenstände Voraussetzung des Beweises.

Das Interesse an solchen abstrakten Gedankensystemen wäre gering und sie böten kaum mehr als Gelegenheit zur Übung des Scharfsinnes, falls es unter ihnen nicht auch solche gäbe, deren Sätze im

mengentheoretischen Sinne die Bilder von Dingen in der uns umgebenden Welt wären. Wir wollen einen Satz empirisch wahr nennen, falls
die in ihm ausgesagte Beziehung tatsächlich in der Erfahrung stattfindet. Demgemäß- werden wir ein System empirisch wahr zu bezeichnen haben, falls sämtlichen Sätzen des Systems der Charakter der
empirischen Wahrheit zukommt.

Eine Naturerscheinung wird erklärt, indem man zeigt, wie der Satz,
der sie beschreibt, als logische Folgerung aus einer gegebenen Gruppe
von Sätzen gewonnen werden kann. Eine Erklärung bezieht sich also
stets auf eine gewisse Gruppe von Sätzen und hängt von diesen ab,
weshalb sie von nur hypothetischer Gültigkeit ist. Je nach den gewählten Voraussetzungen fällt die Erklärung verschieden aus, und man
spricht wohl von Erklärungen auf Grund verschiedener Hypothesen.
Eine besondere Stellung nehmen jene Erklärungen ein, bei denen alle
Voraussetzungen den Charakter empirischer Wahrheit haben. Ein berühmtes Beispiel dieser Art ist die Gaußsche Theorie des Magnetismus.

Das Band, das die Sätze eines Systemes verbindet, ist rein logisch,
denn zwischen den Sätzen, die empirisch wahr sind, ist höchstens der
Unterschied, daß die einen früher, die anderen später zu unserer Kenntnis kommen, oder daß bei den einen die Gelegenheit zu Beobachtung
sich häufig, bei den anderen seltener ergibt. Der Umstand, daß ein
Satz als Folgerung aus anderen Sätzen gewonnen werden kann, charakterisiert ihn als diesen Sätzen logisch untergeordnet, allein man überschreitet die Erfahrung und kommt auf die Metaphysik Spinozas,
wenn man die Ordnung der Dinge der unserer Begriffe entsprechen
lassen will. Über die Beziehungen zwischen den Dingen, wie sie unabhängig von unserer Wahrnehmung existieren, macht nur die Metaphysik Aussagen, allein zwischen den Sätzen, die die Erfahrung beschreiben, kann nur das Verhältnis der logischen Abhängigkeit bestehen.
Sind die Sätze, auf die eine Erklärung gestützt wird, Aussagen über
empirische Befunde, so haben sie vor dem zu erklärenden Satze höchstens den Vorzug größerer Bekanntheit, sind aber tatsächlich ebenso
Aussagen über ursprüngliche Tatsachen wie der zu erklärende Satz.

. Die geschichtliche Entwicklung der abstrakten Systeme beginnt mit
Sätzen von nur geringer Allgemeinheit, deren empirischer Ursprung
mehr oder weniger klar ersichtlich ist. Dies gilt nicht nur von den
Naturwissenschaften, sondern, wie die Geschichte der ägyptischen
Mathematik nahezulegen scheint, sogar für die Algebra. Die Gültigkeit
dieser Sätze wird erweitert, und heute bestehen unsere Kenntnisse über
das Naturgeschehen aus einer Reihe von Systemen, die allerdings untereinander mehr oder weniger zusammenhanglos sind. An ihrer Vereinigung wird aber fortgesetzt gearbeitet, und es ließen sich bereits einige
bemerkenswerte Erfolge erzielen.

Das Ideal der Wissenschaft wäre erreicht, falls aus einer beschränkten Zahl von Fundamentalsätzen ein Bild der gesamten Erfahrung abgeleitet werden könnte. Angesichts der Schwierigkeiten bei der Aufstellung eines Systems der Mechanik wird man die Lösung dieser Aufgabe als für absehbare Zeit hoffnungslos ansehen müssen. Als sicher wird man es betrachten müssen, daß ein solches System mehr als einen Satz wird enthalten müssen, wie es eine der Forderungen des Rationalismus ist.

In Anbetracht dieser Unmöglichkeit erstreben wir das Beste, was sich unter den gegebenen Verhältnissen erreichen läßt: Wir konstruieren Systeme von nur beschränkter Ausdehnung, in denen von vorherein für spätere Ausdehnungen Platz gelassen ist, und wir trachten, sie so einzurichten, daß die vorhandenen Sätze bei Gewinnung neuer Einsichten möglichst wenig verändert werden müssen. Man gibt so den Anspruch auf eine nicht erreichbare Vollkommenheit auf und überläßt es späteren Untersuchungen, zu entscheiden, ob zwischen den Voraussetzungen der verschiedenen Systeme irgendwelche Abhängigkeitsbeziehungen bestehen.

Der Vorteil einer solchen Aufteilung des Gebietes der Erfahrung besteht darin, daß man sich leichter von der Richtigkeit von Sätzen geringerer Allgemeinheit überzeugen kann, und daß ein allfälliger Irrtum nur verhältnismäßig geringe Änderungen notwendig macht. Man kann sagen, daß wir provisorische Systeme von möglichst großer Stabilität erzeugen. Dieser Forderung entsprechen jene Systeme, welche mit der vorhandenen Erfahrung möglichst genau übereinstimmen. Falls wir einer Größe den Wert beilegen, der sich auf Grund der vorhandenen Beobachtungen als der vorteilhafteste erweist, so erhalten wir einen Satz, dessen Änderung weniger wahrscheinlich ist als die irgendeines anderen analogen Satzes, und zugleich wissen wir, daß die Änderungen voraussichtlich innerhalb bestimmter Grenzen bleiben werden.

Die Geschichte der Mathematik zeigt, daß die Aufteilung eines Wissensgebietes an Systeme geringerer Allgemeinheit nicht das Aufgeben des Anspruches auf eine später zu erreichende Vollkommenheit bedingt. Das Verlangen nach einer strengen Ableitung der Sätze aus Prinzipien macht sich erst bei Vorhandensein eines ausgedehnten und nach vielen Richtungen durchgearbeiteten Materiales geltend. Ein solches lag ohne Zweifel E u k l i d vor, als er die geometrischen Kenntnisse seiner Zeit zu seinem Systeme der Geometrie vereinigte.

Ähnliche Verhältnisse trifft man später in der Geschichte der Infinitesimalrechnung, in der nach einer Periode der überraschendsten Entdeckungen die kritische Sichtung der gewonnenen Ergebnisse begann, wobei man auf genaue Formulierung der Sätze und Angabe der Bedingungen, unter denen allein sie gelten, das Hauptgewicht legte. Die klassischen Arbeiten der kritischen Mathematik setzen sich aber nicht die Aufgabe, die Grundlagen des gesamten Gebäudes der Mathematik zu erforschen, sondern sie beschränken sich darauf, die Voraussetzungen und Begriffe, auf welche spezielle Theorien aufgebaut sind.

klarzustellen und aus ihnen strenge Schlüsse zu ziehen. Dies geschieht z. B., wenn man die Theorie einer reellen Veränderlichen auf die Lehre von den Kardinalzahlen, oder die Funktionentheorie auf die Lehre von den Reihen zurückführt.

Man denkt sich hier das Gebiet der Mathematik in verschiedene Gebiete zerlegt, von denen jedes einzelne in einem besonderen Systeme seine Darstellung findet. Die Entscheidung, ob vielleicht eine Gruppe von Axiomen zur Ableitung all dieser Systeme hinreicht, wird einer späteren Untersuchung vorbehalten. Dies ist bekanntlich das Problem der Logistik, die das Problem der kritischen Mathematik verallgemeinert und den Prozeß der Arithmetisierung der Mathematik, d. h. das Streben, alle Sätze auf dem Zahlbegriff oder dem ihm übergeordneten Mengenbegriff aufzubauen, beendet. Die Untersuchungen von Bertrand Russell u. a. haben gezeigt, daß die Voraussetzungen der Logik auch zur Ableitung der Algebra hinreichen, und daß sich demnach alle in der reinen Mathematik vorkommenden Begriffe direkt oder indirekt durch eine sehr beschränkte Anzahl von Begriffen definieren lassen.

Ein ähnlicher Prozeß der Vereinheitlichung der Systeme findet auch auf den anderen Gebieten der Wissenschaft statt. In manchen Fällen ist der Erfolg gering, in keinem Falle auch nur annähernd so glänzend wie in der Mathematik. In diesen Bemühungen drückt sich der Drang nach einheitlicher Naturauffassung aus, der sich, wie die Geschichte lehrt, stets in der Aufstellung von Systemen äußert, die einen Teil des Geschehens oder gar das Geschehen in seiner Gesamtheit erklären sollen.

Soll nun ein solches einheitliches Bild möglich sein, so muß offenbar auch das Geschehen einheitlich sein. Wie oben auseinandergesetzt wurde, bedeutet diese Voraussetzung, daß in den Funktionen, welche zur Beschreibung der Prozesse und Gegenstände verwendet werden, keine absoluten Zeit- und Raumbestimmungen vorkommen dürfen. Die zweite Voraussetzung besteht aber darin, daß diese Funktionen auf Grund einer endlichen Erfahrung bestimmbar sein müssen. Die Menge der Regelmäßigkeiten, die als Naturgesetze in Betracht kommen, ist offenbar von der Mächtigkeit der Menge der Funktionen. Tatsächlich werden aber für die Zwecke der Naturbeschreibung nur ganz bestimmte Klassen von Funktionen verwendet, wodurch der Begriff eines Naturgesetzes eine bemerkenswerte Einschränkung erfährt.

Wir wollen folgende Betrachtung anstellen. Es seien $X_1, X_2, \ldots X_n$ Eigenschaften eines Gegenstandes und durch die Beziehung

$$F(X_1, X_2, \ldots X_n) = 0$$

bestimmt. Eine solche Formel gibt eine Regel für die Art des Zusammenbestehens der Merkmale, also eine Regel der Koexistenz. Kommt unter den Veränderlichen auch die Zeit t vor, so sind durch die Formel

$$G(t;\ X_1,\ X_2,\ \ldots X_n) = 0$$

die Zustände als Funktion der Zeit gegeben. Eine solche Formel enthält die Beschreibung eines Prozesses. Die Funktionen F und G haben den Wert von Naturgesetzen.

Bei Anwendung auf Naturvorgänge faßt man den Funktionsbegriff nicht in seiner allgemeinsten Bedeutung, in welcher er nur das Vorhandensein einer wie immer gearteten Beziehung aussagt. Man beschränkt sich von vornherein auf die analytischen Funktionen, indem man alle anderen Arten von Funktionen überhaupt nicht in Betracht zieht. Im weiteren Verlaufe der Überlegungen beschränkt man sich weiter auf möglichst einfache Funktionen, weil für unsere Zwecke — also namentlich für die Rechnung — nur solche Ausdrücke wirklich brauchbar sind, deren Handhabung hinreichend einfach ist.

Gegen die letztere Vereinfachung läßt sich nicht viel sagen. Man ersetzt eine als bekannt vorausgesetzte Funktion durch einen einfacher gebauten Ausdruck, nachdem man sich überzeugt hat, daß der gemachte Fehler eine gewisse Grenze nicht übersteigen kann. Außerdem trifft man eine solche Vereinfachung meist absichtlich, und gibt sich von ihrer Tragweite Rechenschaft. Selbstverständlich läßt sich auch dieses Vorgehen auf die Spitze treiben, und führt dann zu etwas naiven Anschauungen. Dies ist der Fall, wenn man jeden Ausdruck, der k Konstante enthält, und der n Beobachtungen darstellen kann, als Naturgesetz betrachtet, falls $n > k$.

Anders liegen die Verhältnisse hinsichtlich der Beschränkung auf analytische Funktionen. In den seltensten Fällen wird man sich darüber klar, daß unserer Naturerkenntnis durch die Beschränktheit der Mittel, welche wir für die Naturbeschreibung anwenden, ganz bestimmte Grenzen gezogen sind. Gegen die Annahme einer ganz allgemeinen Abhängigkeitsbeziehung zwischen den Eigenschaften eines Gegenstandes oder zwischen den Zuständen, deren Abfolge einen Prozeß ausmacht, wird man kaum einen gewichtigen Einwand vorbringen können. Falls man sich aber von vornherein bei der Beschreibung der Naturvorgänge auf bestimmte Klassen von Funktionen beschränkt, so haben die Eigenschaften, die diesen Funktionen allgemein zukommen, hinsichtlich der Naturbeschreibung den Wert von allgemeinen Gesetzen des Geschehens.

Unsere Vorstellungen über den Zusammenhang der Naturereignisse bezeichnet man als das Kausalgesetz. Der logische Inhalt dieser Vorstellung ist gegeben durch die Gesamtheit der Eigenschaften, welche den Funktionen, die für die Beschreibung der Naturvorgänge gebraucht werden, allgemein zukommen. Diese Eigenschaften müssen sich in jeder Naturerkenntnis wiederfinden, weil wegen der Art der bei ihrer Gewinnung verwendeten Erkenntnismittel ihr Vorhandensein notwendig ist.

Es wäre sehr schwierig, diese allgemeinen Eigenschaften der Funktionen — und damit die des Naturgeschehens — erschöpfend anzugeben. Noch schwieriger aber wäre die Angabe der Gründe, warum wir uns bei der Beschreibung der Naturvorgänge in der angegebenen Weise beschränken. Einige dieser Eigenschaften der Funktionen sind von der Art, daß sie wohl als mit unseren Vorstellungen über das Naturgeschehen übereinstimmend angesehen werden können, andere aber bedeuten Beschränkungen, die man nicht ohne weiteres hinnehmen kann. Eine solche Beschränkung wäre insbesondere dann unerträglich, falls sie durch eine nicht weiter begründete Wahl unserer Erkenntnismittel hervorgerufen wird.

Es werden vermutlich eine Anzahl von verschiedenen Gründen hierbei mitspielen. Ein wichtiger Grund für die Einschränkung unserer Wahl der Funktionen, die für die Beschreibung der Naturvorgänge in Betracht kommen, liegt ohne Zweifel in der Forderung, daß unsere Naturerkenntnis auf Grund einer endlichen Erfahrung zustande kommen muß, denn eine andere Erfahrung steht uns überhaupt nicht zu Diensten.

Soll das Gesetz einer Naturerscheinung erkennbar sein, so muß die betreffende Funktion aus einer endlichen Zahl von Beobachtungen bestimmbar sein. Da eine Funktion stetiger Veränderlicher eine Aussage über alle Elemente von unendlichen Mengen macht, sagt ein solcher Satz mehr aus, als die direkte Erfahrung rechtfertigt, ja die Aussage entzieht sich überhaupt einer direkten empirischen Bestätigung. Ermöglicht wird diese Aussage nur durch Voraussetzung gewisser Eigenschaften der Funktion, die das Gesetz darstellt.

Es ist leicht zu sehen, daß ein Prozeß vollkommen gesetzmäßig verlaufen oder der Zusammenhang der Eigenschaften eines Gegenstandes vollständig bestimmt sein kann, ohne aus irgendeinem Teile des Verlaufes oder durch eine endliche Zahl von Beobachtungen bestimmbar zu sein. In diesem Falle kann der weitere Verlauf der Ereignisse aus früheren Beobachtungen nicht erschlossen werden, mögen diese noch so ausgedehnt sein.

Man denke an die Ziffernfolge, die eine bestimmte Irrationalzahl, also z. B. die Zahl e, darstellt. Diese Reihe ist gewiß gesetzmäßig, denn das Gesetz liegt eben in der Definition dieser Zahl und ist uns vollständig bekannt. Das Gesetz, nach welchem die Ziffern aufeinanderfolgen, kann aber nicht aus irgendwelchen Beobachtungen über diese Folge erschlossen werden, denn es gibt keine Regel, nach welcher aus dem Vorhandensein einer bestimmten Ziffer auf der k-ten Dezimalstelle auf die auf der $(k+n)$-ten Stelle stehende Ziffer geschlossen werden kann, wenn k und n beliebige Zahlen sind. Das Gesetz äußert sich nur in der Folge als Ganzem, während kein endlicher Teil eine Regelmäßigkeit entdecken läßt.

Wäre ein Prozeß durch eine Menge von Zuständen gegeben, deren Gesetz in ähnlicher Weise nicht aus einzelnen Beobachtungen gefunden werden kann, so müßte unsere Methode der Naturerforschung ihm gegenüber versagen. Wir könnten den Verlauf dieses Prozesses nur beobachten, aber niemals eine Vorausbestimmung des Prozesses erzielen. Es läßt sich nicht leugnen, daß es viele Vorgänge gibt, denen gegenüber man sich leicht versucht fühlen könnte, diese Ansicht zu vertreten.

Die Bestimmbarkeit durch eine endliche Anzahl von Beobachtungen kommt im allgemeinen nur den analytischen Funktionen zu. Die allgemeine Funktion, die unstetig und nichtdifferentierbar ist, wird durch eine unendliche Anzahl von Funktionswerten bestimmt. Dies ist aber dasselbe, als wenn man sagen würde, daß sie auf Grund der Erfahrung nicht bestimmt werden können.

Bei der Beschreibung irgendwelcher Naturvorgänge greifen wir sofort unbedenklich zu den analytischen Funktionen. Soweit es sich um die Bewegung materieller Punkte handelt, sprechen Gründe für ein solches Vorgehen, denen man mit Rücksicht auf unsere allgemeinen Vorstellungen über diese Ereignisse ein großes Gewicht nicht wird absprechen können. Sie hängen mit einigen Eigenschaften solcher Funktionen zusammen, die als Bilder gewissen Eigenschaften solcher Vorgänge entsprechen, die wir bei der Beschreibung von Bewegungen materieller Punkte für wesentlich ansehen.

So wird man unter keinen Umständen bei einer Funktion, die zur Beschreibung physischer Vorgänge dienen soll, die Stetigkeit preisgeben wollen. Eine Unstetigkeit hinsichtlich der räumlichen Koordinaten würde bedeuten, daß eine Masse an einem Punkte verschwindet, um an einer anderen Stelle des Raumes wieder aufzutauchen. Ist eine Geschwindigkeit als Funktion der Zeit gegeben, so bedeutet eine Unterbrechung der Stetigkeit, daß der Bewegungszustand des Körpers sich plötzlich und ohne äußere Veranlassung ändert. In solchen Folgesätzen wird man wohl einen hinreichenden Grund für die Ausschließung unstetiger Funktionen bei der Beschreibung physikalischer Vorgänge sehen. Auch bei organischen Prozessen wird man wohl kaum einen stichhaltigen Grund gegen die Annahme vorbringen können, daß sämtliche zwischen zwei Zuständen liegende Zwischenstufen durchlaufen werden.

Bei der Beschreibung materieller Bewegungen wird man wohl mit Recht solche Funktionen ablehnen, welche Maxima und Minima in jedem Intervalle besitzen, da bei einer Bewegung längs einer solchen Kurve der materielle Punkt unendlich oft seine Richtung ändern müßte.

Schwieriger zu rechtfertigen ist bereits die Annahme der Differenzierbarkeit. Gegen das Fallenlassen der Voraussetzung des Bestehens der ersten und zweiten Abteilung spricht der Umstand, daß eine solche Bewegung ohne angebbare Geschwindigkeit bzw. Beschleunigung vor sich gehen müßte. Diesem Tatbestande gegenüber könnte man sich aber auf den agnostischen Standpunkt stellen, daß die objektiven Werte dieser Größen zwar vollkommen bestimmt, unsere Formeln aber zu ihrer Berechnung untauglich seien. In diesem Falle könnte also die Geschwindigkeit bzw. die Beschleunigung aus dem bekannten Gesetze der Bewegung nicht erschlossen werden. Ähnliche Betrachtungen lassen sich hinsichtlich des Nichtbestehens der höheren Ableitungen durchführen.

Ob die Eigenschaft einer Funktion, eine Entwicklung in eine Reihe zu besitzen, eine bestimmte Bedeutung für die Beschreibung physischer Vorgänge hat, läßt sich nicht ohne weiteres beantworten. Noch schwieriger ist die Beantwortung der Frage nach dem allgemeinen Grunde, warum Transformationen, durch welche eine Funktion den Charakter einer analytischen Funktion verliert, ausgeschlossen werden müssen. Diese Transformationen sind sehr verschiedenartig, weshalb auch ihre physikalischen Interpretationen kaum etwas Gemeinsames haben dürften. Vielleicht findet sich kein anderer Grund, als daß nichtanalytische Funktionen nicht in unserer Naturbeschreibung vorkommen dürfen. Es zeigt sich aber hierbei, in wie hohem Grade diese Beschränkung willkürlich ist, da z. B. Transformationen bekannt sind, die für rationale Werte eines Parameters den analytischen Charakter gewisser Funktionen unberührt lassen, ihn aber für irrationale Werte des Parameters aufheben.

Es ist nun wichtig, zu bemerken, daß unsere Methode der Naturerforschung, wie sie sich am vollkommensten in der mathematischen Physik äußert, notwendig auf analytische Funktionen führt, oder doch auf solche, welche die Mehrzahl der Eigenschaften der analytischen Funktionen besitzen. In der Tat bilden in der Regel Betrachtungen über die Vorgänge im Unendlichkleinen den Ausgangspunkt der Ableitungen. Durch sie kommt man zur Aufstellung der Differentialgleichungen, deren Integration erst die endlichen Ausdrücke gibt, die sich als Naturgesetze an der Erfahrung bewähren sollen. Aus dieser Entstehungsart aber folgt, daß den so gewonnenen Funktionen die Eigenschaften der Differenzierbarkeit und Stetigkeit nur ausnahmsweise abgehen können.

Die Annahme, daß die Naturereignisse durch die Vorgänge im Unendlichkleinen bestimmt sind, ist somit der Grund, warum man bei den gebräuchlichen Betrachtungen der Physik nur auf analytische Funktionen stoßen kann. Der Gedanke, daß die Naturvorgänge durch die Vorgänge im Unendlichkleinen bestimmt sind, hat sein logisches Gegenstück in der Bestimmbarkeit einer analytischen Funktion durch ein Funktionselement. Vermöge der analytischen Fortsetzung ist der Verlauf dieser Funktionen — und damit auch der durch sie beschriebenen Vorgänge — vollkommen bestimmt.

In den Methoden der mathematischen Naturbetrachtung haben die Anschauungen über den Zusammenhang des Naturgeschehens den exakten Ausdruck gefunden. In der Tatsache, daß diese Methoden sich der allgemeinen Anerkennung erfreuen, kann man den Beweis sehen, daß sie den Anschauungen über den Naturzusammenhang gut entsprechen. Aus unseren Ausführungen ergibt sich, daß man zu einer Erkenntnis des logischen Gehaltes dieser Vorstellungen über den Zusammenhang des Naturgeschehens — d. h. des sogenannten Kausalgesetzes — kommen kann, indem man die allgemeinen Eigenschaften jener Funktionen aufsucht, welche für die Beschreibung der Naturvorgänge verwendet werden. Gelingt es, die physikalische Deutung dieser Eigenschaften zu geben, so hat man die allgemeinsten Gesetze des Geschehens. Dies wäre der wahre Inhalt des sogenannten Kausalgesetzes.

Die Aufzählung der allgemeinen Eigenschaften der Funktionen, die für die Beschreibung der Naturvorgänge verwendet werden, wird ein ziemlich kompliziertes System von Sätzen erfordern, und man darf es als sicher annehmen, daß die Gründe für die Beschreibung auf analytische Funktionen nicht alle aus einem Satze abgeleitet werden können. Es ist also ein hoffnungsvolles Unternehmen, einen Satz wie „Keine Wirkung ohne Ursache" oder „Nihil est sine causa, cur potius sit quam non sit" oder sonst irgendeine der bekannten Formulierungen des sogenannten Kausalsatzes voranschicken zu wollen, und daraus die allgemeinen Gesetze des Geschehens abzuleiten. Die Erfahrung zeigt sowieso, daß alle solche Versuche mißlingen. Unsere Vorstellungen über den Zusammenhang der Naturereignisse sind viel zu verwickelt, als daß man sie in so primitiver Weise klären könnte.

Man kann die Frage aufwerfen, in welcher Weise sich unsere Naturerkenntnis gestalten würde, falls man eine oder die andere der Eigenschaften der analytischen Funktionen fallen ließe. Es ist dies eine logische Aufgabe, bei deren Inangriffnahme man aber vorsichtig verfahren muß, um keinen Anstoß zu erregen. Erinnert man sich an die ungebührliche Aufnahme der ersten Untersuchungen über die nichteuklidische Geometrie, so wird man nicht leicht Lust bekommen, mit solchen Untersuchungen, die eine Abänderung unserer Vorstellungen über den Kausalzusammenhang beinhalten, hervorzutreten.

Dabei müßte man sich ausschließlich an die tatsächlichen Eigenschaften der Funktionen halten. Zu diesen kann der Umstand, daß wir heute nicht imstande sind, nichtanalytische Funktionen rechnerisch zu beherrschen, nicht gezählt werden. Es läßt sich denken, daß ein Fortschritt der mathematischen Technik es uns ermöglicht, gewisse Klassen der nichtanalytischen Funktionen vollkommen sicher zu handhaben. Damit wären aber noch nicht die prinzipiellen Schwierigkeiten überwunden, die sich bei der Verwendung solcher Funktionen für die Beschreibung von Naturvorgängen ergeben.

Es ist gewiß, daß der Verzicht auf gewisse Eigenschaften der analytischen Funktionen nicht sofort jegliche Naturerkenntnis unmöglich macht. So ist, kurz ausgedrückt, die Integrierbarkeit einer Funktion bedingt durch ihre Stetigkeit. Ist $y = f(x)$, so ist, wie später gezeigt werden wird, die Bedingung dafür, daß hinsichtlich y ein Wahrscheinlichkeitsansatz möglich ist, dadurch gegeben, daß die inverse Funktion, in der y die unabhängige Veränderliche ist, integrierbar sei. Es wird also nur die Stetigkeit der inversen Funktion vorausgesetzt, wobei noch Unstetigkeiten auf einer abzählbar unendlichen Menge von Punkten zulässig sind. Allerdings besitzt ein Wahrscheinlichkeitsansatz nicht den gleichen Erkenntniswert wie die Kenntnis der betreffenden Funktion, allein er ermöglicht es uns immerhin, die allgemeinen Züge des Geschehens zu verfolgen. Man darf vermuten, daß die Allgemeinheit der Voraussetzungen über die Eigenschaften des Geschehens der Grund ist, warum sich das Anwendungsgebiet der Wahrscheinlichkeitsrechnung fast über das gesamte Gebiet des Wissens erstreckt.

III. Die Wahrscheinlichkeit.

Das Wesen des Allgemeinbegriffes besteht darin, daß ein Merkmal oder eine Gruppe von Merkmalen angegeben wird, die mehreren Gegenständen gemeinsam sind. Eine solche Mehrheit von Gegenständen heißt eine Klasse, Gattung oder Menge, und die Gegenstände, die sie zusammensetzen, heißen ihre Elemente. Es kann vorkommen, daß eine Menge gar kein Element enthält, in welchem Falle sie als leer bezeichnet wird.

Von besonderer Wichtigkeit sind jene Mengen, bei denen sich von jedem Gegenstande angeben läßt, ob er zur Menge gehört oder nicht. Solche Mengen werden als wohldefiniert bezeichnet. Wenn wir von Mengen schlechthin sprechen, so wollen wir uns stets auf wohldefinierte Mengen beschränken.

Die Gesamtheit der Merkmale, die allen Elementen einer Menge zukommen, heißt ein Begriff, und der Satz, welcher ausspricht, mit welchem Namen diese Gruppe von Merkmalen bezeichnet werden soll, heißt die Definition dieses Begriffes. Es ist also jede Definition eine Namenserklärung. Da die Worte Zeichen für die an den Gegenständen vorkommenden Merkmale sind, so werden durch die Definition Gruppen von Merkmalen zu einer Einheit zusammengefaßt und für diese ein neues Zeichen eingeführt.

Jene Merkmale, welche notwendig und hinreichend sind, um über die Zugehörigkeit eines Gegenstandes zu einer Menge zu entscheiden, heißen die konstitutiven oder primären Merkmale des Begriffes. Es sei A die Gruppe der für die Menge M konstitutiven Merkmale. Es sei möglich, durch rein logische Operationen an den Elementen das Vorhandensein der weiteren Gruppe von Eigenschaften B zu erschließen. Ferner ergebe die Erfahrung, daß allen Elementen von M die Eigenschaften C zukommen. Man pflegt diese Merkmale B und C als sekundäre Eigenschaften zu bezeichnen. Die Gesamtheit der Merkmale A, B, C bildet die explizite Definition des Begriffes, und allen Elementen der Menge M kommen diese Eigenschaften zu.

Enthält eine Menge nur ein Element, so spricht man wohl von einem Individualbegriffe. Zu seiner Festlegung ist nicht die vollständige Aufzählung aller Eigenschaften des einzigen Elementes der Menge erforderlich, sondern es genügt, wenn die angegebenen Merkmale erkennen lassen, daß dieser Gegenstand — und kein anderer — Element der Menge ist.

Ein Begriff legt also eine Menge von Gegenständen fest, denen noch andere als die angegebenen Merkmale zukommen. Jedem Gegenstande kommen alle Eigenschaften notwendig zu, wird er aber als Element einer Menge betrachtet, so werden nur einige derselben berücksichtigt. Man nennt diesen Gedankenprozeß des Heraushebens einzelner Eigenschaften mit Vernachlässigung aller übrigen Abstraktion. Begriffe, also Gruppen von Merkmalen, können wieder als Einheiten aufgefaßt und zum Gegenstand einer abstrahierenden Begriffsbildung gemacht werden, was zur Einführung immer abstrakterer Einheiten Veranlassung gibt.

Es ist daran festzuhalten, daß die Mengenbildung ein Gedankenprozeß ist, der an den Dingen selbst nichts verändert. Es mag für mich und mein späteres Handeln von Wichtigkeit sein, daß ich die Pflanzen in Phanerogamen und Kryptogamen einteile, allein für die Pflanzen selbst ändert sich dadurch gar nichts.

Ferner muß erinnert werden, daß der Prozeß der Mengenbildung willkürlich ist, und nur durch die Zwecke, die verfolgt werden, bestimmt wird. Es hindert nichts, die disparatesten Merkmale zum Zwecke der Festlegung einer Menge zu vereinigen.

Die Menge M sei durch die Gruppe von Merkmalen A festgelegt. Durch das Merkmal B werde in M die Teilmenge T abgegrenzt, die als die Menge jener Gegenstände definiert ist, denen sowohl A als auch B zukommt. T kann entweder alle Elemente von M umfassen, oder nur einige derselben enthalten, oder leer sein. Nur im zweiten Falle heißt T ein echter Teil von M. Die Merkmale A und B sind dann voneinander unabhängig.

Es ist dies das Verhältnis der logischen Unabhängigkeit. Bestünde eine logische Abhängigkeit zwischen A und B, so müßte B eine Eigenschaft aller Elemente von M sein.

. Die Elemente von M sind in Hinsicht auf A bestimmt, da das Vorkommen dieser Merkmale über die Zugehörigkeit eines Gegenstandes zur Menge entscheidet. A kommt also allen Elementen von M notwendig zu. In Hinsicht auf B sind diese aber unbestimmt, da auf Grund der Zugehörigkeit zu M noch nicht entschieden werden kann, ob einem Elemente auch das Merkmal B zukommt oder nicht. Die Elemente von M sind in bezug auf A bestimmt, in bezug auf die in dem Begriffe nicht mitgedachten besonderen Bestimmungen aber unbestimmt. Wird ein Element von M als Repräsentant des Begriffes A betrachtet, so ist dieser in Hinblick auf A bestimmt, in Hinsicht auf alle anderen Eigenschaften aber unbestimmt. Diese Unbestimmtheit besteht nur in Hinsicht auf den Gattungsbegriff, denn dem einzelnen Gegenstande kommen alle seine Eigenschaften notwendig zu. Da das Merkmal B im Begriffe A nicht mitgedacht ist, so ist sein Vorkommen an einem Exemplare der Menge M im logischen Sinne zufällig.

Gegeben seien die beiden Mengen M und M'. Die Menge M heißt auf M' abgebildet, falls jedem Elemente von M ein und nur ein Element von M' entspricht. Die Abbildung ist gegenseitig, falls jedem Elemente von M ein bestimmtes Element von M', und jedem Elemente von M' ein bestimmtes Element von M entspricht.

Zwei Mengen heißen von gleicher Mächtigkeit, falls sie gegenseitig aufeinander abgebildet werden können. Bei endlichen Mengen ist die Mächtigkeit durch die Zahl der Elemente gegeben. Man bezeichnet die Mächtigkeit von M mit M.

Gegeben sei, wie früher, die durch A definierte Menge M und ihre durch das Zusammenbestehen von A und B definierte Teilmenge T. Die Menge M sei endlich, woraus folgt, daß auch T endlich ist. Man bilde das Verhältnis der Mächtigkeiten

$$p = \frac{T}{M}.$$

Der Wert dieses Verhältnisses liegt zwischen Null und Eins, die Grenzen inbegriffen, wenn man auch unechte Teile zuläßt. Dieser Bruch heißt die Wahrscheinlichkeit für die Zugehörigkeit eines Elementes von M zur Teilmenge T oder, wie man wegen der Definition der beiden Mengen auch sagen kann, die Wahrscheinlichkeit für das Vorhandensein der Merkmale B, wenn A vorhanden ist.

Diese Definition der mathematischen Wahrscheinlichkeit setzt voraus, daß die Mengen M und T wohldefiniert sind. Die Gruppe von Merkmalen A, durch die die Menge M bestimmt ist, muß genau angegeben sein, denn bezieht man sich auf die Menge aller Dinge überhaupt, so ist die Wahrscheinlichkeit für das Vorkommen von B gleich Null. Der Wahrscheinlichkeitsansatz für B bezieht sich also nur auf die bestimmte, durch A definierte Menge.

Kann B nur an Elementen von M vorkommen, so kann man ohne Gefahr eines Mißverständnisses kurzerhand von der Wahrscheinlichkeit von B sprechen. Die Bezugnahme auf M findet auch hier statt, braucht aber nicht besonders hervorgehoben zu werden, weil B an Gegenständen, die nicht zu M gehören, überhaupt nicht vorkommen kann.

So ist es klar, daß die Eigenschaft „prim" zu sein, nur einer Zahl zukommen kann, weshalb man unter der „Wahrscheinlichkeit einer Primzahl" nur die Wahrscheinlichkeit verstehen kann, daß eine Zahl eine Primzahl ist. Ebenso hat es nur dann einen Sinn, von der Wahrscheinlichkeit des Zusammenstoßes zweier Molekel zu sprechen, wenn man sich auf ein Gemenge von Molekeln bezieht, das den Vorstellungen der kinetischen Gastheorie entspricht. Außerhalb der bezeichneten Gebiete kommen Gegenstände der angegebenen Art überhaupt nicht vor, und ihre Wahrscheinlichkeit ist demnach gleich Null. Kommt das Merkmal B nicht nur an den Elementen von M, sondern auch an denen der Mengen M', M'',... vor, so muß angegeben werden, auf welche Menge die Wahrscheinlichkeitsbestimmung sich beziehen soll. Es ist festzuhalten, daß die Wahrscheinlichkeit sich nur auf das Zusammenbestehen von A und B, und nicht etwa auf das Vorkommen von B überhaupt bezieht.

Die Wahrscheinlichkeit p bezieht sich auf das Vorhandensein der Gruppe von Merkmalen B an einem nicht näher bezeichneten Elemente von M. Es wird ein Element von M einzig mit Rücksicht auf seine Zugehörigkeit zur Menge herausgegriffen. Man nennt dies das Herausgreifen nach dem Zufalle. Ob irgendein bestimmter physischer Prozeß der Art ist, daß er als Verwirklichung dieses Herausgreifens nach dem Zufalle angesehen werden kann, läßt sich nur auf Grund einer genauen Untersuchung dieses Prozesses entscheiden.

Die hier gegebene Erklärung des Begriffes der mathematischen Wahrscheinlichkeit ist eine Weiterbildung der Anschauungen von J. J. Fourier, A. A. Cournot, J. v. Krieß und F. A. Lange unter Benützung der Begriffe der Mengenlehre. Die ersten drei Forscher verwenden den Begriff des Spielraumes oder Bereichs, wobei sich bei allen fast die gleichen Unbestimmtheiten ergeben, die durch die Verwendung unzureichender logischer Hilfsmittel verursacht sind.

F. A. Lange definiert in seinen „Logischen Untersuchungen" die mathematische Wahrscheinlichkeit als ein Verhältnis von Begriffsumfängen. Gegen diese Auffassung argumentiert Stumpf und meint, daß sie Raumvorstellungen in unerlaubter Weise verwende. Dieses Argument mag Gewicht gehabt haben, solange man zur Erläuterung des Begriffsumfanges nichts anderes zur Verfügung hatte als die Eulerschen Diagramme. Tatsächlich ist der Begriff der Mächtigkeit bzw. des Maßes einer Menge, die logische Präzisierung des Begriffes „Begriffsumfang". Damit ist dieser der Aristotelischen Logik entnommene Begriff vollständig abstrakt gefaßt, und die Zuordnung einer bestimmten Zahl zu einer Menge geschieht ohne Inanspruchnahme der Raumvorstellung.

Da Fouriers interessante Problemstellung, über die er der Pariser Akademie am 10. und 17. November 1823 berichtete, in der Geschichte der Wahrscheinlichkeitsrechnung so ziemlich ganz unbeachtet blieb, so lohnt es die Mühe, darauf etwas näher einzugehen. Fourier spricht von einer Gruppe von Aufgaben der unbestimmten Analyse, die er als Ungleichungsrechnung — calcul des inégalités — bezeichnet. Es handelt sich hierbei darum, die Menge jener Werte der Veränderlichen zu bestimmen, die einem gegebenen Systeme von Ungleichungen genügen. Aufgaben dieser Art findet Fourier in den verschiedensten Zweigen der Mathematik, und er wünscht, sie zu systematisieren, so daß ihre Lösung nicht stets eine neue Anstrengung der Erfindungsgabe erfordert. Als Erläuterung wird folgendes Beispiel gegeben:

Ein Dreieck wird an seinen Ecken von Säulchen von der Tragfähigkeit Eins getragen. Ein Gewicht, das kleiner oder gleich Eins ist, wird also von dem Säulchen getragen, während dieses von einem größeren Gewichte geknickt wird. Es soll ein Gewicht größer als Eins, aber kleiner als Drei, also z. B. das Gewicht Zwei, so auf das Dreieck gelegt werden, daß keiner der Träger geknickt wird, und es ist die Fläche zu bestimmen, deren Punkte dieser Bedingungen genügen.

Man ersieht leicht, daß es sich hier um eine Aufgabe aus dem Gebiete der sogenannten geometrischen Wahrscheinlichkeiten handelt, die man heute etwa folgendermaßen formulieren würde: Ein Dreieck wird an seinen Eckpunkten von Säulchen von der Tragfähigkeit Eins getragen. Auf dieses wird blindlings das Gewicht Zwei gelegt, und es ist die Wahrscheinlichkeit zu bestimmen, daß keiner von den Trägern geknickt wird.

Fourier erkannte auch den Zusammenhang dieser Probleme mit der Wahrscheinlichkeitsrechnung und bemerkt, daß viele ihrer Aufgaben mit Hilfe der Ungleichungsrechnung gelöst werden können. Hierzu ist nur notwendig, das durch die Ungleichungen bestimmte Gebiet und sein Verhältnis zu dem gesamten Gebiete zu berechnen. Diese Gebiete lassen sich stets durch Zahlen ausdrücken und Fourier fügt hinzu: „Et, en effet, l'auteur a reconnu que le nombre, qui mésure l'étendue d'une question quelleconque, est toujours exprimé par une intégrale multiple, dont les limites sont donnés."

In dieser Definition Fouriers leidet nur der Ausdruck „l'étendue d'une question" an einer gewissen Unbestimmtheit. Ein ähnlicher Ausdruck mit dem gleichen Mangel findet sich in der Definition Cournots[1]): „Nous pouvons donc définir la probabilité mathématique: Le rapport des chances favorables à un événement à l'étendue totale des chances." J. v. Krieß kritisiert die Unbestimmtheit des Ausdruckes „Bereich der Chancen", die zugegeben werden muß, solange nicht angegeben wird, was man darunter verstehen soll, und wie einem solchen Bereiche eine Zahl zugeordnet werden kann. Genau läßt sich dieser Begriff eben nur mit den Hilfsmitteln der Mengenlehre fassen, und diese standen weder Fourier noch Cournot zur Verfügung. Eine ähnliche Unbestimmtheit haftet übrigens dem von Krieß verwendeten Begriffe eines Spielraumes an, da bei stetigen Mengen die Ausdehnung auf mehr als vier Veränderliche nicht ohne weiteres klar ist, bei Anwendung auf nichtmeßbare Mengen dieser Begriff aber nur den Wert eines Metaphers hat.

Mit dem Nachweise der rein logischen Natur des Wahrscheinlichkeitsbegriffes fällt die empiristische Auffassung. Dies gilt auch von dem Versuche, die sogenannte mittlere Wiederholungszahl mit der Wahrscheinlichkeit zu identifizieren, und das Feld der Wahrscheinlichkeitsrechnung auf jene Ereignisse zu beschränken, bei denen sich eine Konstanz der relativen Häufigkeiten nachweisen läßt. Es ist nicht zu bezweifeln, daß die Anwendungen der Wahrscheinlichkeitsrechnung auf

---

1) A. A. Cournot, Exposition de la théorie des chances et des probabilités, S. 35.

dieses Gebiet beschränkt sind, allein als Teil der reinen Mathematik ist ihr Gebiet weiter.

An dem empiristischen Gedanken ist anzuerkennen, daß ohne diese Beobachtungen über die annähernde Konstanz der relativen Häufigkeiten die Wahrscheinlichkeitsrechnung kaum erfunden worden wäre. Tatsächlich zeigt die Geschichte, daß die Wahrscheinlichkeitsrechnung — wie fast jede mathematische Theorie — in ihren Anfängen in engem Anschlusse an die Erfahrung entwickelt wurde, indem für im täglichen Leben auftretende Fragen eine Erklärung gesucht wurde. Gibt aber auch die Erfahrung den Anlaß zur Bildung dieses Begriffes, so ist sie doch nicht notwendig seine Quelle.

Die empiristische Auffassung vermag nicht die apriorischen Wahrscheinlichkeitsbestimmungen zu erklären, und sie versagt auch gegenüber den Unterschieden, die zwischen den Resultaten verschiedener Beobachtungen über dieselben Wahrscheinlichkeitsgrößen tatsächlich bestehen. Einigermaßen ausgedehnte Erfahrungen über die Konstanz der relativen Häufigkeiten wurden nur auf verhältnismäßig wenigen Gebieten gesammelt, und trotzdem werden wahrscheinlichkeitstheoretische Aufgaben auf Gebieten gestellt und gelöst, wo solche Erfahrungen überhaupt nicht vorliegen. So hat z. B. noch niemand Versuche über die Wahrscheinlichkeiten im Gebiete der vierten Einheitswurzeln gemacht, und es ist nicht anzunehmen, daß solche Versuche gemacht werden sollten, es sei denn, daß eine Person gefunden wird mit sehr viel überflüssiger Zeit und mit mehr Geduld, als man von einem Doktorskandidaten zu erwarten berechtigt ist. Nichtsdestoweniger verwendet die Zahlentheorie diesen Begriff mit dem besten Erfolge.

Eine andere Form der empiristischen Auffassung sieht in der mathematischen Wahrscheinlichkeit das Maß eines psychischen Zustandes, der bald als unser Zutrauen in oder unser Glauben an die Richtigkeit einer Aussage, bald als unsere Erwartung über das Eintreffen eines Ereignisses, bald als unser Wissen oder Nichtwissen über das Eintreffen eines Ereignisses bezeichnet wird. Als Vertreter dieser namentlich unter den englischen Logikern sehr beliebten Anschauung nennen wir J. S. Mill[2]), W. S. Jevons[3]), De Morgan[4]), R. Richter[5]).

---

2) J. S. Mill, Logic, Bd. 2, S. 67, meint, die Wahrscheinlichkeit sei keine Eigenschaft der Ereignisse selbst, sondern ein bloßer Name für die Stärke des Grundes, wonach wir dasselbe erwarten.

3) W. S. Jevons, The Principles of Science, 1877, S. 199: „The theory of probability deals with the quantity of knowledge. ... An event is only probable when our knowledge of it is diluted with ignorance, and exact calculation is needed to discriminate how much we do and do not know." Mit dieser Ansicht Jevons nahe verwandt ist die „equal distribution of ignorance", von der Boole, Transactions of the Royal Society of Edinburgh, Bd. 21, S. 4, und An Investigation of the Laws of Thought, 1854, S. 370, spricht.

4) De Morgan, Formal Logic, S. 172: „By degree of probability we really mean or ought to mean the degree of belief." Ebenso spricht Donkin von einer „quantity of belief". Der Erzbischof Thomson hat in seinem Buche The Laws

und S. Lourié.[6]) Merkwürdig ist, daß auch W. Windelband[7]) trotz seiner richtigen Einsicht in die logische Natur des Zufallsbegriffes und H. Bruns[8]) trotz seiner genauen Bekanntschaft mit den psychophysischen Maßmethoden dieser Auffassung nicht abgeneigt sind.

In neuerer Zeit haben R. Lämmel[9]) sowie Weber und Wellstein[10]) den Versuch gemacht, die Mengenlehre zur Begründung der Wahrscheinlichkeitsrechnung zu verwenden, sind aber auch nicht über die subjektive Auffassung des Wahrscheinlichkeitsbegriffes hinausgekommen. Lämmel legt jedem Elemente der Menge M „ein in der Natur des Problemes begründetes elementares Gewicht, eine Valenz, zu". Die Definition einer Menge ermöglicht es nicht, zwischen den Elementen zu unterscheiden. Wird die Valenz durch Annahmen, die wir uns irgendwie bilden, bestimmt — eine Ansicht, die durch einige Worte

---

of Thought ein Kapitel über Syllogisms of Chance, dessen Überschrift vielleicht eine Nachahmung des Namens von Huygens' bekannten Buches ist. Es werden die gleichen Anschauungen über das Wesen der Wahrscheinlichkeit dargelegt, wobei nach des Erzbischofs eigenen Worten auf De Morgan und seine Anhänger zurückgegriffen wird.

5) Raoul Richter, Der Skeptizismus in der Philosophie und seine Überwindung, 1908, Bd. 2, S. 401: Die Wahrscheinlichkeitsrechnung bestimmt „quantitativ den Grad der Erwartung, den ich bei Unkenntnis der wirkenden Ursachen für das Eintreffen eines bestimmten Ereignisses hegen darf".

6) S. Lourié, Die Prinzipien der Wahrscheinlichkeitsrechnung, 1910, definiert die Wahrscheinlichkeitsrechnung als Methodisierung des Nichtwissens.

7) W. Windelband, Die Lehren vom Zufall, S. 32: „Es ist ersichtlich, daß die mathematische Wahrscheinlichkeit eigentlich keine Eigenschaft des erwarteten Ereignisses, sondern nur ein Verhältnis ist, nach welchem wir die Stärke unserer Erwartung desselben bestimmen."

8) H. Bruns bezeichnet die Wahrscheinlichkeitsrechnung als Häufigkeits-, oder nach Hausdorff als Quotenrechnung. Daneben neigt Bruns aber der subjektiven Auffassung des Wahrscheinlichkeitsbegriffes zu. In seiner Abhandlung über die Quotenrechnung in den Leipziger Berichten meint er, ein Quotenwert könne je nach den Umständen als Maß der Erwartung aufgefaßt werden. Der Ausdruck Wahrscheinlichkeit solle zur Bezeichnung jener Quotenwerte vorbehalten werden, wo die Quote als Maß der Erwartung dient.

9) R. Lämmel, Die Methoden zur Ermittlung von Wahrscheinlichkeiten, 1904.

10) H. Weber und J. Wellstein, Enzyklopädie der Elementarmathematik, 1907, S. 355—404. Stehen zwei Ereignisklassen U und W in der Beziehung, daß jedem Ereignisse u der Klasse U ein Ereignis w der Klasse W unmittelbar folgt, und umgekehrt jedem Ereignisse w der Klasse W ein Ereignis u der Klasse U unmittelbar vorangeht, so heißt U die Ursachklasse von W und W die Wirkungsklasse von U. Es wird ein uns eingepflanztes Kausalitätsgesetz angenommen, wonach sich zu jeder beliebig abgegrenzten Ereignisklasse W eine Ursachklasse U abgrenzen läßt, die als deren Ursachklasse anzusehen ist. Eine Ereignisklasse heißt einfach, wenn ihre Elemente eine gewisse Ähnlichkeit oder Verwandtschaft haben. Hat eine einfache Ereignisklasse eine nichteinfache Ursachklasse, so heißt der Zusammenhang zufällig. Wahrscheinlichkeit ist nicht eine Eigenschaft der Dinge, sondern nur ein Zustand unserer Meinungen oder unseres Wissens über die Dinge, und es besteht ein stetiger Übergang zwischen zufälligen und notwendigen Ereignissen.

Lämmels nahegelegt wird – , so ergibt sich ein psychologischer Begriff, der einer logischen Untersuchung fernbleiben muß.

Nach der Kritik, die J. v. Krieß an dieser Anschauung übte, konnte diese kaum mehr mit Erfolg verteidigt werden. Sie ist unannehmbar, wenn man festhält, daß es 1. eine Messung psychischer Größen wie Stärke der Erwartung oder des Glaubens nicht gibt; 2. daß auf Grund dieser Definition ein Ereignis für verschiedene Personen sehr verschiedene Wahrscheinlichkeiten haben müßte; und daß 3. die Wahrscheinlichkeitsrechnung nicht die objektive Bedeutung haben könnte, die sie tatsächlich besitzt, falls sie sich auf eine rein subjektive Größe bezöge.

Es ist nicht überraschend, daß diese Ansicht im letzten Drittel des neunzehnten Jahrhunderts entstand. Fechners Lehre von der Messung psychischer Größen legt den Gedanken nahe, in der Wahrscheinlichkeit das Maß einer solchen zu sehen. Die beiden ersten Argumente ergeben sich sofort aus der Stellungnahme gegen die Meinung Fechners. Das dritte Argument bezieht sich auf jede subjektive Fassung des Wahrscheinlichkeitsbegriffes und man entgeht ihm auch nicht, wenn man die objektive Bedeutung der Wahrscheinlichkeitsrechnung auf den Fall eines „berechtigten“ oder „begründeten“ Glaubens beschränkt. Es ist auch dann nicht einzusehen, wie ein solcher Glaube das Geschehen beeinflussen soll, da die Gründe unseres Fürwahrhaltens mit den Ursachen, die das Geschehen bestimmen, nicht identisch sind.

Eine interessante Wendung des Begriffes der subjektiven Wahrscheinlichkeit, die allerdings auf ein ganz anderes Gebiet überspielt, wurde von E. B. Titchener gegeben. Dieser schlug vor, die subjektive Bewertung von Wahrscheinlichkeiten, deren objektive Werte bekannt sind, experimentell zu untersuchen. Eine solche Untersuchung würde darüber Aufschluß geben, durch welchen Prozeß wir zur Einschätzung solcher Größen kommen, und welche Umstände für die subjektive Bewertung einer Wahrscheinlichkeit entscheidend sind. Eine solche Untersuchung, die übrigens noch nicht angestellt wurde, hätte großes psychologisches Interesse, ihre Ergebnisse kämen aber als Gegenstand der experimentellen Psychologie für die hier behandelten logischen Fragen nicht in Betracht.

Zwischen Elementen derselben Menge besteht in Hinsicht auf die Gruppe von Merkmalen, die die Zugehörigkeit eines Gegenstandes zur Menge bestimmt, kein Unterschied. Die Elemente der Menge sind in dieser Hinsicht gleichberechtigt. Spricht man von einem Elemente der Menge M, so vernachlässigt man alle individuellen Unterschiede und betrachtet den Gegenstand nur mit Rücksicht auf seine Zugehörigkeit zu der Menge. Die logische Zufälligkeit besteht darin, daß ein Element einzig mit Rücksicht auf seine Zugehörigkeit zur Menge herausgegriffen wird, worauf das Vorhandensein irgendwelcher, in der Definition nicht enthaltener Merkmale als zufällig gewertet wird. Hieraus ergibt sich die Bedeutung des Begriffes der gleichen Möglichkeit: Gleichmöglich oder gleichberechtigt sind Elemente derselben Menge. Hieraus folgt, daß zwei Teilmengen derselben endlichen Menge gleichberechtigt sind, falls sie gleiche Mächtigkeit haben. Bei unendlichen Mengen ist die Entscheidung auf Grund des später anzugebenden Grenzprozesses zu entscheiden.

Der Begriff der gleichen Möglichkeit geht auf Bernoulli zurück und bietet bekanntlich bei den bisherigen Darstellungen der Wahrscheinlichkeitsrechnung die größten Schwierigkeiten. Diese sind dadurch verursacht, daß man an dem Auswahlprozesse, durch den die einzelnen Gegenstände nach dem Zufalle herausgegriffen werden sollen, jene Eigenschaften zu entdecken versuchte, die die gleiche Möglichkeit der Fälle verbürgen. Dies ist ebensowenig zu leisten, wie eine ganz allgemeine Definition der als zufällig angesehenen Ereignisse. Ob in einem gegebenen Falle der Auswahlprozeß als ein Herausgreifen von Elementen einzig mit Rücksicht auf die Zugehörigkeit zur Menge angesehen werden kann oder nicht, muß auf Grund einer Unterbrechung des Prozesses und der sich ergebenden Resultate entschieden werden.

Henri Poincaré[11]) hält jede Definition der Wahrscheinlichkeit für eine petitio principii, weil es unmöglich sei, gleichmögliche Fälle zu erkennen. Es ist zuzugeben, daß diese Entscheidung hinsichtlich tatsächlicher Vorgänge unmöglich ist, da wir niemals eine vollkommene Einsicht in die Bedingungen des Auswahlprozesses besitzen, weshalb die Behauptung der ungleichen Möglichkeit der Fälle nicht widerlegt werden kann. Eine solche Behauptung findet in den Schwankungen der relativen Häufigkeiten in verschiedenen Versuchsreihen eine weitere Stütze, wenn man auch zeigt, daß solche nach dem Bernoullischen Satze zu gewärtigen sind. Poincarés Behauptung trifft aber für die abstrakte Definition der mathematischen Wahrscheinlichkeit nicht zu, da hier über die Art des Zustandekommens der einzelnen Ereignisse solche Annahmen gemacht werden, die die gleiche Möglichkeit der Fälle verbürgen. Poincarés Behauptung ist also dahin einzuschränken, daß man bei irgendwelchen physischen Vorgängen nie ganz sicher sein kann, daß die Voraussetzungen der Wahrscheinlichkeitsrechnung erfüllt sind. Für die abstrakte Rechnung besteht diese Schwierigkeit überhaupt nicht, weil die gleiche Möglichkeit der Fälle eine der gemachten Annahmen ist.

Die Frage nach der Gleichmöglichkeit der Fälle kann also nur bei Anwendung der Sätze der Wahrscheinlichkeitsrechnung auf Vorgänge der Wirklichkeit entstehen. Bei Beurteilung solcher Fragen ergeben sich zwei Lösungsmöglichkeiten, die man als das Prinzip des

---

11) Henri Poincaré, Calcul des probabilités, 1912, S. 28. Geschichtliche Nachweise über die in der Frage der Gleichmöglichkeit geäußerten Ansichten finden sich bei L. Goldschmidt, Wahrscheinlichkeitsrechnung, 1897, S. 86 bis 128.

mangelnden Grundes und als das des zwingenden Grundes zu bezeichnen pflegt.

Nach dem Prinzipe des mangelnden Grundes sind wir berechtigt die gleiche Möglichkeit der Fälle anzunehmen, sobald kein Grund zur Annahme vorliegt, daß der eine Fall häufiger auftreten solle als der andere. Wesentlich besteht diese Schlußweise darin, daß das Fehlen eines Grundes gegen die Annahme der gleichen Möglichkeiten der Fälle als Beweis für das tatsächliche Bestehen der Gleichberechtigung angesehen wird. Von Jakob Bernoulli und Laplace bis in die neueste Zeit hat diese Schlußweise viele Anhänger gefunden, und es ist nicht zu leugnen, daß wir in vielen Fällen nach diesem Prinzipe vorgehen müssen, wenn wir überhaupt zu einem Wahrscheinlichkeitsansatze kommen wollen. Ebensowenig kann in Abrede gestellt werden, daß in den meisten Fällen, die geeignet sind, auf die Wahrscheinlichkeitsrechnung ein schlechtes Licht zu werfen, nach dem Prinzipe des mangelnden Grundes vorgegangen wird.

Nach dem Prinzipe des zwingenden Grundes muß die Annahme der gleichen Möglichkeit der Fälle auf ganz bestimmte Gründe gestützt werden. J. v. Krieß ist der Urheber dieser Ansicht.

Bei abstrakten Aufgaben über Wahrscheinlichkeiten hat man es nicht notwendig, sich mit diesen beiden Prinzipien auseinanderzusetzen, da die gemachten Annahmen die Gleichmöglichkeit der Fälle sicherstellen. Kommen bei den Lösungen solcher Aufgaben Irrtümer vor, so handelt es sich um Denkfehler, die verbessert werden müssen. Man darf aber bei ihrer Verurteilung nicht zu strenge sein, da die Erfahrung zeigt, daß bei solchen Problemen selbst Denker wie Leibniz und D'Alembert Fehlschlüsse machen können. Der Fehler besteht stets darin, daß Teilmengen, die mehr als ein Element enthalten, so behandelt werden, als ob sie nur aus einem Elemente bestünden.

Der Gegensatz zwischen diesen beiden Schlußweisen zeigt sich erst, wenn man versucht, Vorgänge der Wirklichkeit zu analysieren. Wir müssen dann zwischen dem objektiven Werte und dem uns zugänglichen Werte der betreffenden Wahrscheinlichkeit unterscheiden. Der wahre Wert einer solchen Wahrscheinlichkeit ist das Verhältnis der Mächtigkeiten, welches die in Betracht kommenden Mengen tatsächlich besitzen. Es ist dies eine objektive Größe, die unabhängig von unserer Wahrnehmung ist, allein wie bei allen physischen Größen bleibt ihr genauer Wert unbekannt und wir müssen uns mit ihrem plausibelsten Werte begnügen. Eine solche Bestimmung stützt sich auf die vorliegende Information über die betreffenden Tatbestände, welche stets einer Korrektur durch die Erfahrung unterworfen ist und stets innerhalb gewisser Unbestimmtheitsgrenzen schwankt.

Eine ähnliche Unterscheidung zwischen abstrakter Wahrscheinlichkeit oder Chance und subjektiver Wahrscheinlichkeit wurde von S. D.

Poisson[12]) eingeführt. Seine Ansicht wurde von Cournot[13]) übernommen, der Poisson seine Ansichten über diesen Gegenstand brieflich auseinandersetzte. Eine ähnliche Unterscheidung findet sich auch bei A. Meyer[14]) und Czuber[15]). Nichts zu tun hat diese Unterscheidung mit der von Henri Poincaré[16]) gemachten, wonach der nach den Regeln der Wahrscheinlichkeitsrechnung bestimmte Wert einer Wahrscheinlichkeit als subjektiv, und der aus Beobachtungen über wiederholte Realisierungen eines Ereignisses folgende Wert als objektiv bezeichnet wird. Für diese Unterscheidung sind die Bezeichnungen apriorische und posteriorische Wahrscheinlichkeitsbestimmung gebräuchlich und passend.

Die objektiven Werte von Wahrscheinlichkeiten, die sich auf Vorgänge der Wirklichkeit beziehen, sind in den physischen Bedingungen dieser Vorgänge begründet und unabhängig von uns. Sie bleiben konstant, solange die ihnen unterliegenden Verhältnisse ungeändert bleiben. Die Prinzipe des mangelnden und das des zwingenden Grundes beziehen sich auf die Art, wie wir zu Annahmen über diese Größen kommen können. Es wird sich zeigen, daß zwischen diesen beiden Schlußweisen kein großer Unterschied besteht, falls sachgemäß vorgegangen wird. Zuzugeben ist, daß das Prinzip des zwingenden Grundes mehr Nachdruck auf das Vorhandensein eines bestimmten Wissens legt und so größere Behutsamkeit bei der Aufstellung eines Wahrscheinlichkeitsansatzes empfiehlt.

Unvorsichtiges Vorgehen nach der Schlußweise des mangelnden Grundes führt leicht zu wertlosen Folgerungen. Wir erinnern an den Versuch, die Wahrscheinlichkeit für das Vorkommen eines bestimmten chemischen Elementes auf einem nicht näher bezeichneten Himmelskörper mit dem Wert $\frac{1}{2}$ anzusetzen, und daraus z. B. die Wahrscheinlichkeit zu berechnen, daß auf einem Himmelskörper keines der irdischen Elemente vorkommt. Außerdem entbehrt diese Schlußweise der logischen Strenge. Andererseits muß hervorgehoben werden, daß der Forscher in seiner Arbeit an der Grenze des Unbekannten frei ist und

---

12) S. D. Poisson, Recherches sur la probabilité des jugements, 1837.

13) A. A. Cournot, Exposition de la théorie des chances et des probabilités, 1843, vgl. E. Czuber, Die Entwicklung der Wahrscheinlichkeitstheorie und ihrer Anwendungen, Jahresberichte der Deutschen Mathematiker-Vereinigung, 1898, Bd. 7, S. 6. Der angezogene Brief Poissons ist datiert vom 26. Januar 1838 und findet sich abgedruckt auf S. VI der Vorrede in Cournots Buche. Hierzu ist zu vergleichen: F. Faure, Les idées de Cournot sur la statistique, Revue de Métaphysique et Morale, 1905, Bd. 13, S. 404; J. v. Krieß, l. c. S. 42.

14) A. Meyer, Vorlesungen über Wahrscheinlichkeitsrechnung, 1879.

15) E. Czuber, Die Entwicklung der Wahrscheinlichkeitsrechnung und ihrer Anwendungen, l. c. S. 6: „Man kann sagen, der wahre Wert einer wohldefinierten Größe bleibe immer unbekannt, ebenso wie der wahre Wert der Leichtigkeit für jede einzelne Seite eines bestimmten Würfels: Dort schaffen wir uns Ersatz dafür durch Messung, hier durch eine logisch begründete Annahme."

16) Henri Poincaré, La science et l'hypothèse, S. 218.

jeden Weg einschlagen darf, der zum Ziele zu führen verspricht. In
solchen Fällen wird man es sich nicht leicht versagen, nach dem Prinzipe des mangelnden Grundes zu schließen, um sich ein Bild über die
ganz unklaren Verhältnisse zu machen. Aus solchen Versuchen kann
kaum ein Schaden entstehen, wenn man sie nicht für mehr ausgibt, als
sie sind, und manchmal wurden auf diese Weise schon wertvolle Einsichten angebahnt.

Als Beispiel kann der Gedankengang angeführt werden, auf Grund
dessen Leibniz[17]) der Reihe

$$\sum_{k=0}^{\infty}(-1)^{k}$$

den Wert $\frac{1}{2}$ zuwies. Für endliches n ist die Summe gleich 1 oder 0, je
nachdem n gerade oder ungerade ist. Leibniz schließt nun nach
dem Prinzipe des mangelnden Grundes: Da kein Grund vorliegt, bei
unendlicher Gliederanzahl die Wahrscheinlichkeit für Geradheit und
Ungeradheit verschieden anzusetzen, so ist der Wert der Reihe gleich
dem arithmetischen Mittel der beiden Werte, d. h. gleich $\frac{1}{2}$. Leibniz
erkennt an, daß dieser Gedankengang mehr metaphysischen als mathematischen Charakter hat, und man mag darüber denken, wie man will.
Selbst abgesagte Feinde solcher Spekulationen werden aber durch den
Hinweis nachdenklich gemacht werden, daß im Zusammenhang dieser
Ausführungen Leibniz einen Satz aufstellt, der eine Verallgemeinerung eines Abelschen Satzes ist.

Zwischen diesen beiden Schlußweisen besteht auch ein gewisser philosophischer Unterschied. Das Prinzip des mangelnden Grundes legt
Nachdruck auf die Abwesenheit einer Information und steht so der
Auffassung der subjektiven Zufälligkeit näher, während das Prinzip
des zwingenden Grundes auf die objektive Bedeutung der Wahrscheinlichkeitsgrößen zu deuten scheint. Bei sachgemäßem Vorgehen macht
sich ein Unterschied nur darin geltend, daß das eine Prinzip mehr
Nachdruck auf die Notwendigkeit des Vorhandenseins einer bestimmten
Information legt, während das andere Prinzip die Unvollständigkeit
jeglichen Wissens über empirische Verhältnisse betont.

Das folgende Beispiel soll dazu dienen, diese Ansicht zu erläutern.
Es wird später gezeigt werden, daß beim Würfelspiele die Wahrscheinlichkeit des Erscheinens einer bestimmten Seite von dem körperlichen
Winkel abhängt, unter dem die Gegenseite vom Schwerpunkte des Würfels aus gesehen wird. Bei einem idealen Würfel fallen Schwerpunkt

---

17) Die betreffende Stelle findet sich in einem Briefe an Christ. Wolf,
Acta Eruditorum Lips., Suppl. Bd. 5: „Cum ratio nulla sit pro paritate magis
aut imparitate adeoque pro prodeunte o magis quam pro 1, fit admirabile na-
turae ingenio, ut transitu a finito ad infinitum simul fiat transitus a disjunctivo
jam cessante ad unum quod superest, positivum, inter disjunctiva medium. Hoc
argumentandi genus, etsi metaphysicum magis quam mathematicum videatur,
tamen firmum est.‟

und geometrischer Mittelpunkt zusammen, weshalb die körperlichen Winkel, unter denen die sechs Seiten vom Schwerpunkte aus gesehen werden, gleich sind. Es sind deshalb bei einem idealen Würfel auch die Wahrscheinlichkeiten aller sechs Würfe gleich.

Lege ich Nachdruck auf die Tatsache, daß ich einen von sechs Flächen begrenzten Körper als Würfel wahrnehme, so gehe ich nach dem Prinzipe vom zwingenden Grunde vor, wenn ich die Wahrscheinlichkeiten aller sechs Würfe als gleich und mit dem Betrag $^1/_6$ ansetze. Lege ich Nachdruck auf die Tatsache, daß eine nähere Untersuchung des betreffenden Körpers voraussichtlich eine Abweichung von der geometrischen Gestalt und eine ungleichmäßige Massenverteilung ergeben wird, vorderhand aber noch nicht angegeben werden kann, in welcher Richtung diese Abweichung stattfindet, so liegt ein Schluß nach dem Prinzipe vom mangelnden Grunde vor, wenn die Wahrscheinlichkeiten als gleich und mit dem Betrage $^1/_6$ angenommen werden.

Die wahren Werte dieser Wahrscheinlichkeiten sind bestimmt durch die körperlichen Winkel, unter welchen die Gegenseiten vom Schwerpunkte aus gesehen werden. Diese Größen können an einem Würfel kaum mit solcher Genauigkeit gemessen werden, daß sie zu einer Korrektur des Wahrscheinlichkeitsansatzes benützt werden können. Eher ist es möglich, aus den beobachteten Verschiedenheiten, mit denen sich die einzelnen Würfe einstellen, einen Schluß auf die Lage des Schwerpunktes zu ziehen. Dies tat R. Wolf[18]), als sich bei seinen Würfelversuchen eine beträchtliche Abweichung der beobachteten relativen Häufigkeiten von dem angenommenen Betrage $^1/_6$ zeigte.

Handelt es sich um die Erforschung noch unbekannter Erfahrungsgebiete, so wird man meist überhaupt keine andere Wahl haben, als von der Annahme der gleichen Möglichkeit der Fälle auszugehen, und die unter dieser Voraussetzung erhaltenen Rechnungsergebnisse mit den Daten der Beobachtung zu vergleichen. Stellen sich die Ereignisse mit anderen als den rechnungsmäßigen Häufigkeiten ein, so besteht die gemachte Annahme über die Gleichmöglichkeit der Fälle nicht und muß in entsprechender Weise abgeändert werden. Solche Beobachtungen führen häufig zur Entdeckung noch unbekannter Beziehungen zwischen den Ereignissen.

Gegen die Annahme der gleichen Möglichkeit der Fälle wird gewiß dann kein Grund sprechen, wenn wir hinsichtlich der fraglichen Ereignisse überhaupt keine Informationen besitzen. Vernünftigerweise wird man in diesem Falle aber auch keinen Wahrscheinlichkeitsansatz versuchen, sondern alle Spekulationen bis zum Eintreffen positiver Information verschieben.

---

18) R. Wolf, Drei Mitteilungen über Würfelversuche, Mitteilungen der Naturforschenden Gesellschaft in Zürich, 1881—1883, Bd. 26, 27; 1893, Bd. 38; außerdem in den Schriften der Naturforschenden Gesellschaft in Bern, 1849 bis 1851. Vgl. E. Czuber, Wahrscheinlichkeitsrechnung, 1908, Bd. 1, S. 149—151.

Ein sehr naheliegendes Beispiel von zufälligen Ereignissen, die wegen Mangels der notwendigen Daten keiner Berechnung unterworfen werden können, bilden Ziehungen aus Urnen unbekannten Inhaltes, wenn jede Ziehung aus einer neuen Urne erfolgt, deren Inhalt in unbekannter, aber gesetzmäßiger Art bestimmt wird. Ein Wahrscheinlichkeitsansatz a priori ist wegen des Mangels jeder Information über den Inhalt der Urnen offenkundig unmöglich. Eine posteriorische Bestimmung der Wahrscheinlichkeiten ist ebenfalls ausgeschlossen und für die Voraussicht künftiger Ziehungen wertlos, da die Bedingungen sich in unbekannter Weise gesetzmäßig verändern.

Es ist also nicht die Unkenntnis des Verlaufes und der Bedingungen eines Ereignisses, sondern das Vorhandensein eines ganz bestimmten Wissens für die Möglichkeit und den Wert eines Wahrscheinlichkeitsansatzes entscheidend. Das vorhandene Wissen muß die Bestimmung des Verhältnisses der Mächtigkeiten der Mengen T und M ermöglichen: Ist ein solches Wissen überhaupt nicht vorhanden, so ist eine Wahrscheinlichkeitsbestimmung unmöglich, ist es falsch, so ist der Ansatz unrichtig.

Ein Wahrscheinlichkeitsansatz ist namentlich in jenen Fällen unmöglich, in welchen es sich um Gegenstände handelt, die nicht mit Erfolg zum Gegenstand einer abstrahierenden Begriffsbildung gemacht werden können. Das folgende Beispiel wird dies klar machen. Es ist bekanntlich Gegenstand einer Meinungsverschiedenheit, ob das altägyptische Rechenbuch des A h m e s das ziemlich nachlässig geschriebene Heft eines Schülers oder eine Darstellung der damals vorhandenen mathematischen Kenntnisse sei. Hat es einen Sinn, in dieser Frage einen Wahrscheinlichkeitsansatz zu machen?

Die Wertlosigkeit eines Wahrscheinlichkeitsansatzes nach dem Prinzipe vom mangelnden Grunde liegt auf der Hand. Nach der hier vertretenen Anschauung läßt sich ein solcher überhaupt nicht durchführen, da es sich um einen einzelnen Fall handelt, der nicht Gegenstand einer abstrahierenden Begriffsbildung ist. Es fehlt also die Menge M, auf die sich die Wahrscheinlichkeitsbestimmung beziehen soll, und es ist demnach mit einer Wahrscheinlichkeitsbestimmung nichts auszurichten. Die Entscheidung dieser Frage muß sich auf eine genaue Kenntnis der Eigentümlichkeiten des Buches stützen. Auf Grund einer solchen Kenntnis kann man sich dann eine Ansicht über die Entstehungsart des Buches machen. Die Entscheidung wird in diesem Falle sehr schwierig sein, weil man sich in die Gedankengänge einer ganz fremden, verhältnismäßig primitiven Kultur hineindenken muß. Wesentlich handelt es sich um die Entscheidung, ob gewisse Fehler nur durch Nachlässigkeit zu erklären sind, oder ob sie durch psychologisch erklärbare Denkfehler entstanden sind.

Es ist nicht möglich, solche Fragen mit vollständiger Sicherheit zu entscheiden. Man pflegt dann von philosophischer Wahrscheinlichkeit zu sprechen, jedoch dürfte es besser sein, für Ansichten über das Bestehen und die Art von psychischen Abhängigkeiten die Bezeichnung psychologische Wahrscheinlichkeit zu verwenden. Den ersteren Ausdruck könnte man dazu gebrauchen, um unvollständig begründete Annahmen, die sich nicht auf psychische Abhängigkeiten beziehen, zu bezeichnen. Die psychologische Wahrscheinlichkeit kommt bei der Beurteilung menschlicher Handlungen zur Anwendung, wenn man sich eine Ansicht über das Vorhandensein bestimmter Kenntnisse oder über die Wirksamkeit gewisser Motive bei einem Individuum eine Ansicht zu bilden hat.

Viele Rechtslehrer sehen die psychologische und die mathematische Wahrscheinlichkeit als gänzlich verschieden an, und man wird dieser Ansicht wohl beipflichten müssen. So findet sich z. B. eine Entscheidung des Obersten Gerichtshofes der Vereinigten Staaten, wonach keine noch so hohe mathematische Wahrscheinlichkeit bei der Bildung des Urteiles verwendet werden darf. Die Wahrscheinlichkeit, von der bei Entscheidungen im amerikanischen Rechte ununterbrochen geredet wird, wird demnach als von der mathematischen Wahrscheinlichkeit vollkommen verschieden angesehen. Für die Ausschließung ist wohl die Absicht entscheidend, die Urteilsbildung nur auf ganz sichergestellte Tatsachen zu stützen, oder auf solche, deren Lücken nach der psychologischen Wahrscheinlichkeit ergänzt sind.

Die philosophischen und psychologischen Wahrscheinlichkeiten hängen von den einer Person zur Verfügung stehenden Kenntnissen und Erfahrungen ab. Sie sind deshalb von Person zu Person verschieden, wobei eine Ansicht um so wertvoller ist, auf je reichere Erfahrung sie gegründet ist.

Etwas anders liegen die Verhältnisse bei den sogenannten Analogie- und Induktionsschlüssen. Bei diesen wird aus dem Umstande, daß einer mehr oder weniger großen Anzahl von Elementen einer Menge eine Eigenschaft zukommt, geschlossen, daß diese Eigenschaft allen Elementen zukommt. Die zu untersuchenden Tatbestände sind wohl Gegenstand einer abstrakten Begriffsbildung, allein ein Wahrscheinlichkeitsansatz ist dennoch unmöglich, weil die vorhandenen Kenntnisse nicht ausreichen, um die Mächtigkeiten der Mengen T und M zu bestimmen.

Die Induktionszuschüsse sind aus den Erfahrungswissenschaften sehr bekannt. Da aber in diesen der Fall des reinen Induktionsschlusses kaum je vorliegt, sondern wegen der Unvollkommenheit unserer Kenntnisse über den vorliegenden Tatbestand fast stets mit philosophischen Wahrscheinlichkeitsannahmen durchsetzt ist, so soll das Gesagte an einigen Induktionsschlüssen der Mathematik bewiesen werden. Gewisse Fragen mathematischer Natur sind so kompliziert, daß man sie mit den zur Verfügung stehenden Mitteln nicht lösen kann. Man begnügt sich deshalb, den Tatbestand in einer mehr oder weniger großen Anzahl von Fällen rein empirisch festzustellen und das erhaltene Resultat als allgemein gültig anzusehen. Eine solche Annahme ist insofern eine berechtigte Hypothese, als ihr keine bekannte Tatsache widerspricht. Dies ist die reine Form des empirischen oder unvollkommenen Induktionsschlusses. Es sei ausdrücklich darauf hingewiesen, daß dieser von der sogenannten vollständigen Induktion, dem Schlusse von n auf $n+1$, gänzlich verschieden ist. Die Art dieses Schlusses soll an folgenden Beispielen erklärt werden.

Gauß hat Tabellen konstruiert, die zeigen, daß Determinanten einer gewissen Art über bestimmte Grenzen hinaus, soweit das untersuchte Gebiet reicht, nicht vorkommen. Durch Untersuchungen dieser Art kann allerdings die unendliche Zahlenreihe nicht erschöpft werden, weshalb die Behauptung, es fänden sich in dem noch nicht untersuchten Gebiete Determinanten dieser Art, nicht widerlegt werden kann. Trotzdem legt diese Beobachtung von Gauß doch die Vermutung nahe, daß die Reihe dieser Determinanten wirklich abbricht. Man wird sich Gauß anschließen und mit Rücksicht auf die Schwierigkeit, einen strengen Beweis zu erbringen, es als „maxime verisimile" halten, daß diese Klasse von Determinanten schon vor — 9,000 aufhören oder doch von dieser Grenze an sehr selten werden.

Ähnlich liegen die Verhältnisse in dem folgenden Beispiele. Die Funktion $\mu(n)$ hat den Wert $(-1)^k$, wenn n das Produkt von k verschiedenen Primfaktoren ist, und den Wert o, wenn die Zahl n einen quadratischen Teiler enthält. Aus besonderen Gründen hat die Zahlentheorie ein Interesse daran, wie rasch die Funktion

$$\sigma(n) = \sum_{k=1}^{n} \mu(k)$$

zunimmt, und insbesondere, ob ihre Werte unter einer gewissen Grenze bleiben. Daublebsky v. Sterneck hat diese Funktion bis zu sehr hohen Werten von n verfolgt und festgestellt, daß ihre Werte eine gewisse Grenze tatsächlich nicht überschreiten. Es ist ein rein statistischer Induktionsschluß, wenn auf Grund dieser Erfahrung angenommen wird, daß sich der gleiche Tatbestand auch bei den noch nicht untersuchten Funktionswerten ergeben wird.

In dem folgenden Beispiele liegt der statistische Induktionsschluß nicht mehr ganz rein vor. Fermat hat bekanntlich ohne Beweis den Satz ausgesprochen, daß sich keine positiven ganzen Zahlen finden lassen, die der Gleichung

$$x^n + y^n = z^n$$

genügen, falls n größer als 2 ist. Trotz aller darauf verwendeten Mühe konnte bis jetzt dieser Satz in seiner Allgemeinheit nicht bewiesen werden, wenn auch der Kummersche Beweis nur noch wenige Werte von n ausschließt. Die allgemeine Gültigkeit des Satzes ist also heute nur Gegenstand der Vermutung, und es besteht die Möglichkeit, daß gewisse Ausnahmen nachgewiesen werden, wie es seinerzeit hinsichtlich der Unmöglichkeit der Konstruktion regelmäßiger Vielecke mit Zirkel und Lineal geschah. Immerhin ist dieses Beispiel von den beiden vorhergehenden insoweit verschieden, als das Vertrauen in die Richtigkeit des Fermatschen Satzes nicht allein auf der rein erfahrungsmäßigen Feststellung beruht, weshalb der statistische Induktionsschluß mit der philosophischen Wahrscheinlichkeit vermischt ist.

Eine mathematische Wahrscheinlichkeit für die Richtigkeit der in diesen Beispielen erwähnten Sätze läßt sich nicht angeben. Man könnte versucht sein, im dritten Beispiele das Verhältnis der Anzahl von Zahlen unter einer gegebenen Grenze, für die der Kummersche Beweis nicht gilt, zur Gesamtzahl der Zahlen bis zu dieser Grenze zu bilden und als die gesuchte Wahrscheinlichkeit zu betrachten. Beim Übergange zur Grenze ergibt sich dann der Wert Null. Man erkennt aber leicht, daß dieser Bruch nur die Wahrscheinlichkeit ist, daß eine nach dem Zufalle herausgegriffene Zahl zu jenen gehört, für die der Kummersche Beweis nicht gilt, und mit der Wahrscheinlichkeit der allgemeinen Gültigkeit des Fermatschen Satzes nichts zu tun hat.

Die durch unvollständige Induktion gewonnenen Sätze sind, wie alle Sätze, notwendig entweder wahr oder falsch. Der Satz: „Der Würfel, den ich jetzt geworfen habe, zeigt die Sechs" ist richtig oder falsch, und es hat keinen Sinn, ihm eine Wahrscheinlichkeit beizumessen. Erst wenn ein solcher Satz mit anderen gleichartigen Aussagen zu einer Gruppe vereinigt wird, kann von dem Verhältnisse der richtigen zur Gesamtzahl aller Aussagen gesprochen werden. Dem einzelnen Individuum kommen alle seine Eigenschaften notwendig zu, und zu diesen gehört im Falle einer Aussage auch die Eigenschaft, wahr oder falsch zu sein.[19])

Ist die Definition der Mengen M und T nicht so gefaßt, daß diese Mengen eindeutig bestimmt sind, so ist auch kein eindeutiger Wahrscheinlichkeitsansatz möglich. Diese Unbestimmtheit ist meist durch eine nicht genügend scharfe Fragestellung verursacht, durch welche Zweifel übriggelassen werden, was eigentlich unter diesen Mengen zu verstehen ist. Dies ist eine Eigentümlichkeit vieler Aufgaben über geometrische Wahrscheinlichkeiten, was deren bekannte Mehrdeutigkeit ver-

---

19) A. T. S h e a r m a n, The Development of Symbolic Logic, 1906, S. 26: „The probability of the truth of a proposition has no meaning." B r y a n t, The Relation of Mathematics to General Formal Logic, Proceedings of the Aristotelean Society, N. F., Bd. 2, S. 121, meint, es sei ein rechtmäßiges Unternehmen, von einem Satze zu fragen, wie oft er richtig sei, „relative to the total number of cases, its occurrence in everyone of which would constitute its unconditional truth". Die Verfasserin verwechselt hier die Aussage über eine Mehrheit von Gegenständen mit der Gesamtheit gleichartiger Aussagen über die zur Menge gehörigen Gegenstände.

ursacht. In diesen Problemen bleibt es dem Belieben überlassen, welche Definition man den Mengen geben will, und man erhält je nach der der Lösung unterlegten Definition verschiedene Resultate. Wir wollen dies an dem sogenannten Bertrandschen Paradoxon, das in der Literatur eine gewisse Berühmtheit erlangt hat, erklären.[20])

Die Aufgabe lautet folgendermaßen: In einem Kreise wird eine Sehne beliebig gezogen. Welches ist die Wahrscheinlichkeit, daß die gezogene Sehne größer ist als die Seite des eingeschriebenen gleichseitigen Dreiecks? Die Eigentümlichkeit der Aufgabe besteht darin, daß das beliebige Ziehen einer Sehne im Kreise sehr verschiedener Deutungen fähig ist, ohne daß in der Aufgabe angegeben wird, welche bei der Lösung zu verwenden ist.

Folgende Deutungen des Begriffes des „beliebigen Ziehens einer Sehne“ sind möglich und führen zu bestimmten Werten der zu berechnenden Wahrscheinlichkeit:

1. es wird der Endpunkt der Sehne angenommen und diese dann in beliebiger Richtung gezogen;

2. es wird die Richtung der Sehne angenommen, und diese dann durch einen beliebigen Punkt des zur Richtung normalen Durchmessers gezogen;

3. es wird der Mittelpunkt der Sehne beliebig angenommen;

4. es wird ein Endpunkt der Sehne angenommen und diese dann durch einen beliebigen Punkt der Kreisfläche gezogen;

5. beide Endpunkte werden beliebig angenommen;

6. die Sehne wird durch zwei beliebige Punkte der Kreisfläche geführt.

Die Liste der möglichen Annahmen ließe sich vielleicht noch weiter vergrößern. Bertrand, von dem die drei ersten Lösungen stammen, fragt, welche von den Lösungen die richtige sei, und beantwortet seine Frage dahin, keine sei falsch, keine sei zutreffend, sondern die Frage sei schlecht gestellt. Man sieht leicht, daß die Unstimmigkeit der Lösungen dadurch verursacht ist, daß man, um zu einem Ansatze zu gelangen, noch eine Annahme machen muß, die durch die Daten der Aufgabe nicht bestimmt ist. Die logische Richtigkeit der Lösung einer mathematischen Aufgabe besteht darin, daß sie durch richtige Schlüsse aus den Voraussetzungen abgeleitet wird. In diesem Sinne kann aus jeder der Annahmen eine richtige Lösung gewonnen werden.

Anders würden die Verhältnisse liegen, falls durch irgendeinen em-

---

20) J. Bertrand, Calcul des probabilités, 1889, S. 4; Henri Poincaré, Calcul des probabilités, 1. Aufl., S. 94, 2. Aufl., S. 118—120; E. Czuber, Wahrscheinlichkeitsrechnung, 1908, Bd. 1, S. 106—109; Darboux, Eloge de Joseph Bertrand; E. Borel, Le hasard, S. 82—85, 90, 115. Ernesto Cesàro, Considerazioni sul concetto di probabilità, Periodico di Matematica, 1891, Bd. 6, scheint zuerst bemerkt zu haben, daß die Vieldeutigkeit der Bertrandschen Paradoxons darin besteht, daß es mehrere verschiedene Aufgaben in sich schließt.

pirischen Prozeß das beliebige Ziehen von Sehnen verwirklicht wäre.
Die Analyse des Prozesses bestimmt die Annahme, die man der Lösung der Aufgabe zu unterlegen hat. Nur die aus dieser Annahme abgeleitete Wahrscheinlichkeit wird in Übereinstimmung mit den Ergebnissen der Beobachtung sein, und also empirische Wahrheit besitzen.
Die übrigen Lösungen hören nicht auf, logisch wahr zu sein, allein empirische Wahrheit besitzen sie hinsichtlich der aus den betreffenden Versuchen stammenden Daten nicht.

Der Anwendung der Wahrscheinlichkeitsrechnung sind bestimmte Grenzen gezogen, die nicht immer leicht zu erkennen sind. „Die größten Mathematiker haben über Wahrscheinlichkeitsrechnung geschrieben, und fast alle haben Fehler begangen: Verursacht sind diese meistens durch den Wunsch, diese Prinzipien auf Probleme anzuwenden, die ihrer Natur nach nicht der Wissenschaft unterstehen."[21] Man unterliegt leicht der Versuchung, ungerechtfertigte Annahmen zu machen, um zu einem Wahrscheinlichkeitsansatz zu kommen. Ist dies gelungen, so ist die weitere Behandlung der Formeln einzig eine Sache der mathematischen Technik. Zur Aufstellung des Ansatzes gehört aber eine genaue Vertrautheit mit den zu untersuchenden Vorgängen, und diese kann durch keine noch so große Gewandtheit in der Handhabung des rechnerischen Apparates ersetzt werden. Es ist auch hier die Rechnung nur das Kleid, das dem Körper des Gedankens übergeworfen ist, der selbst in einer naturphilosophischen oder physikalischen Einsicht in die zu untersuchenden Vorgänge besteht.

Daß das Bestehen einer subjektiven Unkenntnis über den Verlauf der Ereignisse nicht hinreichend ist, um zur Gewinnung neuer Einsichten zu führen, sollte wohl als selbstverständlich angesehen werden. Trotzdem gibt es eine ganze Reihe von Schriftstellern, die einen Mangel an Einsicht oder an Kenntnissen als Voraussetzung für die Anwendbarkeit der Wahrscheinlichkeitsrechnung ansehen. Wir erwähnen P. Mansion[22], dessen Ausführungen an diesem Punkte allerdings sehr verworren sind, J. Lottin[23] und E. G. Boring.[23a] Diese glauben, daß nur

<hr>

21) J. Bertrand, D'Alembert, 1859, S. 52.

22) P. Mansion, La portée objective du calcul des probabilités, Bull. Acad. Belge, Classe des sciences, 1903; vgl. hierzu die Kritik E. Czubers, Wahrscheinlichkeitsrechnung, 1908, Bd. 1, S. 137 f.

23) J. Lottin, Le calcul des probabilités et les regularités statistiques, Revue Néoscolastique, 1910, Bd. 17, S. 50, drückt seine Meinung in den folgenden, etwas scholastisch klingenden Sätzen aus: „Si l'on connait toutes les causes des événements et le mode de leur efficience, le calcul des probabilités n'est d'aucune portée, on a atteint l'idéal de la science : la connaissance certaine des effets par leur causes. Si l'on connait rien des causes, le calcul des probabilités n'est pas davantage utilisable. ... Entre la connaissance parfaite des causes et l'ignorance absolue, il y a un terme moyen : on peut savoir qu'il y a des causes communes, mais ne pas connaitre les causes. C'est ici, et ici seulement, que peut intervenir le calcul des probabilités."

23a) Edwin G. Boring, The Logic of the Normal Law of Error in Mental

Ereignisse, deren Gesetze teilweise unbekannt sind, Gegenstand der Wahrscheinlichkeitsrechnung sein können. Der Hinweis auf die kinetische Gastheorie und das Werfen von Würfeln, wo die Gesetze vollständig bekannt sind und nur die Kenntnis der Anfangsbedingungen fehlt, sowie auf die später zu besprechenden Beispiele von Gauß, Bruns u. a., wo trotz vollständiger Einsicht in das Zustandekommen der Tatbestände die Voraussetzungen der Wahrscheinlichkeitsrechnung erfüllt sind, genügt, um diese Ansicht unhaltbar zu machen.

Auch Broggi[24]) ist an dieser Stelle zu nennen, der als Axiom postuliert, es sei möglich, aus einer Menge ein Element so herauszugreifen, daß die Definition nichts darüber aussagt, ob dem Elemente eine gewisse Eigenschaft zukomme oder nicht. Broggi knüpft daran die Bemerkung, daß es sich um eine Forderung subjektiver Natur handelt, deren Erfüllung vom Stande unserer Kenntnisse abhängt. Das erwähnte Axiom Broggis ist tatsächlich logischer Natur und fordert nicht subjektive Unkenntnis des Auswahlprozesses, auf Grund dessen die Elemente herausgegriffen werden. In einer Gruppe logischer Axiome hätte eine solche rein subjektive Forderung keinen Sinn, da man ja bei etwaigem Vorhandensein einer solchen Kenntnis davon abstrahieren kann.

Henri Poincaré hat in seiner bekannten witzigen Art die geistreiche Bemerkung gemacht, es sei ein sehr glücklicher Umstand, daß wir in die Gesetze, die gewisse komplizierte Vorgänge beherrschen, gar keine Einsicht haben. Besäßen wir eine solche, so könnten wir diese Vorgänge wegen der Verwicklung der notwendigen Rechenprozesse überhaupt nicht analysieren. So können wir wenigstens eine Wahrscheinlichkeitsbestimmung vornehmen, deren Ergebnis — was sehr merkwürdig ist — gerade wegen unserer Unkenntnis der tatsächlich stattfindenden Beziehungen richtig ist.

Neues bringt diese Ansicht nicht, denn schon Jevons[25]) bekämpft sie, und eine darauf bezügliche Bemerkung findet sich auch bei E. Scripture. Merkwürdig aber ist, daß eine ganze Reihe von Schriftstellern für oder gegen diese Ansicht Poincarés Stellung nehmen zu müssen glaubten.[26]) Am besten wird diese Ansicht von Poin-

---

Measurement, American H. of Psychology, 1920, Bd. 31, S. 4 : „In more general terms we may say that the problem of probability exists only in the face of ignorance."

24) U. Broggi, Die Axiome der Wahrscheinlichkeitsrechnung.

25) W. S. Jevons, The Principles of Science, S. 199, führt gegen die Meinung gewisser Verfasser, es sei Aufgabe der Wahrscheinlichkeitsrechnung „to evolve knowledge out of ignorance" die Ansicht von Donkins an, diese Rechnung habe die Aufgabe, den Aufbau der Wissenschaft auf Unkenntnis zu vermeiden.

26) F. A. Le Dantec, Les mathématiciens et la probabilité, Revue Philosophique, Nov. 1910, auch abgedruckt in desselben Verfassers Buche Le chaos et l'harmonic universelle, 1911. Gegen die Anschauung, „on sait d'autant plus

caré selbst widerlegt, wenn er nicht als populärwissenschaftlicher
Schriftsteller, sondern als Kenner der Wahrscheinlichkeitsrechnung
schreibt. Bei seiner sehr interessanten Behandlung des Roulettespiels[27]
kommt er zu dem Schlusse, daß die Aufgabe unlösbar wäre, falls über
zwei gewisse Funktionen gar nichts bekannt wäre. Lösbar ist sie nur
bei Vorhandensein einer ganz bestimmten Information. Im Falle des
Roulettespieles besteht diese nur in einer sehr allgemeinen Annahme
über diese beiden Funktionen, allein es ist doch das Vorhandensein eines
ganz bestimmten Wissens, was den Wahrscheinlichkeitsansatz ermöglicht.

Der Prozeß der Begriffsbildung ist zwar im allgemeinen durch
Zweckmäßigkeitsrücksichten bei der Klassifizierung bestimmt, kann
aber auch als ganz willkürlich behandelt werden. Die Festlegung der
Gruppe von Merkmalen A, auf Grund deren über die Zugehörigkeit
zur Menge M entschieden wird, ebenso wie die von B, wodurch innerhalb M die Teilmenge T abgegrenzt wird, hängt also von unserem
Belieben ab. Es ist also durchaus nicht notwendig, bei Bildung dieser
Mengen und der sich aus ihnen ergebenden Wahrscheinlichkeiten alle
vorhandenen Informationen zu benutzen.

Wird eine solche Rechnung zu Forschungszwecken unternommen,
so wird man natürlich jede erhältliche Information heranziehen, allein
es gibt Fälle, wo eine solche Untersuchung mit absichtlicher Vernachlässigung eines Teiles der verfügbaren Information mehr als den Wert
einer bloßen Rechenübung hat. Man unternimmt sie meist in der Absicht, durch Vergleichung der Ergebnisse der Rechnung mit den Daten
der Beobachtung die Richtigkeit der gemachten Annahmen zu prüfen.[28]
Sind diese richtig und sind keine bei der Rechnung unberücksichtigten
Einflüsse im Spiele, so müssen die Ergebnisse der Rechnung mit denen
der Beobachtung übereinstimmen. Aus einem Mangel an Übereinstimmung zwischen Rechnung und Beobachtung schließt man auf die Un-

---

qu'on ignore davantage" hat Le Dantec schon im 12. Kapitel seines Buches
De l'homme à la science Stellung genommen. Im Sinne Poincarés argumentiert
Richard Foy in demselben Bande der Revue Philosophique. E. Borel, Le
hasard, S. 13, meint: „C'est sur tout ce que je sais, et non sur mon ignorance,
que je baserai l'affirmation que la probabilité pour que la carte de piquet
choisie soit le sept de pique est precisement 1/32."

27) Henri Poincaré, Calcul des probabilités, 1912, S. 150.

28) Hierauf bezieht sich folgende Erinnerung von W. Weber: „Gauß hat
beim Vortrage immer vorausgeschickt: die Wahrscheinlichkeitsrechnung habe den
Zweck, nur in solchen Fällen eine bestimmte Auskunft zu geben, wo man außer
den Beobachtungszahlen von der Sache nichts weiter wisse oder berücksichtigen
wolle." Abhandlungen der Frießschen Schule, Bd. 1, S. 434. Gegenteiliger Ansicht ist O. Sterzinger, Zur Logik und Philosophie der Wahrscheinlichkeitslehre,
1912, S. 67, der meint, bei Bildung einer Wahrscheinlichkeitsgröße müßten unbedingt alle verfügbaren Kenntnisse verwendet werden. Diese Ansicht beruht offenkundig auf einem Irrtum, da häufig Wahrscheinlichkeitsansätze gemacht werden,
bei denen ein Teil der verfügbaren Informationen absichtlich vernachlässigt wird.

richtigkeit der gemachten Annahmen. In den meisten Fällen wird geschlossen, daß die vorausgesetzte Unabhängigkeit der Fälle nicht stattfindet, und die Art der Abweichung legt oft eine Annahme über die Art der zwischen den Ereignissen stattfindenden Beziehung nahe. Dies führt dann zur Entdeckung bisher unbekannter Gesetzmäßigkeiten.

Wir wollen nun an einigen Beispielen zeigen, wie sich die Anwendung des Wahrscheinlichkeitsbegriffes gestaltet, und dabei besonderen Nachdruck darauf legen, daß in allen Fällen nur der Begriff der logischen Zufälligkeit zur Verwendung kommt. Wir beginnen zunächst mit Wahrscheinlichkeitsbestimmungen, die Ereignisse oder Tatbestände betreffen, denen der Charakter der subjektiven Zufälligkeit überhaupt nicht zukommt. Da wir eine vollständige Einsicht in die Zusammenhänge besitzen, so können wir jedes einzelne der Ereignisse rechnerisch in allen Einzelheiten verfolgen. Zufälligkeit im gewöhnlichen Sinne des Wortes ist überhaupt nicht vorhanden. Die Voraussetzung für die Verwendung der Wahrscheinlichkeitsrechnung wird dadurch geschaffen, daß die Tatbestände durch gewisse allgemeine Eigenschaften festgelegt werden, in Hinsicht auf besondere Bestimmungen aber unbestimmt bleiben. Hierin besteht aber das Wesen der logischen Zufälligkeit.

Außerdem ist hervorzuheben, daß es sich in den ersten Beispielen um Tatbestände handelt, die rein logischer Natur sind. Die Auffassung der Zufälligkeit im Sinne eines ursachlosen oder kausal nicht vollkommen bestimmten Geschehens ist schon dadurch ausgeschlossen. Auf das Interesse solcher Beispiele für das Verständnis der logischen Bedeutung des Wahrscheinlichkeitsbegriffes dürfte Cournot zuerst hingewiesen haben. In neuester Zeit haben H. Bruns und E. Czuber ihre Wichtigkeit betont. Das Verständnis der mathematischen Seite dieser Probleme wurde besonders durch H. Poincaré gefördert.

Wir beginnen mit dem folgenden Beispiele von Gauß.[29]) Der Logarithmus der trigonometrischen Funktion Tangens kann entweder direkt oder als Differenz der Logarithmen der Funktionen Sinus und Kosinus bezeichnet werden. Bei diesen auf eine bestimmte Anzahl von Dezimalstellen abgekürzten Werten kann die letzte Dezimalstelle des direkt berechneten Logarithmus der Tangente nicht gleich sein der letzten Dezimalstelle der Differenz der Logarithmen des Sinus und Kosinus, falls die Abweichungen der beiden letzteren abgekürzten Zahlen von den genauen irrationalen Werten verschiedene Vorzeichen haben

---

29) C. F. Gauß, Einige Bemerkungen zu Vegas Thesaurus Logarithmorum, Werke, Bd. 3, S. 257—264. Man versuchte auch das den Logarithmentafeln entnommene Material dazu zu benützen, um den von Bienaymé, C. R., Bd. 81, S. 417—423, aufgestellten Satz über die Zahl der Maxima und Minima in nach dem Zufalle hergestellten Zahlenfolgen zu verifizieren; vgl. Mansion, l. c., S. 35—37.

und die Summe der absoluten Beträge der Abweichungen größer als $\frac{1}{2}$ ist. Die Wahrscheinlichkeit jedes einzelnen Tatbestandes ist $\frac{1}{2}$, und die ihres Zusammenbestehens gleich $\frac{1}{4}$.

Gauß zählte die Köhlerschen Tafeln, in denen die direkt berechneten Logarithmen der Tangente gegeben sind, in dem Intervalle von 30^0 bis 44^0 $59'$ aus, und fand bei 225 von den 900 Werten der in Minutenintervallen fortschreitenden Tafel eine Differenz in dem angegebenen Sinne. Vielleicht wird eine solche, an einer anderen Stelle des Tafelwerkes vorgenommene Auszählung eine weniger genaue Übereinstimmung der Rechnung mit der Beobachtung ergeben, allein es besteht kein Zweifel darüber, daß das den Logarithmentafeln entnommene Material den Sätzen der Wahrscheinlichkeitsrechnung in hohem Grade entspricht.

Daß es sich hier um einen in allen Einzelheiten bestimmten Tatbestand handelt, steht fest. Ebensowenig besteht irgendeine Unmöglichkeit, denselben vollständig zu erkennen. Von subjektiver Zufälligkeit kann keine Rede sein, da in jedem Falle berechnet werden kann, ob für einen gegebenen Winkel eine solche Differenz der letzten Dezimalstelle des direkt und des als Differenz der Logarithmen des Sinus und des Kosinus berechneten Logarithmus der Tangente besteht oder nicht. Zufälligkeit besteht nur im logischen Sinne.

Durch den Begriff „direkt berechneter n-stelliger Logarithmus der Winkel des ersten Quadranten in Minutenintervallen" ist eine endliche Menge von Zahlen eindeutig definiert. Diese sind in bezug auf ihre Gattungseigenschaften bestimmt, unbestimmt aber in Hinsicht auf alle in der Definition nicht mitgedachten Eigenschaften. Eine dieser Eigenschaften ist die Übereinstimmung der letzten Dezimalstelle mit jener des indirekt berechneten Logarithmus der Tangente. Das Vorkommen dieser Eigenschaft an einem Elemente der Menge ist also im logischen Sinne zufällig, trotzdem kein Zweifel darüber besteht, daß und welchen Elementen diese Eigenschaft notwendig zukommt.

Zum Zwecke eines genaueren Eingehens auf dieses Beispiel muß man zunächst unterscheiden zwischen der Wahrscheinlichkeit, daß bei irgendeinem Winkel der in Rede stehende Tatbestand gefunden wird, und der Wahrscheinlichkeit, daß diese Eigenschaft einem in einem bestimmten Tafelwerke tabellierten Winkel zukommt. In ersterem Falle geht man von dem Begriffe „n-stelliger Logarithmus eines Winkels im ersten Quadranten" aus. Die Menge dieser Elemente ist stetig und von der Mächtigkeit des Kontinuums. Aus dieser wird die Teilmenge jener Winkel herausgegriffen, bei denen eine Differenz in dem angegebenen Sinne besteht. Die direkte Messung dieser Mengen bietet Schwierigkeiten, und es empfiehlt sich, den Tatbestand als in der von Gauß angegebenen Weise zusammengesetzt anzusehen.

Die Abweichung eines auf n Dezimalen abgekürzten Logarithmus von seinem genauen irrationalen Werte kann nicht mehr als die Hälfte

des Wertes seiner letzten Dezimalstelle betragen. Das Intervall von
$-\frac{1}{2}$ bis $\frac{1}{2}$ enthält also die Mengen aller Abweichungen. Diese Menge
ist stetig und meßbar, und ihr Inhalt wird durch die Länge gemessen.
Ihr Maß ist 1, jenes der Menge der negativen Abweichungen $\frac{1}{2}$. Hieraus ergibt sich für die Wahrscheinlichkeit einer negativen Abweichung
der Wert $\frac{1}{2}$.

Ferner ist die Wahrscheinlichkeit zu bestimmen, daß die Summe
der absoluten Beträge der Abweichungen der Logarithmen des Sinus
und Kosinus größer als $\frac{1}{2}$ sei. Durch ähnliche Überlegungen ergibt sich
der Wert $\frac{1}{2}$.

Das Zusammentreffen von Abweichungen verschiedenen Vorzeichens
mit absoluten Beträgen, deren Summe größer als $\frac{1}{2}$ ist, führt notwendig die Folge herbei, daß die letzte Stelle des direkt berechneten
Logarithmus der Tangente nicht gleich ist der Differenz der letzten
Dezimalstelle der auf die gleiche Anzahl von Dezimalstellen abgekürzten Logarithmen des Sinus und Kosinus. Nach der Regel für die Bestimmung der Wahrscheinlichkeiten zusammengesetzter Ereignisse ergibt sich der Wert $\frac{1}{4}$.

Dies ist die Wahrscheinlichkeit für die stetige Menge aller Winkel
überhaupt. Welche Bedeutung hat die Tatsache, daß die Auszählung
an einem Tafelwerke Ergebnisse liefert, die mit denen der Rechnung
übereinstimmen? Ein Tafelwerk enthält eine aus der unendlichen Menge
herausgegriffene endliche Menge, für welche die Gültigkeit der auf
die unendliche Menge bezüglichen Wahrscheinlichkeitsbestimmung nicht
ohne weiteres ersichtlich ist. Für die endliche Menge wird die Wahrscheinlichkeit bestimmt durch das Verhältnis der Anzahl der Winkel,
denen diese Eigenschaft zukommt, zur Gesamtzahl der tabellierten Winkel. Dieses ließe sich nur durch direktes Abzählen feststellen, was eine
recht mühsame Arbeit wäre.

Die tabellierten Winkel sind aus der Menge aller Winkel überhaupt auf Grund ihrer Maßzahlen herausgegriffen. Hängt den Winkeln auch der Größencharakter notwendig an, so ist der Besitz einer
bestimmten Größe doch zufällig. Ist also auch durch Festsetzung
des Tafelintervalles bestimmt, welche Winkel tabelliert werden sollen,
so ist die Wahl desselben doch willkürlich. Eine Tafel enthält also
eine endliche Menge von nach dem Zufalle aus der unendlichen Menge
herausgegriffenen Winkeln.

Wir wollen nun als Muster S einer endlichen oder unendlichen
Menge M eine Teilmenge von M ansehen, die dadurch entsteht, daß
eine hinreichend große Anzahl von Elementen aus M nach dem Zufalle herausgegriffen wird. Wie das Sammeln der Elemente von S
zu geschehen habe, um ein richtiges Bemustern von M zu ermöglichen,
muß in jedem einzelnen Falle untersucht und entschieden werden. Jedenfalls darf unter den Elementen keine willkürliche Auswahl getroffen
werden.

Das Bernoullische Theorem enthält eine Aussage über die Beziehung zwischen der Zusammensetzung des Musters zu jener der ursprünglichen Menge. Gegeben sei die endliche oder unendliche Menge M, die — wie früher — dem Merkmale B die Wahrscheinlichkeit p gibt. Derselben wird als Muster die Teilmenge S entnommen, indem die Elemente einzig mit Rücksicht auf ihre Zugehörigkeit zu M und ohne Rücksicht auf besondere Bestimmungen herausgegriffen werden. Das Muster gibt den Elementen, denen das Merkmal B zukommt, die Wahrscheinlichkeit p'. Wir wollen nun das Bernoullische Theorem kurz dahin ausdrücken, daß ein hinreichend großes Muster ungefähr dieselbe Zusammensetzung hat wie die Menge, der es entnommen ist. Daraus ergibt sich, daß die Wahrscheinlichkeiten p und p' ungefähr gleich sind.

Der Bernoullische Satz präzisiert bekanntlich diese Aussage, indem er die Beziehung zwischen der Anzahl s der Elemente des Musters S und den Wahrscheinlichkeiten, mit welchen sich gegebene Abweichungen zwischen p und p' erwarten lassen, angibt. Daraus folgt zunächst, was man unter einem hinreichend großen Muster zu verstehen hat: Zu jeder Abweichung zwischen p und p', die man mit gegebener Wahrscheinlichkeit erwarten will, gehört ein Muster von bestimmter Ausdehnung.

Die Forderung, daß das Muster hinreichend ausgedehnt sein muß, bedeutet nicht, daß die Anzahl der Elemente von S im Verhältnisse zu der der ursprünglichen Menge M beträchtlich sein müsse. Eine solche Bestimmung hätte bei unendlichen Mengen überhaupt keinen Sinn, da wir nur an endlichen Mengen tatsächlich Abzählungen vornehmen können. Keine endliche Menge aber hat im Verhältnisse zu einer unendlichen Menge eine beträchtliche Ausdehnung.

Besitzt ein Muster nicht die Zusammensetzung, die man auf Grund einer richtigen, auf die ursprüngliche Menge bezüglichen Wahrscheinlichkeitsbestimmung zu erwarten hat, so folgt daraus, daß der Auswahlprozeß beim Sammeln der Elemente von S keine Verwirklichung des zufälligen Herausgreifens von Elementen aus M war. Entweder hat man nicht die Menge untersucht, die man zu untersuchen glaubte, oder aber bestand eine Beziehung oder Regel, welche die Auswahl beeinflußte. Dies ist der Schluß, den man in allen solchen Fällen zieht — angefangen von dem Nachweise, daß ein paar Würfel falsch sind, bis zu Laplaces berühmtem Beweise, daß im Aufbaue des Planetensystemes eine Ursache dafür bestehen müsse, daß die Bahnen der Planeten so angeordnet sind, wie wir sie beobachten. Auf demselben Gedankengange beruht die Anschauung von Cournot, daß unser Wissen über Naturgesetze durch Beobachtungen über das Zusammenbestehen oder die Aufeinanderfolge von Ereignissen gewonnen wird, die nicht auf einen Zufall zurückgeführt werden können.[30]

---

[30] Vgl. G. Milhaud, Le hasard chez Aristote et chez Cournot, Revue de Metaphysique et Morale, 1902, Bd. 10.

Einen ähnlichen Schluß muß man ziehen, falls in einem Tafelwerke die Logarithmen der Tangente nicht in ungefähr $\frac{1}{4}$ aller Fälle an der letzten Dezimalstelle von den Differenzen der Logarithmen des Sinus und Kosinus verschieden sind. Besitzen diese Fälle eine viel geringere als die angegebene Häufigkeit — im Grenzfalle, wenn solche Differenzen überhaupt nicht vorkommen —, so muß man auf das Vorhandensein eines Umstandes schließen, der dem Vorkommen solcher Fälle entgegenwirkt. In den Tabellen der Logarithmen der trigonometrischen Funktionen in Vegas „Thesaurus logarithmorum completus" stimmen die Logarithmen der Tangente mit der Differenz der Logarithmen des Sinus und Kosinus stets überein. Man wird den sehr nahe liegenden Schluß ziehen, daß die in diesem Werke tabellierten Logarithmen der Tangente nicht direkt berechnet, sondern als Differenzen der Logarithmen des Sinus und Kosinus gefunden wurden.

Man erkennt an diesem Beispiele deutlich, welche Rolle die Wahrscheinlichkeitsrechnung bei solchen Schlüssen spielt. Sie ermöglicht es, aus gewissen Voraussetzungen Schlüsse darauf zu ziehen, mit welcher relativen Häufigkeit ein gewisses Ereignis zu erwarten ist. Stimmt die Rechnung mit der Beobachtung überein, so darf man darin eine Bestätigung der gemachten Annahmen sehen, und ferneren Schlüssen aus ihnen um so größeres Vertrauen entgegenbringen. Aus einem Mangel an Übereinstimmung zwischen Rechnung und Beobachtung kann man nur schließen, daß die tatsächlich bestehenden Verhältnisse sich in irgendeiner Hinsicht von den bei der Rechnung angenommenen unterscheiden. Weiter führt die Rechnung nicht. Eine Hypothese über die Art dieser Verschiedenheit muß auf eine genaue Kenntnis der bestehenden Verhältnisse gegründet werden, und ihre Aufstellung ist nicht mehr rein mathematische Angelegenheit. Es sind dies im wesentlichen die gleichen Schlüsse, wie sie bei jeder Anwendung der Mathematik auf Gegenstände der Erfahrung gezogen werden.

Wir wollen versuchen, dieses Gaußsche Beispiel noch durch folgende geometrische Überlegungen zu verdeutlichen. Wir denken uns die Kurven, welche die Abweichungen der n-stelligen Logarithmen der Funktionen Sinus und Kosinus von ihren wahren Werten darstellen, gezeichnet. Die Werte von o bis 2π werden auf der Abszissenachse aufgetragen, während die Ordinate durch ihre Länge und Richtung den Betrag und das Vorzeichen der zugehörigen Abweichung darstellt. Diese Kurven sind durchaus stetig mit Ausnahme jener Punkte, an denen sie von den Werten $\frac{1}{2} \cdot 10^{-n}$ bzw. $-\frac{1}{2} \cdot 10^{-n}$ auf $-\frac{1}{2} \cdot 10^{-n}$ bzw. $\frac{1}{2} \cdot 10^{-n}$ überspringen. Subtrahiert man diese Kurven voneinander, so erhält man die Kurve der Abweichungen der Logarithmen der Tangente, berechnet als Differenz der Logarithmen des Sinus und des Kosinus. Diese Kurve bewegt sich zwischen den Werten -10^{-n} und 10^{-n}, und in jenen Intervallen, in denen sie Werte annimmt, die größer als $\frac{1}{2} \cdot 10^{-n}$ oder kleiner als $\frac{1}{2} \cdot 10^{-n}$ sind, besteht eine Differenz zwischen den letzten Dezimalen der direkt und

der als Differenz der Logarithmen des Sinus und Kosinus berechneten
Logarithmen der Tangente. Die Summe der Intervalle, in denen dies
stattfindet, ist das Maß der Menge der Werte, für welche ein Unterschied der angegebenen Art besteht. Das Verhältnis der Summe der
dieser Intervalle zur Gesamtlänge 2π ist die Wahrscheinlichkeit für
das Vorhandensein eines Unterschiedes auf der letzten Dezimalstelle
der direkt und der als Differenz zwischen den Logarithmen des Sinus
und des Kosinus berechneten Logarithmen der Tangente.

Die Länge der einzelnen Intervalle ist endlich und hängt von n,
der Anzahl der beibehaltenen Dezimalen, ab. Ihre Verteilung ist recht
kompliziert, wie schon eine Betrachtung eines kleinen Intervalles der
Winkelwerte ergibt. Wir wählen das Intervall der Winkel von $38^0\,50'$
bis $38^0\,52'$ in Sexagesimalgraden. Die fünfstelligen Logarithmen der
trigonometrischen Funktionen an den Grenzen dieses Intervalles sind:

$$\log \sin 38^0 50' = 9,79731 \qquad \log \cos 38^0 50' = 9,89152$$
$$\log \sin 38^0 52' = 9,79762 \qquad \log \cos 38^0 52' = 9,89132.$$

Es durchläuft also die Kurve der Abweichungen von den wahren Werten
beim Sinus mehr als 30 mal, und beim Kosinus mehr als 19 mal alle
möglichen Werte. Da die Intervalle, in denen die Kurve der Anweichungen alle möglichen Werte durchläuft, für den Sinus und Kosinus
verschieden lang sind, verschiebt sich die gegenseitige Lage der Kurven
fortwährend. Daraus folgt, daß die Intervalle, in denen die Abweichungen entgegengesetztes Vorzeichen haben und eine Summe der abso-
luten Beträge größer als $\frac{1}{2} \cdot 10^{-5}$ ergeben, klein, sehr zahlreich, nicht zusammenhängend und unregelmäßig verteilt sein müssen.

Dieses Beispiel von Gauß ist besonders geeignet, die Vorzüge der
Krießschen Auffassung des Wahrscheinlichkeitsbegriffes zu zeigen:
Tatsächlich kann man alles von v. Krieß über das Stoßspiel Gesagte
fast ohne Änderung auf dieses Beispiel übertragen. Man zeichne in
entsprechenden Dimensionen einen Streifen, auf dem die Werte von
0 bis 2π aufgetragen werden. Jene Intervalle, für welche ein Unterschied zwischen den direkt berechneten und den als Differenzen der
Logarithmen des Sinus und des Kosinus erhaltenen Logarithmen der
Tangente besteht, markiere man mit weißer, den Rest des Streifens
mit schwarzer Farbe. Hierauf stoße man eine Kugel, die durch eine
Rinne mit vertikalen Rändern gezwungen ist, sich längs dieses Streifens zu bewegen. Nach einer gewissen Zeit wird die Kugel zur Ruhe
kommen, und zwar entweder an einem schwarzen oder an einem weißen
Streifen. Die Verteilung der weißen Streifen ist sehr unregelmäßig
und außerdem sind sie so klein, daß man nicht absichtlich der Kugel
einen solchen Antrieb geben kann, daß sie auf einem bestimmten Streifen zur Ruhe kommt. Unter diesen Umständen wird man unbedenklich
die Aufstellung gestatten, daß die Wahrscheinlichkeit für das Zur-Ruhe-
Kommen der Kugel auf einem weißen Streifen gegeben ist durch das

Verhältnis der Summe der Längen der weißen Streifen zur Gesamtlänge der Rinne.

Im Grundgedanken diesem Gaußschen Beispiele ähnlich ist das
folgende Beispiel, das man H. Bruns verdankt. Das erwähnte Tafelwerk von Vega enthält unter anderem eine Tafel der zehnstelligen
gemeinen Logarithmen aller fünfziffrigen Zahlen, die in Spalten von
je 60 Logarithmen geordnet sind. Konstruiert man eine Tafel, die
angibt, wie oft in den ersten 1000 Spalten des „Thesaurus logarithmorum completus" solche mit 0, 1, 2, 3, ... 59, 60 Endnullen vorkommen, so erhält man eine Verteilung, die fast genau mit der von der
Wahrscheinlichkeitsrechnung geforderten übereinstimmt.[31]) Die Wahrscheinlichkeit einer Endnull bestimmt sich empirisch auf 0,1004.

Ein ähnliches Beispiel behandelt Henri Poincaré.[32]) Er denkt
sich für jede Zahl, die an der dritten Dezimalstelle des Logarithmus
eine gerade Zahl hat, 1, im entgegengesetzten Falle aber —1 hin-
geschrieben. Aus den so erhaltenen Zahlen wird das arithmetische Mittel genommen. Poincaré zeigte in einem Artikel in der Revue Géne-
rale des Sciences, daß dieses Mittel kleiner als 0,003 sein muß.

Poincaré erkannte, daß dies nicht etwa eine Besonderheit der
Funktion Logarithmus sei, sondern daß diese Eigenschaft einer sehr
ausgedehnten Klasse von Funktionen zukommt. Er setzt in seinem Beweise nur die Endlichkeit der ersten und zweiten Ableitung voraus,
und schließt richtig, daß der Beweis für jede Funktion gilt, die diese
Eigenschaft hat. Wir werden zeigen, daß die Bedingungen wesentlich
weiter gefaßt werden können, und daß die Voraussetzung der Stetigkeit genügt.

In beiden Beispielen wird das Auftreten einer bestimmten Ziffer
auf einer gegebenen Dezimalstelle des Logarithmus einer Zahl als zufälliges Ereignis getrachtet, dem eine gewisse Wahrscheinlichkeit zukommt. Es ist kein wesentlicher Unterschied, ob man diese Wahrscheinlichkeit selbst oder einen aus ihr abgeleiteten Mittelwert betrachtet.
Ebensowenig ist es ein wesentlicher Unterschied, daß Poincaré eine
Wahrscheinlichkeitsbestimmung a priori macht, während Bruns sie
durch Auszählung an einem Tafelwerke empirisch vornimmt.

In beiden Fällen ist die Vorstellung grundlegend, daß das Auftreten einer Ziffer auf einer gegebenen Dezimalstelle des Logarithmus
ein zufälliges Ereignis ist. Im gewöhnlichen Sinne des Wortes kann
nun in diesem Falle von Zufälligkeit nicht die Rede sein. Wenn es
eine Zuordnung gibt, die notwendig ist, so ist es die zwischen einer
Zahl und ihrem auf allen Dezimalstellen vollständig bestimmten Lo-

---

31) H. Bruns, Wahrscheinlichkeitsrechnung und Kollektivmaßlehre, 1906,
S. 8, 279 f.; E. Czuber, Wahrscheinlichkeitsrechnung, 1908, Bd. 1, S. 370—373.

32) H. Poincaré, La science et l'hypothèse, S. 224, und Calcul des probabilités, 1912, 313—320.

garithmus. Die Zufälligkeit kann also nicht darin bestehen, daß ein Ereignis durch seine Bedingungen nicht vollständig bestimmt ist.

Ferner: Wenn wir in den Zusammenhang eines Ereignisses mit seinen Bedingungen vollständige Einsicht haben, so ist es die Beziehung einer Zahl zu ihrem Logarithmus. Unser Wissen ist vollständig, und wir können diese Abhängigkeit in allen Einzelheiten rechnerisch verfolgen. Es kann also auch von subjektiver Zufälligkeit keine Rede sein. Auch der Auswahlprozeß ist nicht zufällig im gewöhnlichen Sinne des Wortes, da durch die Bestimmung, alle zehnstelligen Logarithmen der fünfstelligen Zahlen aufzunehmen, genau bestimmt ist, welche Zahlen samt ihren Logarithmen zu tabellieren sind.

Zufälligkeit besteht nur im logischen Sinne. Das Auftreten einer bestimmten Ziffer auf einer gegebenen Dezimalstelle des Logarithmus einer Zahl ist im Begriffe einer Zahl nicht mitgedacht und deshalb im logischen Sinne unbestimmt.

i	$p_i^{(1)}$	$p_i^{(2)}$	$p_i^{(3)}$
0	0,02877	0,08996	0,09897
1	0,03622	0,09206	0,09920
2	0,04560	0,09420	0,09942
3	0,05740	0,09639	0,09965
4	0,07227	0,09864	0,09988
5	0,09097	0,10094	0,10011
6	0,11453	0,10329	0,10034
7	0,14419	0,10569	0,10058
8	0,18152	0,10816	0,10081
9	0,22852	0,11068	0,10104
Mittel	6,24890	4,68986	4,51900

Poincaré spricht von der dritten, Bruns von der zehnten Dezimalstelle. Zusammenfassend wollen wir sagen, daß bei einer stetigen Funktion von einer hinreichend hohen Dezimalstelle an alle Ziffern die gleiche Wahrscheinlichkeit $^1/_{10}$ haben. Es soll nun klargelegt werden, welche Bedeutung die Bestimmung hat, daß die Dezimalstelle hinreichend hoch sein muß. Wir beziehen uns zunächst auf die Funktion Logarithmus.

Die Werte der Wahrscheinlichkeiten der einzelnen Ziffern i auf der ersten, zweiten und dritten Dezimalstelle, die wir mit

$$p_i^{(1)}, \; p_i^{(2)}, \; p_i^{(3)}, \ldots$$

bezeichnen wollen, sind in der vorstehenden Tabelle zusammengestellt. Man sieht auf den ersten Blick, daß auf der ersten Dezimalstelle von einer Gleichheit der Wahrscheinlichkeiten der einzelnen Ziffern überhaupt nicht die Rede sein kann. Mit steigendem Index nehmen die $p_i^{(1)}$ sehr rasch zu, so daß die Wahrscheinlichkeit des Auftretens der Neun auf der ersten Dezimale ungefähr achtmal so groß ist wie die der Null. Die auf die zweite Dezimalstelle bezüglichen Werte sind weniger voneinander verschieden, allein die Differenz zwischen dem kleinsten und dem größten Werte beträgt immerhin mehr als ein Fünftel des ersteren. Wirklich gering sind diese Unterschiede erst bei den auf die dritte Dezimalstelle bezüglichen Wahrscheinlichkeiten der einzelnen Ziffern. Der absolute Unterschied zwischen dem größten und dem kleinsten Werte beträgt nur zwei Einheiten der dritten Dezimalstelle oder zwei Prozent des kleinsten Wertes.

Es ist sehr einfach, die Summe der Intervalle zu bestimmen, in welchen der Logarithmus eine bestimmte Ziffer i auf der k-ten Dezimalstelle hat. Man findet

$$p_j^{(k)} = 10^{10^{-k} \cdot i} \, \frac{10^{10^{-k}} - 1}{10^{10^{-k+1}} - 1}.$$

Nimmt man $k = 3$ oder größer an, so kann man sich in der Entwicklung von $10^{10^{-k}}$ auf das lineare Glied beschränken und erhält

$$p_i^{(k)} = \frac{1}{10} \left(1 + \frac{2{,}302585\, i}{10^k} \right).$$

Die Wahrscheinlichkeiten der Ziffern $0, 1, \ldots 9$ sind also auf keiner noch so hohen Dezimalstelle strenge gleich, sondern sie nehmen mit i wie die Glieder einer arithmetischen Reihe zu. Der Unterschied zwischen dem größten und kleinsten Werte beträgt aber nur $M \cdot 9{,}10^{-(k+1)}$, ist also kleiner als drei Einheiten der k-ten Dezimalstelle. Wählt man k so groß, daß dieser Unterschied vernachlässigt werden kann, so sind auf der k-ten und allen höheren Dezimalstellen alle Ziffern mit der gleichen Wahrscheinlichkeit 0,1 anzusetzen.

Am Fuße der vorstehenden Tabelle sind unter der Bezeichnung „Mittel" die Summen

$$S_k = \sum_{k=0}^{9} i\, p_i^{(k)}$$

gegeben. Ist k eine größere Zahl, so ist der auf die k-te Dezimale bezügliche Wert

$$S_k = 4{,}5 + \frac{656{,}24}{10^{-(k+1)}}.$$

Man erkennt, daß diese Größen ziemlich rasch dem Werte 4,5 zustreben, der sich ergeben würde, wenn die einzelnen Ziffern genau gleiche Wahrscheinlichkeiten hätten.

Der Ausgleich der Wahrscheinlichkeiten kommt dadurch zustande, daß bei der Bestimmung der Wahrscheinlichkeiten der einzelnen Ziffern eine große Anzahl von Intervallen zu addieren ist. Die Anzahlen dieser Intervalle sind gleich, und für jedes Glied irgendeiner Summe findet sich in jeder anderen Summe ein Glied, das sich von ihm nur sehr wenig unterscheidet. Mit wachsendem k nimmt die Anzahl der Intervalle zu, allein die Unterschiede der entsprechenden Intervalle nehmen noch rascher ab, und sämtliche Summen streben der Grenze 0,1 zu.

Eine graphische Erläuterung macht diesen Prozeß der Ausgleichung der Unterschiede zwischen anfänglich ganz verschiedenen Größen vielleicht noch klarer. Die nebenstehende Figur 1 gibt den Verlauf der Funktion Logarithmus in dem Intervalle von 1—10, und zwar ist die Maßeinheit der Abszisse doppelt so groß wie die der Ordinate gewählt. Zunächst wurden auf der Abszisse die Intervalle bestimmt, die den Logarithmen entsprechen, welche auf der ersten Dezimalstelle die Ziffern 0, 1, ... 9 haben. Die diese Gebiete trennenden Ordinaten 0,1, 0,2, ... 0,9 sind durch gestrichelte Linien angedeutet. Die entsprechenden Abschnitte der Abszissenachse sind sehr verschieden groß und in sich zusammenhängend. Man ersieht hieraus die Verschieden-

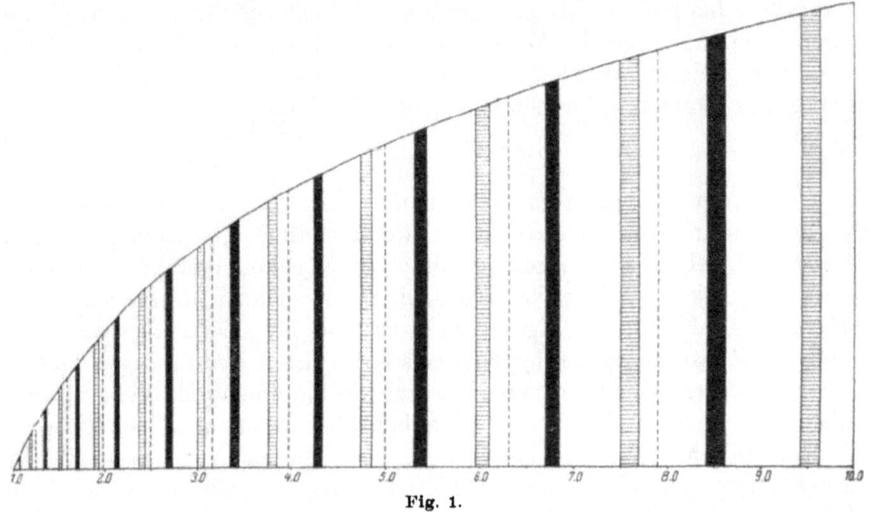

Fig. 1.

heit der Wahrscheinlichkeiten der einzelnen Ziffern auf der ersten Dezimale.

Die schwarz angelegten Streifen haben als Grundlinien die Menge der Argumentswerte, denen die Funktionswerte 0,03—0,04, 0,13—0,14, ... entsprechen. In diesen 10 Intervallen, die ersichtlich von verschiedener Größe sind, haben die Funktionswerte auf der zweiten Dezimalstelle die Ziffer 3. Die schraffierten Streifen leisten dasselbe für die Ziffer 8. Man erkennt leicht, daß jeder einzelne der letzteren Streifen breiter ist als der entsprechende Streifen für die Ziffer 3, daß aber dieser Unterschied klein ist. Die Mengen der Fälle, in welchen die Ziffern 3 und 8 auf der zweiten Dezimale erscheinen, setzen sich aus voneinander getrennten Intervallen zusammen. Die Anzahl dieser Intervalle ist für alle Ereignisse die gleiche, und außerdem findet sich in jeder auf ein anderes Ereignis bezüglichen Menge ein Teilintervall, das von einem gegebenen Teilintervalle einer anderen Menge nur wenig verschieden ist. Zwei Summen, die aus der gleichen Anzahl von Gliedern bestehen, wobei jedes Glied der einen Summe von einem bestimmten Gliede der anderen Summe nur wenig verschieden ist, können auch nicht stark voneinander verschieden sein.

Man kann sich leicht die Konstruktion für die dritte Dezimalstelle fortgesetzt denken. Für jede Ziffer ergeben sich dann hundert Intervalle, die über das Gebiet der Zahlen von 1 bis 10 verteilt sind. Die Unterschiede zwischen zwei entsprechenden Intervallen sind noch kleiner geworden, weshalb die Wahrscheinlichkeiten der einzelnen Ziffern sich nur wenig voneinander und von dem Werte $1/_{10}$ unterscheiden.

Je höher die Dezimalstelle ist, auf die man sich bezieht, desto größer wird die Anzahl und desto kleiner die Ausdehnung der Gebiete, die einer bestimmten Ziffer entsprechen. Dies bringt den Ausgleich der Wahrscheinlichkeiten mit sich, der uns dazu berechtigt, auf hinreichend hohen Dezimalstellen die Wahrscheinlichkeiten aller Ziffern als gleich anzusehen. Dieser Ausgleich der Wahrscheinlichkeiten durch Zersplitterung des Gebietes der unabhängigen Variablen kommt sehr häufig vor.

Die beiden Beispiele von Gauß und Bruns von Ereignissen, die die Anwendung der Wahrscheinlichkeitsrechnung gestatten, trotzdem über den einzelnen Fall durchaus keine Ungewißheit besteht, sind ziemlich wenig bekannt. Es gibt jedoch eine ausgedehnte Klasse von Aufgaben, deren Kenntnis Allgemeingut ist und bei denen über den notwendigen Zusammenhang der Ereignisse mit ihren Bedingungen gleichfalls kein Zweifel bestehen kann, da wir vollkommene Einsicht in denselben haben. Es sind dies die Aufgaben über sogenannte geometrische Wahrscheinlichkeiten. Es handelt sich bei diesen Aufgaben um die Bestimmung von Wahrscheinlichkeiten, daß ein aus einer stetigen Menge herausgegriffenes Element gewisse Eigenschaften habe oder Bedingungen erfülle. Da die ersten Aufgaben dieser Art geometrische Gegenstände betrafen, so sprach man von geometrischen Wahrscheinlichkeiten und behielt diesen Namen auch dann bei, als Aufgaben derselben Natur auf anderen Gebieten gefunden wurden.

Das folgende Beispiel ist für die bei solchen Aufgaben zur Verwendung kommenden Begriffe charakteristisch. Legt man durch einen Eckpunkt eines Dreiecks eine Gerade, so besteht die Wahrscheinlichkeit $\frac{\alpha}{\pi}$ dafür, daß die Gerade die Gegenseite des Dreiecks schneide, wenn α der Dreieckswinkel ist, durch dessen Scheitel die Gerade gelegt werden soll. Welchen Sinn hat diese Wahrscheinlichkeitsbestimmung? Ganz gewiß geht dem Ereignisse, das im Schneiden einer gewissen durch einen Punkt gelegten Geraden mit einer bestimmten Strecke besteht, der Charakter der Zufälligkeit im gewöhnlichen Sinne des Wortes ab, da wir von jeder herausgegriffenen Geraden angeben können, ob dieses Ereignis eintritt oder nicht.

Der Charakter der Zufälligkeit kommt diesem Ereignisse nur dann zu, wenn man die Gerade nur als Element der Menge der durch diesen Punkt gezogenen Geraden betrachtet. Die Geraden, die durch einen gegebenen Punkt gehen, bilden eine Menge von Elementen, die in Hinsicht auf ihre Lage bestimmt, in Hinsicht auf ihre Richtung aber unbestimmt sind. Die Richtung einer zu dieser Menge gehörigen Geraden ist also im logischen Sinne zufällig. Das Maß der Menge aller durch einen Punkt gehenden Geraden ist durch den halben Umfang des Einheitskreises gegeben und gleich π. Die Teilmenge, deren Elemente alle jene Geraden sind, die die Gegenseite schneiden, wird durch den Winkel α gemessen, da eine die Gegenseite schneidende Gerade notwendig innerhalb dieses Winkels liegt, und jede innerhalb dieses Winkels liegende Gerade die Gegenseite schneidet. Hieraus ergibt sich der Wert der gesuchten Wahrscheinlichkeit mit $\frac{\alpha}{\pi}$, wie oben angegeben.

Buffons Nadelproblem ist die älteste Aufgabe über geometrische Wahrscheinlichkeiten. Der Auswahlprozeß ist hier in dem Blindlingswerfen der Nadel gegeben. Man könnte glauben, daß hierdurch das Element der Ungewißheit eingeführt wird, das zur Anwendung der Wahrscheinlichkeitsrechnung berechtigt. Das Vorkommen solcher Auswahlprozesse war aber nur die Veranlassung zur Aufstellung solcher Aufgaben. Bei der weitaus größten Zahl der Aufgaben wird eine zufällige Auswahl nur postuliert, und es wäre oft gar nicht leicht, einen physischen Prozeß anzugeben, der sie verwirklicht. Angesichts der Tatsache, daß die geometrischen Wahrscheinlichkeiten schon lange bekannt sind, kann man es als merkwürdig ansehen, daß die Auffassung der Wahrscheinlichkeiten als Maß unserer Unkenntnis oder unserer Ungewißheit über den Verlauf eines Vorganges oder des Zutrauens in die Richtigkeit einer Aussage sich erhalten konnte.

Auch die Zahlentheorie bietet viele Beispiele von Wahrscheinlichkeitsbestimmungen bei Vorgängen, denen das Moment der subjektiven Zufälligkeit fehlt. Man denke an die Bestimmung der Wahrscheinlichkeit, daß eine aus der Menge der natürlichen Zahlen kleiner als G herausgegriffene Zahl eine Primzahl sei. Auch hier läßt sich nur die mengentheoretische Auffassung des Wahrscheinlichkeitsbegriffes durchführen. Durch das Merkmal „natürliche Zahl" ist eine Menge von Gegenständen bestimmt, die in Hinsicht der in der Definition angegebenen Eigenschaften bestimmt, hinsichtlich besonderer Merkmale aber unbestimmt sind.

Dieses Beispiel zeigt sehr gut, daß eine mathematische Wahrscheinlichkeit nicht ein Maß unserer Unkenntnis ist, denn sonst müßte ihr Wert für verschiedene Personen großen Schwankungen unterworfen sein, und z. B. nach dem Durchlesen einer Tafel der Primzahlen wesentlich sinken.

Wäre das Bestehen einer subjektiven Unkenntnis des Zusammenhanges der Ereignisse mit ihren Bedingungen erforderlich, so müßte man heute an der Möglichkeit dieser Wahrscheinlichkeitsbestimmung verzweifeln, da die zahlentheoretischen Untersuchungen der neueren Zeit zur Kenntnis der Anzahl der Primzahlen unter einer gegebenen Grenze geführt haben. Natürlich ist der Sachverhalt gerade umgekehrt: Diese Aufgabe, deren Lösung früher unmöglich war, ist heute lösbar, denn zur Durchführung einer Wahrscheinlichkeitsbestimmung ist nicht das Bestehen irgendeiner Unkenntnis — und sei diese noch so ausgedehnt — erforderlich, sondern diese muß auf eine bestimmte Information über die in Betracht kommenden Mengen gegründet werden.

Die bisherigen Beispiele beziehen sich auf Gegenstände rein logischen Charakters, und der Begriff der Ursache kommt überhaupt nicht zur Anwendung. Die Auffassung, der Zufall bestünde in einem Mangel an Zusammenhang zwischen den Tatbeständen und ihren Bedingungen, ist gänzlich ausgeschlossen. Wir wollen jetzt einige Beispiele betrachten, bei denen physikalische Vorgänge Gegenstand wahrscheinlichkeitstheoretischer Untersuchungen sind. Wir wollen mit Beispielen möglichst einfacher Natur beginnen und dann zu komplizierteren Aufgaben fortschreiten. In den ersten Beispielen handelt es sich um Ereignisse, über deren Zusammenhang mit ganz bestimmten Bedingungen gar kein Zweifel besteht, so daß es vollkommen ausgeschlossen ist, den Zufall im Sinne eines ursachlosen Geschehens aufzufassen. Die wachsende Kompliziertheit der Vorgänge in den späteren Beispielen soll den Gedanken nahe legen, daß auch hier die Wahrscheinlichkeitsrechnung den Zufall nicht als ein ursachloses Geschehen auffaßt. Man wird im Gegenteil in der Anwendbarkeit der Wahrscheinlichkeitsrechnung auf ein bestimmtes Tatsachengebiet ein Argument dafür sehen, daß die Erscheinungen durch ihre Bedingungen eindeutig bestimmt sind, denn nur dann ist die Beobachtung über die Konstanz der Verhältniszahlen verständlich.

Wir betrachten als erstes Beispiel die Zeiten, in welchen die Vormittagsflut an einem bestimmten Punkte, z. B. bei London Bridge, eintrifft. Diese werden danach eingeteilt, ob die Flut im ersten, zweiten, dritten oder vierten Viertel einer Stunde eintrifft. Sammelt man eine hinreichend große Anzahl von Daten aus den Angaben des „Nautical Almanac", so findet man eine fast genaue Übereinstimmung mit den Ergebnissen der Wahrscheinlichkeitsrechnung unter der Voraussetzung, daß das Eintreffen von Ebbe und Flut ein zufälliges Ereignis ist.[33]

Man erkennt leicht den vollständigen Parallelismus dieses Beispieles mit den statistischen Erhebungen von H. Bruns über Logarithmentafeln. Das Eintreffen der Flut ist ein Ereignis, das in allen Einzelheiten genau bekannt ist und für einen beliebigen kommenden oder vergangenen Tag berechnet werden kann. Es besteht weder irgendeine sub-

---

33) F. Y. Edgeworth, The Law of Error, Transactions of the Cambridge Philosophical Society, 1905, Bd. 20, S. 128 f.

jektive Unkenntnis noch ein Zweifel darüber, daß der Vorgang durch
seine Bedingungen vollständig eindeutig bestimmt ist. Ebensowenig
gibt das Auswahlprinzip Raum für irgendwelche Zufälligkeiten. Ent-
schließe ich mich, diese Verhältnisse im Jahre 1920 zu untersuchen,
so ist das zur Untersuchung gelangende Material vollständig bestimmt.
Weder das Auswahlprinzip noch die Vorgänge selbst bieten den ge-
ringsten Raum für Zufälligkeit in der gewöhnlichen Bedeutung des
Wortes.

Zufälligkeit besteht nur im logischen Sinne. Durch den Begriff
„Eintreffen der Vormittagsflut" ist eine Menge definiert, deren Elemente insoweit bestimmt sind, als das Eintreffen der Flut zwischen
Mitternacht und Mittag stattfinden muß, allein die genaue Zeitbestim-
mung des individuellen Falles ist nicht mitgedacht, und demnach logisch zufällig. Durch die gewählte Einteilung nach dem Eintreffen in
den vier Vierteln einer Stunde wird diese Menge in vier Teilmengen
eingeteilt. Jede dieser Teilmengen besteht aus zwölf Intervallen, die
voneinander getrennt sind. Aus den früher angeführten Gründen kann
die Summe dieser zwölf Intervalle nicht viel von $^1/_4$ des Gesamtberei-
ches verschieden sein. Die Daten des „Nautical Almanac" bilden eine
endliche Menge, die aus der unendlichen Menge ohne Auswahl als
Muster herausgegriffen wird. Nach dem Bernoullischen Theorem
muß dieses Muster innerhalb gewisser Grenzen die gleiche Zusammensetzung haben wie die ursprüngliche Menge.

Das Krießsche Stoßspiel wurde bereits oben erklärt. Es besteht
darin, daß eine Kugel durch einen Antrieb in Bewegung gesetzt wird
und gezwungen ist, sich in einer Rinne zu bewegen, die in gleich große
schwarze und weiße Streifen geteilt ist. Es ist dies eine Vereinfachung
des Roulettespieles, bei dem die Kugel sich in einer kreisförmigen
Rinne bewegt. Ist der Antrieb gegeben, so ist die Länge des zurückgelegten Weges, und damit die Stelle, wo die Kugel zur Ruhe kommt,
durch die bestehenden Reibungen eindeutig bestimmt. Die Gebiete,
die das Resultat „weiß" herbeiführen, sind in großer Zahl, klein, voneinander getrennt und von gleicher Größe, wie die schwarzen Streifen.
Dies führt zu dem Ansatze, daß die Wahrscheinlichkeit für das Zur-
Ruhe-Kommen des Balles gleich $\frac{1}{2}$ ist.
Wird die Kugel durch die menschliche Hand in Bewegung gesetzt,
so wird die Sache dadurch kompliziert, daß die Wahrscheinlichkeiten,
womit der Spieler Antriebe von gegebener Stärke erzeugt, verschieden
sind. Sehr kleine und sehr große Antriebe sind selten, während solche
von mittlerer Stärke am häufigsten sind. In Fig. 2 sind die den An-
trieben entsprechenden Weglängen als Abszissen aufgetragen, während
die Ordinaten der Wahrscheinlichkeit, mit welcher der betreffende Antrieb erzeugt wird, proportional sind. Der von einem gegebenen Teile
der Abszissenachse, den beiden Endordinaten und der Kurve begrenzte

Flächenstreifen ist demnach der Wahrscheinlichkeit proportional, daß die Kugel auf dem betreffenden Teile der Strecke zur Ruhe kommen werde. In der Fig. 2 sind die den schwarzen Streifen der Rinne entsprechenden Flächenstreifen schwarz angelegt, die übrigen weiß gelassen. Da die Streifen sehr schmal sind, so sind sie ersichtlich von ihren Nachbarstreifen an Größe nur wenig verschieden. Da diese Größenunterschiede im aufsteigenden und im absteigenden Teile verschiedenes Zeichen haben, was einen weiteren Ausgleich bewirkt, so ist die Summe der schwarzen Streifen nur wenig von der der weißen Streifen, und deshalb von der Hälfte des Gesamtflächeninhaltes verschieden. Wir sind also auch bei Antrieb der Kugel durch die menschliche Hand berechtigt, die Wahrscheinlichkeit eines schwarzen Stoßes mit dem Werte $\frac{1}{2}$ anzusetzen.

Es wurde früher erklärt, welche Erweiterung unserer Kenntnisse erforderlich wäre, um dem Werfen eines Würfels den Charakter der

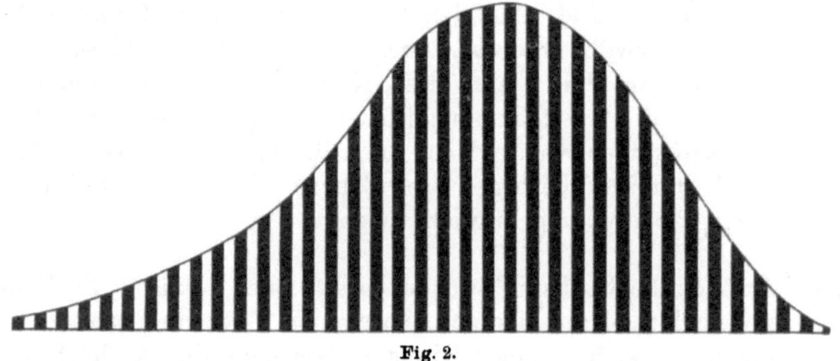

Fig. 2.

subjektiven Zufälligkeit zu nehmen. Die Annahme der gleichen Möglichkeit aller sechs Seiten soll jetzt näher untersucht werden.[34]

Ist die physikalische Struktur des Würfels und der Unterlage, auf die er auffällt, sowie die in Betracht kommenden Reibungen und Elastizitäten bekannt, so müssen noch zwölf Parameter gegeben sein, die die Lage sowie die translatorische und rotatorische Bewegung des Würfels nach den drei Achsen bestimmen. Sind diese Größen bekannt, so ist die geworfene Augenzahl vollkommen bestimmt. Wir wollen die Funktion, die die geworfene Augenzahl in ihrer Abhängigkeit von den Anfangsbedingungen gibt, mit y bezeichnen. Wir können mit Zuversicht die Aussage machen, daß unter gegebenen Versuchsbedingungen jeder Kombination der zwölf Parameter ein und nur ein vollständig bestimmtes Ergebnis entspricht. Dagegen ist die Beziehung zwischen y und den

34) Besprechungen des Würfelspieles finden sich bei H. B r u n s , Wahrscheinlichkeitsrechnung und Kollektivmaßlehre, 1906, S. 9; J. v. K r i e ß , Die Prinzipien der Wahrscheinlichkeitsrechnung, 1886, S. 54—60; W. W i n d e l b a n d , Die Lehren vom Zufall, S. 30 f.; A. E l s a s , Philosophische Monatshefte, 1889, S. 30 f.

Kombinationen der Anfangsbedingungen unendlich vieldeutig. Um in den folgenden Ausführungen nicht zu fortwährenden Umschreibungen gezwungen zu sein, wollen wir die Verabredung treffen, daß unter dem Erscheinen der Augenzahl n jenes Resultat eines Wurfes verstanden werden soll, bei welchem der Würfel auf der mit n bezeichneten Fläche zur Ruhe kommt. Die gebräuchlichen Würfel sind bekanntlich so eingerichtet, daß die Summe der Augenzahlen auf zwei gegenüberliegenden Seiten 7 ergibt, weshalb das Erscheinen der Zahl n in der gewöhnlichen Ausdrucksweise als das Erscheinen der Zahl $7-n$ bezeichnet wird.

Die möglichen Kombinationen der Werte der zwölf Parameter bilden eine zwölffach ausgedehnte, stetige Mannigfaltigkeit, deren jedes Element ein bestimmtes Ergebnis, d. h. das Erscheinen einer bestimmten Augenanzahl mit Notwendigkeit herbeiführt. Diese Menge M zerfällt in sechs Teilmengen, von denen jede die Elemente enthält, die die Augenzahlen 1, 2, ... herbeiführen. Jede dieser Teilmengen besteht aus einer großen Zahl nichtzusammenhängender, sehr kleiner Bereiche. Benachbarte Bereiche sind an Größe nur sehr wenig unterschieden. Das Verhältnis der Summe der zu einer bestimmten Augenzahl gehörigen Bereiche zum Maße der ganzen Menge ist die Wahrscheinlichkeit der betreffenden Augenzahl.

Die Verteilung der Intervalle, die zu einer gegebenen Augenzahl gehören, ist sehr kompliziert, und diese sind so klein, daß ein Spieler bei Befolgung der Spielregeln nicht absichtlich einen bestimmten Wurf herbeiführen kann. Dies ist der Grund, weshalb dem einzelnen Wurfe der Charakter der subjektiven Zufälligkeit zukommt. Hierdurch unterscheidet sich das Würfelspiel von den Geschicklichkeitsspielen wie Billard und Golf, bei denen die günstigen Fälle ein zusammenhängendes Bereich von solcher Größe erfüllen, daß ein geübter Spieler sehr wohl absichtlich das gewünschte Resultat herbeiführen kann.

Für jede der sechs Augenzahlen ergibt sich eine aus einer großen Anzahl von Gliedern bestehende Summe. Für jedes beliebige Glied einer Summe findet sich in jeder anderen Summe ein Glied, das von ihm nur wenig verschieden ist. Gleichheit der Wahrscheinlichkeiten der Würfe kann nur dann bestehen, wenn diese Summen gleich sind.

Es handelt sich nun um die Erkenntnis der Bedingungen, unter welchen ein Ausgleich der Wahrscheinlichkeiten stattfindet. Der nächstliegende Gedanke wäre, das bei der gleichen Aufgabe über die Wahrscheinlichkeiten in den Logarithmentafeln erfolgreiche Verfahren auch hier zu befolgen. Man müßte zunächst y als Funktion der Anfangsbedingungen aufstellen und daraus die zu einer gegebenen Augenzahl gehörigen Gebiete bestimmen. Wegen der Kompliziertheit der Funktion y wäre dies ein sehr mühsamer Weg. Wir wollen versuchen, das Ziel auf einem etwas anderen Wege zu erreichen.

Wir betrachten eine Ebene, die senkrecht auf die Fläche n durch den Schwerpunkt gelegt ist. Die zu den Begrenzungspunkten des Schnittes der Fläche n in dieser Ebene gezogenen Geraden schließen einen Winkel ein, der α heißen möge. Die Wahrscheinlichkeit, daß eine nach dem Zufalle durch den Schwerpunkt gezogene Gerade in diesem Winkel liegt, ist $\frac{\alpha}{\pi}$. Den gleichen Wert hat die Wahrscheinlichkeit, daß die Richtung der Schwerkraft in dem Augenblicke, da der Würfel zur Ruhe kommt, innerhalb des Winkels α liegt.

Die gleichen Betrachtungen kann man für jede andere durch den Schwerpunkt in der angegebenen Richtung gezogene Ebene machen. Hieraus ergibt sich, daß das Maß der Menge aller Fälle, in denen die vom Schwerpunkte aus in der Richtung der Schwerkraft gezogene Gerade die Fläche n trifft, durch den körperlichen Winkel gegeben ist, unter dem die Fläche n vom Schwerpunkte aus gesehen wird. Tritt aber dieser Fall ein, so bleibt der Würfel notwendig auf der Fläch n liegen. Der körperliche Winkel, unter dem die Fläche n vom Schwerpunkte aus gesehen wird, ist demnach auch das Maß der Wahrscheinlichkeit des Wurfes n. Der Beweis gründet sich auf den Begriff der Wahrscheinlichkeit, daß eine in Rotation versetzte Ebene in bestimmter Lage zur Ruhe komme, wofür die Analyse des Roulettespieles hinreichend ist.

Bei einem idealen Würfel aus homogenem Material fällt der Schwerpunkt mit dem geometrischen Mittelpunkte zusammen. Die Winkel, unter denen die sechs Begrenzungsflächen vom Schwerpunkte aus gesehen werden, sind dann gleich. Hieraus folgt, daß die Wahrscheinlichkeiten aller Würfe gleich $^1/_6$ sind. Ein physischer Würfel hat weder die ideale geometrische Form, noch ist seine Zusammensetzung vollkommen homogen in allen Teilen, weshalb der Schwerpunkt nicht mit dem geometrischen Mittelpunkte zusammenfällt. Eine Gleichheit der Winkel kann dann nicht bestehen, weshalb auch die Wahrscheinlichkeiten der einzelnen Würfe verschieden sein müssen. In welcher Richtung die einzelnen Wahrscheinlichkeiten sich von dem für einen idealen Würfel gültigen Werte $^1/_6$ unterscheiden, kann erst der Versuch oder eine genaue Untersuchung der physischen Beschaffenheit des Würfels zeigen.

Der Würfel kann als eine dreidimensionale Roulette betrachtet werden. Die Ähnlichkeit springt in die Augen, wenn man sich den Würfel durch die umschriebene Kugel ersetzt denkt, auf deren Oberfläche die Kanten des Würfels vom Mittelpunkte aus projiziert sind. Die so entstandenen sphärischen Vierecke werden mit den Ziffern von 1 bis 6 bezeichnet, und der Wurf n gilt dann als herbeigeführt, wenn die ebene Unterlage das mit n bezeichnete Stück der Oberfläche berührt. Da die Verbindungslinie dieses Berührungspunktes mit dem Schwerpunkte im allgemeinen nicht mit der Richtung der Schwerkraft zusammenfallen wird, so kann der Würfel nicht in derselben Lage zur Ruhe kommen wie die Kugel, sondern er wird auf der ganzen Fläche n aufliegen.

Man kann sich das Würfelspiel durch ein Spiel mit drei Roulette-apparaten, die mit geeigneten Einteilungen versehen sind, ersetzt denken. Die Rotationsbewegung des Würfels ist bestimmt durch seine Drehung um drei zueinander senkrechte Achsen. Man lasse jeder Achse einen der drei Apparate entsprechen und setze sie in gehöriger Weise in Bewegung. Sind die Apparate zur Ruhe gekommen, so drehe man den Würfel um jede der drei Achsen um die Anzahl von Geraden, die die Roulette anzeigt. Hieraus ergibt sich die Stellung, in der der Würfel zur Ruhe kommt.

Für unsere Zwecke ist an diesen Betrachtungen wesentlich, daß das Bestehen der Funktion y vorausgesetzt wird: Ohne Annahme einer bestimmten Abhängigkeitsbeziehung zwischen den Anfangsbedingungen und dem Ergebnisse eines Wurfes kommt man nicht zur Festlegung der Bereiche der Argumentswerte, die gegebene Wurfresultate herbeiführen. Auf dieser fußt aber die Wahrscheinlichkeitsbestimmung. Daraus folgt aber, daß die Anwendung des Wahrscheinlichkeitsbegriffes das Bestehen einer notwendigen Abhängigkeitsbeziehung zwischen den Ereignissen und ihren Bedingungen zur Voraussetzung hat. Faßt man den Zufall im Sinne eines ursachlosen oder durch die bestehenden Bedingungen nicht eindeutig bestimmten Geschehens, so kommt man zu einem Wahrscheinlichkeitsansatze überhaupt nicht.

Dieses Beispiel unterscheidet sich von den früher besprochenen darin, daß wir über das Ergebnis der einzelnen Würfe nicht im voraus orientiert sind, während in den früheren Beispielen der in jedem einzelnen Falle zur Beobachtung kommende Tatbestand voraus bekannt war. Welches ist nun der Begriff der Wahrscheinlichkeit, der hier zur Verwendung kommt? Aus der zwölffach ausgedehnten, stetigen Menge der Anfangsbedingungen wird ein Element herausgegriffen. Die Elemente unterscheiden sich voneinander durch verschiedene Werte der Parameter. Ihre Wertkombinationen sind bestimmt durch ihre Zugehörigkeit zur Menge der Anfangsbedingungen für das Werfen eines Wurfes, unbestimmt aber in Hinsicht auf besondere Bestimmungen. Eine solche ist das Herbeiführen der Augenzahl n, und dieses ist demnach in logischer Hinsicht zufällig, trotzdem jedem gegebenen Elemente eine ganz bestimmte Augenzahl notwendig zugeordnet ist.

Von der logischen Zufälligkeit muß man die subjektive Unkenntnis über das Ergebnis der einzelnen Würfe unterscheiden. Diese wird herbeigeführt durch die Spielvorschriften, die wesentlich darauf hinauslaufen, daß der Würfel geschüttelt und mit einer nicht zu geringen Kraft geschleudert werden soll. Die Unfähigkeit, bei ehrlichem Spiele einen bestimmten Wurf herbeizuführen, ist wohl eine Bedingung dafür, daß das Würfeln als Gegenstand eines Zufallsspieles geeignet ist, allein die früheren Beispiele zeigen, daß ihr Bestehen nicht Voraussetzung der Möglichkeit einer wahrscheinlichkeitstheoretischen Behandlung ist.

Die Gleichheit der Wahrscheinlichkeiten aller Würfe gilt nur für einen idealen Würfel. Ein wirklicher Würfel hat aber niemals eine geometrisch einfache Gestalt und seine Dichte ist nicht homogen, sondern eine Funktion des Ortes. Werden die Flächen vom Schwerpunkte aus unter verschiedenen Winkeln gesehen, so sind auch die Wahrscheinlichkeiten der Würfe verschieden. Besitzt ein Körper deutlich merkbare Abweichungen von der Würfelgestalt, so kommt er für das Spiel nicht in Betracht. Sind an einem Würfel keine Abweichungen von der geometrischen Gestalt nachweisbar, so ist die Annahme der gleichen Wahrscheinlichkeit aller Seiten vorläufig als Hypothese berechtigt. Ihre endgültige Berechtigung kann nur durch Erprobung an der Erfahrung dargetan werden. Direkt ließe sich diese Annahme durch Bestimmung der Winkel untersuchen. Bei so kleinen, festen Objekten, wie es ein Würfel meistens ist, läßt sich die Lage des Schwerpunktes nur sehr ungenau bestimmen, weshalb auch die Winkelmessung keine entsprechende Genauigkeit besitzen kann.

Eine nicht erkennbare Verschiedenheit der Wahrscheinlichkeit läßt das Spiel nicht aufhören, für beide Teile billig zu sein, weil bei jedem Wurfe dasselbe Chancensystem besteht. Anders liegen die Verhältnisse, wenn eine vielleicht nur kleine Ungleichheit der Wahrscheinlichkeiten für den Kundigen erkennbar ist. Durch sachgemäße Ausnützung seiner Kenntnisse kann er sich dann einen Vorteil verschaffen.

Dies ist bei Benutzung der im Handel erhältlichen Würfel oft der Fall. Bei diesen sind die Augen meistens ausgehöhlt, was die Gleichmäßigkeit der Massenverteilung beeinträchtigt. Je größer die Zahl der Augen, desto mehr Materie ist dem Würfel auf dieser Seite entnommen und desto näher liegt der Schwerpunkt des Würfels der Gegenseite. Da die Summe der Augen auf zwei Gegenseiten 7 ist, so überwiegt die Wahrscheinlichkeit, daß der Würfel auf der mit der niedrigeren Augenzahl bezeichneten Fläche zur Ruhe kommen wird, oder — was dasselbe ist —, daß die höhere Augenzahl oben liegt. Dies erklärt die oben besprochenen Ergebnisse von Wolfs Versuchen und K. Pearsons Bemerkung, daß in Weldons Würfelversuchen die hohen Würfe begünstigt sind.

Auf den Gebrauch solcher Würfel bezieht sich folgende Bauernregel, die sich recht gut bewährt. Um einen hohen Wurf zu erzielen, schüttele man die Würfel im Becher lange und lasse sie dann in freiem Schwunge über den Tisch rollen. Niedere Würfe kann man erzielen, indem man die Würfel im Becher kurz schüttelt, den Becher auf den Tisch stürzt und die Würfel innerhalb des Bechers zur Ruhe kommen läßt. Durch ein solches Vorgehen wird unter den Würfen eine Auswahl getroffen. Bei freiem Rollen der Würfel wird das den hohen Würfen günstigere Chancensystem voll zur Geltung gebracht, während beim Umstürzen des Bechers die Würfel gewaltsamer zur Ruhe kommen und jene Fälle ausgeschaltet werden, in denen das Resultat gewissermaßen auf der Grenze lag.

Ebensowenig wie beim Werfen eines Würfels wird man bei dem folgenden Beispiele ernstlich daran zweifeln, daß zwischen den Ereignissen und ihren Bedingungen ein notwendiger Zusammenhang besteht. Ein Zweifel ist um so weniger begründet, als die Gesetze, nach denen die Vorgänge mit ihren Bedingungen zusammenhängen, bekannt sind, und eine Versuchsanordnung getroffen werden kann, daß die Ereignisse nach mechanischen Gesetzen und unabhängig von einer Beeinflussung durch den menschlichen Willen vor sich gehen.

Gibt man aus einem Gewehre gegen ein festes Ziel eine Anzahl von Schüssen ab, so schlagen nicht alle Kugeln an derselben Stelle ein, sondern die Treffpunkte sind in der Zielebene zerstreut. Die Streuung der Schüsse ist teils durch die psychophysische Natur des Schützen, teils durch das Gewehr und die verwendete Munition, und teils durch äußere Umstände, wie Luftströmungen, wechselnde Feuchtigkeit und Temperatur der Luft usw. verursacht. Die Unregelmäßigkeiten, die durch die Natur des Schützen bedingt sind, kann man durch Einspannen des Gewehres in einen Schraubstock ausschalten, und bei Abhalten der Versuche in einem geschlossenen Raume kann man den Einfluß der an dritter Stelle erwähnten äußeren Umstände durch sorgfältige Kontrolle sehr reduzieren.

Selbst unter diesen für die Ausführung der Versuche unter konstanten Bedingungen günstigsten Verhältnissen zeigen sich aber noch immer Abweichungen der Flugbahnen, die sich bis jetzt nicht vermeiden ließen. Diese sind durch Unregelmäßigkeiten des Geschosses und der Munition verursacht. Schwankungen der Menge des zur Ladung verwendeten Pulvers scheinen auf diese Unregelmäßigkeiten der Flugbahnen einen geringeren Einfluß zu haben als die Unregelmäßigkeiten in der Zusammensetzung der Geschosse. Wir wollen im folgenden von den Anschauungen ausgehen, die von F. W. Mann[35]) aufgestellt wurden.

Wegen Ungleichmäßigkeiten in der Zusammensetzung des Materials und Ungleichmäßigkeiten der Gußform fällt der Schwerpunkt des Geschosses nicht in seine Längsachse. Bei der Bewegung durch den Lauf eines gezogenen Gewehres wird dem Geschosse eine drehende Bewegung erteilt, deren Achse die Laufachse ist. Jeder Punkt des Geschosses, der nicht in der Laufachse liegt, beschreibt bei dieser Bewegung eine Schraubenlinie, deren Radius gleich ist dem Abstande des Punktes von der Laufachse.

Vom Standpunkte der Mechanik aus ist die Bewegung eines Körpers gegeben durch die Bewegung seines Schwerpunktes. Ein Geschoß, dessen Schwerpunkt nicht in der Längsachse liegt, beschreibt also innerhalb des Laufes eine Schraubenlinie. Beim Verlassen des Laufes an der Mündung wird das Geschoß sich selbst überlassen und muß seine

---

35) F. W. Mann, The Bullet's Flight from Powder to Target, 1909; vgl. The Scientific American, 1910, Bd. 102, S. 203.

Bewegung geradlinig fortsetzen, d. h. es wird in der Richtung der Tangente dieser Schraubenlinie in jenem Punkte, der der Laufmündung entspricht, fortfliegen. Ist der Radius der Schraubenlinie endlich, so fällt diese Tangente nicht mit der Laufachse zusammen, und die hierdurch verursachte Abweichung der Flugbahn ist um so größer, je größer der Abstand des Schwerpunktes von der Längsachse des Geschosses ist. Diese Abweichung des Geschosses von seiner theoretischen Flugbahn wird als der X-Fehler bezeichnet.

Die Tatsache, daß der Schwerpunkt des Geschosses nicht mit dem geometrischen Mittelpunkte zusammenfällt, bringt es mit sich, daß das Geschoß während seines Fluges in der horizontalen Lage nicht im Gleichgewichte ist. Es stellt sich schief zur Flugbahn, was wegen des Widerstandes der Luft spiralförmige Abweichungen zur Folge hat. Man nennt diese Abweichungen den Y-Fehler. Während also der X-Fehler Abweichungen der Flugbahn von der durch die Laufachse bestimmten theoretischen Bahn verursacht, zwingt der Y-Fehler das Geschoß, sich auf einer Spirale zu bewegen, deren Achse die neue Flugbahn ist.

Die Größe und Richtungen dieser Fehler sind vollkommen durch die Lage des Geschosses beim Abfeuern bestimmt. Die Schraubenlinie, die das Geschoß innerhalb des Laufes beschreibt, ergibt sich aus dem Abstande des Schwerpunktes von der Laufachse und aus dem Dralle, weshalb man aus diesen Daten die Richtung, in welcher das Geschoß den Lauf verläßt, berechnen kann. Ebenso läßt sich der Y-Fehler aus dem Widerstande der Luft und aus der Lage des Geschosses in bezug auf die Flugbahn berechnen, welche wieder aus der Lage des Schwerpunktes folgt. Das Resultat eines Schusses ist also durch die bestehenden Bedingungen eindeutig bestimmt, und man muß fragen, welcher Sinn mit der Aussage zu verbinden ist, daß das Einschlagen des Geschosses in einem bestimmten Punkte der Zielebene ein vom Zufalle abhängiges Ereignis ist.

Von einer Leugnung des notwendigen Zusammenhanges der Ereignisse mit ihren Bedingungen kann keine Rede sein, denn dieser ist uns vollständig bekannt, und wir können angeben, auf Grund welcher Daten wir die Rechnung durchführen können. Ebenso gewiß ist aber, daß die subjektive Zufälligkeit bestehen bleiben wird, solange die Lage des Schwerpunktes nicht mit hinreichender Genauigkeit bekannt ist. Bringt man einfach ein nicht näher untersuchtes Geschoß in irgendeiner Lage in den Lauf, so kann man auch unter den genauen Versuchsbedingungen Manns das Einschlagen des Geschosses in bestimmten Teilen der Zielebene zum Gegenstand eines Zufallspieles machen.

Jede Lage des Schwerpunktes führt mit Notwendigkeit das Einschlagen des Geschosses in einem bestimmten Punkte der Zielebene herbei. Die Wahrscheinlichkeit, daß das Geschoß in einem bestimmten

Punkte einschlägt, ist demnach gleich der Wahrscheinlichkeit, daß der Schwerpunkt in einer gegebenen Lage sich befindet. Teilt man die Zielebene in Teile ein, z. B. in Sektoren konzentrischer Kreisringe, so entspricht jedem Teile der Zielebene eine Anzahl von Bereichen der Anfangslagen, und man erkennt sofort, daß die Zuweisung bestimmter Wahrscheinlichkeiten in derselben Weise erfolgt wie in den vorhergehenden Beispielen.

Wollte man in der Analyse dieses Beispieles noch weiter gehen, so müßte man die Wahrscheinlichkeit, daß der Schwerpunkt des Geschosses in einem bestimmten Teile des Raumes liegt, näher untersuchen. Der Herstellungsprozeß der Geschosse ist bei fabriksmäßigem Betriebe von der Art, daß sehr große Unterschiede in der Dichte der Teile des Geschosses und sehr große Abweichungen von seiner Form kaum vorkommen können. Es wird einen gewissen Punkt geben, den man als die wahrscheinlichste Lage des Schwerpunktes ansehen kann, und die Wahrscheinlichkeit, daß der Schwerpunkt des Geschosses in einem gegebenen Punkte liege, ist um so kleiner, je weiter der Punkt von der wahrscheinlichsten Lage entfernt ist. Ist der Erzeugungsprozeß bekannt, so kann man sehr wohl zu einer Annahme, wie diese Wahrscheinlichkeiten mit wachsender Entfernung von der wahrscheinlichsten Lage des Schwerpunktes abnehmen, gelangen.

Denkt man sich ein Geschoß um seine Längsachse im Laufe herumgedreht, so bleibt der Radius der Schraubenlinie unverändert. Die Richtungen, in welchen das Geschoß den Lauf verläßt, liegen auf dem Mantel eines Kegelstumpfes, während die Treffpunkte — bei vorläufiger Nichtberücksichtigung des Y-Fehlers — auf einer geschlossenen, ovalförmigen Linie liegen. Da der X-Fehler nur von dem Abstande des Schwerpunktes von der Längsachse des Geschosses abhängt, so entsprechen einer solchen Ovallinie die Punkte der Mantelfläche eines Zylinders von gegebenem Durchmesser als Lagen des Schwerpunktes.

In gleicher Weise findet man jene Lagen des Schwerpunktes, die Y-Fehler von gegebener Größe erzeugen. Da dieser Fehler durch den Abstand des Schwerpunktes von der Mitte der Geschoßachse bestimmt ist, so entsprechen Y-Fehlern von gegebener Größe r die Punkte einer Kugelfläche, deren Radius r und deren Mittelpunkt der Schwerpunkt ist. Denkt man sich den Schwerpunkt des Geschosses längs einer Erzeugenden der Zylinderfläche verschoben, so bleibt der X-Fehler konstant, während sich der Y-Fehler so verändert, daß die Treffpunkte auf einer gewissen Kurve liegen. Der gesamten Zylinderfläche entspricht also ein gewisser Streifen in der Zielebene. Um die Wahrscheinlichkeit zu finden, daß ein bestimmter Punkt überhaupt getroffen wird, hat man die betreffenden Wahrscheinlichkeiten für alle Werte des X- und des Y-Fehlers, die ein Einschlagen in diesem Punkte bewirken, zu addieren. Denkt man sich über jeden Punkt der Zielebene senkrecht eine Gerade aufgetragen, deren Länge der Wahrscheinlichkeit des Einschlagens in diesem Punkte proportional ist, so erhält man eine in gewisser Weise nach allen Seiten abfallende Fläche. Man kann über die Abhängigkeit zwischen der Wahrscheinlichkeit und dem Abstande vom wahrscheinlichen Treffpunkte Annahmen machen, und diese dann an den Ergebnissen der Beobachtung über die Abgabe einer großen Anzahl von Schüssen gegen ein festes Ziel erproben.[36])

Die bis jetzt besprochenen Beispiele haben gemeinsam, daß wir auf Grund des vorhandenen Wissens den Verlauf der Ereignisse entweder wirklich verfolgen können oder doch wenigstens in der Lage sind, anzugeben, welche Erweiterung unserer Kenntnisse hierzu notwendig wäre. Diese Beispiele sind entscheidend gegen die Annahme, daß das Vorhandensein der subjektiven Zufälligkeit oder eines Mangels an Einsicht in den Zusammenhang der Ereignisse mit ihren Bedingungen für die Anwendung der Wahrscheinlichkeitsrechnung erforderlich ist. Für ein Verständnis des Wahrscheinlichkeitsbegriffes sind diese Beispiele wichtig und interessant, allein das Anwendungsgebiet dieser Rechnungsart wäre sehr enge, falls man darauf beschränkt wäre.

Die wichtigsten Anwendungen der Wahrscheinlichkeitsrechnung beziehen sich auf Ereignisse, bei denen eine mehr oder weniger vollständige Unkenntnis über den Zusammenhang der Ereignisse mit ihren Bedingungen besteht. Meistens besteht nicht nur hinsichtlich der Gesetze, denen die Ereignisse folgen, sondern auch hinsichtlich der Bedingungen, welche auf sie Einfluß haben, vollständige Unkenntnis. Die Ergebnisse müssen erst versuchsweise klassifiziert werden, um zu einer Entscheidung zu kommen, welche Bedingungen auf ihren Verlauf Einfluß haben. Bei Untersuchungen dieser Art bewährt sich die Wahrscheinlichkeitsrechnung als wichtiges Forschungsmittel. Der Nachweis, daß ihre Voraussetzungen erfüllt sind, ist fast ebenso wichtig wie der des

---

36) Ergebnisse solcher Versuche sind z. B. dargestellt in dem Report of the Chief of Ordnance, 1878, Appendix S. Tafel 6. Wegen des Interesses an der praktischen Anwendung, die in diesem Falle besonders unsympathisch ist, wurden solche Versuche häufig gemacht, und die einschlägigen Rechnungen eifrig gepflegt. Napoleon I. soll sich bereits für die wahrscheinlichkeitstheoretische Lösung der Frage interessiert haben, wie viele Schüsse gegen eine Verschanzung abgegeben werden müssen, um ein „Abkämmen" zu erzielen. Bekannt sind die Erfahrungen über die per laufenden Meter notwendige Anzahl von Schüssen, um ein Objekt zu zerstören. Die Literatur über diesen Gegenstand ist sehr ausgedehnt. Erwähnt seien R. de Montessus, Leçons élémentaires sur le calcul des probabilités, 1908, S. 151—164; Sabudski-Eberhard, Die Wahrscheinlichkeitsrechnung, ihre Anwendung auf das Schießen und auf die Theorie des Einschießens, 1906; Kozak, Theorie des Schießwesens auf Grundlage der Wahrscheinlichkeitsrechnung und Fehlertheorie, 1908. Es wird meistens von der ziemlich willkürlichen Annahme ausgegangen, daß die Treffer in der Zielebene nach dem Wahrscheinlichkeitsintegral verteilt sind.

Gegenteiles, weil man in letzterem Falle auf das Vorhandensein einer noch unbekannten Gesetzmäßigkeit schließen kann, die erforscht werden muß.

Der von Gauß gelieferte Nachweis, daß die Logarithmen der Tangente in Vegas Tafelwerk nicht direkt, sondern als Differenzen der Logarithmen des Sinus und Kosinus bezeichnet wurden, ist für Schlüsse dieser Art typisch. Die Abweichung der Beobachtungsdaten von den Ergebnissen der Rechnung wird durch die gegebene Erklärung sofort verständlich. Komplizierter sind die Verhältnisse bereits in dem folden Beispiele:

.Die Wahrscheinlichkeit, daß eine aus der Menge der natürlichen Zahlen nach dem Zufalle herausgegriffene Zahl auf der letzten Stelle eine bestimmte Ziffer, also z. B. die Sechs, habe, ist $^1/_{10}$. Dies beruht darauf, daß in der wohlgeordneten Menge der natürlichen Zahlen jedes zehnte Element diese Eigenschaft hat. Den gleichen Wert hat die Wahrscheinlichkeit, daß eine auf eine bestimmte Anzahl von Dezimalen abgekürzte Zahl auf der letzten Stelle eine bestimmte Ziffer habe, wenn die Zahl aus der Menge aller Zahlen nach dem Zufalle herausgegriffen wird. Ist Z die herausgegriffene Rational- oder Irrationalzahl, n die Anzahl der beizubehaltenden Dezimalen, und bezeichnet (x) die nächste ganze Zahl zu x, so ist

$$\frac{(10^n Z)}{10^n}$$

die entsprechende Dezimalzahl. Die Wahrscheinlichkeiten aller Ziffern auf der letzten Dezimale müssen für diese Zahlen gleich sein.

Diese Voraussetzungen ließen sich durch Ziehungen aus einer Urne realisieren, die alle natürlichen Zahlen bis zu der hinreichend hohen Grenze $G = 10^k$ auf Kugeln verzeichnet enthält. In diesem Falle wären die Wahrscheinlichkeiten aller Ziffern auf allen Stellen streng gleich. Die Untersuchungen von Fechner und Czuber über die Ergebnisse von Lotterieziehungen haben ergeben, daß Ziehungen aus einer Urne, deren Inhalt sorgfältig gemischt ist, die Bedingungen des nach dem Zufalle Herausgreifens in hohem Grade erfüllen.

Ganz andere Resultate ergeben sich aber, wenn man das Herausgreifen der Elemente durch einen noch nicht näher untersuchten Prozeß besorgen läßt. Läßt man von verschiedenen Personen Zahlen aufs Geratewohl nennen, so haben die einzelnen Ziffern sehr verschiedene Wahrscheinlichkeiten.

Ebenso haben die einzelnen Ziffern auf der Stelle der Einheiten ganz verschiedene Wahrscheinlichkeiten, wenn man kurze Zeitintervalle von der Länge von etwa $^1/_4$ bis $1^1/_2$ Minuten von verschiedenen Personen in Sekunden schätzen läßt. Die Ziffern 0 und 5 sind bevorzugt, und eine nähere Untersuchung zeigt, daß in den Schätzungen die Intervalle von $^1/_4$, $^1/_2$, $^3/_4$ und 1 Minute bei weitem überwiegen. Dies bedeutet, daß die Versuchspersonen trotz des Auftrages, in Sekunden zu schätzen, tatsächlich das ihnen besser vertraute Minutenintervall als Einheit verwendet haben.

Ebensowenig ergeben sich die erwartungsmäßigen Häufigkeiten der einzelnen Ziffern auf der Stelle der Einheiten bei den in Seemeilen ausgedrückten Distanzen, welche ein Dampfer in einem Tage zurücklegt. Es hängt dies mit der Art der Beobachtungen sowie mit dem Rechenverfahren, nach welchem die beobachteten Daten verarbeitet werden, zusammen.

Beträchtliche Unterschiede zwischen den Häufigkeiten der einzelnen Ziffern auf der ersten Dezimalstelle ergeben sich bei Durchgangsbeobachtungen nach der Augen-Ohr-Methode. Nach der Natur der hier zur Beobachtung kommenden Größen wären keine solchen zu erwarten, da in einer großen Zahl von Beobachtungen alle Zehntel der Sekunde ungefähr gleich oft zur Beobachtung kommen sollten. Bei Durchgangsbeobachtungen handelt es sich darum, Teile eines durch akustische Reize — die Pendelschläge der Uhr — markierten Zeitintervalles in Zehntelsekunden möglichst genau zu schätzen. Die Länge des zu schätzenden Intervalles schwankt also zwischen 0,0 und 1,0 Sekunden. Die Schätzung geschieht auf Grund der Stellungen, die der Stern zur Zeit der Pendelschläge unmittelbar vor und nach dem Durchgange einnimmt. Erfahrungsgemäß werden hierbei selbst von sehr geübten Beobachtern systematische Fehler begangen, welche sich darin äußern, daß die einzelnen Ziffern in den Schätzungen mit ganz verschiedenen Häufigkeiten auftreten.

Als Bezeichnung für die ungleiche Häufigkeit des Auftretens der Ziffern bei Schätzungen hat man den nicht sehr passenden Namen Dezimalgleichung gewählt. Die Versuche B a u c h s zeigen, daß die Dezimalgleichung auch auftritt, falls die objektiven Werte der zur Schätzung vorgelegten Intervalle über alle Zehntel gleichmäßig verteilt sind. Es handelt sich also nicht um eine dem astronomischen Beobachtungsmaterial zufällig anhaftende Eigentümlichkeit. Daraus folgt, daß die Dezimalgleichung durch den Schätzungsprozeß, in welchem die psychophysische Natur des Beobachters ins Spiel kommt, hervorgerufen wird.

Die Erfahrung zeigt ferner, daß man die Beobachtungen nicht dadurch verbessern kann, daß man den Beobachter mit der für ihn geltenden Dezimalgleichung bekannt macht. Versucht er es, seine Schätzungen danach zu korrigieren, so werden die Daten ganz unregelmäßig. Das einzige Mittel zur wirklichen Verbesserung der Beobachtungen besteht darin, die Dezimalgleichung des Beobachters festzustellen, den aus derselben sich ergebenden systematischen Fehler zu bestimmen und durch Rechnung zu eliminieren. Bei der sogenannten automatischen Registrierung der Beobachtungen ergibt sich übrigens auch eine Dezimalgleichung, da hierbei eine Schätzung der Strecken in Bruchteilen der Maßeinheit notwendig ist.

Die Zahl der Beispiele, in denen eine ungleiche Häufigkeit der einzelnen Ziffern zur Beobachtung kommt, ließe sich noch vermehren. Für unsere gegenwärtigen Zwecke genügt der Hinweis darauf, daß die angeführten Beispiele so verschiedenartig sind, daß unmöglich *eine* Erklärung für alle Fälle hinreichen kann. Die Bedingungen, die eine ungleiche Häufigkeit der einzelnen Ziffern und damit eine Dezimalgleichung hervorrufen, sind offenbar sehr verschieden, weshalb jeder Fall, in dem eine Dezimalgleichung beobachtet wird, besonders untersucht werden muß. Eine genauere Analyse des bei Durchgangsbeobachtungen befolgten Verfahrens zeigt, daß hier die Dezimalgleichung in den allgemeinen psychologischen Gesetzen der Zeitwahrnehmung begründet ist.[37])

Die angeführten Beispiele zeigen in unwiderleglicher Weise, daß für die Anwendung der Wahrscheinlichkeitsrechnung nicht das Bestehen einer Unkenntnis des Verlaufes der Ereignisse notwendig ist, und daß die Wahrscheinlichkeitsrechnung nicht die Voraussetzung von Ereignissen macht, die durch ihre Bedingungen nicht eindeutig bestimmt sind. Der Wahrscheinlichkeitsansatz wird im Gegenteil erst durch das Bestehen eines notwendigen Zusammenhanges zwischen den Ereignissen und ihren Bedingungen verständlich. Nur auf Grund dieser Anschauung ist es erklärlich, daß das Maß der Menge der Bedingungen, die ein Ereignis herbeiführen, auch ein Maß der Häufigkeit des Auftretens dieses Ereignisses ist. Voraussetzung für die Anwendbarkeit der Sätze der Wahrscheinlichkeitsrechnung ist, daß aus der Menge der Bedingungen die Elemente nach dem Zufalle herausgegriffen werden. Dies bedingt, daß bei hinreichend großer Versuchszahl die den einzelnen Klassen angehörigen Elemente mit den ihren Wahrscheinlichkeiten entsprechenden relativen Häufigkeiten auftreten. Da jedem Elemente der

---

37) Vgl. meine beiden Aufsätze : On Systematic Errors in Time-Estimation, American Journal of Psychology, 1907, Bd. 18, S. 187—193, und Über die bei Durchgangsbeobachtungen auftretende Dezimalgleichung, Zeitschrift für Psychologie, 1909, Bd. 53, S. 361—367, ferner O. M e i ß n e r , Über systematische Fehler bei Zeit- und Raumgrößenschätzungen, Astronomische Nachrichten, Nr. 4113, Bd. 172, S. 138—144, J. P l a ß m a n n , Astronomie und Psychologie, Zeitschrift für Psychologie, 1908, Bd. 49, S. 267—269 ; F. M. U r b a n und R. M. Y e r k e s , Time-Estimation in its Relation to Sex, Age, and Physiological Rythms, Harvard Psychological Studies, 1906, Bd. 2, S. 405—430 ; E. C. S a n f o r d, On the Guessing ob Numbers, American Journal of Psychology, 1903, Bd. 14, S. 383—401. Die in den letzten Jahren vor dem Kriege erschienenen Arbeiten sind in meinem Berichte über die Dezimalgleichung im Archiv für die gesamte Psychologie, 1914, besprochen. M i c h a e l B a u c h s Abhandlung findet sich in den Fortschritten der Psychologie, 1913, Bd. 1, S. 169—226 ; auf den gleichen Gegenstand bezieht sich mein Aufsatz Über Größenschätzungen in objektiven Massen, Archiv f. d. ges. Psychologie, 1915, Bd. 33, S. 274—291.

Menge der Bedingungen ein bestimmtes Ereignis entspricht, so folgt daraus, daß auch die Ereignisse mit den ihren Wahrscheinlichkeiten entsprechenden relativen Häufigkeiten auftreten müssen.

Man wird die aus den angeführten Beispielen gewonnene Einsicht verallgemeinern dürfen. Zeigt die Erfahrung, daß irgendwelche Ereignisse mit relativen Häufigkeiten auftreten, die auf das Vorhandensein einer konstanten Wahrscheinlichkeit schließen lassen, so wird man annehmen dürfen, daß diese Ereignisse in eindeutiger und notwendiger Weise von ihren Bedingungen abhängen, selbst wenn dieser Zusammenhang uns gänzlich unbekannt ist.

Erst durch die Ausdehnung ihres Anwendungsgebietes auf Ereignisse, deren Zusammenhang mit ihren Bedingungen unbekannt ist, wird die Wahrscheinlichkeitsrechnung zu dem wichtigen Forschungsmittel, das sie ist. In den bisherigen Beispielen ist der Zusammenhang der Ereignisse mit ihren Bedingungen bekannt, und der Wert dieser Beispiele liegt gerade darin, daß aus ihnen ersichtlich ist, daß die Wahrscheinlichkeitsrechnung nicht die Voraussetzung von kausal nicht vollkommen bestimmten Ereignissen macht, oder für ihre Anwendung das Bestehen einer subjektiven Unkenntnis über diesen Zusammenhang notwendig ist.

Gewiß sind diese Beispiele lehrreich und für ein genaues Verständnis des Wahrscheinlichkeitsbegriffes unentbehrlich, allein die wichtigsten Dienste leistet die Wahrscheinlichkeitsrechnung auf jenen Gebieten, wo eine mehr oder weniger vollständige Unkenntnis darüber besteht, wie die Ereignisse mit ihren Bedingungen zusammenhängen. Diese Unkenntnis betrifft nicht nur die Gesetze, sondern auch die Bedingungen, weshalb die Ereignisse erst versuchsweise durch allgemeine Begriffe klassifiziert werden müssen. Besäße man eine solche Einsicht in den Zusammenhang der Ereignisse mit ihren Bedingungen, so wäre eine sachgemäße Klassifizierung leicht. Mangels einer solchen Kenntnis ist aber eine solche Klassifizierung meist nur ein Tasten, das oft erst nach wiederholten Fehlschlägen zum Ziele führt.

Sind die Abhängigkeitsbeziehungen zwischen den Ereignissen und ihren Bedingungen bekannt, so läßt sich eine apriorische Wahrscheinlichkeitsbestimmung durchführen. Tatsächliche Beobachtungen über die relative Häufigkeit der Ereignisse oder deren Mittelwerte haben dann nur den Wert einer Kontrolle der gemachten Voraussetzungen. Eine Aussage über das zu erwartende Ergebnis einer Beobachtungsreihe stützt sich dann auf die bekannte Zusammensetzung des Bedingungskomplexes, von dem die Ereignisse abhängen. Liegt eine solche Kenntnis aber nicht vor, so sind Beobachtungen über die Häufigkeit der Ereignisse unsere einzige Information.

Die Lehre von den Schlüssen, die man aus Beobachtungen über relative Häufigkeiten oder über Mittelwerte ziehen kann, ist Gegenstand der mathematischen Statistik. Wir wollen jede Untersuchung als statistische bezeichnen, in welcher absolute oder relative Häufigkeiten oder Mittelwerte von Ereignissen oder Gegenständen beobachtet und aus diesen Zahlen selbst Schlüsse gezogen werden.

Die Wissenschaft und selbst das Wort Statistik ist nicht sehr alt. Es wurde zuerst für Untersuchungen der Verhältnisse des Staates gebraucht. Der Wunsch und das Bestreben, über diese Verhältnisse genaue Information zu erhalten, ist bei allen Politikern leicht verständlich, und es ist bekannt, daß die Römer Volkszählungen in regelmäßigen Intervallen vornahmen und daß A u g u s t u s eine Vermögensaufnahme veranstaltete. Gegenstand wissenschaftlicher Untersuchung wurden die staatlichen Verhältnisse aber erst im sechzehnten Jahrhundert. S a n s o v i n o (1567), D a v i t y (1614), C o n r i n g (1660), V a u b a n (1707) und A c h e n w a l l haben die Hilfsmittel der verschiedenen Staaten untersucht und zahlenmäßig zu bestimmen gesucht, wenn ihre Ausführungen sich auch nicht durch große Genauigkeit auszeichnen. A c h e n w a l l[38] scheint zuerst für solche Untersuchungen die Bezeichnung Statistik gebraucht zu haben.

Unabhängig hiervon entwickelte sich die Untersuchung der Sterblichkeitsverhältnisse durch H a l l e y, D e M o i v r e, D e p a r c i e u x, S ü ß m i l c h und W a r g e n t i n. Die Arbeit H a l l e y s[39] war der Ausgangspunkt dieser Untersuchungen. D e M o i v r e[40], D e p a r c i e u x[41] und S i m p s o n[42] machten die ersten Versuche, die Daten mathematisch nach den Regeln der Wahrscheinlichkeitsrechnung zu behandeln.

Die Ergebnisse der Sterblichkeitsuntersuchungen fanden in der Lebensversicherung unmittelbar Verwendung und ließen keinen Zweifel an der Wichtigkeit dieser Untersuchungen aufkommen. Zugleich emp-

---

38) Abriß der Staatswissenschaft der europäischen Reiche, 1749. Über die Geschichte des Wortes Statistik handelt G. U. Yule, Introduction of the Words „Statistics", „Statistical" into the English Language, Journal of the Royal Statistical Society, 1905, Bd. 68, S. 391.

39) E. H a l l e y, An Estimate of the Degree of Mortality of Mankind, drawn from Curious Tables of the Births and Funerals at the City of Breslaw; with an Attempt to ascertain the Prize of Annuities upon Lives, Phil. Trans., 1693, Vol. 17, Nr. 196. Die Breslauer Sterblichkeitstafeln waren von C. N e u m a n n zusammengestellt und bezogen sich auf das Quinquennium 1687—1691. Sie enthielten die Zahlen der Verstorbenen für jedes Alter und beide Geschlechter und waren in dieser und anderer Hinsicht den für London und Dublin von W. P e t t y und J o h n G r a u n t herausgegebenen Tafeln überlegen.

40) A b r a h a m D e M o i v r e, Evaluation of Annuities on Lives, 1724, 1742, 1756. Die letzte Ausgabe erschien zwei Jahre nach dem Tode des Verfassers und war nach seinen Angaben verbessert. Eine Übersetzung dieses Buches, das nicht an allen Stellen leicht lesbar ist, wurde 1906 von E. C z u b e r besorgt und mit Anmerkungen versehen.

41) D é p a r c i e u x, Essai sur la probabilité de la durée de la vie humaine, 1746.

42) T h o m a s S i m p s o n, A Treatise on the Nature and Laws of Chance, 1740, und The Doctrine of Annuities and Reversions.

fand man das Bedürfnis, den Regierungen genaue Daten über die materiellen Zustände der Länder zu geben, und so entstand z. B. in Frankreich ein „Bureau de statistique de commerce", das während der Revolution in ein „Bureau de statistique" umgewandelt wurde. Es ist kein Zweifel, daß die Statistik als Wissenschaft vom Staatshaushalte wesentlich durch Napoleons Vorliebe für genaue Information gefördert wurde.

Die Vereinigten Staaten von Nordamerika und die skandinavischen Staaten hatten ihre erste Volkszählung im Jahre 1801, und seitdem folgten alle zivilisierten Staaten diesem Beispiele und machten Erhebungen über die Bevölkerung in regelmäßigen Intervallen durch Gesetze zu ständigen Einrichtungen. Heute sehen wir nicht nur die Regierungen, sondern auch große Unternehmungen und Private mit allerhand statistischen Erhebungen beschäftigt, deren Gebiet sich fast täglich erweitert. Von der größten Tragweite sind die Untersuchungen über lebende Organismen — die „vital statistics' der Engländer —, deren Aufgaben je nach den behandelten Problemen in verschiedene Gruppen eingeteilt werden können. Es steht zu erwarten, daß die Ausdehnung auf das Studium der Organismen zu den folgenreichsten Anwendungen der Wahrscheinlichkeitsrechnung gehören wird.

Es ist sehr schwer, das Gemeinsame all dieser verschiedenen statistischen Untersuchungen anzugeben. Der beste Beweis liegt darin, daß es mehr als fünfzig verschiedene Definitionen der Statistik gibt. Sicher ist, daß man sich bei der Erklärung dieses Begriffes nicht auf die Angabe des behandelten Gegenstandes stützen kann, denn es gibt heute nicht nur Statistiken über Geburts- und Sterblichkeitsverhältnisse, über Ehen und allerlei sonstige soziale Einrichtungen, sondern auch solche über Regenfall, über die täglichen und jährlichen Temperaturschwankungen, über Sternschnuppen und die Kristallisation chemischer Substanzen. Es geht also nicht an, die Statistik z. B. auf das Studium der staatlichen Einrichtungen zu beschränken.

Bei näherer Betrachtung zeigt es sich, daß man mit dem Worte Statistik drei ganz verschiedene Dinge bezeichnet. Zunächst heißt Statistik das Ausführen der Erhebungen über die vorliegenden Verhältnisse. Diese bezwecken entweder die Feststellung der Gesamtzahl der zu einer Klasse gehörigen Gegenstände oder der Beschaffenheit eines aus einer solchen herausgegriffenen Musters. Im ersten Falle handelt es sich um die tatsächliche Auszählung einer Menge, im zweiten Falle um das Herausgreifen einer Teilmenge, die nach dem Bernoullischen Satze als Muster der Menge angesehen werden kann.

Zweitens heißt auch die weitere Behandlung solcher Daten Statistik. Die hierbei zur Verwendung kommenden Verfahren und Gedankengänge heißen die statistischen Methoden. Insoweit es sich hierbei um strenge Schlüsse handelt, die in einer ernsten Untersuchung allein in Betracht kommen, ist sie mit der mathematischen Statistik identisch.

Schließlich bezeichnet man auch die Resultate solcher Untersuchungen als Statistik. Man könnte diese als allgemeine Statistik bezeichnen. Da aber ihre Resultate sich so ziemlich auf alle Wissensgebiete mit Ausnahme der reinen Logik erstrecken, so hätte ihre tatsächliche Zusammenfassung und Darstellung wenig Sinn. Aus historischen Gründen wird sich die Bezeichnung Statistik für die auf Staatswissenschaft und Volkswirtschaft bezüglichen Erhebungen noch einige Zeit erhalten, bis sich für diese Gegenstände passendere Bezeichnungen gefunden haben. Die Gesamtheit der durch statistische Methoden gewonnenen Erkenntnisse eignet sich nicht zum Gegenstand der Darstellung, weil sie kein einheitliches Wissensgebiet ausmachen, und weil ihre Bearbeitung über die Kräfte des einzelnen ginge.

Uns interessieren nur die Gedankengänge, durch welche strenge Schlüsse aus statistischen Daten gezogen werden können. Die logische Wahrheit eines solchen Schlusses besteht in seiner Übereinstimmung mit den Voraussetzungen, aus denen er abgeleitet ist, und diese wird durch die richtige Anwendung der betreffenden Sätze der Wahrscheinlichkeitsrechnung sichergestellt. Der Wert eines solchen Schlusses beruht aber auf der Güte des verwendeten Beobachtungsmateriales, die durch keinerlei Rechenkunststücke vergrößert werden kann. Jede statistische Untersuchung beginnt mit der Sammlung eines geeigneten Materiales, welches die Grundlage für alle weiteren Schlüsse ist. Können Fehler des Materiales auch nicht durch geschickte Handhabung der rechnerischen Technik ersetzt werden, so muß allerdings verlangt werden, daß die rechnerische Bearbeitung alles aus dem Materiale herausholt, was darin enthalten ist. Alle aus dem Materiale sich ergebenden Schlüsse müssen wirklich gezogen werden. Hieraus folgt, daß zur erfolgreichen Durchführung einer statistischen Untersuchung sowohl Geschicklichkeit im Sammeln der Daten als auch eine entsprechende Gewandtheit in ihrer zahlenmäßigen Auswertung gehört.

Das Sammeln des Materiales besteht wesentlich in einer vorurteilslosen Erhebung über das tatsächlich Gegebene, die ohne Sachkenntnis, und Erfahrung in dem zu beobachtenden Gebiete nicht geleistet werden kann. Napoleons Ausdruck, die Statistik sei „le budget des choses" bezog sich nur auf die Erhebungen über die Gebarung des Staates, die zu seiner Zeit das fast ausschließliche Gebiet der Statistik waren. Wo es sich um Mengen handelt, deren Ausdehnung vollständig bestimmt werden soll, ist die Ähnlichkeit statistischer Erhebungen mit dem Kassamachen in der Tat vorhanden. Handelt es sich aber um Mengen, die so ausgedehnt sind, daß nicht jedes Element einzeln zur Beobachtung herangezogen werden kann, so ähneln die statistischen Feststellungen mehr dem Herausgreifen eines Musters aus einem Posten Getreide, der zum Kaufe angeboten wird.

Je nach dem zu erreichenden Zwecke wird eine statistische Untersuchung verschiedenen Charakter haben, und es wird z. B. eine für die Zwecke des Staatshaushaltes unternommene Erhebung über die Zusammensetzung einer Bevölkerung andere Erscheinungen ins Auge fassen als eine an derselben Bevölkerung vorgenommene Untersuchung über biologische Verhältnisse. Soll ein statistisches Material einer rechnerischen Bearbeitung unterworfen werden, so muß es gewissen Anforderungen entsprechen und Daten enthalten, die kaum vorhanden sein werden, wenn bei der Sammlung des Materiales nicht die Bedürfnisse der Rechnung berücksichtigt wurden. Man muß sich also schon beim Planen einer solchen Untersuchung über die rechnerische Verwertung der gewonnenen Daten klar sein, wozu Bekanntschaft mit den Methoden der mathematischen Statistik erforderlich ist. Schulstatistiken werden am besten von Lehrern, medizinische Statistiken am besten von Ärzten und biologische Statistiken am besten von Biologen, die mit dem betreffenden Gegenstande vertraut sind, gesammelt. Die Entscheidung, was mit gegebenen Mitteln, die meist sehr beschränkt sind, in einer bestimmten Zeit erreicht werden kann, ist Sache des wissenschaftlichen Taktes, der nur bei Vorhandensein einer natürlichen Anlage durch Übung erworben werden kann.

Die Richtigkeit der am Anfange dieses Abschnittes gegebenen Definition der Statistik für die gewöhnlichen statistischen Aufgaben ist unmittelbar klar, jedoch ist die Definition so gefaßt, daß sie auch andere Untersuchungen und Aufgaben umfaßt, die sonst nicht als statistisch bezeichnet werden. So liefern wiederholte Messungen einer empirischen Größe ein Material, dessen Bearbeitung nach der hier gegebenen Definition ebenfalls eine Aufgabe der Statistik ist. Die sachgemäße Ausführung solcher Messungen liefert eine Reihe von Zahlen, aus denen ein Schluß auf den objektiven Wert der Größe gezogen werden muß. Die Bestimmung dieses Wertes ist eine statistische Aufgabe, und erst seine weitere Verwendung ist Sache der Physik oder welch andere Wissenschaft immer an dieser Größe ein Interesse haben möge.

Eine statistische Untersuchung könnte sich darauf beschränken, die Ergebnisse der Beobachtungen sowie die Bedingungen, unter welchen die Beobachtungen angestellt wurden, anzugeben. Eine solche Beschreibung der gewonnenen Daten wäre an und für sich interessant und wertvoll, weil sie die Resultate von Beobachtungen aus einem gewissen Erfahrungsgebiete enthält und so unsere Kenntnisse erweitert. Solange aber ein solches Resultat unvermittelt dasteht und nicht mit anderen Tatsachen in Verbindung gebracht wird, ist sein Besitz nicht so sehr Erkenntnis als die Unterlage für eine künftige Erwerbung von Kenntnissen.

In der Tat kann man aus einer bloßen Angabe der Beobachtungsdaten einer statistischen Untersuchung, die meist in der Form auftritt, daß ein Ereignis in n Fällen eintrat und in $s-n$ Fällen ausblieb, nicht einmal schließen, daß bei einer künftigen Wiederholung der Beobachtungen dieselben oder doch wenigstens ähnliche Resultate gewonnen werden werden. Die Unmöglichkeit, genau dieselben Bedingungen zu reproduzieren, ist offenkundig, denn eine solche Wiederholung müßte die gleichen Resultate, und zwar auch in der gleichen Reihenfolge, ergeben. Überhaupt kann man nur jene Bedingungen, die vollständig unter unserer Kontrolle sind, wiedererzeugen. Da aber über den Komplex von Bedingungen, von welchem das Ergebnis abhängt, gar nichts bekannt ist, so kann man auch nicht behaupten, daß alle wesentlichen Bedingungen reproduziert wurden. Hiermit aber ist die Möglichkeit, eine Aussage über das Ergebnis zukünftiger Beobachtungen auf das vorliegende Material zu stützen, ausgeschlossen. Das Hauptinteresse jeder wissenschaftlichen Untersuchung liegt aber darin, angeben zu können, welcher Tatbestand unter gewissen Bedingungen zur Beobachtung kommt, und das Verfehlen dieses Zweckes würde den Wert statistischer Untersuchungen sehr in Frage stellen.

Ein Material, auf welches man eine Voraussage über das voraussichtliche Ergebnis zukünftiger Beobachtungen stützen will, muß gewissen Bedingungen genügen, welche die Konstanz des den Erscheinungen unterliegenden Bedingungskomplexes gewährleisten. Bevor man es unternimmt, eine Voraussage über irgendwelche in der Zukunft eintreffende Vorgänge oder stattfindende Tatbestände zu machen, muß man zu einer Anschauung über den Komplex von Bedingungen, der das beobachtete Resultat hervorbrachte, gekommen sein. Ist die Gruppe von Bedingungen, von denen das Resultat abhängt, fortwährenden Veränderungen unterworfen, so wird man natürlich nicht erwarten können, bei einer Wiederholung der Versuche das gleiche Resultat zu erhalten. Liegen dagegen Gründe für die Annahme vor, daß es sich um einen konstanten Bedingungskomplex handelt, so wird man erwarten dürfen, bei einer Wiederholung der Beobachtungen ähnliche Verhältnisse wie früher zu finden. Wegen unserer Unkenntnis über den die Ereignisse bestimmenden Bedingungskomplex kann ein solcher Schluß nur auf die Konstanz oder Variabilität der zur Beobachtung kommenden statistischen Relativzahlen gestützt werden.

Bei statistischen Untersuchungen stellt man sich vor, daß die Ereignisse von Bedingungen abhängen, die zum Teil konstant bleiben, zum Teil aber fortgesetzten, unkontrollierbaren Veränderungen unterworfen sind. Die konstanten Bedingungen sucht man sich durch sorgfältige Definition der zu beobachtenden Ereignisse und der Bedingungen, unter welchen die Beobachtungen stattfinden sollen, zu verschaffen. Diese Bestimmungen haben den logischen Wert eines Allgemeinbegriffes. Die Ereignisse oder Gegenstände, die zur Beobachtung kommen sollen, sind durch ihn in gewisser Hinsicht bestimmt, in jeder anderen Hinsicht aber unbestimmt. Auch diese Begriffe, durch die man bestimmte Ereignisse als Gegenstand der Beobachtung auswählt, können ganz willkürlich gebildet werden, jedoch wird man sich wohl immer auf die Untersuchung solcher Verhältnisse beschränken, an welchen man ein begründetes Interesse hat.

Der Begriff eines Bedingungskomplexes, wie er in der Statistik verwendet wird, ist von der sonstigen Bedeutung dieses Wortes verschieden. Sonst bezeichnet man als Bedingungskomplex eine Gruppe von Bedingungen, die ein Ereignis notwendig herbeiführen, während man hier darunter eine Gruppe von Bedingungen versteht, die einem Ereignisse eine bestimmte Wahrscheinlichkeit erteilen. Wir wollen dies an dem folgenden Beispiele erläutern:

Es handele sich um Ziehungen aus einer Urne, die weiße und schwarze Kugeln in unbekannten Anzahlen enthält. Es werden drei Versuchsreihen hergestellt, bei denen aber ein verschiedener Ziehungsmodus befolgt wird. Die erste Versuchsreihe besteht aus Ziehungen mit Zurücklegen der gezogenen Kugel, nachdem ihre Farbe notiert wurde. Bei der zweiten Versuchsreihe werden die Kugeln nicht zurückgelegt. Die dritte Versuchsreihe endlich wird in der Art gewonnen, daß jede Ziehung aus einer anderen Urne unbekannten Inhaltes erfolgt.

Der Inhalt der Urne, aus der gezogen wird, ist in dem angegebenen Sinne das Bedingungssystem, von welchem das Resultat abhängt, da er die Wahrscheinlichkeit des Ziehens einer Kugel bestimmter Farbe bestimmt. Dieses Bedingungssystem ist in der ersten Versuchsreihe konstant, da die Zusammensetzung des Inhaltes der Urne bei jeder Ziehung die gleiche ist. In der zweiten und dritten Versuchsreihe handelt es sich um veränderliche Bedingungskomplexe, und zwar ist der Bedingungskomplex im zweiten Beispiele regelmäßig, im dritten aber unregelmäßig veränderlich. Auf Grund der Resultate der beiden ersten Versuchsreihen kann man nach den Regeln der Wahrscheinlichkeitsrechnung Schlüsse auf das voraussichtliche Ergebnis einer Wiederholung der Beobachtungen ziehen, allein das in der dritten Versuchsreihe gewonnene Resultat gibt offensichtlich keinen Anhaltspunkt für eine Aussage über das Ergebnis zukünftiger Ziehungen, die auch wieder aus neuen Urnen erfolgen.

Im zweiten Beispiele werden die Veränderungen des Bedingungskomplexes durch die Versuche selbst hervorgerufen. Die sich daraus für die Rechnung ergebenden Schwierigkeiten können überwunden werden, weil das Resultat der einzelnen Ziehungen bekannt ist. Häufig kommt es aber vor, daß der Bedingungskomplex sich verändert und diese Tatsache bekannt, der Einfluß dieser Veränderungen aber unbekannt ist. Diese Schwierigkeit ergibt sich sehr häufig bei biologischen Untersuchungen beim Studium solcher Funktionen von Organismen, die durch die Funktion selbst verändert werden. Man pflegt diese Erscheinungen unter dem Namen der Übung zusammenzufassen. Der Verlauf der Übung ist gesetzmäßig, aber das Gesetz, nach dem sich die Funktion verändert, ist nicht voraus bekannt.

Besondere Sorgfalt muß stets der Annahme zugewendet werden, daß der den Ereignissen unterliegende Bedingungskomplex konstant ist. Da das Sammeln eines statistischen Materiales stets eine gewisse

Zeit dauert, so kann man nur dann ein einheitliches Material erwarten. Die Schwierigkeit liegt darin, daß man sich bei der Entscheidung. dieser Frage einzig auf die erhaltenen Zahlen stützen kann. In den Beispielen, an welchen wir den Begriff der Konstanz bzw. der Variabilität des Bedingungskomplexes erläuterten, lassen sich diese durch die bestehenden physischen Bedingungen unmittelbar kontrollieren. Der Inhalt der Urne kann jeden Augenblick durch Nachzählen der Kugeln festgestellt werden. Bei tatsächlichen Untersuchungen noch nicht erforschter Erscheinungen kann die Konstanz oder Variabilität des Bedingungskomplexes nicht unmittelbar ersichtlich gemacht werden, sondern muß aus den erhaltenen Resultaten erschlossen werden.

Da der Zusammenhang der Erscheinungen mit ihren Bedingungen unbekannt ist, so können wir den Bedingungskomplex nur indirekt definieren. Dies geschieht durch eine Festsetzung darüber, unter welchen Bedingungen die Beobachtungen anzustellen und das Vorkommen welcher Gegenstände beobachtet werden soll. Diese Festsetzungen spielen bei statistischen Untersuchungen dieselbe Rolle wie beim Urnenbeispiele die Angaben über die Zusammensetzung des Inhaltes und die Farbe der Kugeln. Eine Ungenauigkeit der Definition der Gegenstände, deren Häufigkeit beobachtet werden soll, hat dieselbe Wirkung wie das Vorkommen von Kugeln von einem mehr oder weniger hellen Grau, bei denen Zweifel darüber bestehen kann, ob sie als weiß anzusehen sind oder nicht.

Die begriffliche Erfassung von empirisch gegebenen Tatbeständen ist bekanntlich außerordentlich schwierig. Es genügt hier, auf die Schwierigkeiten hinzuweisen, die man bei statistischen Untersuchungen über die Zahl der Blinden oder die Zahl der Haushalte in einem Lande gemacht hat. Neben solchen Personen, deren Augenlicht vollkommen erloschen ist, finden sich solche, die durch ihre Augenschwäche an der Ausübung des einzigen Berufes, den sie verstehen, verhindert sind; solche, die die Dinge ihrer Umgebung zwar nicht unterscheiden, wohl aber den Wechsel von Tag und Nacht erkennen können; und schließlich solche, die auch Tag und Nacht nicht unterscheiden, wohl aber das Vorhandensein eines knapp vor den Augen gehaltenen starken Lichtes erkennen können. Ebenso ist es sehr schwer, eine Definition zu geben, auf Grund welcher man stets sofort entscheiden kann, ob eine Gemeinschaft von Personen als ein oder mehrere Haushalte zu zählen ist.

Ungenauigkeiten in der Festsetzung der Beobachtungsbedingungen können mit Ziehungen verglichen werden, bei denen man glaubt, stets dieselbe Urne vor sich zu haben, versehentlich aber von Zeit zu Zeit in eine andere Urne greift. Es ist deshalb notwendig, mit größter Sorgfalt vorzugehen und alle zur Beobachtung kommenden Gegenstände daraufhin zu untersuchen, ob sie den gemachten Festsetzungen entsprechen oder nicht. Insbesonders darf ohne Grund kein zur Beobachtung kommender Gegenstand zurückgewiesen werden.

8*

Das Problem des Zurückweisens einzelner Gegenstände taucht sehr häufig auf. Im Laufe fast jeder statistischen Untersuchung stößt man auf Exemplare, die sich so weit von den anderen entfernen, daß man zögert, sie dem Beobachtungsmaterial einzureihen. Die Entscheidung ist sehr verantwortungsvoll, da man auf Grund der getroffenen Definitionen verpflichtet ist, diese Exemplare zuzulassen, andererseits aber überzeugt ist, daß diese Exemplare den Bedingungen nicht entsprechen, sondern durch irgendwelche unerklärbare Einflüsse bestimmt sind.

Das Problem der Ausschließung einzelner Exemplare wurde zuerst in der Theorie der Beobachtungsfehler gestellt. Es kommt sehr häufig vor, daß in einer längeren Beobachtungsreihe einige Werte ganz außerhalb des Streuungsgebietes liegen, so daß man geneigt ist, sie durch eine Nachlässigkeit oder sonst einen groben Fehler bei den Beobachtungen zu erklären, in welchem Falle sie zurückgewiesen werden müßten. Einem solchen Vorgehen widerspricht aber die Tatsache, daß diese Beobachtungen mit genau der gleichen Sorgfalt angestellt wurden wie die übrigen, und daß es unzulässig ist, eine Beobachtung nur deshalb zurückzuweisen, weil sie den übrigen Beobachtungen nicht entspricht. Für das Zurückweisen von Beobachtungen wegen der Größe ihrer Abweichungen vom Mittel hat Chauvenet ein Kriterium aufgestellt, das vielfach verwendet wird, ohne daß man sagen könnte, daß es grundsätzlich oder besonders befriedigend sei. J. Mc. Keen Cattell trat dafür ein, Chauvenets Formel auch in der Statistik für die Ausscheidung nichtübereinstimmender Beobachtungen heranzuziehen. Der Erfolg war jedoch gering, da noch der Nachteil hinzukommt, daß in der Statistik die Voraussetzungen der Fehlertheorie über die Verteilung der Abweichungen meist nicht zutreffen.

Der Nachweis, daß ein zufälliges Ereignis von einer konstanten Gruppe von Bedingungen abhängt, ist schon von großem Interesse. Merkwürdig ist, daß manchmal die Natur uns diese Tatsache gewissermaßen auf dem Präsentierteller entgegenbringt, und in anderen Fällen uns fast unüberwindliche Schwierigkeiten macht. Bei der Untersuchung des Geschlechtsverhältnisses der Geborenen ist der Nachweis zwar mühevoll, gelingt aber leicht. In anderen Fällen muß man die Definition der Ereignisse und der Beobachtungsbedingungen mit größter Vorsicht fassen, ohne des Erfolges im vorhinein sicher zu sein. Es macht den Eindruck, als ob in manchen Fällen unsere Begriffe und die auf sie gestützten Klassifikationen den Gegenständen der Erfahrung angemessen sind, während sie in anderen Fällen erst mühsam korrigiert und der Erfahrung angepaßt werden müssen. Das Problem ist eigentlich eine Frage der richtigen Begriffsbildung, und es ist leicht einzusehen, daß diese verschiedene Schwierigkeiten machen muß, je nachdem, ob es sich um die auf genaue Merkmale gestützte Geschlechtsbestimmung oder um eine stark variierende Tierspezies handelt. Man könnte geneigt sein,

die Forderung zu stellen, daß die Definition erst dann als gelungen
zu gelten hat, bis man auf einen konstanten Bedingungskomplex ge-
stoßen ist, allein der Hinweis auf ein mögliches Variieren läßt die
Forderung in dieser Form als zu scharf erscheinen.

Betrachten wir die Wahrscheinlichkeit, daß ein nicht näher bestimmter 40jähriger Mann, dessen Lebensverhältnisse und Gesundheits-
zustand noch näher angegeben werden können, innerhalb eines Jahres
sterben werde. Der Bedingungskomplex, von dem das Leben und Sterben
eines Individuums innerhalb eines Jahres abhängt, entzieht sich vollständig unserer Kenntnis, und wir haben auch nicht einmal die Möglichkeit, eine Aussage über seine Konstanz oder Variabilität auf irgendwelche direkte Beobachtungen zu stützen. Wir können nur seine Wirkungen untersuchen, indem wir das Erleben bzw. Nichterleben des
nächsten Lebensjahres an einer größeren Zahl gleichaltriger Individuen
beobachten. Aus den Ergebnissen dieser Beobachtungen haben wir dann
unsere Anschauungen über diesen unbekannten Bedingungskomplex zu
bilden. Durch geeignete Abänderung der Beobachtungsbedingungen
kann man unter Umständen die Bedingungen bestimmen, die auf den zu
untersuchenden Vorgang von Einfluß sind.

Eine Konstanz des Bedingungskomplexes darf man nur dort vermuten, wo es sich um genau definierte Ereignisse handelt. Eine solche
Definition gelingt selten auf den ersten Wurf. Dies zeigen am besten
die Untersuchungen über die Sterbenswahrscheinlichkeiten, die sich für
Individuen der gleichen Altersklasse und gleichen Geschlechtes, aber
verschiedener Lebensumstände als sehr verschieden ergeben. Kommen
solche Verschiedenheiten zur Beobachtung, so muß bei einer Fortsetzung
der Untersuchung die Definition der zu beobachtenden Ereignisse in
entsprechender Weise abgeändert werden.

Bei zeitlich veränderlichen Bedingungskomplexen ist die Annahme
einer Regelmäßigkeit in den Veränderungen sehr natürlich. Häufig
sind diese Veränderungen aber so langsam, daß ihre Untersuchung
schwierig ist, weil sie durch die Beobachtungsfehler, die nach dem
Bernoullischen Satze jeder empirischen Wahrscheinlichkeitsbestimmung anhaften, verdeckt oder undeutlich gemacht werden. Es wird
in solchen Fällen meistens passender sein, von einer unbekannten Regelmäßigkeit als von Regellosigkeit zu sprechen.

All diese Schwierigkeiten sind dadurch hervorgerufen, daß wir die
Bedingungskomplexe nur indirekt durch ihre Wirkungen definieren können, und daß wir uns bei der Beurteilung ihrer Konstanz oder Variabilität ausschließlich auf die beobachteten Zahlen absoluter oder relativer Häufigkeit stützen können. Wie man bei solchen Untersuchungen
zu verfahren habe, hat zuerst W. Lexis in mustergültiger Weise in
seinen Studien über das Geschlechtsverhältnis der Geborenen und in
seinen Sterblichkeitsforschungen gezeigt.[43]

---

43) W. Lexis, Das Geschlechtsverhältnis der Geborenen und die Wahr-

Das Wesen einer solchen Untersuchung besteht darin, daß man die erhaltenen Zahlen daraufhin untersucht, ob sie als Resultate wiederholter Beobachtungen über ein Ereignis angesehen werden können, dem während der Dauer der Beobachtungen eine konstante Wahrscheinlichkeit zukommt. Sind die Beobachtungsdaten mit dieser Annahme nicht verträglich, so sucht man sich ein Bild darüber zu machen, in welcher Weise die Wahrscheinlichkeit des untersuchten Ereignisses veränderlich sein müßte, um die beobachteten Häufigkeitszahlen zu ergeben. Man pflegt zu sagen, daß die untersuchten Ereignisse den materialen Charakter von zufälligen Ereignissen jener Art haben, welche nach den Regeln der Wahrscheinlichkeitsrechnung die durch die Beobachtungen festgestellten Ergebnisse gewärtigen lassen.

Wir untersuchen den einfachsten und interessantesten Fall der Feststellung, ob einem Ereignisse eine konstante Wahrscheinlichkeit unterliege oder nicht. Soll diese Annahme gerechtfertigt sein, so ist es zunächst notwendig, daß die beobachteten Zahlen relativer Häufigkeit bei wachsender Versuchszahl sich einer bestimmten Grenze nähern. Dieser Grenzwert bei unendlicher Versuchszahl ist dann die gesuchte Wahrscheinlichkeit.[44]

Diese Annäherung muß dem Bernoullischen Satze entsprechen. Um dies zu untersuchen, wird die Reihe der Beobachtungen fraktioniert und die relative Häufigkeit in den einzelnen Teilen der Reihe bestimmt. Diese Werte sind empirische Bestimmungen der unbekannten Wahrscheinlichkeit und müssen nach dem Bernoullischen Satze um ihr arithmetisches Mittel, das mit dem wahrscheinlichsten Werte zusammenfällt, nach dem Wahrscheinlichkeitsintegrale verteilt sein. Es müssen positive und negative Abweichungen gleich häufig auftreten, und Abweichungen müssen um so seltener sein, je größer sie sind.

Die in dem Wahrscheinlichkeitsintegral auftretende Konstante, das sogenannte Präzisionsmaß, läßt sich nun auf zweierlei Art berechnen. Zunächst läßt sie sich aus der Quadratsumme der Abweichungen vom arithmetischen Mittel bestimmen. Man nennt dies die physikalische Präzision. Dann aber kann sie aus der beobachteten Wahrscheinlichkeit nach dem Bernoullischen Satze bestimmt werden. Man nennt dies die kombinatorische Präzision. Das Verhältnis dieser beiden Größen heißt der Divergenzkoeffizient.

---

scheinlichkeitsrechnung, Jahrbücher f. Nationalökonomie u. Statistik, 1876, Bd. 27, S. 209—245 ; Zur Theorie der Massenerscheinungen der menschlichen Gesellschaft, 1877 ; Über die Theorie der Stabilität statistischer Reihen, Jahrbücher f. Nationalökonomie u. Statistik, 1879, Bd. 32, S. 60—98.

44) Eine graphische Darstellung dieser Annäherung der relativen Häufigkeit eines Ereignisses bei wachsender Versuchszahl an die unterliegende Wahrscheinlichkeit als Grenze, durchgeführt an den Daten einer Versuchsreihe, findet sich in Baldwins Dictionnary of Philosophy and Psychology, art. Probability, Bd. 2, S. 344—353.

Hieraus ergeben sich folgende Fälle für die Verteilung der in den Partialreihen beobachteten Zahlen relativer Häufigkeit:

1. Die Werte sind nach dem Wahrscheinlichkeitsintegrale verteilt, weshalb bei Angabe des Präzisionsmaßes das arithmetische Mittel die ganze Gruppe von Beobachtungen repräsentieren kann. In der Tat kann man aus diesen Größen das gesamte Beobachtungsmaterial rekonstruieren. Die einzelnen Beobachtungen können als zufällige Abweichungen von ihrem Mittel angesehen werden, und dieses ist demnach für die ganze Reihe typisch. Bei Gleichheit der physikalischen und der kombinatorischen Präzision hat der Divergenzkoeffizient den Wert Eins, und man spricht von einer normalen Dispersion. Bei typischen Wahrscheinlichkeiten normaler Dispersion darf man auf das Bestehen einer konstanten, den Ereignissen unterliegenden Wahrscheinlichkeit schließen.

Solche Ereignisse können mit Ziehungen aus einer Urne verglichen werden, deren Inhalt bei jeder Ziehung in gleicher Weise zusammengesetzt ist. Aus dem Vorhandensein einer typischen Wahrscheinlichkeit normaler Dispersion darf man schließen, daß die Ereignisse von einem Bedingungskomplexe abhängig sind, der hinsichtlich seiner Konstanz und Bestimmtheit mit dem Inhalte einer Urne verglichen werden kann.

Lexis hat nachgewiesen, daß das Geschlechtsverhältnis der Geborenen eine typische Wahrscheinlichkeitsgröße normaler Dispersion ist. Man hat daraus zu schließen, daß die Geschlechtsbestimmung einer Geburt von einer Gruppe von Bedingungen abhängt, die in einem gegebenen Lande konstant bleibt. Man kann von einer massenphysiologischen Konstante sprechen, die in der Konstitution der Menschenmasse begründet ist. Nur tiefgreifende Veränderungen in den Lebensbedingungen können in einem Lande das Geschlechtsverhältnis der Geborenen beeinflussen.

2. Die beobachteten Werte sind nach dem Wahrscheinlichkeitsintegrale verteilt, allein die kombinatorische Präzision ist nicht gleich der physikalischen. Ist die physikalische Präzision größer, so ist der Divergenzkoeffizient größer als Eins. Der aus der ganzen Versuchsreihe bestimmte Wert der Wahrscheinlichkeit ist auch in diesem Falle typisch, und man spricht von typischen Wahrscheinlichkeiten von übernormaler Dispersion. Die tatsächliche Streuung der beobachteten Werte ist dann größer, als sie bei Vorhandensein eines konstanten Bedingungskomplexes zu erwarten wäre. Man muß also schließen, daß die den Ereignissen unterliegenden Bedingungen Schwankungen unterworfen sind, die selbst zufälligen Charakter haben.

Ist die tatsächliche Streuung kleiner als sie nach dem Bernoullischen Satze zu erwarten ist, so hat man auf das Vorhandensein von Einflüssen zu schließen, die die Abweichungen vom Mittelwerte verringern. Die großen Abweichungen kommen also mit einer kleineren als der erwartungsmäßigen Wahrscheinlichkeit vor. Typische Wahrscheinlichkeiten mit unternormaler Dispersion können also nur dann vorkommen, wenn das freie Spiel des Zufalles durch einen Eingriff oder durch ein Gesetz beschränkt wird.

3. Die Verteilung entspricht nicht dem Wahrscheinlichkeitsintegral. Statistische Reihen dieser Art heißen symptomatisch. Sie deuten auf Veränderungen des den Ereignissen unterliegenden Bedingungskomplexes, welche auf das Bestehen irgendwelcher Regelmäßigkeiten zu untersuchen sind.

Am wichtigsten ist der Nachweis einer typischen Wahrscheinlichkeit normaler Dispersion. Ihre praktische Wichtigkeit besteht darin, daß man auf die aus solchen Beobachtungen gewonnenen Zahlen ohne weiteres die Sätze der Wahrscheinlichkeitsrechnung anwenden kann, und daß bei einer Wiederholung der Beobachtungen die Erwartungsbildung durch den Bernoullischen Satz geregelt ist. Ihre theoretische Bedeutung liegt darin, daß durch die Definition des beobachteten Ereignisses eine Gruppe von konstanten Bedingungen festgelegt wird, die unter günstigen Umständen näher erforscht werden kann. So kann man versuchen, die gleichen Ereignisse unter etwas abgeänderten Bedingungen zu beobachten und aus den erhaltenen Häufigkeitszahlen einen Schluß zu ziehen, ob der abgeänderte Faktor von Einfluß ist oder nicht.

Sind die Wahrscheinlichkeiten veränderlich, so ergibt sich die Aufgabe, das Gesetz dieser Veränderungen zu suchen. Gelöst wird diese Aufgabe durch Darstellung der Wahrscheinlichkeit als Funktion der Zeit. Es ist klar, daß sich das gleiche Problem immer dann ergibt, wenn eine Wahrscheinlichkeit von einem quantitativ angebbaren, stetig veränderlichen Bedingungskomplexe abhängt. Die Beobachtungsdaten bestehen dann in Bestimmungen dieser Wahrscheinlichkeit für eine Anzahl verschiedener Werte der unabhängigen Veränderlichen.

Man kann auch diese Aufgabe auf das Urnenschema zurückführen. Gegeben sei eine Anzahl von Urnen U_{x_1}, U_{x_2}, $\ldots U_{x_n}$, deren Indizes den Werten der unabhängigen Veränderlichen entsprechen. Der Inhalt dieser Urnen sei in der Weise zusammengesetzt, daß die Wahrscheinlichkeiten für das Erscheinen einer weißen Kugel p_{x_1}, p_{x_2}, $\ldots p_{x_n}$ seien. Aus jeder Urne wird eine Anzahl von Ziehungen mit Zurücklegen der gezogenen Kugel gemacht und die Häufigkeit des Erscheinens einer weißen Kugel beobachtet. Es wird verlangt, die Wahrscheinlichkeit p als Funktion des Argumentes x darzustellen. Es ist also eine Anzahl von Argumenten und die zugehörigen Funktionswerte durch empirische Beobachtungen gegeben, und es ergibt sich das bekannte Problem der Bestimmung einer unbekannten Funktion aus einer Anzahl von Funktionswerten.

Die einfachste, aber durchaus nicht die befriedigendste Lösung besteht in der Aufstellung der Funktion nach der Lagrangeschen Interpolationsformel. Abgesehen davon, daß die Rechnung nach dieser Formel unfangreiche Zahlenrechnungen erfordert, deren Mühe mit dem erreichten Zwecke in keinem rechten Verhältnisse steht, berücksichtigt diese Formel die Ungenauigkeit der einzelnen Funktionswerte nicht. Daraus ergibt sich aus dem nach der Lagrangeschen Interpolationsformel berechneten Werte häufig ein Funktionsverlauf, wie er mit unseren Anschauungen nicht vereinbar ist. Die durch diese Formel bestimmte ganze algebraische Funktion vom Grade $n-1$, die den gemachten n Beobachtungen genau entspricht, ist also nicht nur bei der Extrapolation, sondern häufig auch bei der Interpolation unbefriedigend.

Will man die Ungenauigkeit der Beobachtungswerte berücksichtigen, so muß man die Daten einem Ausgleichsverfahren unterziehen. Die Gesichtspunkte, nach welchen man vorzugehen hat, sind vollständig klar. Die einzelnen Werte stammen aus empirischen Beobachtungen über unbekannte Wahrscheinlichkeiten, und ihre Fehler sind nach dem Bernoullischen Satze nach dem Wahrscheinlichkeitsintegrale verteilt. Aus diesem Grunde werden aus solchen Daten die wahrscheinlichsten Werte der Unbekannten durch Anwendung der Methode der kleinsten Quadrate gefunden. Die Summe der Quadrate der Abweichungen der berechneten von den beobachteten Werten bestimmt der Grad der erreichten Annäherung. Die zulässige Quadratsumme der Abweichungen folgt für ein gegebenes System von Beobachtungen aus dem Bernoullischen Satze.

Man kann sich nun die Aufgabe stellen, den n Beobachtungen durch eine ganze algebraische Funktion k-ten Grades, wobei $k < n-1$, zu genügen, bei der die Summe der Quadrate der Abweichungen innerhalb der durch den Bernoullischen Satz folgenden Grenzen ist. Eine solche Funktion enthält $k+1$ Konstante, zu deren Bestimmung die n Beobachtungen ebenso viele Gleichungen liefern.

Man könnte also in der Art verfahren, daß man mit einer Funktion ersten Grades beginnt und ihre Koeffizienten nach der Methode der kleinsten Quadrate aus den vorliegenden n Beobachtungsgleichungen bestimmt. Ist die sich ergebende Quadratsumme der Anweichungen zu groß, so steigert man den Grad der Funktion so lange, bis man bei einer Funktion anlangt, bei der die Quadratsumme der Abweichungen hinreichend klein ist. Dies ist die ganze algebraische Funktion niedrigsten Grades, die den Beobachtungen mit hinreichender Genauigkeit genügt.

Man ersieht leicht, daß dies ein sehr mühevolles Unternehmen werden müßte, falls man gezwungen wäre, über den dritten Grad hinauszugehen, denn jeder Schritt erfordert dann die neuerliche Auflösung eines überbestimmten Gleichungssystemes mit fünf oder mehr Unbekannten. Das Problem findet seine sachgemäße Lösung ohne umständliche Rechnereien durch Verwendung der Tschebytscheffschen Ψ-Funktionen, die es gestatten, den Grad der Funktion mit geringer Mühe um die

Einheit zu vergrößern, ohne daß die vorhergehenden Koeffizienten einer neuerlichen Berechnung unterzogen werden müssen. Wählt man bei den Beobachtungen äquidistante Argumente, so wird die Verwendung der Tschebytscheffschen Ψ-Funktionen besonders einfach, und die Rechnung macht bei Gebrauch meiner Tabellen so gut wie keine Mühe. Die so aufgestellte Funktion ist ohne Zweifel der einfachste Ausdruck, durch welchen den Beobachtungen überhaupt entsprochen werden kann. Sie ist der rein empirische Ausdruck der Beobachtungsdaten in mathematischer Form.

Die Entwicklung der Funktion in eine Reihe von Ψ-Funktionen gibt für eine unendliche Gliederzahl das gleiche Resultat wie die Entwicklung in eine Potenzreihe. Die einzelnen Koeffizienten der Ψ-Reihe sind bei der Berechnung vollständig voneinander unabhängig, und man erhält dasselbe Resultat, wenn man sich bei der Entwicklung immer nur auf ein bestimmtes Glied beschränkt. Die gleiche Eigenschaft besitzen bekanntlich die Koeffizienten der Fourierschen Reihe, was mit der sogenannten Orthogonalität der Ψ-Funktionen, sowie der Funktionen Sinus und Kosinus zusammenhängt.

Vom mathematischen Standpunkte aus ist es gleichgültig, welche Funktionen man zur Interpolation verwendet. Bei der Wahl wird man sich meist durch Zweckmäßigkeitsrücksichten bestimmen lassen und am liebsten zu der Darstellung durch eine Potenzreihe greifen. Zu der immerhin etwas umständlichen Interpolation nach trigonometrischen Funktionen wird man nur dann greifen, wenn man einen Grund zu haben glaubt, das Vorhandensein einer Periodizität zu vermuten. Handelt es sich um Erscheinungen, die von einem Bedingungskomplexe abhängen, der periodischen Veränderungen unterworfen ist, so wird man das Vorhandensein von Veränderungen der gleichen Periode auch in den Erscheinungen vermuten dürfen.

So ist der Einfluß der Temperatur auf die Anzahl der Todesfälle leicht erkenntlich, und man wird bei der mathematischen Darstellung der monatlichen Todesfälle sofort zu den trigonometrischen Funktionen greifen. Ebenso ist eine Periodizität der Tagesschwankungen der Temperatur zu vermuten, da die Temperatur von dem wechselnden Stande der Sonne während des Tages und von der fortschreitenden Abkühlung während der Nacht abhängt. An den einzelnen Tagen wird diese Regelmäßigkeit wohl durch den Einfluß der wechselnden Beschaffenheit der Atmosphäre verdeckt, allein bei einer hinreichend großen Anzahl von Beobachtungen verschwindet der Einfluß veränderlicher Bedingungen und der Einfluß des konstanten Bedingungskomplexes wird sichtbar.

Bei jeder Bestimmung einer Funktion aus einer Anzahl von Funktionswerten muß diese hinreichend groß und die Intervalle entsprechend klein sein. Ist diese Voraussetzung nicht erfüllt, so kann die Rechnung zu unrichtigen Schlüssen führen. Ein Beispiel liefert die Geschichte des Studiums der Tagesschwankungen der Temperatur. Vor Einführung der automatischen Registrierung versuchte man das Minimum der Temperatur aus Beobachtungen in sechsstündigen Intervallen abzuleiten. Der Erwartung entgegen fand sich dieses Minimum etwa um die Zeit vor Mitternacht, was Anlaß zur Aufstellung von allerhand Erklärungsversuchen war. All diese Spekulationen erwiesen sich als grundlos, als die automatische Registrierung zeigte, daß die niedrigste Temperatur sich tatsächlich vor Sonnenaufgang einstellt, und die Abkühlung also während der ganzen Zeit fortschreitet, da die Sonne keine neue Wärme zuführt.

Sind die beobachteten Funktionswerte hinreichend zahlreich, so ist der Verlauf der Funktion in dem Intervalle, über welches die Beobachtungen ausgedehnt sind, bestimmt. Schon an den Enden des Intervalles wird die Interpolation unzuverlässig, und außerhalb derselben verläuft die Funktion ganz unregelmäßig. Zur Extrapolation sind also diese Formeln ganz ungeeignet. Diese Formeln haben also keine abschließende Bedeutung, da eine solche nur einer Funktion beigemessen werden kann, die auch außerhalb des direkt beobachteten Intervalles einen Verlauf hat, der unseren Vorstellungen über die zu untersuchende Erscheinung entspricht. Als endgültige Darstellung der Beobachtungsdaten kommt also nur eine Funktion in Betracht, die als Ausdruck des die Erscheinungen beherrschenden Naturgesetzes angesehen werden kann. Liegt ein solcher Ausdruck vor, so bietet die Aufgabe, die in ihm auftretenden Konstanten nach der Methode der kleinsten Quadrate anzupassen, nur rechnerische Schwierigkeiten, die sich bei geeigneter Anlage der Rechnung meist überwinden lassen.

Es entsteht nun die Frage, wie man sich in den Besitz eines solchen Ausdruckes setzen könne. Am nächsten liegt der Gedanke, nach Art der Physik vorzugehen und aus allgemeinen Vorstellungen Formeln abzuleiten, welche auf den vorliegenden Fall passen. Bei Durchführung dieses Gedankens findet man folgende Schwierigkeit. Beim Studium physikalischer Prozesse benützt man Gedanken und Anschauungen, die sich bei der Analyse von Naturerscheinungen schon vielfach bewährt haben. Unser Vertrauen in diese allgemeinen Anschauungen ist viel größer als das in irgendeine einzelne Erfahrung, und ein Satz, der sich in dieses System einfügt, gewinnt sofort einen starken Rückhalt durch die ausgedehnte Erfahrung, die unsere allgemeinen physikalischen Anschauungen trägt.

Beim Studium biologischer Prozesse finden wir keine solchen allgemeinen Anschauungen, auf die wir uns berufen können. Bei jeder neuen Aufgabe muß eine neue Erklärung herangezogen werden, so daß man leicht den Eindruck gewinnt, es seien dies *ad hoc* ausgedachte Hypothesen. Allerdings kann man einwenden, daß ein genaues Studium biologischer Erscheinungen erst seit sehr kurzer Zeit betrieben wird, weshalb die Möglichkeit nicht von der Hand zu weisen ist, daß sich vielleicht bei Erweiterung unserer Erfahrungen in ähnlicher Weise ein Grundstock allgemeiner Sätze ergeben könnte. Jedenfalls bildete sich ein solcher auch in der Physik nur langsam und nach vielen fehlgeschlagenen Versuchen heraus.

Es liegen bereits verschiedene Versuche vor, auf diesem Wege zu einem Verständnis statistisch untersuchter Erscheinungen zu kommen. Als Beispiel wählen wir die Ableitung der M a k e h a m schen Sterblichkeitsformel. Man geht hierbei von der Vorstellung aus, daß das Absterben aus dem Zusammenwirken zweier Bedingungskomplexe entsteht, deren einer in allen Altern gleich stark ist, während der andere auf der Abnützung des Organismus beruht, durch welche die Widerstandsfähigkeit herabgesetzt wird, und dessen Einfluß mit dem Alter zunimmt. Man betrachte eine Menge l_x von Personen des Alters x, von denen in dem Zeitraume $\varDelta_x$ die Anzahl $\varDelta l_x$ sterben. Es ist dann der Ausdruck

$$- \frac{\varDelta l_x}{l_x \varDelta_x}$$

ein Maß für die Sterblichkeitskraft im Alter x, und der Grenzwert dieses Bruches für $\varDelta x = 0$ heißt die Sterblichkeitsintensität dieses Alters. Setzt man in Verfolgung des M a k e h a m schen Gedankens die Sterblichkeitsintensität gleich der Summe eines konstanten Gliedes und eines in geometrischer Progression wachsenden Gliedes, also

$$- \frac{1}{l_x} \frac{d l_x}{d x} = A + B l^x ,$$

so kommt man nach einfachen Rechnungen zu

$$l_x = k\, s^x\, g^{c^x} .$$

Man bezeichnet diesen Ausdruck als die Formel von G o m p e r t z - M a k e h a m , da G o m p e r t z bereits früher die Ansicht ausgesprochen hatte, daß die Sterblichkeitsintensität mit dem Alter in geometrischer Progression wächst.

Je nach dem Vertrauen, das man in die Voraussetzungen dieser Ableitung setzt, wird man die Tragweite dieser Formel verschieden beurteilen. Hält man sie für ebenso zuverlässig wie die Voraussetzungen, aus denen die Fallgesetze abgeleitet sind, so wird man sich berechtigt fühlen, auf Grund von Beobachtungen einer Anzahl von Altersklassen, die zur Bestimmung der in der Formel auftretenden Konstanten hinreicht, die Absterbeordnung für die ganze Bevölkerung aufzustellen. Die tatsächliche Beobachtung des Absterbens hätte dann nur den Zweck einer Kontrolle, um durch Prüfung der beobachteten und der berechneten Werte das eventuelle Vorhandensein störender Faktoren nachzuweisen.

Man versteht, daß auf Grund einer solchen Einschätzung der Formel W i t t s t e i n die statistischen mit den astronomischen Beobachtungen vergleichen konnte. Macht man sich aber klar, daß die Bedingungen des Absterbens einer Bevölkerung für verschiedene Länder verschieden und außerdem auch zeitlichen Veränderungen unterworfen sind, so wird man der Gompertz-Makehamschen und allen ähnlichen Formeln nur einen geringeren Wert beimessen können. Es ist möglich, daß die Voraussetzungen, aus denen eine Absterbeformel abgeleitet ist, vollständig richtig sind, ohne daß die Formel eine Voraussage des tatsächlichen Absterbens der Bevölkerung ermöglicht. Eine Verbesserung der hygienischen Verhältnisse durch eine neue Erfindung oder eine Erschwerung der allgemeinen Lebensbedingungen, wie sie ein Krieg mit sich bringt, verändern die Sterbenswahrscheinlichkeiten und werfen damit jede Voraussage der Absterbeordnung auf Grund früherer Beobachtungen über den Haufen. In solchen Fällen sind die Abweichungen vom Gesetze wichtiger als das Gesetz selbst. Die Bedeutung der Sterblichkeitsformeln wird durch einen Vergleich mit ähnlichen Formeln, die sich aber auf einfachere Verhältnisse beziehen, leichter verständlich.

Die Bedingungen, von welchen das Absterben einer Bevölkerung abhängt, sind so verwickelt, daß man es als ausgeschlossen ansehen kann, eine vollständige Einsicht in sie zu gewinnen. Bei anderen Erscheinungen dagegen ließe eine solche sich wohl erzielen. So könnte man aus der wechselnden Höhe der Sonne über dem Horizont und aus der fortschreitenden Abkühlung während der Nacht eine Formel für den Temperaturverlauf während eines Tages ableiten. Die hier zu untersuchende Größe ist die Temperatur, und in der Formel für ihre Veränderungen während eines Tages kommen die Anschauungen über die Bedingungen, von welchen die Temperatur abhängt, zum Ausdruck.

Handelte es sich um einen Vorgang, den wir nach Belieben erzeugen können, so würden einige wenige Laboratoriumsversuche hinreichen, um die Richtigkeit der Formel zu prüfen. Eine solche Möglichkeit besteht aber hier nicht, und wir müssen uns auf die rein beobachtende Feststellung beschränken, ohne den Verlauf des zu untersuchenden Vorganges experimentell beeinflussen zu können. Die Beobachtungsbedingungen, unter welchen der Einfluß der wechselnden Beschaffenheit der Atmosphäre am wichtigsten ist, sind nun einem steten Wechsel unterworfen, und die Wirkung des als konstant angenommenen Bedingungskomplexes wird durch die veränderlichen Bedingungen gestört. Aus diesem Grunde kommt die Regelmäßigkeit der Temperaturschwankungen im Laufe eines Tages nicht zum Ausdruck. Wiederholt man aber die Beobachtungen an einer hinreichend großen Anzahl von Tagen, so heben die wechselnden Einflüsse einander auf und die Wirkung der dauernden Bedingungen wird sichtbar. Die Aufstellung einer Formel auf Grund einer Ausgleichung erstrebt noch eine weitere Reinigung der Beobachtungen von zufälligen Einflüssen.

Eine solche Formel vermittelt eine physikalische Einsicht. Eine Sterblichkeitsformel vermittelt eine physiologische Einsicht in die Bedingungen, von welchen die Sterbenswahrscheinlichkeit abhängt. Durch Ausdehnung der Beobachtungen über einen möglichst großen Zeitraum wird eine Ausschaltung der wechselnden Bedingungen erstrebt.

Mit dieser Einsicht gewinnt man den Standpunkt für die Beurteilung der Sterblichkeitsformeln. Die Sterbenswahrscheinlichkeit hängt von so vielen Bedingungen ab, daß wir sie kaum alle angeben und ihre Wirksamkeit in der richtigen Weise einschätzen können, weshalb die abgeleiteten Formeln besten Falles den Wert von Annäherungen haben können. So mag es zugegeben werden, daß die Voraussetzungen von Gompertz und Makeham richtig sind, allein erschöpfend sind sie gewiß nicht. Der konstante Bedingungskomplex, dessen Einfluß auf die Sterbenswahrscheinlichkeit sich in allen Altern mit gleicher Stärke äußert, stellt die Gefahren dar, welche das Leben in allen Altersklassen in gleicher Weise bedrohen. Ebenso richtig ist der Gedanke, daß mit fortschreitendem Alter eine Abnützung des Organismus stattfindet, welche seine Widerstandfähigkeit gegenüber zerstörenden Einflüssen herabsetzt.

Schon die Annahme der Konstanz des ersten Faktors ist in gewissem Sinne willkürlich. Das Maß der Bedrohung des Lebens ist durch die in einem Lande bestehenden sozialen und hygienischen Einrichtungen bestimmt. Diese sind nicht nur plötzlichen Änderungen unterworfen, sondern sind auch in einer fortwährenden Umbildung begriffen, so daß man von einer Konstanz eigentlich nicht reden kann.

Ferner ist zu bemerken, daß die in die Sterblichkeitsformeln eingehenden Zahlenwerte einzig aus dem Materiale, auf das die Formel angewendet werden soll, bestimmt werden können. Dies ist ein schwerwiegender Nachteil gegenüber den Formeln der Physik, bei denen die Konstanten auch auf anderem Wege bestimmt werden können. So wird z. B. die Konstante der Erdbeschleunigung aus Pendelversuchen bestimmt und kann dazu verwendet werden, um die Beobachtungen über Fallgeschwindigkeiten rechnerisch zu verwerten. Wäre die Physik noch auf derselben Entwicklungsstufe wie die Statistik, so müßte man aus den Daten über Fallbeobachtungen die Beschleunigung errechnen, ohne den so gefundenen Wert anderswo verwerten zu können. Höchstens könnte man die Frage aufwerfen, ob die Daten von zwei zu verschiedener Zeit angestellten Beobachtungen mit der Annahme verträglich sind, daß in beiden Fällen die Beschleunigung mit dem gleichen Werte wirksam war. Verschließt man sich auch nicht dieser Schwäche der statistischen Formeln, so braucht man daraus noch nicht den Schluß zu ziehen, daß diese dem in der Statistik behandelten Materiale notwendig anhänge. Untersuchungen dieser Art wurden verhältnismäßig selten angestellt, und es datiert eigentlich erst seit dem Anfange dieses Jahrhunderts, daß ein kleiner Kreis von Forschern sich mit diesen Aufgaben in etwas intensiverer Weise beschäftigt. Man kann es demnach nicht kurzerhand in Abrede stellen, daß einmal ein Zusammenhang zwischen den in den verschiedenen statistischen Formeln auftretenden Konstanten gefunden werden wird.

Die Ableitung der Formeln für die Darstellung von statistischen Beobachtungen ist also recht unbefriedigend. Oft leistet sie kaum mehr, als daß sie Ausdrücke an die Hand gibt, die als für die mathematische Darstellung der Beobachtungen geeignet in Betracht kommen. Der Wert solcher Formeln liegt also nicht in ihren Ableitungen, sondern in ihrer Tauglichkeit für die mathematische Darstellung des betreffenden statistischen Materiales. Ist man einmal im Besitz der Formeln, so kann man ihre Ableitung beiseite lassen und sich einzig auf ihre Dienlichkeit für die gedachten Zwecke berufen. Im Falle der Formel von Gompertz-Makeham ist das sehr leicht, da der Erfolg dieser Formel manchmal geradezu überraschend ist.

Das Verfahren, Formeln bereitzustellen, die man je nach Bedarf heranzieht, empfiehlt sich besonders dann, wenn hinsichtlich der zu bestimmenden Funktion wohl eine allgemeine Information vorliegt, diese aber zur wirklichen Bestimmung der Funktion nicht hinreicht. So wissen wir häufig, daß die unbekannte Funktion erst zunehmend, nach Erreichung eines Maximums aber ununterbrochen abnehmend verläuft, und nur in einem endlichen Intervalle von Null verschiedene endliche Werte haben kann. Für solche Fälle hat Karl Pearson Formeln an die Hand gegeben, die in jedem einzelnen Falle eine sachgemäße Lösung ermöglichen.

Ein ähnliches Verfahren kann man beim Studium der psychometrischen Funktionen erster Art befolgen. Diese verlaufen zwischen den Werten Null und Eins monoton zunehmend bzw. abnehmend. Diese Bestimmung genügt, um ganze Klassen von Funktionen anzugeben, die als mögliche Lösungen in Betracht kommen.

Der gleiche Gedanke unterliegt der Verwendung der Brunsschen Φ-Reihe, bei der die Koeffizienten so bestimmt werden können, daß jede Verteilung dargestellt werden kann. Wegen ihrer Allgemeinheit aber steht sie mehr mit der Tschebytscheffschen Ψ-Reihe auf einer Stufe.

Diese Verfahren sind rein algebraischer Natur und machen nicht wie die Ableitung der Formel von Gompertz-Makeham spezielle Voraussetzungen. Sie sind verläßliche Werkzeuge, regen aber die Gedanken nicht in gleichem Maße an wie die aus allgemeinen Voraussetzungen abgeleiteten Formeln, mögen diese auch etwas willkürlich sein. Die Versuche von Ableitungen von Formeln für die Darstellung statistischer Regelmäßigkeiten gehören zu den anziehendsten und anregendsten Gegenständen der Forschung. Sie versprechen nicht nur Einsicht in bis jetzt unbekannte Regelmäßigkeiten, sondern scheinen auch der mathematischen Naturbetrachtung auf solchen Gebieten Erfolg zu versprechen, die ihr bis jetzt unzugänglich waren. Die geringe Zahl der bis jetzt gelungenen Ableitungen ist kein Beweis gegen diese Bestrebungen, die wegen des ihnen innewohnenden Interesses doch kaum vernachlässigt werden können.

Zwei Erklärungen sind verschieden, wenn sie zu verschiedenen Formeln für die Darstellung derselben Erscheinung führen. Gibt es, wie in der Physik, eine Gruppe von Sätzen, deren Tauglichkeit für die Naturerklärung feststeht, so kann man zwischen den widerstreitenden Erklärungen zu unterscheiden suchen, indem man untersucht, welche der gemachten Voraussetzungen mit den allgemeinen Sätzen in Übereinstimmung stehen. Da es eine solche Gruppe von Sätzen für die Erklärung biologischer Tatsachen nicht gibt und die meisten Ableitungen, wie oben auseinandergesetzt wurde, etwas willkürlich sind, so kommt man auf diesem Wege einer logischen Untersuchung zu keiner Entscheidung. Der einzige Weg besteht in der Untersuchung, welche der Formeln eine bessere Übereinstimmung zwischen Rechnung und Erfahrung ergibt.

Es entsteht zunächst die Frage, woran man die Übereinstimmung zwischen Rechnung und Erfahrung messen soll. Eine exakte Beantwortung läßt die Frage nur dann zu, wenn man die Voraussetzung macht, daß es sich um im mathematischen Sinne zufällige Ereignisse handelt. In diesem Falle sind die beobachteten Zahlen absoluter oder relativer Häufigkeit und die Mittelwerte empirische Bestimmungen der ihnen entsprechenden unbekannten Wahrscheinlichkeiten, deren Abweichungen von den wahren Werten nach dem Satze von Bernoulli verteilt sind. Hieraus folgt, daß die Summe der Quadrate der Abweichungen der berechneten von den beobachteten Werten das Maß der Güte der Übereinstimmung zwischen Rechnung und Beobachtung ist, und daß ferner jene Werte die wahrscheinlichsten sind, die die kleinste Quadratsumme der Abweichungen ergeben.

Um zwischen zwei oder mehreren Annahmen zu entscheiden, hat man in den sich aus ihnen ergebenden Formeln die Konstanten nach der Methode der kleinsten Quadrate den Beobachtungen anzupassen und hierauf die sich ergebenden Quadratsummen der Abweichungen zu bestimmen. Die Formel, die die kleinste Quadratsumme der Abweichungen ergibt, ist die wahrscheinlichste von den untersuchten Annahmen.

Es ist ein verhältnismäßig bescheidenes Wissen, womit wir uns begnügen müssen. Man mag es gelernt haben, auf die Erkenntnis der Wahrheit zu verzichten und sich mit einer Wahrscheinlichkeit zu begnügen. Hier müssen wir sogar darauf verzichten, die *überhaupt* wahrscheinlichste Annahme zu finden, und müssen uns mit der wahrscheinlichsten der untersuchten Annahmen begnügen. Zur absolut wahrscheinlichsten Annahme kämen wir erst nach Untersuchung aller überhaupt möglichen Annahmen, und da die Menge der Funktionen, welche allen überhaupt möglichen Annahmen entsprechen, unendlich ist, so kann man auf diesem Wege zu einem abschließenden Resultate nicht gelangen.

Zu bemerken ist ferner, daß man nur selten in der Lage sein wird, sein Urteil ausschließlich auf die Quadratsumme der Abweichungen zu stützen. Ein solcher Vorgang wäre in vielen Fällen mit der mathematischen Natur des Problemes in Widerspruch. Besteht das gesammelte Material aus unabhängigen Beobachtungen über n Unbekannte, so kann man ihm durch jede Funktion, die n Konstante enthält, genau entsprechen. Ist die Zahl der Konstanten kleiner als n, so wird man den Beobachtungen um so genauer entsprechen können, je größer die Zahl der Konstanten, von denen die Funktion abhängt, ist. Bei Beurteilung der Tauglichkeit eines Ausdruckes für die Darstellung eines empirischen Materiales spielt also der Grad der Kompliziertheit der Funktion eine Rolle, deren Bedeutung sich nicht leicht abschätzen läßt. Man greift dann meistens zu den einfachsten Ausdrücken, teils weil sie sich in der Rechnung leichter handhaben lassen, teils aber auch im uneingestandenen Glauben an den Laplaceschen Satz, daß die Gesetze der Natur einfach sind.

Schließlich sei auf die Bedeutung der Annahme hingewiesen, daß es sich bei den untersuchten Erscheinungen um zufällige Ereignisse handelt, auf die der Bernoullische Satz Anwendung findet. Macht man diese Annahme nicht, so gibt es überhaupt keine Größe, die ohne Willkür als Maß der Übereinstimmung zwischen Rechnung und Beobachtung verwendet werden kann. Nicht einmal die Summe der absoluten Beträge der Abweichungen macht eine Ausnahme, da man ja auch einen Vorzug der Funktion darin sehen kann, daß die mit ihren Vorzeichen genommenen Abweichungen einander aufheben. Soll diese Annahme über die Anwendbarkeit der Bernoullischen Satzes gerechtfertigt sein, so müssen sehr hohe Anforderungen an die Güte des Materiales gestellt werden.

Macht man eine Annahme über eine Funktion zur Darstellung eines statistischen Materiales, so greift man aus der unendlichen Menge der Funktionen ein Element heraus. Wäre dies ein Herausgreifen nach dem Zufalle, so bestünde die Wahrscheinlichkeit Null, daß man gerade auf den richtigen Ausdruck verfällt. Es liegt jedoch ein Beispiel vor, in dem der glückliche Griff tatsächlich gelang, wie auf Grund einer später gewonnenen Einsicht festgestellt wurde. Für den erfahrenen Forscher wird die Wahl offenbar durch eine Anzahl von Momenten eingeschränkt, die sich einer zahlenmäßigen Einschätzung entziehen.

Gauß interessierte sich von früher Jugend an für die Verteilung der Primzahlen, und da die allgemeine Lösung der Frage unüberwindliche Schwierigkeiten machte, so konstruierte er eine Tabelle, aus der rein empirisch die Anzahl der Primzahlen unter einer gegebenen Grenze ersichtlich war. Er bemerkte den Zusammenhang dieser Zahlen mit dem Logarithmus der Grenze und verfiel für die Darstellung dieser Abhängigkeitsbeziehung auf den Ausdruck, der später aus allgemeinen Voraussetzungen als der richtige nachgewiesen wurde. Der Gedankengang, durch den Gauß sich bei seiner Wahl leiten ließ, läßt sich in seinen Einzelheiten nicht mehr rekonstruieren. Sicher ist, daß Gauß nicht aus allgemeinen Überlegungen die Formel ableitete, sondern sich ausschließlich auf die empirische Feststellung des Funktionsverlaufes stützte. Die statistische Natur seines Verfahrens erkannte er klar. Als vorgeschlagen wurde, den Ausdruck durch Hinzufügen einer Konstante zu verbessern, bemerkte er, daß eine solche nach der Methode der kleinsten Quadrate bestimmt werden müßte. Er lehnte aber diesen Vorschlag ab, weil seine Formel für große Argumentswerte eine bessere Übereinstimmung ergibt, weshalb vermutet werden kann, daß bei weiterer Verfolgung der Funktion über das bereits untersuchte Intervall hinaus diese Übereinstimmung sich noch weiter verbessern werde.

Die weitere Entwicklung der Zahlentheorie hat Gauß recht gegeben, und es gelang ihm also das scheinbar Unmögliche. Man darf vielleicht hoffen, daß auch anderen Forschern unter ähnlichen Verhältnissen der glückliche Griff gelingen könne. Die Naturerkenntnis ist eben kein reines Würfelspiel, sondern die Würfel sind in geheimnisvoller Weise gefälscht. Immerhin handelt es sich um ein Erraten, und da hängt sehr viel davon ab, wer das Raten besorgt. Da man hierzu nicht immer einen Gauß bei der Hand hat, so ist es am besten, solche statistische Formeln, was immer ihr Erfolg sein möge, bis auf weiteres als rein empirische Formeln anzusehen, die dem einen Erfahrungsmaterial besser, dem anderen schlechter entsprechen, und die möglicherweise einem neuen Erfahrungsmaterial gegenüber ganz versagen können.

Das Problem, Wahrscheinlichkeiten als Funktionen einer Veränderlichen darzustellen, ist die Hauptaufgabe der Kollektivmaßlehre. Wir wollen zunächst zeigen, daß die gegebene Definition der mathematischen Wahrscheinlichkeit als das Verhältnis der Mächtigkeit bzw. des Maßes zweier Mengen allgemein ist, und als besonderen Fall die Aufgaben der Kollektivmaßlehre einschließt.

Zu den Aufgaben der Kollektivmaßlehre kommt man in folgender Weise: Man betrachte die zu einer Menge gehörigen Gegenstände, an denen irgendeine zahlenmäßig angebbare Bestimmung vorkommt, deren genaue Angabe in dem Begriffe nicht enthalten ist. Als Beispiel kann dienen: Die Körpergröße der Individuen eines bestimmten Alters und Geschlechtes, die Dauer der Ehen, wobei man die Unterscheidung machen kann, ob sie durch Scheidung oder durch den Tod eines der Gatten zu Ende gingen; das Verhältnis der Länge zur Breite von Fenstern, Büchern oder der Schalen einer bestimmten Muschelart; die Dauer der sogenannten Reaktionszeit oder sonst eines physiologischen Prozesses.

Es handelt sich da um eine Aufgabe, deren logisches Interesse seit langer Zeit bekannt ist, ohne daß man versuchte, ihr eine genaue Lösung zu geben. Durch die Angabe einer Gruppe von Merkmalen, die also einen Begriff festlegen, ist eine Mehrheit von Gegenständen bestimmt, von denen jeder in Hinsicht auf das betreffende zahlenmäßig angebbare Merkmal vollkommen bestimmt ist. Die Beschaffenheit der Individuen macht sogar das Vorkommen dieses Merkmales notwendig. So gibt es z. B. kein menschliches Individuum, dem nicht eine ganz bestimmte Körpergröße zukommt, und diese ist erfahrungsgemäß an gewisse obere und untere Grenzen gebunden, über die hinaus kein Exemplar der Gattung Mensch gefunden wird.

Im Begriffe selbst, durch den die Zugehörigkeit eines Individuums zur Gattung bestimmt wird, ist aber das Merkmal der zahlenmäßigen Bestimmtheit nicht enthalten. Es ist dies also eine Eigenschaft, die allen Exemplaren des Begriffes zukommt, ohne daß sie im Begriffe selbst enthalten ist. Man kleidete diese Schwierigkeit oft in die Form der Scherzfrage: Jedes Exemplar der Gattung „Mensch" ist von einer ganz bestimmten Größe; welche Größe kommt dem Menschen dem Begriffe nach zu? Eine der beliebtesten Antworten ist, daß ein Begriff überhaupt keine Größe hat. Durch diesen Witz, der scheinbar auf Hume zurückgeht, wird die Frage abgetan und ihre Schwierigkeit verdeckt, die darin besteht, daß ein Begriff die Gesamtheit der Merkmale ist, die allen seinen Exemplaren zukommen. Zu diesen gehört auch die quantitative Bestimmtheit, die allen Exemplaren anhaftet, in dem Begriffe selbst aber nicht vorkommt. In Wahrheit handelt es sich um eine Aufgabe, zu deren Lösung die Hilfsmittel der Aristotelischen Logik nicht ausreichen.

Man muß davon ausgehen, daß für die Definition die Angabe jener Merkmale, die über die Zugehörigkeit eines Gegenstandes zur Menge entscheiden, notwendig und hinreichend ist. Außer diesen konstitutiven Merkmalen können an allen Gegenständen der Menge noch andere Merkmale auftreten. Besteht zwischen diesen und den konstitutiven Merkmalen eine logische Abhängigkeit, so besteht keine eigentliche Schwierigkeit, da die sekundären Merkmale in der Definition mitenthalten sind. Besteht eine solche logische Abhängigkeit nicht, so muß man schließen, daß die konstitutiven Merkmale einen Bedingungskomplex definieren, von dem die sekundären Merkmale abhängen. Untersuchungen über die in der Definition nicht enthaltenen Eigenschaften der Exemplare einer Menge betreffen also die wissenschaftliche Begriffsbildung von Gegenständen der Erfahrung.

Ein Kollektivgegenstand ist als eine Menge gleichartiger Gegenstände erklärt, die in bezug auf ein zahlenmäßig angebbares Merkmal geordnet werden können. Die Merkmale eines Kollektivgegenstandes definieren einen Begriff und seine Gegenstände heißen die Exemplare einer Klasse, Art oder Spezies. Das ordnende Merkmal heißt das Argument des Kollektivgegenstandes. Es ist nicht notwendig, daß dieses Merkmal den Charakter einer Größe habe, sondern es genügt, daß es zahlenmäßig angebbar ist. So sind z. B. Farbenschattierungen qualitative Merkmale und haben nicht den Charakter von Größen. Man kann aber trotzdem eine zahlenmäßige Darstellung erzielen, indem man den Stufen der Farbenreihe Zahlen zuordnet. Karl Pearson und seine Schüler haben in dieser Art Untersuchungen über die Farbe der Augen und Haare erfolgreich durchgeführt.

G. Th. Fechner verlangte, daß das Argument des Kollektivgegenstandes unmittelbar nach Maß und Zahl bestimmt und die Menge der möglichen Werte stetig sei. Hiermit wird entschieden zuviel gefordert, da das Bestehen von Kollektivgegenständen mit unstetigen Argumenten unzweifelhaft ist. Es ist jedoch anzuerkennen, daß die Voraussetzung der Stetigkeit die Rechnung wesentlich erleichtert, und daß man auch bei unstetigen Argumenten für die Zwecke der Rechnung häufig die Fiktion der Stetigkeit macht. Heinrich Bruns[45]) definiert einen Kollektivgegenstand als eine Vielheit von gleichartigen Dingen, die nach einem veränderlichen Merkmale statistisch geordnet werden können. In diesem Satze kommt die Beschränkung auf ein zahlenmäßiges Merkmal nicht vor, allein im weiteren Verlaufe der Untersuchung setzt Bruns das ordnende Merkmal stets als zahlenmäßig angebbar voraus. Dies ist nicht verwunderlich, denn das eigentliche Problem der Kollektivmaßlehre tritt nur dann zutage, wenn das Argument zahlenmäßig bestimmt ist.

Bei Untersuchung eines Kollektivgegenstandes geht man in der Weise vor, daß man eine möglichst große Zahl seiner Exemplare sammelt, und den an ihnen vorkommenden Wert des Argumentes bestimmt. Es zeigt sich, daß die tatsächlich vorkommenden Werte über ein gewisses Intervall verstreut sind. Außerhalb der Grenzen dieses Intervalles kommen überhaupt keine Exemplare des Kollektivgegenstandes vor, und in demselben gibt es Stellen, an denen die beobachteten Werte dichter gehäuft sind als an anderen Punkten. Die Art, wie die Exemplare über das Intervall verstreut sind, nennt man die Verteilung des Kollektivgegenstandes.

Aus solchen Daten lassen sich zwecks Charakterisierung der Verteilung verschiedene Werte ableiten, deren Definition teilweise recht kompliziert ist. Von unmittelbarem Interesse sind:

1. Der Mittelwert, d. h. das arithmetische Mittel der an sämtlichen Exemplaren beobachteten Argumentswerte.

2. Der wahrscheinlichste Wert, d. h. jener Argumentswert, der am häufigsten zur Beobachtung gelangte.

---

45) H. Bruns, Wahrscheinlichkeitsrechnung und Kollektivmaßlehre, 1906, S. 96. Die gleiche Definition findet sich bei E. Czuber, Wahrscheinlichkeitsrechnung, 1908, Bd. 1, S. 345, jedoch wird die Beschränkung auf ein zahlenmäßig angebbares Merkmal sofort eingeführt.

3. Der Zentralwert, d. h. jener Wert, der von ebenso vielen Fällen übertroffen, wie nicht erreicht wird.

4. Die Streuung. Zu diesem Begriffe gelangt man, indem man zwei Kollektivgegenstände mit Rücksicht darauf vergleicht, wie ihre Exemplare über das Intervall verstreut sind. Bei Verteilungen, die zu beiden Seiten des Mittels abfallen, ist die Streuung offenbar um so geringer, je rascher dieser Abfall ist. Man erkennt leicht, daß nur ein gerades Potenzmittel als Maß der Streuung in Betracht kommt. Das einfachste Maß der Streuung ist demnach das Quadratmittel der Abweichungen. Bei Kollektivgegenständen, deren Exemplare direkte Beobachtungen unbekannter Wahrscheinlichkeiten sind, ergibt sich dieses Streuungsmaß aus dem Bernoullischen Satze.

Es kommt häufig, namentlich bei der Untersuchung noch nicht näher bekannter Kollektivgegenstände vor, daß aus der Tafel, die die unmittelbaren Ergebnisse der Beobachtungen enthält, die Verteilung nicht klar ersichtlich ist. Auf die einzelnen Intervalle kommen zu wenig Exemplare, weil die Messungen mit Rücksicht auf die Zahl der beobachteten Exemplare zu fein waren. Die Werte der einzelnen Intervalle sind so klein, daß die Bestimmung des wahrscheinlichsten Wertes unmöglich oder doch sehr ungenau ist. Man vereinigt deshalb mehrere Intervalle, indem man die Zahlen der in diese erweiterten Intervalle fallenden Exemplare angibt. Man erhält so eine reduzierte Verteilungstafel. Eine solche gibt die Resultate, die erhalten worden wären, falls man die Beobachtungen von vornherein mit einer entsprechend geringeren Genauigkeit gemacht hätte. Durch eine Reduktion geht die Mühe, die die größere Genauigkeit der Beobachtungen erforderte, verloren. Die Notwendigkeit einer Reduktion der Verteilungstafel zeigt, daß die Untersuchung unökonomisch angelegt war. Man hätte besser daran getan, die Messungen mit geringerer Genauigkeit auszuführen, und die ersparte Zeit und Mühe dazu zu verwenden, um die Zahl der zur Beobachtung herangezogenen Exemplare zu vergrößern.

Die Intervalle können entweder durch Angabe der Grenzen oder durch Angabe ihrer Mittelpunkte und ihrer Längen bestimmt werden. Selbstverständlich ist es vorteilhaft, alle Intervalle gleichlang zu wählen, da dadurch die rechnerische Bearbeitung sehr erleichtert wird. Ungleiche Länge der Intervalle setzt den Wert der Daten sehr herab. Ebenso ist es zu vermeiden, die Intervalle an den beiden Enden der Verteilungstafel zu vergrößern, oder die jenseits gewisser Grenzen liegenden Werte ohne nähere Spezifizierung einfach ihrer Zahl nach anzugeben.

Durch die Definition eines Kollektivgegenstandes ist eine Menge M festgelegt, deren Elemente in Hinsicht auf die in der Definition festgelegten Eigenschaften vollkommen bestimmt sind. Durch den Besitz eines bestimmten Argumentswertes ist die Zugehörigkeit eines Elementes zu einem gewissen Intervalle gegeben. Da die Zugehörigkeit zu einem bestimmten Intervalle in der Definition nicht enthalten ist, so ist sie im logischen Sinne zufällig. An dieser logischen Zufälligkeit ändert sich nichts, wenn man auch einsieht, daß durch die Bedingungen, unter welchen ein Exemplar entsteht, der ihm zugehörige Argumentswert vollkommen bestimmt ist.

Die Menge der Gegenstände, die zu einem Kollektivgegenstande gehören, kann endlich, abzählbar unendlich oder von der Mächtigkeit des Kontinuums sein. Die Menge der Exemplare, an welchen die Verteilung untersucht werden soll, ist stets endlich. Bezeichnen wir die Teilintervalle mit $I_1, I_2, \ldots I_n$, und die zu ihnen gehörigen Teilmengen mit $T_1, T_2, \ldots T_n$. Bei stetigen Kollektivgegenständen ist das Verhältnis der Mächtigkeit der Teilmenge T_i zu der der Menge M sämtlicher untersuchter Exemplare

$$p_i' = \frac{T_i'}{M}$$

eine empirische Bestimmung der unbekannten Wahrscheinlichkeit, daß ein Exemplar, das aus dem Kollektivgegenstande nach dem Zufalle herausgegriffen wird, dem Intervalle I_i angehört. Die Genauigkeit dieser Bestimmung ergibt sich aus dem Bernoullischen Satze.

Bei unstetigen Kollektivgegenständen tritt an die Stelle des Argumentsintervalles I_k der Begriff des Argumentswertes x_k. Wurden sämtliche Exemplare des Kollektivgegenstandes zur Beobachtung herangezogen, so ist

$$p_k = \frac{T_{x_k}}{M}$$

die Wahrscheinlichkeit für das Auftreten des Argumentwertes x_k. Diese Bestimmung ist genau und von Beobachtungsfehlern frei. Dieser Fall ergibt sich als seltene Ausnahme nur dann, wenn man den Kollektivgegenstand tatsächlich auszählen kann. Aus diesem Grunde ergibt sich auch nicht das eigentliche Problem der Kollektivmaßlehre, das nur dann auftritt, wenn das Argument stetiger Veränderungen fähig ist.

Es handelt sich nun darum, in welcher Weise die Verteilung eines Kollektivgegenstandes beschrieben werden soll. Die unmittelbare, erfahrungsgemäße Beschreibung besteht offenbar in der Mitteilung der Verteilungstafel. Einerseits ist eine solche Tafel zu unhandlich, andererseits aber entstammen die in ihr enthaltenen Zahlen aus Beobachtungen über vom Zufalle abhängige Ereignisse, und sind deshalb nach dem Bernoullischen Satze mit Fehlern behaftet. Es ist also wünschenswert, die Verteilung durch Zahlen zu charakterisieren, bei deren Bestimmung man von vornherein auf die Ungenauigkeit der Beobachtungen Rücksicht genommen hat. Die Frage ist nur, wie das zu geschehen hat.

Die Aufgabe besteht darin, die Wahrscheinlichkeiten als Funktionen des Argumentes darzustellen. Es handelt sich also auch hier

um das Aufsuchen von Gesetzmäßigkeiten in statistischen Daten, und
für die Lösung dieser Aufgabe kommen die oben dargelegten Gesichtspunkte in Frage. Man kann also 1. irgendeine bestimmte Funktion
auswählen und die in ihr auftretenden Konstanten aus den Beobachtungen bestimmen; 2. aus einer Anzahl möglicher Funktionen einen
für den vorliegenden Fall passenden Ausdruck auswählen und den Beobachtungen anpassen; und 3. rein empirisch den Verlauf der Funktion
feststellen.

Das erste Verfahren könnte man logischerweise nur dann anwenden,
wenn man irgendwelche Gründe für die Annahme zu haben glaubt,
daß alle Verteilungen dasselbe Gesetz befolgen. Durch eine interessante
Reihe von Umständen, die später dargelegt werden sollen, hat das sogenannte Exponentialgesetz eine Ausnahmestellung gewonnen. Sein Vorteil besteht darin, daß unter dieser Voraussetzung die Verteilung durch
zwei Größen — den Mittelwert und das Präzisionsmaß, das die Streuung bestimmt — gegeben ist, und daß beide Größen durch einfache
und durchsichtige Rechnungen aus den Beobachtungen bestimmt werden können. Sein Nachteil besteht darin, daß die gemachte Voraussetzung über die Verteilung immer willkürlich, in manchen Fällen aber
ersichtlich unrichtig ist.

Als Beispiel der zweiten Lösungsart können die Formeln von K a r l
P e a r s o n dienen. Diese Formeln ergeben Verteilungen von sehr ver-
schiedenem Typus, so daß wohl für die meisten bis jetzt beobachteten
Verteilungen eine passende Formel gefunden werden kann. Ähnliches
leisten die Formeln, die C. V. L. C h a r l i e r in „Lunds Universitets
Arsskrift", 1905, gibt.

Die Bestimmung der Verteilung durch die B r u n s sche Reihe ist
ein Beispiel der dritten Lösungsart. In einer Reihe, die jede Funktion
darstellen kann, werden die numerischen Koeffizienten so bestimmt,
daß sie der tatsächlich beobachteten Verteilung entsprechen. Die Lösung ist also sehr allgemein. Dazu kommt ein kleiner, aber wichtiger
formeller Vorteil. Bei den anderen Lösungsversuchen werden die in
ein Intervall der Verteilungstafel fallenden Werte so behandelt, als ob
sie alle Beobachtungen für den Argumentswert wären, der der Mitte
des Intervalles entspricht. In Wirklichkeit sind einige größer, andere
kleiner, und der Argumentswert der der Intervallmitte entspricht, ist
möglicherweise überhaupt nicht zur Beobachtung gekommen. B r u n s
vermeidet diese Ungenauigkeit, indem er bei der Untersuchung der Verteilung von der Summenfunktion ausgeht. Diese gibt an, wie viele
Exemplare des Kollektivgegenstandes unterhalb einer gewissen Grenze
gefunden werden, und ergibt sich, indem man die den Intervallen
$I_1, I_1 + I_2, I_1 + I_2 + I_3, \ldots I_1 + I_2 + \ldots + I_n$ entsprechenden Anzahlen der
Exemplare des Kollektivgegenstandes bestimmt. Aus diesen Summen ergibt
sich die Wahrscheinlichkeit, daß ein Exemplar des Kollektivgegenstandes
kleiner bzw. größer sei als ein gegebener Wert. Mit zunehmendem Argu

mente können diese Summen niemals abnehmen. Auf diese Summen, deren Definition keinerlei Ungenauigkeiten enthält, stützt Bruns sich bei der Bestimmung der Koeffizienten seiner Reihe.

Auch die von G. Th. Lipps vorgeschlagene Lösung macht keinerlei Voraussetzungen über das Verteilungsgesetz. Sie unterscheidet sich von der Brunsschen Lösung dadurch, daß Lipps bei den aus den Beobachtungsdaten abgeleiteten Potenzsummen stehen bleibt und diese zur Charakterisierung der Verteilung verwendet. Es läßt sich auf Grund der von Lipps angegebenen Größen tatsächlich die Vergleichung zweier Verteilungen durchführen, jedoch findet eine Ausgleichung nicht statt, und das mit der Aufstellung der Verteilungsfunktion enge zusammenhängende Problem der Interpolation muß besonders gelöst werden.

Hat man eine größere Zahl von Verteilungen gesehen und vorurteilslos betrachtet, so wird man wohl mit Sicherheit zu der Überzeugung kommen, daß sie nicht alle durch dieselbe Funktion dargestellt werden können. Die Rechnung nach einem im voraus feststehenden Ausdrucke kann nur den Wert eines vorläufigen Überschlages haben.

Dies gilt namentlich von einer so speziellen Formel wie das Exponentialgesetz, das nur unter der Voraussetzung bestehen kann, daß positive und negative Abweichungen vom Mittel gleich wahrscheinlich sind. Eine solche Verteilung wird durch eine Kurve dargestellt, die um eine auf der Abszissenachse senkrechte und durch den Schwerpunkt gehende Achse symmetrisch ist. Man spricht deshalb auch von einer symmetrischen Verteilung, jedoch ist zu bemerken, daß nicht jede symmetrische Verteilung das Exponentialgesetz befolgt. Man bezeichnet eine solche Verteilung als normal oder als Verteilung nach dem Wahrscheinlichkeitsintegrale. Von einer Gaußschen Verteilung zu sprechen, ist weniger passend, da kein Anzeichen dafür vorhanden ist, daß Gauß an eine Ausdehnung des von ihm in der Fehlertheorie vorgefundenen Verteilungsgesetzes auf Kollektivgegenstände aller Art dachte.

Das Maximum der Verteilungsfunktion entspricht dem wahrscheinlichsten Werte des Kollektivgegenstandes. Bei symmetrischer Verteilung fällt der wahrscheinlichste Wert mit dem Zentralwerte und mit dem Mittelwerte zusammen. Eine Folge davon ist, daß der ganze Kollektivgegenstand in dem Mittelwerte beschrieben werden kann, daß dieser Wert der am häufigsten vorkommende ist, und daß er ebensooft übertroffen wie nicht erreicht wird.

Eine normale Verteilung ist noch durch folgende weitere Eigenschaften ausgezeichnet. Neben dem Mittelwerte genügt die Angabe einer einzigen Konstanten, des Präzisionsmaßes, um die ganze Verteilung zu charakterisieren. Da die Verteilung nach dem Wahrscheinlichkeitsintegrale stattfindet, so ist der Mittelwert in demselben Sinne für den Kollektivgegenstand typisch wie der aus einer Reihe von Beobachtungen abgeleitete Wert einer unbekannten Wahrscheinlichkeit. Es ist also der Typus der wahrscheinlichste Wert, an dem man den ganzen Kollektivgegenstand beschreiben kann, wobei die einzelnen Exemplare des Kollektivgegenstandes nur zufällige Abweichungen vom Typus haben. Das einem Kollektivgegenstande mit normaler Verteilung entnommene Muster ist richtig, falls positive und negative Abweichungen vom Mittel gleiche Wahrscheinlichkeiten haben.

Bei asymmetrischen Verteilungen fallen wahrscheinlicher Wert und Mittelwert nicht zusammen. Man kann infolgedessen nicht den ganzen Kollektivgegenstand in einem einzigen Exemplare beschreiben, und von einem Typus kann nicht geredet werden. Positive und negative Abweichungen vom Mittel haben bei asymmetrischen Verteilungen verschiedene Wahrscheinlichkeiten. Hieraus erkennt man die Tragweite der Annahme einer normalen Verteilung: Wird eine solche empirisch nachgewiesen, so ist dies eine wichtige Erkenntnis, wird aber die Verteilung nach dem Wahrscheinlichkeitsintegral ohne Grund angenommen, so ist es willkürliche Annahme.

Es war Quetelet, der das Exponentialgesetz zuerst außerhalb der Theorie der Beobachtungsfehler anwendete. Er stellte sich vor, daß die Natur die Individuen einer Art nach einem bestimmten Typus hervorbringe, und dabei ebenso Fehler begehe wie ein mehr oder weniger sorgfältiger Beobachter bei der Messung einer empirischen Größe. Man kann die Sache auch so darstellen, daß jedes Individuum Gelegenheit zur Beobachtung des Typus gibt, wobei die Fehler nach dem Exponentialgesetze verteilt sind.

Bekannt sind Quetelets Beobachtungen über den Brustumfang schottischer Soldaten. An diesen Daten versuchte er das Verteilungsgesetz empirisch nachzuweisen. Die eigentümliche Stellung, die dieses Gesetz in Quetelets Denken einnahm, wird an seinen Ausführungen betreffend die Beobachtungen über die Körpergröße von 100000 französischen Rekruten klar. Einerseits betrachtet er das Gesetz als Ergebnis der Erfahrung, andererseits aber zugleich als Norm, der die Erfahrung entsprechen muß.[46]

Die Daten entsprechen teilweise der Rechnung ziemlich gut, allein für die Anzahl der Rekruten, die wegen zu geringer Körpergröße zurückgestellt werden, ergibt die Rechnung 26,345, während tatsächlich 28,620 zurückgestellt wurden. Der sachgemäße Schluß wäre offenbar der gewesen, daß die Übereinstimmung zwischen Rechnung und Erfahrung für die niederen Werte gering ist. Quetelet führt aber die Tatsache, daß mehr Rekruten zurückgewiesen wurden, als die Rech-

---

46) Vgl. Edwin G. Boring, The Logic of the Normal Law of Error in Mental Measurement, American Journal of Psychology, 1920, Bd. 31, S. 1—33. Es besteht kaum ein Zweifel, daß Quetelet für die mißverständliche Auffassung des Exponentialgesetzes in der Kollektivmaßlehre verantwortlich ist. Hierauf beziehen sich Borings Ausführungen S. 8—11.

nung erwarten läßt, darauf zurück, daß bei den Assentierungen betrügerische Manipulationen vorkamen. Er findet also, daß in genau 2,275 Fällen Rekruten betrügerischerweise zurückgestellt wurden. Es liegt auf der Hand, daß man gegen ein Material, aus dem man zuerst ein Gesetz abgeleitet hat, keine Einwendungen deshalb machen darf, weil es dem Gesetze nicht entspricht.

Merkwürdig ist, daß diese Auffassung vom Exponentialgesetze sich durchsetzen konnte, trotzdem das Material zur Begründung einer richtigen Einsicht zur Hand lag. Quetelet veröffentlichte in seinen Briefen über die Wahrscheinlichkeitstheorie drei Briefe von Bravais, worin dieser Tabellen über die Schwankungen des barometrischen Drukkes mitteilt, die eine deutlich asymmetrische Verteilung zeigen. Diesem Materiale gegenüber nimmt Bravais sofort den richtigen Standpunkt ein: Jedem Kollektivgegenstande entspricht eine besondere Verteilungskurve, die wir manchmal entdecken, manchmal aber nicht entdecken können. Im ersteren Falle können wir sie entweder aus allgemeinen Voraussetzungen a priori ableiten oder aus den Beobachtungen bestimmen.

Diese nüchterne Einsicht blieb aber unbeachtet, und es ist merkwürdig, welche Gewalt die Gedanken Quetelets über den Geist der Forscher ausübten. G. Th. Fechner war wohl der erste, der Kollektivgegenstände der verschiedensten Art rein empirisch untersuchte. Seine hartnäckigen Bemühungen müssen durch viele Jahre fortgesetzt worden sein und waren bei seinem Tode noch nicht abgeschlossen. G. Th. Lipps besorgte die Herausgabe seiner nachgelassenen Kollektivmaßlehre. Es ist nun merkwürdig zu sehen, wie Fechner Beweis auf Beweis häuft, daß das Exponentialgesetz für die Beschreibung der Kollektivgegenstände nicht ausreicht. Den sich geradezu aufdrängenden Schluß, daß die sich aus den Beobachtungen ergebende Verteilung ohne Voraussetzung eines bestimmten Gesetzes untersucht werden müsse, hat er trotzdem innerlich sich nicht zu eigen gemacht. Bei seiner eigenen Lösung geht er doch wieder von dem Exponentialgesetze aus, das er nur dadurch korrigiert, daß er zu beiden Seiten des Mittels mit verschiedenen Präzisionsmaßen rechnet. Da hierdurch eine dritte Konstante verfügbar wird, ist die erzielte Annäherung natürlich verbessert, wenn man damit auch eine durch die Voraussetzungen nicht gerechtfertigte Unstetigkeit der ersten Ableitung in Kauf nehmen muß.

Als grundsätzlich neu oder befriedigend kann Fechners Lösung nicht angesehen werden. Sein Verdienst bleibt, daß er die Untersuchung der Kollektivgegenstände als eine Aufgabe erkannte, die auf erfahrungsmäßiger Grundlage zu lösen ist. Durch den unglücklichen Umstand, daß die Veröffentlichung seiner Arbeiten sich so sehr verzögerte und erst nach seinem Tode erfolgte, fand sein Gedanke vielfach nicht die richtige Würdigung.

In seiner vollen Bedeutung erkannte Karl Pearson das Problem.

Er ging mehrere Jahre vor Veröffentlichung des nachgelassenen Werkes Fechners von dem Studium der Verteilung von Kollektivgegenständen aus und machte es zur Grundlage seiner biometrischen Untersuchungen. Pearson verbindet mit großem logischen Scharfsinne die Energie, ausgedehnte statistische Erhebungen zu führen. Außerdem hatte er das Glück, zahlreiche Schüler und Mitarbeiter um sich zu sammeln, so daß seine Gedanken eine Wirkung hatten, die Fechner versagt blieb. Trotzdem Pearson Vorgänger hatte und unter seinen Landsleuten namentlich Francis Galton diesem Gegenstande viel Nachdenken und große Sorgfalt widmete, muß man in ihm den Begründer der Biometrie sehen. Erst durch ihn hat das Bestreben, organische Erscheinungen auf Grund statistischer Erhebungen zahlenmäßig zu verfolgen, allgemeine Anerkennung gefunden.

Es wäre eine umständliche und vielleicht nicht sehr interessante Aufgabe, Pearsons Ansichten über das Exponentialgesetz, das er meist, als die Gauß-Laplacesche Normalkurve oder kurz als Normalkurve bezeichnet, aus seinen Schriften wiederherzustellen. Wir setzen hier nur zwei Stellen her, aus denen sein Standpunkt ziemlich klar ersichtlich ist.

Bei Besprechung der Annahme einer normalen Verteilung eines Kollektivgegenstandes wirft er die Frage auf, ob dieses Voraussetzung gerechtfertigt ist. Diese Annahme gilt gewiß nicht für alle Typen lebender Organismen. Sie beschreibt aber in bemerkenswerter Weise die Verteilung der meisten Eigenschaften des Menschen. Es kann gewiß nicht behauptet werden, daß es keine menschlichen Eigenschaften gibt, die nicht von der normalen Verteilung abweichen, allein es gibt deren nur wenige, und für alle praktischen Zwecke können wir mit hinreichender Zuversicht annehmen, daß diese Annahme als erste Annäherung an den tatsächlichen Sachverhalt zulässig ist.[47])

Mag man auch der Meinung sein, daß in Abwesenheit hinreichender Information eine Annahme über die Verteilung überhaupt nicht gemacht werden soll, so kann man Pearsons Standpunkt eine gewisse Berechtigung nicht absprechen. Die Vorausetzung über die normale Verteilung bewährt sich in einer großen Zahl von Fällen, und ihre Richtigkeit wird bis auf weiteres auch dort angenommen, wo sie noch nicht erwiesen ist. Die Notwendigkeit, eine Ausnahme zu machen, ist darin begründet, daß manche Probleme, deren Lösung sehr wünschenswert ist, ohne eine Annahme über die Verteilung gar nicht in Angriff genommen werden können.

Gegen die vorläufige Annahme eines Satzes auf eine noch nicht untersuchte Erscheinung wird man kaum ein gewichtiges Argument finden, wenn die Richtigkeit dieses Satzes für andere verwandte Erscheinungen erwiesen ist, und wenn man sich der nur vorläufigen Gel-

---

47) Biometrica, Bd. 3, 1904, S. 142.

tung der aus einer solchen Annahme gezogenen Schlüsse bewußt bleibt. Gegen eine Übertragung auf ein ganz verschiedenes Gebiet müßte man sich aber ablehnend verhalten. Eine solche liegt vor, wenn Pearson aus der normalen Verteilung vieler somatischer Eigenschaften des Menschen auf die normale Verteilung der geistigen Eigenschaften schließen zu können glaubt. Er erprobt diese Annahme an einem Materiale von allerdings ziemlich geringem Umfange über an Stockholmer Kindern vorgenommene Intelligenzprüfungen nach der Binetschen Skala. Die Übereinstimmung mit der normalen Verteilungskurve ist gering. Wenn aber versucht wird, diesen Mangel an Übereinstimmung zwischen der tatsächlichen und der beobachteten Verteilung auf ein mangelhaftes Verfahren bei den Versuchen zurückzuführen, statt zu schließen, daß die Verteilung der Intelligenz nicht nach dem Exponentialgesetze stattfindet, so begeht Pearson denselben Fehler wie Quetelet bei seiner Besprechung der Messungen der Körpergröße von Rekruten.[48]) Von einem solchen Standpunkte aus erscheint die Verteilung nach dem Exponentialgesetze als Norm, der sich die Erfahrung anpassen muß.

Es ist zweifelhaft, ob die Frage nach der normalen Verteilung der Intelligenz überhaupt einen bestimmten Sinn hat. Das Argument des Kollektivgegenstandes hat nicht Größencharakter, weshalb die Einteilung auf Grund einer Skala erfolgen muß. Im vorliegenden Falle war diese durch die Binetschen Versuche bestimmt. Die Einheiten einer solchen Skala sind willkürlich und es besteht keine Sicherheit, ja nicht einmal ein wirklicher Grund für die Annahme, daß die Einheiten in allen Teilen der Skala gleich groß sind. Solange aber die Identität der Einheiten in allen Teilen der Skala nicht feststeht, ist die Konstruktion der Verteilungskurve ganz willkürlich. Unter diesen Umständen ist es ein billiger Ausweg, zu behaupten, die Abweichung der tatsächlich beobachteten von der normalen Verteilung sei dadurch verursacht, daß die gewählte Einheit der Skala eine unbekannte Funktion der wahren Einheit sei, bei deren Verwendung sich eine normale Verteilung ergeben würde. In seinen früheren Schriften hat Pearson zu dieser Ansicht Stellung genommen und sich in seiner bekannten temperamentvollen Weise darüber abfällig geäußert.

Pearson war vielleicht am Beginne seiner Untersuchungen in den Anschauungen Galtons über das Exponentialgesetz befangen und maß diesem Gesetze eine Art metaphysischer Wirklichkeit zu. Es scheint, daß die normale Verteilung für ihn *a priori* feststand. Zeigte sich

---

48) Karl Pearson and G. A. Jaederholm, Mendelism and the Problem of Mental Defect, II, S. 46: „It is the view of the psychological joint-author of this paper that its — i. e. the normal curve's — comparative failure as applied to the present data lies rather in faults of the tests applied or in the method of applying them than in the non-Gaußian character of intelligence when adequately measured.

eine Asymmetrie oder sonst eine Abweichung von der normalen Verteilung, so versuchte er sie durch die Annahme zu erklären, daß das Beobachtungsmaterial nicht homogen wäre. Die Verteilungskurve jedes homogenen Kollektivgegenstandes wäre die normale. Fand sich ein Kollektivgegenstand mit asymmetrischer Verteilung, so nahm Pearson an, daß der Kollektivgegenstand ein Gemisch von mehreren Kollektivgegenständen ist, von denen jeder eine normale Verteilung hat. Aus dem Vorkommen einer asymmetrischen Verteilung hätte man also auf einen Mangel an Homogeneität des Beobachtungsmateriales zu schließen. Daraus ergibt sich die Aufgabe, die asymmetrische Verteilung in eine Summe von symmetrischen Verteilungen aufzulösen. Analytisch besteht die Aufgabe darin, eine gegebene, stets positive Kurve in eine Summe von Normalkurven aufzulösen.

Eine der früheren Untersuchungen Pearsons bezieht sich auf diese Aufgabe. W. F. R. Weldon hatte die Längen- und Breitenmaße von Krabben untersucht. Es lagen zwei Muster vor, von denen das eine aus Plymouth, das andere aus Neapel stammte. Die Verteilung der in Plymouth gesammelten Exemplare war symmetrisch, während die Verteilung der Krabben aus Neapel deutlich asymmetrisch war. Pearson analysierte diese letztere Verteilungskurve und fand, daß sie sich als Summe zweier Normalkurven darstellen ließ. Betrachtet man jede Normalkurve als Beweis des Vorkommens eines besonderen Typus, so folgt, daß die in Neapel gesammelten Krabben eigentlich zwei verschiedenen Arten angehören, die durch eine besondere Untersuchung voneinander zu trennen sind. Ein solches nichthomogenes Material muß in seine Bestandteile aufgelöst werden. Pearson wandte dieselbe Analyse auf die Verteilungskurve der bei Plymouth gesammelten Krabben an und fand, daß sie sich nicht in eine Summe von Normalkurven auflösen lasse. Hieraus wird geschlossen, daß das Material homogen ist. Man kann die vorgefundene Sachlage dahin deuten, daß die in der Gegend von Neapel vorkommende Krabbenart zu variieren begann, während die englischen Krabben nicht variieren.

Es hat vielleicht eine Zeit gegeben, da Pearson daran dachte, das Vorkommen einer asymmetrischen Verteilung als Beweis der Inhomogeneität des Materiales anzusehen. Gegenüber der sich stets anhäufenden Erfahrung ließ sich aber diese Ansicht nicht aufrechterhalten. Die Erfahrung zeigte unwiderleglich, daß asymmetrische Verteilungen auch bei Material, das, soweit unsere Kenntnis reicht, homogen ist, vorkommen können.

Das analytische Problem besteht in der Darstellung einer gegebenen Kurve als Summe verschiedener Normalkurven. Wir wollen nun die Frage untersuchen, wie man dazu kommt, eine solche Darstellung nicht nur als analytisches Hilfsmittel zu betrachten, sondern auch den einzelnen Gliedern eine objektive Bedeutung zuzuschreiben.

Man denkt dabei unwillkürlich an die bekannte Analyse von Schallkurven in eine Fouriersche Reihe. Auch hier wird eine gegebene Kurve in eine Summe von Sinus- und Kosinuskurven zerlegt, denen die Obertöne entsprechen. Es bestehen aber zwei wichtige Unterschiede. Zunächst ist es möglich, die mitschwingenden Obertöne wirklich nachzuweisen, denn man kann den Oberton mit Hilfe eines Resonators verstärken und auch für ein ungeübtes Ohr hörbar machen. Um das gleiche hinsichtlich des zu untersuchenden Kollektivgegenstandes zu leisten, müßte man ein Verfahren angeben, auf Grund dessen die zu den einzelnen Typen gehörigen Exemplare voneinander unterschieden werden können.

Der zweite Unterschied ist mathematischer Natur. Mit Hilfe einer Fourierschen Reihe kann man jede beliebige Funktion mit den bekannten auf Dirichlet zurückgehenden Einschränkungen darstellen. Vom Standpunkte des Mathematikers aus ist es also gleichgültig, ob man die Funktion oder ihre Fouriersche Reihe betrachtet. Einer Reihe von Funktionen, die den Normalkurven entsprechen, kommt diese Eigenschaft nicht zu. Hieraus mußte man schließen, daß der Zerlegung einer gegebenen Verteilung in eine Reihe solcher Funktionen eine objektive Bedeutung zukommt. Es ist selbstverständlich, daß man einer solchen Zerlegung um so mehr Vertrauen entgegenbringen wird, je geringer die Anzahl der Glieder ist, mit der man einem ausgedehnten Beobachtungsmaterial genügen kann.

Man muß davon ausgehen, daß die Verteilungskurven die verschiedensten Formen haben können, ohne daß man gezwungen ist, auf einen Mangel an Homogeneität zu schließen. Die Verteilungskurve kann einerseits oder beiderseits begrenzt, symmetrisch oder asymmetrisch sein, und ein oder mehrere Maximalwerte haben. Gelingt es, eine solche Kurve in eine Anzahl Normalkurven zu zerlegen oder zu zeigen, wie sie aus einfacheren Verteilungen zusammengesetzt werden kann, so ist damit eine wichtige Einsicht gewonnen. Die sich hierbei ergebenden Gedankengänge sollen an einem Beispiele von Lexis erläutert werden, wobei allerdings bemerkt werden soll, daß bei aus anderen Beobachtungen über denselben Gegenstand stammenden Daten die Übereinstimmung zwischen Rechnung und Beobachtung nicht ganz so befriedigend ist wie in den von Lexis bearbeiteten Daten.

Lexis machte in seinen Untersuchungen über die menschliche Sterblichkeit die Wahrnehmung, daß in den Sterbetafeln die Zahlen der Gestorbenen in der Nähe des siebzigsten Lebensjahres ein Maximum aufweisen, und untersuchte, ob dieses wahrscheinlichste Sterbensalter die Bedeutung eines Typus habe. Die Untersuchung wird in der Art geführt, daß zunächst das Maximum der Zahlen der Gestorbenen berechnet und dann aus den Daten für die höheren Altersklassen das Präzisionsmaß bestimmt wird. Die sich hieraus ergebenden Werte werden mit den Daten der Beobachtung verglichen.

Für die jenseits des Maximums gelegenen Altersklassen stimmen die beobachteten Zahlen sehr nahe mit den einer Normalkurve entsprechenden Zahlen überein, während für die jüngeren Altersklassen diese Übereinstimmung anfangs zwar auch besteht, aber sehr rasch verschwindet. Es hat also das Absterben in diesem Alter den Wert eines Typus. Die höheren Altersklassen zeigen das typische Absterben ganz klar, während in den jüngeren Altersklassen das vorzeitige Absterben die bestehende Regelmäßigkeit verdeckt. Man hat sich vorzustellen, daß für den menschlichen Organismus eine Lebensdauer von etwa 70 Jahren typisch ist. Vor dem Erreichen dieses Alters wird allerdings eine große Anzahl von Individuen durch äußere Einflüsse hinweggerafft. Hat aber ein Individuum dieses typische Alter erreicht oder sich diesem wenigstens hinreichend genähert, so wirken fast ausschließlich die in dem Organismus selbst gelegenen Bedingungen. Jedem Organismus ist eine gewisse Lebensdauer bestimmt, die er auch tatsächlich erreicht, falls er dem vorzeitigen Absterben entgeht. Bei der Zuordnung dieser Lebensdauer an die einzelnen Individuen richtet sich die Natur nach einem gewissen Typus, und die Abweichungen von diesem sind nach einer Normalkurve verteilt. Die Lebensdauer der vollwertigen Individuen hängt also von einem Bedingungskomplexe ab, der in der gleichen Weise als konstant anzusehen ist wie der Inhalt einer Urne bei Ziehungen mit Zurücklegen der gezogenen Kugel.

Lexis erklärt den bei den Sterblichkeitskurven bestehenden Sachverhalt der Kindersterblichkeit, der vorzeitigen und der typischen Sterblichkeit durch folgendes Beispiel, das man als ein mechanisches Modell bezeichnen kann. Solche Versinnlichungen sind nicht nur für die Zwecke des Unterrichtes, sondern auch zur Klärung der Gedanken des Forschers dienlich.

Jemand schleudert von einem festen Standpunkte aus Kugeln nach einem Ziele, das in der Entfernung von etwa 70 Fuß am Boden angebracht ist. Die Endpunkte der Flugbahnen werden teils vor, teils im und teils hinter dem Ziele liegen, und bei einer großen Zahl von Versuchen wird die Häufigkeit der Würfe von gegebener Länge nach dem Wahrscheinlichkeitsintegrale verteilt sein. Werden beim Werfen nicht irgendwelche konstante Fehler gemacht, so fällt der wahrscheinlichste Treffpunkt mit dem Ziele zusammen. Die Dichtigkeit der Verteilung der Würfe um das Ziel hängt von der Geschicklichkeit des Schleuderers ab, und je größer diese ist, um so dichter sind die Treffer um das Ziel verteilt.

Ferner wird angenommen, daß ein beträchtlicher Teil der Kugeln für den Wurf ungeeignet, also etwa zu leicht ist. Mit diesen wird überhaupt kein Versuch gemacht, sondern der Schleuderer wirft sie vor sich hin.

Schließlich ist eine andere Person damit beschäftigt, auf einer gewissen Strecke die geschleuderten Kugeln aufzufangen. Diese Kugeln werden an der Stelle, wo sie aufgefangen wurden, auf den Boden gelegt. Zwischen 15 und 40 Fuß soll auf jeden Fuß etwa die gleiche Zahl von aufgefangenen Kugeln kommen, oder es sollen doch diese Zahlen mit wachsender Entfernung nur sehr langsam zunehmen. Über 45 Fuß hinaus soll die Häufigkeit dieser Eingriffe sehr rasch abnehmen, so daß immer mehr Kugeln in ungestörtem Fluge den Boden erreichen. Es wird von 45 Fuß an die Zahl der von selbst niederfallenden Kugeln immer größer, und jenseits von 60 Fuß sollen diese Eingriffe so gut wie ganz aufhören.

Nach vielen Tausenden solcher Versuche wird sich das folgende Resultat ergeben: Eine gewisse große Zahl von Kugeln wird vor dem Standpunkte des Schleuderers aufgehäuft sein. Die frei niederfallenden Kugeln werden um das Ziel nahezu symmetrisch verteilt sein. Die im Fluge aufgefangenen Kugeln bilden eine Gruppe, die anfänglich mit zunehmender Entfernung dichter wird, dann aber an Dichtigkeit rasch abnimmt und mit 60 Fuß Distanz fast vollständig verschwindet.

Diese drei Gruppen repräsentieren das jugendliche, das normale und das vorzeitige Sterben. Die Kugeln, die für den Wurf zu leicht befunden wurden, stellen die Kinder dar, die schwach oder mit fehlerhaftem Organismus auf die Welt kamen. Die Person, die sich mit dem Erhaschen der Kugeln befaßt, stellt die äußeren Gefahren dar, denen der Mensch im Laufe seines Lebens ausgesetzt ist. Die Schwächung des Organismus mit zunehmendem Alter und die allgemeinen Bedingungen des Lebenskampfes bedingen eine Zunahme der Sterblichkeit bis zu einem gewissen Alter. Das Leben von Personen, die dieses Alter überschritten haben, in dem beim Manne die Gefahren des Berufes, bei der Frau die des Gebärens eine ständige Bedrohung bilden, ist der Vernichtung durch äußere Einflüsse fast ganz entzogen. Von einer gewissen Grenze an, die Lexis auf etwa 60 Jahre festsetzt, ist das Individuum äußeren Gefahren so gut wie gar nicht ausgesetzt, und der Organismus ist einzig den natürlichen Kräften der Zerstörung überlassen.

Diese Untersuchungen wurden seit Lexis auch an anderen Beobachtungsdaten ausgeführt. Die Übereinstimmung war namentlich in solchen Fällen eine gute, wo das Material bereits einer rechnerischen Ausgleichung unterworfen war. Bei nicht ausgeglichenen Daten war die Übereinstimmung geringer.

Macht man sich die Anschauungen von Lexis zu eigen, so hat man sich vorzustellen, daß die Entstehungsbedingungen des menschlichen Organismus auf die Hervorbringung eines gewissen Typus tendieren, und daß zu dessen Eigenschaften auch eine gewisse Lebensdauer gehört. Es kommt aber 1. eine gewisse Anzahl von Individuen mit fehlerhafter Konstitution zur Welt; 2. wird eine fernere Anzahl durch mehr oder weniger konstante äußere Einflüsse hinweggerafft;

und 3. kommen innerhalb der physiologischen Breite Schwankungen der Konstitution des Organismus vor, die die Lebenslänge beeinflussen.

Sieht man von jenen Fällen ab, in denen das Individuum nicht lebensfähig ist oder durch äußere Einflüsse vernichtet wird, so hängt die Lebenslänge offenbar nur von dem Organismus und seiner durch die allgemeinen Lebensbedingungen hervorgerufenen Abnützung ab. Man muß annehmen, daß sowohl die Schwankungen in der Konstitution des Organismus als auch in der Beschaffenheit der individuellen Lebensbedingungen für alle Menschen eine gewisse Ähnlichkeit haben. Das Zusammenwirken dieser beiden Umstände erzeugt die typische Lebensdauer, die sich im typischen Absterben äußert. Die aus den statistischen Daten abgeleitete typische Lebensdauer kann als sekundäres Merkmal der Spezies Mensch aufgefaßt werden. Man kann hier an die oben besprochenen Verhältnisse denken, die bei der Herstellung eines Geschosses eine gewisse Lage des Schwerpunktes zur wahrscheinlichsten machen, was wieder das Einschlagen des Geschosses im wahrscheinlichsten Treffpunkte herbeiführt.

Pearson hat versucht, die Sterblichkeitskurve zu analysieren, indem er sie aus Kurven zusammensetzt, die den von ihm untersuchten Verteilungskurven entsprechen. Er unterscheidet die Sterblichkeit des Greisenalters, die des mittleren Lebensalters, der Jugend, der Kindheit und des Säuglingsalters, in welch letzterer er auch die pränatale Sterblichkeit einschließt. Ohne auf Details einzugehen bemerken wir, daß die technischen Schwierigkeiten der Analyse sehr groß sind und ohne Willkürlichkeiten kaum gelöst werden können.

Wir wollen noch ein Beispiel für die Erläuterung eines statistisch erfaßten Vorganges durch ein mechanisches Modell geben. Es bezieht sich auf die Erfahrungen, die man bei Erhebungen über das Alter der Schulkinder in den verschiedenen Schulklassen gemacht hat.

Für den Eintritt in die Schule ist eine untere Grenze festgesetzt, und ebenso ist es durch das Gesetz bestimmt, daß der Eintritt vor einem bestimmten Alter erfolgen muß. Außerdem sieht das Gesetz eine Grenze vor, von der an das Kind nicht mehr zum Schulbesuche verhalten wird, so daß es die Schule verlassen kann. Die Altersverteilung in den untersten Klassen zeigt nun eine erhebliche Asymmetrie nach der Seite der älteren Jahrgänge. Diese ist dadurch verursacht, daß die neueintretenden zu den zurückgebliebenen Kindern hinzukommen. An der unteren Grenze setzt die Verteilung mit sehr beträchtlichem Werte ein, erreicht in raschem Anstiege ein Maximum und fällt dann zuerst rasch, dann aber immer langsamer ab. Diese Asymmetrie der Verteilung wird in den höheren Schulklassen immer geringer und verschwindet in den höchsten Klassen oft fast vollständig.

Außerdem macht sich in den höheren Klassen eine fortschreitende Abnahme der Schülerzahl bemerkbar, was sich graphisch daran zeigt, daß die die Verteilungen darstellenden Kurven eine immer geringere Fläche bedecken. Letzterer Tatbestand ist namentlich in den amerikanischen Schulstatistiken sehr deutlich ausgeprägt. Für den Erzieher ist diese Abnahme der Schüler ein ernstes Problem, und es wurden die verschiedenartigsten Maßnahmen vorgeschlagen, um die Kinder in der Schule zu erhalten. Diese Verminderung der Schülerzahl ist wohl hauptsächlich durch den ökonomischen Druck bedingt, der die Kinder vorzeitig dem Erwerbsleben zuführt; und durch die Unfähigkeit der Behörden, die bestehenden gesetzlichen Bestimmungen tatsächlich zur Anwendung zu bringen.

Zur Veranschaulichung dieses durch die Erhebungen festgestellten Sachverhaltes stelle man sich vor, daß in einem widerstehenden Mittel Kugeln mit den gleichen Anfangsgeschwindigkeiten in Bewegung gesetzt werden. Die Kugeln sollen gleich groß und sonst von der gleichen physikalischen Konstitution sein, aber verschiedenes Gewicht haben, so daß die einzelnen Kugeln verschiedene Mengen Energie auf den Weg mitbekommen. Diese Energievorräte werden durch den Widerstand des Mittels verbraucht, und die Kugeln erhalten im Laufe der Zeit verschiedene Geschwindigkeiten.

Auf der von den Kugeln zurückzulegenden Strecke markiere man eine gewisse Zahl, also z. B. acht, gleichlange Intervalle. Die Anfangspunkte der Bewegung seien für die einzelnen Kugeln verschieden, jedoch seien diese nicht mehr als sechs bis sieben Längen vom Beginne des ersten Intervalles an entfernt. Die Bewegung der Kugeln sei so abgestimmt, daß die untere Grenze des ersten Intervalles nur zu gewissen Augenblicken, dann aber stets von einer größeren Zahl von Kugeln passiert wird. Die Zahl dieser in das markierte Intervall eintretenden Kugeln bleibe konstant oder nehme mit der Zeit nur sehr langsam zu. Bei Eintritt in das markierte Intervall sind also die Kugeln verschieden lange unterwegs.

Außerdem stellen wir uns wieder vor, daß eine Person damit beschäftigt ist, die Kugeln aufzufangen und zu entfernen, womit sie jeder weiteren Nachforschung entzogen sind.

Man ordne die in den einzelnen Intervallen zu einem gegebenen Zeitpunkte vorhandenen Kugeln nach der Zeit, die sie bereits unterwegs sind. Man erhält so einen Überblick über die Verzögerungen, denen die Kugeln ausgesetzt sind. Sind die Gewichte der Kugeln symmetrisch um ihr Mittel verteilt, so wird in den Abschnitten, die vom Anfangspunkte so weit entfernt sind, daß sie von den nichtvollgewichtigen Kugeln überhaupt nicht erreicht werden können, ebenfalls Symmetrie der Verteilungen bestehen. In den ersten Abschnitten muß aber Asymmetrie bestehen, da hier die neuen Kugeln zu den alten, die sie erreichen, hinzukommen.

Das Herausgreifen der Kugeln aus ihrer Bahn stellt die Einflüsse dar, welche das Kind in ungesetzmäßiger Weise aus seiner Schülerlaufbahn entfernen. Der Widerstand des Mittels versinnlicht die Anforderungen, welche die Schule stellt und denen das Kind zu entsprechen hat. Das ungleiche Gewicht der Kugeln repräsentiert die bei den einzelnen Schülern verschiedenen Fähigkeiten, den von der Schule gestellten Anforderungen zu entsprechen. Die Zeit, die die Kugeln unterwegs sind, stellt das Alter der Kinder vor.

An ein solches Material kann man allerhand Betrachtungen knüpfen, die nur darunter leiden, daß diese Erhebungen trotz der hervorragenden Wichtigkeit dieses Gegenstandes selten mit erschöpfender Genauigkeit vorgenommen werden. Unter diesem Vorbehalte mögen die folgenden Ausführungen betrachtet werden:

Das Volkserziehungssystem eines Landes ist aus historischen Bedingungen entstanden und in allen Ländern mit älterer Kulturtradition sorgfältig den Fähigkeiten und Bedürfnissen des Volkes angepaßt. Es ist wünschenswert, die Forderungen der Schule möglichst hoch zu stellen, jedoch hat es keinen Sinn, das Vorrücken in die nächsthöhere Klasse an Bedingungen zu knüpfen, denen die Schüler nur ausnahmsweise entsprechen können. Bietet die Untersuchung der Altersverteilung in den einzelnen Klassen eine Antwort auf die Frage, ob die Anpassung der Schule an das ihr zur Verfügung stehende Schülermaterial erreicht ist?

Zunächst ist klar, daß möglichst wenige Schüler gegen die Bestimmungen des Gesetzes aus der Schule entfernt werden dürfen. Innerhalb des schulpflichtigen Alters müssen alle Kinder die Schule wirklich besuchen. Sind Zuwanderungen ausgeschlossen oder halten sie sich mit den Abwanderungen die Wage, so muß allerdings die Schülerzahl in den höheren Klassen abnehmen, da eine Anzahl Schüler aus natürlichen und unvermeidlichen Gründen ausscheiden. Da aber in diesen Altersstufen das Eintreten des Todesfalles und der anderen vom Gesetze vorgesehenen Umstände selten ist, so muß diese Abnahme klein sein. Die Erreichung dieses angestrebten Zieles wird sich darin äußern, daß die in gleichem Maßstabe gezeichneten Verteilungskurven ungefähr die gleiche Fläche bedecken.

Der Lehrplan sieht meistens für das Vorrücken in die nächsthöhere Klasse eine Mindestleistung vor, die von allen Schülern, die versetzt werden sollen, geleistet werden muß. Tatsächlich aber erzeugt jede Schule einen gewissen Typus von Intelligenz. Für den Schüler ist der Typus durch den Lehrplan gegeben, der Erzieher aber bestimmt die Forderungen des Lehrplanes nach dem ihm vorschwebenden Typus. Für den Erzieher, der den Lehrplan wählt, handelt es sich um die Wahl des Typus, den er erzeugen will. Hierbei ist auf die Anlagen des Schülermateriales Rücksicht zu nehmen, und man kann als Forderung stellen: Das Lehrziel ist so zu wählen, daß es innerhalb der für den Schulbesuch vorgesehenen Zeit von einer möglichst großen Anzahl von Kindern in typischer Weise erreicht werden kann. Der Typus soll also erst bei Abschluß des Schulbesuches erreicht werden.

Hierzu wäre unter anderem erforderlich, daß das Alter der austretenden Schüler den Wert eines Typus hat, d. h. daß es nach dem Wahrscheinlichkeitsintegral verteilt ist. Eine Normalkurve darf sich also erst in der obersten Klasse nach Ausscheidung der ungeeigneten Elemente finden, während in den niederen Klassen sich eine immer deutlicher ausgesprochene Asymmetrie zeigt. Statistisch wird sich die Erfüllung dieser Forderung darin äußern, daß 1. die ausgesprochene Asymmetrie der Altersverteilung in den unteren Klassen bei Fortschreiten zu höheren Klassen immer geringer wird, so daß schließlich in der obersten Klasse die Altersverteilung nach dem Wahrscheinlichkeitsintegrale stattfindet; und daß 2. diese Kurve eine möglichst große Fläche bedeckt. Es ist dann der Typus um den Preis möglichst geringer Opfer erkauft.

Der Begriff des Typus wird hier in zwei verschiedenen Bedeutungen gebraucht, und es ist wichtig, auf diesen Unterschied hinzuweisen. Es wird von einem typischen Alter der Kinder in Hinsicht auf die Altersverteilung der austretenden Kinder gesprochen. Es ist dies ein quantitativ bestimmtes Merkmal, bei dem die Aussage über das Vorhandensein eines Typus die Bedeutung hat, daß die zur Menge gehörigen Individuen in Hinsicht auf dieses Merkmal zwar variieren, die Verteilung der Werte aber nach dem Wahrscheinlichkeitsintegrale erfolgt. Es ist eine bis jetzt nur in sehr bescheidenem Umfange in Angriff genommene Frage, welche andere Eigenschaften einem Kollektivgegenstande, der in Hinsicht auf ein gegebenes Merkmal typisch ist, typisch zugehören. Hierzu müßte zunächst die Theorie der Kollektivgegenstände mit mehreren Argumenten entwickelt werden. Bei dem jetzigen Stande der Entwicklung der mathematischen Technik macht die Bearbeitung eines Kollektivgegenstandes mit mehreren Argumenten große Schwierigkeiten und erfordert einen unverhältnismäßigen Aufwand an Mühe. Denkt man sich die Aufgabe für alle zahlenmäßig angebbaren Merkmale der Exemplare einer Menge gelöst, so hat man darin eine wissenschaftliche Beschreibung der zu der Menge gehörigen Gegenstände. Sind sämtliche Verteilungen normal, so gibt es einen Gegenstand, der in jeder Hinsicht für die Menge typisch ist, und die ganze Menge kann in diesem einen Gegenstande beschrieben werden.

Nur die Wahrscheinlichkeitsrechnung war bis jetzt imstande, dem Begriffe des Typus eine bestimmte Bedeutung zu geben, trotzdem wissenschaftliche und halbwissenschaftliche Bestrebungen mit diesem Begriffe fortwährend operieren. Dies geschieht am häufigsten dort, wo es sich um Merkmale handelt, denen die quantitative, zahlenmäßige Bestimmtheit mangelt. Dies ist in unserem Beispiele hinsichtlich der Fähigkeiten und Leistungen eines Schülermateriales der Fall. Man verschafft sich dann den Begriff des Typus nicht auf Grund von statistischen Erhebungen, sondern läßt denselben durch intensive Beschäftigung mit den einzelnen Individuen in seinem Geiste entstehen. Man wird vermuten dürfen, daß entsprechend der Verschiedenheit seiner Entstehung der Begriff des Typus hier eine andere Bedeutung hat.

Es ist sehr leicht, solche Versuche, Typen aufzustellen, abfällig zu kritisieren. Zunächst kann man jeder Aussage, die sich auf die Erfassung von zwei Typen stützt, widersprechen, indem man aus den Mengen je ein Individuum herausgreift, bei denen sich der umgekehrte Sachverhalt ergibt. Der Hauptfehler solcher Aufstellungen von Typen liegt aber darin, daß ihre Erfassung ausschließlich auf die individuelle Erfahrung gegründet ist, so daß kaum die Möglichkeit vorliegt, die eigenen Anschauungen durch die Erfahrungen anderer Forscher zu verbessern oder zu erweitern. Diese Erweiterung der individuellen durch die gemeinsame Erfahrung ist aber eine wichtige Voraussetzung zur Erzielung wissenschaftlicher Einsicht. Da es ferner keine Vorschriften gibt, die bei der Gewinnung von Typen zu befolgen sind, so geht diesen das Merkmal der eindeutigen Bestimmtheit durch die Erfahrung ab, eine weitere wichtige Voraussetzung wissenschaftlicher Erkenntnis. Tatsächlich zeigt auch die Erfahrung, daß zwei Forscher, denen genau das gleiche Material vorliegt, hinsichtlich des Typus zu ganz verschiedenen Schlüssen kommen können. Ein bekanntes Buch über Geschlecht und Charakter zeigt, zu was für Schlüssen man kommen kann, wenn man seiner Erfassung eines Typenunterschiedes unbedingt vertraut und daraus unerbittlich Schlüsse zieht.

Trotz dieser Schwierigkeiten wird der Begriff eines Typus von jedem leicht verstanden, dem man auseinandersetzt, daß z. B. ein homogenes Schülermaterial auch hinsichtlich Intelligenz und Arbeitsfähigkeit gewisse Gleichartigkeiten zeigen muß. Jedenfalls besteht diese Voraussetzung und hat ihre Berechtigung, denn sonst hätte es keinen Sinn, allgemeine Vorschriften darüber aufzustellen, welchen Anforderungen die Schüler zu entsprechen haben.

Man kann sagen, daß der menschliche Geist den Begriff des typischen oder durchschnittlichen Gegenstandes bei der Beschreibung einer Mehrheit gleichartiger Gegenstände spontan anwendet. Dies geschieht selbst dort, wo nichts weniger als eine wissenschaftliche Untersuchung beabsichtigt wird. Bei der Unbestimmtheit der Merkmale, deren Erfassung bei der Aufstellung des Typus scheinbar von der individuellen Willkür abhängt, ist es allerdings nicht verwunderlich, daß dieser Begriff sich sozusagen unter der Hand verflüchtigt, sobald man ihn genau erfassen will. Nichtsdestoweniger ist es Tatsache, daß die Aufstellung von Typen von Forschern, die auf den betreffenden Gebieten die notwendige Erfahrung besitzen, mit Erfolg in Angriff genommen und geleistet wird.

In vielen Fällen ist dies sogar der einzige Weg, der uns offen steht. Es braucht sich dabei gar nicht um die Beschreibung psychischer oder qualitativer Merkmale zu handeln, deren Erfassung ganz besondere Schwierigkeiten bietet, sondern es genügt, daß die Gegenstände sich aus irgendeinem Grunde der zahlenmäßigen Beschreibung entziehen.

Es handle sich z. B. um die Beschreibung eines so verhältnismäßig einfachen Gegenstandes wie der Form des rechten Schenkelknochens von erwachsenen männlichen Individuen. Geometrisch betrachtet ist dies eine Oberfläche, deren genaue Beschreibung durch Aufstellung der betreffenden Funktion der drei Koordinaten und Angabe der Werte der in derselben auftretenden Konstanten geliefert wird. Die Gattung würde dann beschrieben werden, indem man den Kollektivgegenstand bildet, dessen Argumente diese Konstanten sind. Dieser Weg ist für uns unbeschreitbar. Es zeigt sich, daß diese Form, die die Natur spielend in tausendfacher Verschiedenheit hervorbringt, geometrisch nicht zu erfassen ist. Schon die rein zahlenmäßige Beschreibung eines einzigen Exemplares würde wegen der großen Zahl der notwendigen Messungen fast unüberwindliche Schwierigkeiten machen.

Die Aufgabe, auf Grund der vorhandenen Exemplare eine Beschreibung des menschlichen rechten Schenkelknochens erwachsener Individuen zu geben, wird in der Art gelöst, daß eine in solchen Dingen erfahrene Person durch eingehende Betrachtung der vorliegenden Exemplare sich ein Bild von diesem Gegenstande zu machen sucht, und dieses dann mit Hilfe von Zeichnungen und einer Beschreibung anderen mitteilt. In diesem Falle kann man geradezu ein Exemplar herausgreifen und seine Photographie dazu verwenden, um das Bild zu verdolmetschen, das sich der Forscher von dem Schenkelknochen gemacht hat. Rein zahlenmäßige Angaben über die Dimensionen und Rundungen würden nicht geeignet sein, um einem Leser, der mit diesem Gegenstande nicht vertraut ist, ein Bild zu geben.

Der Prozeß des Erfassens der Merkmale, die für eine Gruppe von Gegenständen charakteristisch sind, ist wesentlich künstlerischer Natur. Strenge Regeln, deren Befolgung den Erfolg sicherstellt, gibt es nicht. Die Regeln für die wissenschaftliche Beschreibung laufen darauf hinaus, daß die Gewinnung des typischen Bildes unter möglichst günstigen äußeren Bedingungen und unter ständiger Kontrolle durch die Erfahrung stattfinden muß.

Diese Abstraktion gemeinsamer Merkmale ist ein Prozeß, den wir in einfacher Form und unsystematisch fortwährend ausüben, und der ohne Zweifel in den psychologischen Gesetzen der Wahrnehmung und Auffassung begründet ist. Vereinfacht schon die Wahrnehmung die Gegenstände, so werden sie in der Erinnerung mehr oder weniger schematisiert. Diese Bilder enthalten nur jene Merkmale, die aus irgendwelchen Gründen festgehalten werden. Da sie die einzigen sind, welche in dem Erinnerungsbilde vorkommen, so sind sie die für das betreffende Individuum wesentlichen Merkmale. Zu bemerken ist, daß der Ausdruck „wesentliches Merkmal" nicht etwa die metaphysische Bedeutung hat, die ihm die Aristotelische Logik gibt, sondern daß er sich einzig auf die Merkmale bezieht, die tatsächlich festgehalten werden. Man wird kaum fehlgehen, wenn man in den Erinnerungsbildern das psychologische Äquivalent des Typus sieht. Die Vorschriften für das Vorgehen bei wissenschaftlichen Untersuchungen bezwecken, den psychologischen Prozeß durch die Kontrolle durch die Erfahrung zwangsläufig zu machen, und so die Beschreibung von individuellen Zufälligkeiten zu befreien und von der Individualität des Beobachters unabhängig zu machen.

Die Aufgabe, Gruppen von gleichartigen Gegenständen hinsichtlich zahlenmäßig angebbarer Eigenschaften zu beschreiben, wird von der Kollektivmaßlehre durch Aufstellung der Verteilungsfunktion gelöst. In allen Fällen, die man hinreichend genau untersuchte, fanden sich bei den einzelnen Exemplaren des Kollektivgegenstandes Schwankungen des Argumentswertes, die sich über ein weiteres oder engeres Gebiet erstrecken. Man wird annehmen dürfen, daß hinsichtlich der qualitativen Bestimmungen das gleiche gilt, was für die quantitativen Merkmale erwiesen ist, nämlich, daß die Exemplare hinsichtlich dieser Merkmale nicht genau, sondern nur innerhalb gewisser Intervalle bestimmt sind. Diese Aussage läßt sich besonders dann mit großer Zuversicht machen, falls es sich um qualitative Merkmale handelt, die einer genauen Angabe fähig sind. Die Angabe einer Farbe, z. B. gelb, definiert nicht eine ganz bestimmte Lichtart, sondern legt nur ein Intervall von verschiedenen Farbennuancen fest, die alle als gelb zu bezeichnen sind.

Wir wollen nun zu zeigen versuchen, welcherlei Überlegungen an das Vorhandensein einer für einen Kollektivgegenstand charakteristischen Verteilung geknüpft werden können. Zunächst muß festgesetzt werden, wann eine Verteilung als charakteristisch anzusehen ist. Die erste Bedingung ist, daß die Verteilung sich nicht im Laufe der Zeit ändert, denn nur in diesem Falle handelt es sich um eine unveränderliche Gattung. Im entgegengesetzten Falle findet ein Variieren der Gattung statt und die zu einer gegebenen Zeit richtige Beschreibung des Kollektivgegenstandes ist nicht auch für spätere Zeiten zutreffend. Die zweite Bedingung ist, daß die gesammelten Exemplare, auf welche sich die Beschreibung stützt, im eigentlichen Sinne als Muster des Kollektivgegenstandes angesehen werden können. Dies bedeutet, daß die Verteilung des Musters die gleiche sein muß wie die des gesamten Kollektivgegenstandes.

Direkt läßt sich dies nicht prüfen, weil es in den meisten Fällen nicht möglich ist, sämtliche Exemplare des Kollektivgegenstandes zur Untersuchung heranzuziehen. Zur Beantwortung dieser Frage ist es notwendig, daß verschiedene Beobachtungen über die Verteilung vorliegen. Aus den Beobachtungen werden die Verteilungsfunktionen abgeleitet, und auf Grund derselben muß die Frage beantwortet werden, ob die beobachteten Verschiedenheiten durch die Fehler erklärt werden können, die nach dem Bernoullischen Satze bei solchen Beobachtungen zu gewärtigen sind.

Die Beantwortung dieser Frage stützt Pearson auf sein Kriterium für die „Güte der erreichten Anpassung“, das allerdings etwas künstlich ist. Die Frage läßt sich auch in wahrscheinlichkeitstheoretischer Form beantworten, daß die beobachteten Zahlen relativer Häufigkeit der in die einzelnen Intervalle des Argumentes gehörigen Exemplare empirische Bestimmungen unbekannter Wahrscheinlichkeiten sind. Hieraus folgt, daß die Abweichungen gewisse Grenzen nicht überschreiten dürfen. Untersuchungen dieser Art wurden hinsichtlich der Zeiten ausgeführt, in denen eine in solchen Versuchen geübte Person unter genau angegebenen inneren und äußeren Bedingungen auf akustische Reize reagiert. Eine solche Untersuchung der Konstanz der Verteilung erfordert naturgemäß einen großen Aufwand an Zeit und Mühe, weshalb sie nicht immer durchführbar ist.

Wird die Konstanz der Verteilung nicht direkt untersucht, so beruht das Urteil darüber, ob die gesammelten Exemplare ein richtiges Muster des Kollektivgegenstandes darstellen, auf der Sorgfalt und Gewissenhaftigkeit, mit der die Erhebung ausgeführt wurde. Man pflegt die Voraussetzung des richtigen Bemusterns als gegeben anzusehen, wenn sämtliche sich darbietenden Exemplare, ohne eine Auswahl unter ihnen zu treffen, zur Untersuchung herangezogen werden. Dies ist ein subjektives Kriterium von bloß negativem Werte. Ist es nicht erfüllt, so kann ein richtiges Bemustern nicht stattgefunden haben. Ein objektives Kriterium ergibt sich einzig aus der Untersuchung der beobachteten Verteilungen.

Es sei eine für einen Kollektivgegenstand charakteristische Verteilung gegeben. Die konstitutiven Merkmale, auf Grund deren über die Zugehörigkeit eines Gegenstandes zum Kollektivgegenstande entschieden wird, definieren einen Komplex von Bedingungen, von welchen das untersuchte Merkmal abhängt. Dieser Komplex enthalte eine Anzahl von Variabeln $X_1, X_2, \ldots X_n$, wobei der Natur der Sache entsprechend n als große Zahl anzunehmen ist. Wir bezeichnen das Argument des Kollektivgegenstandes mit Y und betrachten es als Funktion dieser Veränderlichen, da jeder Wertkombination der Veränderlichen ein bestimmter Wert der abhängigen Veränderlichen entspricht. Zu jeder Variablen $X_1, X_2, \ldots X_n$ gehöre ein Intervall

$$a_1 \leqq X_1 < b_1, \; a_2 < X_2 < b_2, \ldots a_n \leqq X_n < b_n$$

in welchem sie alle Werte mit gleicher Wahrscheinlichkeit annehmen kann. Für die so definierte Mannigfaltigkeit der Argumentswerte soll Y als Funktion

$$Y = T(X_1 . X_2, \ldots X_n)$$

definiert sein. Es seien $x_1, x_2, \ldots x_n$ die Argumente, welche den Intervall-mitten

$$x_1 = \frac{a_1 + b_1}{2}, \; x_2 = \frac{a_2 + b_2}{2}, \; \ldots x_n = \frac{a_n + b_n}{2}$$

entsprechen. Der Einfluß der einzelnen Veränderlichen auf Y soll nur gering sein, so daß man die Entwicklung von T in eine Taylorsche Reihe bei den ersten Ableitungen abbrechen kann. Setzt man

$$X_1 = x_1 + h_1, \; X_2 = x_2 + h_2, \; \ldots X_n = x_n + h_n$$

so lautet die Entwicklung

$$Y = T(x_1, x_2, \ldots x_n) + h_1 \frac{\partial T}{\partial h_1} + h_2 \frac{\partial T}{\partial h_2} + \cdots + h_n \frac{\partial T}{\partial h_n}.$$

Durch diese Gleichung ist Y als Summe einer großen Zahl linearer Addenden gegeben. Die Intervalle der Argumente $X_1, X_2, \ldots X_n$ sind dadurch bestimmt, daß außerhalb dieser Grenzen die Entstehungsbedingungen eines zum Kollektivgegenstande gehörigen Gegenstandes nicht gegeben sind. Die Wahrscheinlichkeit eines zum Intervalle $(y, y + dy)$ gehörigen Elementes des Kollektivgegenstandes bestimmt sich aus der Menge der Kombinationen der Argumentswerte, welche für Y einen diesem Intervalle angehörigen Wert ergeben. Die Verteilungsfunktion bestimmt sich demnach aus der Entwicklung von T in eine Reihe. Der Wert von Y selbst ergibt sich aus dem Zusammenwirken der n unabhängigen Komplexe $X_1, X_2, \ldots X_n$.

Die größten positiven und negativen Beiträge der Argumente $X_1, X_2, \ldots X_n$ seien berechnungsweise

$$\alpha_1 \text{ und } -\beta_1, \; \alpha_2 \text{ und } -\beta_2, \; \ldots \alpha_n \text{ und } -\beta_n.$$

Innerhalb dieser Intervalle seien die Beiträge der Argumente aller Werte fähig, und zwar mit den Wahrscheinlichkeiten

$$\varphi_1(X_1), \; \varphi_2(X_2), \; \ldots \varphi_n(X_n)$$

Die Wahrscheinlichkeit für das Zusammenbestehen einer bestimmten Wertkombination ist

$$\varphi_1(X_1) \, \varphi_2(X_2), \; \ldots \varphi_n(X_n) \, dX_1 \, dX_2 \ldots dX_n$$

und die Wahrscheinlichkeit, daß der Betrag der Summe

$$Z = h_1 \frac{\partial T}{\partial h_1} + h_2 \frac{\partial T}{\partial h_2} + \cdots + h_n \frac{\partial T}{\partial h_n}$$

zwischen die Grenzen z und $z + dz$ falle, ist

$$\int\!\!\int \ldots \int \varphi_1(X_1) \, \varphi_2(X_2) \ldots \varphi_n(X_n) \, dX_1 \, dX_2 \ldots dX_n$$

das Integral erstreckt über alle Wertkombinationen der Argumente, die der Bedingung $z < Z < z + dz$ genügen.

Es ist dies ein bekanntes Problem der Wahrscheinlichkeitsrechnung. Die Wahrscheinlichkeit gegebener Werte von Y ergibt sich als stetige Funktion der Argumente.

Geht man in der Spezialisierung der Annahmen über die Funktion T nicht weiter, so läßt sich über die Verteilungsfunktion nur sagen, daß sie stets positiv bleibt, sonst aber ganz von der Natur der Funktion T abhängt. Macht man die Annahme, daß jede Veränderliche zu der Summe einen bestimmten Beitrag, der mit gleicher Wahrscheinlichkeit positiv oder negativ sein kann, liefert, so erhält man Verteilungsfunktionen, die zu beiden Seiten eines Maximums rasch abfallen und sich asymptotisch der Null nähern. Die Voraussetzung, daß die Zahl der Veränderlichen groß sei, ist für die Stetigkeit der Verteilungsfunktion notwendig. Im allgemeinen sind diese Funktionen asymmetrisch, insbesondere dann, wenn die Beiträge von einer oder mehreren Veränderlichen wesentlich größer als die der anderen sind. Nimmt man an, daß die Beiträge aller Veränderlichen gleich sind und mit gleicher Wahrscheinlichkeit positiv oder negativ sein können, so ergibt sich die normale Verteilungsfunktion, wie aus der Theorie der Beobachtungsfehler bekannt ist.

Zu dem hier angedeuteten Gedankengange ist folgendes zu bemerken. Die Annahme, daß die Veränderlichen innerhalb ihres Intervalles alle Werte mit gleicher Wahrscheinlichkeit annehmen können, ist nicht wesentlich. Der Beweis gelingt auch, wenn die Wahrscheinlichkeiten, mit welchen die einzelnen Werte auftreten, stetige Funktionen dieser Werte sind.

Die folgenden Annahmen sind dagegen für den Beweis notwendig: 1. daß die Zahl der Veränderlichen groß sei; 2. daß die Änderungen jeder einzelnen Veränderlichen bei Konstanz der übrigen nur sehr geringen Einfluß haben; 3. daß alle Veränderlichen auf bestimmte Intervalle beschränkt sind; 4. daß die Funktion T alle jene Eigenschaften haben soll, die ihre Entwicklung in eine Taylorsche Reihe ermöglichen.

Gegen die Berechtigung der ersten drei Annahmen wird man kaum gewichtige Gründe anführen können, soweit es sich um die Untersuchung biologischer Gegenstände handelt. Betrachtet man z. B. das Gewicht eines neugeborenen Kindes als Argument des Kollektivgegenstandes, so ist unmittelbar klar, daß dieses von einer sehr großen Zahl verschiedener Umstände abhängt. Bei einem homogenen Beobachtungsmaterial darf auch kein Umstand von ausschlaggebendem Einfluß auf die zu untersuchende Größe sein, da man einen solchen bei der Klassenbildung berücksichtigen müßte. Die Notwendigkeit, die Variablen auf bestimmte Intervalle zu begrenzen, ergibt sich daraus, daß die Exemplare des Kollektivgegenstandes nur unter bestimmten Bedingungen entstehen können. In dem angeführten Beispiele ist es unmittelbar ersichtlich, daß die Steigerung oder Verminderung einzelner Umstände die Lebensfähigkeit des Organismus vernichten muß, weshalb außerhalb dieser Grenzen überhaupt keine Gegenstände vorkommen können, die zu dem Kollektivgegenstande gehören.

Vom erkenntnistheoretischen Standpunkte aus bietet die Funktion T und ihre Eigenschaften, die durch die Voraussetzung der Entwickelbarkeit in eine Taylorsche Reihe bestimmt sind, das größte Interesse. Sie drückt die Abhängigkeit des Merkmales Y von den Veränderlichen X_1, X_2, ... X_n aus und hat deshalb den Wert eines Naturgesetzes. Allerdings ist diese, für jeden Kollektivgegenstand verschiedene Funktion unbekannt, allein das Bestehen einer bestimmten Verteilung führt zwingend zu dem Schlusse, daß eine solche Funktion besteht. Dies bedeutet, daß an jedem Individuum des Kollektivgegenstandes die Eigenschaft Y durch einen Prozeß zustande kommt, der durch die Entstehungsbedingungen eindeutig bestimmt ist, und deshalb durchaus naturgesetzlichen Charakters ist. Handelt es sich um Kollektivgegenstände mit mehreren Argumenten, so gilt dieser Schluß für jedes einzelne derselben.

Man hat sich demnach vorzustellen, daß die Exemplare der Kollektivgegenstände hinsichtlich ihrer Eigenschaften durch ihre Entstehungsbedingungen eindeutig bestimmt sind. Durch die Merkmale, die einen Kollektivgegenstand mit charakteristischer Verteilung definieren, ist eine Gruppe von Bedingungen festgelegt, von denen gewisse andere Merkmale, die in der Definition nicht enthalten sind, in gesetzmäßiger Weise abhängen. So entscheiden die Bedingungen, unter welchen ein menschlicher Fötus sich entwickelt, auch darüber, daß dieses Exemplar ein ganz bestimmtes Gewicht hat. Im Allgemeinbegriffe „Lebender menschlicher Fötus" ist von den besonderen Entstehungsbedingungen des Individuums abgesehen, allein er enthält, wenn auch nicht logisch entwickelt und für uns direkt erkennbar, die Bedingungen, unter welchen ein Exemplar des Kollektivgegenstandes sich überhaupt entwickeln kann. Wäre die Funktion T bekannt, so ließen diese sich ohne weiteres bestimmen. Ebenso könnte man aus ihr die Verteilung des Kollektivgegenstandes und die Grenzen ableiten, außerhalb welcher kein Exemplar vorkommen kann.

Man denke sich einen Kollektivgegenstand mehrfachen Argumentes mit charakteristischer Verteilung. Auch hier ist die Verteilung durch eine Funktion T bestimmt. Diese Funktion drückt die Abhängigkeit der Eigenschaften der Exemplare des Kollektivgegenstandes von den Bedingungen, unter welchen diese Exemplare entstehen, aus. Die Eigenschaften der Spezies sind dann durch diese Funktion T festgelegt. Wir haben also in den in der Natur vorkommenden Arten mit charakteristischer Verteilung den Ausdruck von Naturgesetzen zu sehen. Wäre uns die auf eine Spezies bezügliche Funktion T bekannt, so ließe aus ihr sich eine Beschreibung der Spezies ableiten. Da dem nicht so ist, so müssen wir uns mit einer Beschreibung der Eigenschaften, welche die Art bestimmen, begnügen. Dies gilt von der Beschreibung der Arten, mit denen sich die Botanik, Zoologie, Anatomie usw. beschäftigen.

Soweit wir es mit Kollektivgegenständen charakteristischer Verteilung zu tun haben, ist die Funktion T das objektive Gegenstück unserer Begriffe von der betreffenden Spezies. Sie bestimmt das Zusammenbestehen der Eigenschaften und damit die Form der Gegenstände, die unter den Begriff fallen. Man kann sie demnach als das formgebende Prinzip betrachten. Die zu einer Spezies gehörige Funktion T bestimmt die Eigenschaften der zu der Spezies gehörigen Individuen in demselben Sinne, wie z. B. die Fallgesetze die Bewegung von Körpern, die der Schwerkraft unterworfen sind. Man hat also in der mathematischen Funktion den allgemeinen Begriff, unter welchen sich die Gesetzmäßigkeiten der organischen und unorganischen Natur unterordnen lassen.

Damit ist eine Präzisierung unserer Anschauungen über die Gesetzmäßigkeiten der organischen Natur gewonnen: Sie sind ihrem logischen Charakter nach mit jenen der unorganischen Natur identisch. Platos Ideenlehre und die Aristotelische Lehre von der Entelechie sind die bekanntesten Anschauungen über das formgebende Prinzip der Natur. Beide gehen in ihren Folgerungen über das ursprüngliche Problem hinaus. Soweit es sich um Gegenstände der Natur handelt, ist die Funktion T das logische Äquivalent des formgebenden Prinzipes der Natur: In ihr drückt sich der naturgesetzliche Prozeß aus, durch welchen die Repräsentanten eines Begriffes entstehen. Jedes Exemplar einer gegebenen Spezies ist ein Fall des in der Funktion T zum Ausdruck kommenden Naturgesetzes oder hat, um einen bekannten bildlichen Ausdruck zu verwenden, an der Funktion T teil.

IV. Die Wahrscheinlichkeitsrechnung.

1. Definition und Allgemeines.

Die Wahrscheinlichkeitsrechnung ist das System abstrakter Sätze, die aus dem Begriffe der mathematischen Wahrscheinlichkeit und den Sätzen der Algebra abgeleitet werden. Die Wahrscheinlichkeitsrechnung ist in dem Sinne ein geschlossenes System, daß bei der Ableitung ihrer Sätze keine neuen Begriffe eingeführt werden. Die gemachten Voraussetzungen sind demnach zur Ableitung der Sätze hinreichend.

Die logische Wahrheit dieser Sätze besteht einzig in ihrer Übereinstimmung mit den Voraussetzungen, aus welchen sie abgeleitet sind. Da die Grundsätze der Mengenlehre und das System der Algebra als widerspruchslos anzusehen sind, so kann sich auch zwischen den Sätzen der Wahrscheinlichkeitsrechnung kein Widerspruch ergeben. Ist eine axiomatische Begründung der Algebra gegeben, so kann man sich mit dem Nachweise begnügen, daß mit den mathematischen Wahrscheinlichkeiten ebenso gerechnet werden kann wie mit gewöhnlichen Brüchen, d. h. daß man auf sie alle Rechnungsoperationen anwenden kann.

Die Sätze der Wahrscheinlichkeitsrechnung sind abstrakt und enthalten keine Aussagen über ein tatsächliches Geschehen. Ihre logische Richtigkeit ist unabhängig davon, ob es in der Erfahrung irgendwelche Gegenstände gibt, die den in diesen Sätzen ausgesagten Verhältnissen entsprechen. Weder mit Hilfe des Satzes von Bernoulli noch des Theorems von Poisson läßt sich über irgendwelche, noch nicht näher untersuchte Vorgänge der Wirklichkeit eine Aussage machen. Jeder Anwendung der Wahrscheinlichkeitsrechnung auf tatsächliche Verhältnisse muß eine Untersuchung vorausgehen, ob die der Rechnung zu unterwerfenden Vorgänge oder Tatbestände den von der Theorie vorausgesetzten Charakter haben.

Die subjektive Zufälligkeit gehört zu diesen Eigenschaften nicht. Nicht alle Ereignisse, die subjektiv zufällig sind, eignen sich als Gegenstände wahrscheinlichkeitstheoretischer Untersuchungen, und umgekehrt können manche Ereignisse zum Gegenstand solcher Untersuchungen gemacht werden, ohne subjektiv zufällig zu sein.

Die Bedingungen, die Vorgänge der Wirklichkeit erfüllen müssen, um Gegenstand wahrscheinlichkeitstheoretischer Untersuchungen zu werden, können kurz dahin ausgedrückt werden, daß ihre relativen

Häufigkeiten bei großer Beobachtungszahl dem Satze von Bernoulli entsprechen müssen. Diese Bedingung muß erfüllt sein, um den Rechnungen objektive Bedeutung zu geben, und es ist gleichgültig, ob subjektive Zufälligkeit besteht oder nicht.

Soweit die Anwendung auf die Wirklichkeit in Betracht kommt, sind im Sinne der Wahrscheinlichkeitsrechnung jene Vorgänge als zufällig anzusprechen, welche dem Satze von Bernoulli genügen. Ihre subjektive Zufälligkeit ist für die Rechnung ein ganz belangloses Merkmal.

Es ist übrigens ohne weiteres einzusehen, daß die Abwesenheit oder das Vorhandensein eines Wissens, als rein subjektives Moment, auf den Verlauf eines Vorganges ohne Einfluß sein muß. Aus dem Fehlen eines Wissens über den Verlauf eines Vorganges kann man also niemals darauf schließen, daß die objektiven Voraussetzungen der Rechnung erfüllt sind. Die Anwendung der Sätze der abstrakten Wahrscheinlichkeitsrechnung hat ein bestimmtes Wissen zur Voraussetzung, das die gemachten Annahmen über die empirischen Tatbestände rechtfertigt. In dem Abschnitte über die Voraussetzung der gleichen Möglichkeit der Fälle werden wir einige physische Prozesse darauf prüfen, ob durch sie die gemachten Voraussetzungen gerechtfertigt werden.

Die abstrakte Wahrscheinlichkeitsrechnung operiert nur mit dem Begriffe des logischen Zufalles, wie er in dem vorhergehenden Kapitel dargelegt wurde. Gewöhnlich werden die Aufgaben in der Art gestellt, daß man sich auf Vorgänge bezieht, die als empirische Repräsentanten des Herausgreifens eines Elementes aus einer Menge nach dem Zufalle gelten können. Besonders beliebt sind als solche: Das Ziehen einer Kugel aus einer Urne, das Werfen eines Würfels, das Ziehen einer verdeckten Karte u. dgl.

Die Sätze der Wahrscheinlichkeitsrechnung lassen sich jedoch aus dem Begriffe der logischen Zufälligkeit in ganz abstrakter Weise gewinnen, ohne daß man sich auf diese empirischen Vertreter der logischen Zufälligkeit beruft. Wir wollen dies durch Ableitung des Additions- und des Multiplikationstheorems der Wahrscheinlichkeitsrechnung zeigen, aus welchen Sätzen sich bekanntlich alle anderen Sätze als Folgerungen ergeben.

2. Das Additionstheorem.

Die endliche Menge M sei durch das Merkmal A festgelegt, und es sei möglich, innerhalb M durch die mit A verträglichen Merkmale $A_1', A_2', \ldots A_n'$ die Teilungen $T_1', T_2', \ldots T_n'$ abzugrenzen. Die Wahrscheinlichkeit für das Vorkommen der Merkmale $A', A', \ldots A'$ sind

$$p_1 = \frac{T_1}{M}, \; p_2 = \frac{T_2}{M}, \; \ldots p_n = \frac{T_n}{M}$$

nach der Definition der mathematischen Wahrscheinlichkeit. Die Merkmale A_1', A_2', ... A_n' sollen einander anschließen, so daß kein Element irgendeiner der Teilmengen T_1', T_2', ... T_n' auch Element irgendeiner andern der aufgezählten Mengen sein kann. Diese Mengen sollen also keinen Durchschnitt haben.

Wir bilden nun die Menge T aller Elemente, welche aus Vereinigung der Teilmengen T_1', T_2', ... T_n' entsteht. Es ist also T die Menge jener Elemente von M, denen entweder A_1' oder A_2' ... oder A_n' zukommt. T ist demnach definiert als die Menge aller Gegenstände, welchen außer dem Merkmale A noch eines der Merkmale A_1' oder A_2' ... oder A_n' zukommt. Man pflegt dies durch

$$T = (A A_1') + (A A_2') + \cdots + (A A_n') = T_1 + T_2 + \cdots + T_n$$

anzudeuten. Die Mächtigkeit von T ist

$$\overline{T} = \overline{T_1'} + \overline{T_2'} + \cdots + \overline{T_n'}.$$

Die Wahrscheinlichkeit, daß ein Element von M zu T gehöre, ist gleichbedeutend mit der Wahrscheinlichkeit, daß ein Gegenstand außer dem Merkmale A noch eines der Merkmale A_1' oder A_2' oder ... A_n' habe. Man findet hierfür

$$p = \frac{\overline{T}}{\overline{M}} = \frac{\overline{T_1} + \overline{T_2} + \cdots + \overline{T_n}}{\overline{M}} = \frac{\overline{T_1}}{\overline{M}} + \frac{\overline{T_2}}{\overline{M}} + \cdots + \frac{\overline{T_n}}{\overline{M}},$$

woraus sich ergibt

$$p = p_1 + p_2 + \cdots + p_n.$$

Die Wahrscheinlichkeit, daß ein Element von M eine der einander ausschließenden Eigenschaften A_1', A_2', ... A_n' habe, ist gleich der Summe der Wahrscheinlichkeiten für das Vorkommen dieser Merkmale. Man nennt die Größen p_1, p_2, ... p_n Partialwahrscheinlichkeiten im Gegensatz zu p, das als Totalwahrscheinlichkeit bezeichnet wird. Man hat den Satz, daß die Summe der Partialwahrscheinlichkeiten gleich ist der Totalwahrscheinlichkeit.

Man pflegt diesen Satz als das Additionstheorem der Wahrscheinlichkeitsrechnung zu bezeichnen, jedoch wäre es besser, diesen Namen für die folgende Verallgemeinerung dieses Satzes zu reservieren. Bei der eben gegebenen Ableitung wurde die Voraussetzung gemacht, daß die Teilmengen T_1', T_2', ... T_n' keine gemeinsamen Elemente, d. h. keinen Durchschnitt haben. Geht man von dem Begriffe der Mächtigkeit der Menge T aus, so kann man diese Einschränkung fallen lassen und sagen: Das Verhältnis der Mächtigkeit der Menge T zu der der Menge M ist die Totalwahrscheinlichkeit des in Rede stehenden Ereignisses. Die Mächtigkeit von T wird nach den Regeln für die Vereinigung von Mengen bestimmt. Dies geschieht in folgender Weise:

Es sei $D_{ik} = (A A_i A_k)$ der Durchschnitt der Mengen T_i und T_k. Ebenso seien durch die Zeichen

$$D_{i,k,l} = (A\,A_i\,A_k\,A_l)$$

$$D_{i,k,l,n} = (A\,A_i\,A_k\,A_l\,A_n)$$

$$\cdots\cdots\cdots\cdots\cdots\cdots$$

$$D_{1,2,\,\ldots\,n} = A\,A_1\,A_2,\,\ldots\,A_n)$$

die Durchschnitte der Mengen zu je 3, 4, ... n gegeben. Wir bilden ferner die **Summen**

$$\sum{}' D_{i,k}, \quad \sum{}' D_{i,k,l}, \ldots,$$

wobei die Striche am Summenzeichen andeuten, daß jene Kombinationen der Indizes ausgeschlossen sind, bei denen zwei oder mehrere Indizes gleiche Werte haben. Es ergibt sich für die Menge T

$$T = \sum T_i - \sum D_{i,k} + \sum D_{i,k,l} - \cdots + (-1)^{n-1} D_{1,2,\,\ldots\,n}$$

und daraus

$$p = \frac{T}{M} = \frac{1}{M}\left(\sum T_i - \sum D_{i,k} + \sum D_{i,k,l} - \cdots + (-1)^{n-1} D_{1,2,\,\ldots\,n}\right).$$

Es ist nun

$$p_{i,k} = \frac{D_{i,k}}{M}$$

die Wahrscheinlichkeit, daß an einem Elemente von M außer A die beiden Merkmale A_i' und A_k' vorhanden sind. Allgemein ist

$$p_{\alpha,\beta,\,\ldots\,\iota} = \frac{D_{\alpha,\beta\,\cdots\,\iota}}{M}$$

die Wahrscheinlichkeit, daß an einem Elemente der Menge M außer dem Merkmale A auch noch die weiteren Merkmale A', A', ... A' vorgefunden werden. Der Ausdruck für die Totalwahrscheinlichkeit p lautet

$$p = \sum p_i - \sum{}' p_{i,k} + \sum{}' p_{i,k,l} - \cdots + (-1)^{n-1} p_{1,2,\,\ldots\,n}.$$

Verschwinden sämtliche $D_{\alpha,\beta,\,\ldots\,\iota}$, so sind auch alle höheren Durchschnitte gleich Null, und die Formel für p bricht ab. Sind die Merkmale A_1', A_2', ... A_n' miteinander unverträglich, so hat keine der Mengen T mit irgendeiner andern ein gemeinschaftliches Element, weshalb bereits alle $D_{i,k}$ leer sind, und es ergibt sich das Additionstheorem in seiner bekannten Form.

Wir wollen das Additionstheorem der Wahrscheinlichkeitsrechnung in seiner besonderen und in seiner allgemeinen Form an den beiden folgenden Beispielen erläutern:

Eine Urne enthält a_1 Kugeln, die mit 1, a_2 Kugeln, die mit 2, ... a Kugeln, die mit n bezeichnet sind. Aus der Urne wird eine Kugel gezogen, und es wird nach der Wahrscheinlichkeit gefragt, daß eine Kugel zum Vorschein kommt, die mit einer Zahl kleiner oder gleich c bezeichnet ist.

M ist definiert als die Menge der in der Urne enthaltenen Kugeln, und ihre Mächtigkeit ist

$$\overline{M} = a_1 + a_2 + \cdots + a_n.$$

Die Merkmale A' sind die verschiedenen Ziffern, mit welchen die Kugeln bezeichnet sind. Die Mächtigkeiten dieser Teilmengen sind durch die Anzahlen $a_1, a_2, \ldots a_n$ gegeben, und man hat

$$p_1 = \frac{a_1}{a_1 + a_2 + \cdots + a_n}, \quad p_2 = \frac{a_2}{a_1 + a_2 + \cdots + a_n}, \quad \cdots \quad p_n = \frac{a_n}{a_1 + a_2 + \cdots + a_n}.$$

Die gesuchte Wahrscheinlichkeit ist

$$p = p_1 + p_2 + \cdots + p_c = \frac{a_1 + a_2 + \cdots + a_c}{a_1 + a_2 + \cdots + a_n},$$

welchen Wert auch das direkte Auszählen der Mengen ergibt.

Aus einer Urne, die n mit den Zahlen $1, 2, \ldots n$ bezeichnete Kugeln enthält, werden n Ziehungen von je einer Kugel ohne Zurücklegen der gezogenen Kugel gemacht. Es wird nach der Wahrscheinlichkeit gefragt, daß wenigstens eine der von r ins Auge gefaßten Kugeln in der ihrer Nummer entsprechenden Ziehung erscheine.

Die Menge M ist gegeben durch sämtliche Anordnungen, in welchen die Kugeln gezogen werden können. Ihre Mächtigkeit ist n', da dies die Anzahl der Permutationen von n Elementen ist.

Die Menge T ist gegeben durch die Anzahl der Permutationen, in welchen die Kugel i bei der i-ten Ziehung erscheint. Ihre Mächtigkeit ist gegeben durch die Zahl der Anordnungen von $n-1$ Elementen und ist $(n-1)!$. Die Wahrscheinlichkeit, daß die mit i bezeichnete Kugel bei der i-ten Ziehung erscheint, ist

$$p_i = \frac{(n-1)!}{n!} = \frac{1}{n}.$$

Da diese Wahrscheinlichkeit nicht von i sondern nur von n abhängt, so sind alle $p_1, p_2, \ldots p_n$ gleich, und man hat

$$\sum_{i=1}^{r} p_i = \frac{r}{n}.$$

Die Durchschnitte $D_{i,k}$ sind gegeben durch die Anordnungen, in denen sowohl die Kugel i als auch k in den ihrem Range entsprechenden Ziehungen erscheinen. Die Mächtigkeit dieser Menge ist gegeben durch die Anzahl der Permutationen von $n-2$ Elementen und ist also $(n-2)$. Die entsprechende Wahrscheinlichkeit ist

$$p_{i,k} = \frac{(n-2)!}{n!} = \frac{1}{(n-1)n}.$$

Da diese Wahrscheinlichkeiten von i und k unabhängig sind, so sind alle gleich. Ihre Anzahl ist gegeben durch die Zahl der Kombinationen von

r Elementen zu je zweien und ist $\binom{r}{2}$, weshalb

$$\sum_{i,k=1}^{r} p_{i,k} = \frac{\binom{r}{2}}{n(n-1)}.$$

Allgemein bedeutet $D_{\alpha,\beta,\ldots i}$ die Menge der Anordnungen, in welchen die Kugeln $\alpha, \beta, \ldots i$ in den ihrem Range entsprechenden Ziehungen erscheinen. Die Mächtigkeit dieser Menge ist gleich der Anzahl der Permutationen von $n-i-1$ Elementen und demnach $(n-i-1)!$. Die Wahrscheinlichkeiten

$$p_{\alpha,\beta,\ldots i} = \frac{(n-i)!}{n!} = \frac{1}{n(n-1)\cdots(n-i+1)}$$

sind nur von n und i abhängig und demnach alle gleich. Die Anzahl dieser Größen ist gleich der Anzahl der Kombinationen von r Elementen zu je i, und demnach $\binom{r}{i}$, woraus folgt

$$\sum p_{\alpha,\beta,\ldots i} = \frac{\binom{r}{i}}{n(n-1)\cdots(n-i+1)}.$$

Für die gesuchte Wahrscheinlichkeit, daß wenigstens eine der von r ins Auge gefaßten Kugeln in der ihrem Range entsprechenden Ziehung erscheine, ergibt sich der Ausdruck

$$p_r = \frac{\binom{r}{1}}{n} - \frac{\binom{r}{2}}{n(n-1)} + \cdots + \frac{(-1)^r\binom{r}{r}}{n(n-1)\cdots(n-i+1)}.$$

Macht man $r = n$, so ist

$$p_n = 1 - \frac{1}{1\cdot 2} + \frac{1}{1\cdot 2\cdot 3} - \cdots + \frac{(-1)^r}{r!}$$

die Wahrscheinlichkeit, daß wenigstens eine der Kugeln in der ihrer Nummer entsprechenden Ziehung erscheine. Für unendliches n hat diese Reihe den Wert $e-1$, und wegen der raschen Konvergenz dieser Reihe genügen schon verhältnismäßig sehr kleine Werte von n. Die hier behandelte Aufgabe unterliegt bekanntlich der mathematischen Analyse des sogenannten Renkontrespieles, die man also direkt auf das verallgemeinerte Additionstheorem der Wahrscheinlichkeitsrechnung stützen kann.

3. Das Multiplikationstheorem

der Wahrscheinlichkeitsrechnung ergibt sich aus den Regeln für die Multiplikation von Mengen. Es seien die Mengen M_1 durch das Merkmal A_1, M_2 durch das Merkmal A_2, $\ldots M_n$ durch das Merkmal A_n festgelegt, und es sei möglich, durch die weiteren Merkmale $A_1', A_2' \ldots A_n'$ die Teilmengen

$$T_1 = (A_1 A_1'), \; T_2 = (A_2 A_2'), \; \ldots T_n = (A_n A_n')$$

abzugrenzen. Es ist also T_1 durch das Zusammenbestehen der Merkmale

A_1 und $A_1{}'$, T_2 durch das der Merkmale A^2 und $A_2{}'$, ... T_n durch das der Merkmale A_n und $A_n{}'$ bestimmt. Die Verhältnisse

$$p_1 = \frac{\overline{T_1}}{\overline{M_1}}, \; p_2 = \frac{\overline{T_2}}{\overline{M_2}}, \; \ldots p_n = \frac{\overline{T_n}}{\overline{M_n}}$$

geben dann die entsprechenden Wahrscheinlichkeiten.

Man definiere nun eine neue Menge in der Art, daß ein Element derselben dadurch entsteht, daß jeder der Mengen $M_1, M_2, \ldots M_n$ ein Element, und nur eines entnommen wird. Diese neue Menge heiße M. Innerhalb der Menge M können wir als Teilmenge jene Menge abgrenzen, die in der gleichen Weise durch Vereinigung der Elemente der Teilmengen $T_1, T_2, \ldots T_n$ entsteht. Die Elemeute von M sind dadurch definiert, daß ihnen sowohl das Merkmal A_1, als auch A_2, ... als auch A_n zukommt. Den Elementen von T kommen sämtliche Merkmale $A_1, A_1{}', A_2, A_2{}', \ldots A_n, A_n{}'$ zu. Die Mächtigkeiten von M und T sind

$$\overline{M} = \overline{M_1} \cdot \overline{M_2} \cdots \overline{M_n}$$
$$\overline{T} = \overline{T_1} \cdot \overline{T_2} \cdots \overline{T_n}.$$

Das Verhältnis dieser Mächtigkeiten

$$p = \frac{\overline{T}}{\overline{M}} = \frac{\overline{T_1}}{\overline{M_1}} \cdot \frac{\overline{T_2}}{\overline{M_2}} \cdots \frac{\overline{T_n}}{\overline{M_n}} = p_1, p_2, \cdots p_n$$

ist die Wahrscheinlichkeit, daß ein Element von M zur Teilmenge T gehöre. Da die Elemente von M durch das Zusammenarbeiten der Merkmale $A_1, A_2, \ldots A_n$ definiert sind, so ist p die Wahrscheinlichkeit daß ein Element von M sämtliche Merkmale $A_1, A_1{}'; A_2, A_2{}'; \ldots A_n, A_n{}'$ hat.

Man bezeichnet die $p_1, p_2, \ldots p_n$ als einfache Wahrscheinlichkeiten und p als zusammengesetzte Wahrscheinlichkeit. Man hat den Satz, daß die zusammengesetzte Wahrscheinlichkeit gleich ist dem Produkte der einfachen Wahrscheinlichkeiten. Dieser Satz heißt das Multiplikationstheorem der Wahrscheinlichkeitsrechnung. Er enthält als speziellen Fall den Satz, daß die Wahrscheinlichkeit der n-maligen Wiederholung eines Ereignisses mit konstanter Wahrscheinlichkeit gleich ist der n-ten Potenz der Wahrscheinlichkeit dieses Ereignisses.

Es ist nicht notwendig, irgendwelche Voraussetzungen über die Mengen M_k und ihre Teilmengen T_k zu machen. Es ist nämlich üblich, folgende Unterscheidung zu machen. Man betrachte die Mengen $M_1, M_2, \ldots M_n$ und ihre Teilmengen $T_1, T_2, \ldots T_n$ in der angegebenen Reihenfolge. Falls das Vorhandensein oder Fehlen des Merkmales $A_1{}'$ auf die Zusammensetzung der anderen Mengen keinen Einfluß hat, so sagt man, diese Mengen seien von $A_1{}'$ unabhängig. Besteht diese Unabhängigkeit für jede Menge hinsichtlich jeder andern Menge, so sind sämtliche Merkmale $A_t{}'$ voneinander unabhängig. Hat das Vorhandensein oder Fehlen eines Merkmales $A_k{}'$ auf die Zusammensetzung irgendwelcher andern Mengen einen Einfluß, so besteht diese Unabhängigkeit nicht. In praktischer Beziehung ist diese Unterscheidung zwischen abhängigen und unabhängigen Wahrscheinlichkeiten von größter Bedeutung, und überdies ist sie für die übersichtliche Formulierung mancher Sätze von Wichtigkeit. Bei der allgemeinen Formulierung des Multiplikationstheorems braucht sie aber nicht berücksichtigt zu werden, da dieses verlangt, daß jede einfache Wahrscheinlichkeit mit jenem Werte anzusetzen ist, der aus der tatsächlichen Zusammensetzung der betreffenden Mengen folgt. Die folgenden Beispiele mögen dazu dienen, den Unterschied zwischen abhängigen und unabhängigen Wahrscheinlichkeiten zu erläutern.

Es ist die Wahrscheinlichkeit zu bestimmen, mit zwei Würfeln den Pasch 6 zu werfen.

Die Menge der mit einem Würfel möglichen Würfe ist durch die sechs Seiten gegeben, von denen eine den Wurf 6 herbeiführt. Die Wahrscheinlichkeit dieses Wurfes ist also $1/6$. Die Wahrscheinlichkeit des Zusammenbestehens der Würfe 6 auf beiden Würfeln ist gleich dem Produkte der einfachen Wahrscheinlichkeiten $1/6 \cdot 1/6 = 1/36$, da zwischen den beiden Merkmalen Unabhängigkeit besteht.

Eine Urne U enthält a weiße und b schwarze Kugeln. Eine andere, ihr äußerlich gleiche Urne U' enthält a' weiße und b' schwarze Kugeln. Man greift aus einer der Urnen eine Kugel heraus, und es wird nach der Wahrscheinlichkeit gefragt, daß die gezogene Kugel weiß sei.

Man hat zunächst die Menge der Urnen U und U', aus welcher ein Element nach dem Zufalle herausgegriffen wird. Die Wahrscheinlichkeit p_1, eine bestimmte Urne zu wählen ist $\frac{1}{2}$. Erfolgt die Ziehung aus der Urne U, so kommt jene Menge in Betracht, die dem Erscheinen einer weißen Kugel die Wahrscheinlichkeit $\dfrac{a}{a+b}$ gibt, während bei einer Ziehung aus U' das Erscheinen einer weißen Kugel die Wahrscheinlichkeit $\dfrac{a'}{a'+b'}$ hat. Das Ziehen einer weißen Kugel aus U hat demnach die Wahrscheinlichkeit $\dfrac{1}{2} \cdot \dfrac{a}{a+b}$, und das aus der Urne U' hat die Wahrscheinlichkeit $\dfrac{1}{2} \cdot \dfrac{a'}{a'+b'}$. Das Multiplikationstheorem findet Anwendung, allein nach erfolgter Wahl ist die Wahrscheinlichkeit des Erscheinens einer weißen Kugel verschieden, je nachdem die Ziehung aus U oder aus U' erfolgt. Die Wahrscheinlichkeit für das Erscheinen einer weißen Kugel ohne Rücksicht darauf, aus welcher Urne sie stammt, ist nach dem Additionstheorem gleich $\dfrac{1}{2}\left(\dfrac{a}{a+b} + \dfrac{a'}{a'+b'}\right)$.

4. Ausdehnung auf unendliche Mengen.

Die Definition der mathematischen Wahrscheinlichkeit bezieht sich zunächst nur auf endliche Mengen. Die Ausdehnung der Definition auf unendliche Mengen bietet gewisse Schwierigkeiten mathematischer Natur, da festgestellt werden muß, wie dieser Übergang ausgeführt werden soll. Um zum Ziele zu gelangen, muß man beide Mengen gleichzeitig unendlich werden lassen. Die Verhältnisse liegen ähnlich wie bei der Bestimmung der unbestimmten Ausdrücke $\frac{\infty}{\infty}$, wo man auch nicht zum Ziele kommt, wenn man Zähler und Nenner unabhängig voneinander unendlich werden läßt. Einer ähnlichen Schwierigkeit begegnet man bekanntlich bei der Definition der bestimmten Integrale als Grenzwerten von Summen, die man auch nur dadurch überwindet, daß man gleichzeitig die Summanden sich der Grenze Null nähern und ihre Anzahl über alle Grenzen wachsen läßt.

Führt man bei der Bestimmung von Wahrscheinlichkeiten, die sich auf unendliche Mengen beziehen, diese beiden Grenzübergänge nicht gleichzeitig aus, so erhält man notwendig die Werte Null oder Eins, je nachdem es sich um Mengen verschiedener oder gleicher Mächtigkeit handelt. Bei gleicher Mächtigkeit der unendlichen Mengen T und M kann aber diese Wahrscheinlichkeit Null, Eins oder ein zwischen diesen Grenzen gelegener Wert sein.

Die Ausdehnung der Definition der mathematischen Wahrscheinlichkeit auf unendliche Mengen ist nur bei wohlgeordneten Mengen möglich. Es wird also vorausgesetzt, daß ein ordnendes Merkmal vorhanden ist, auf Grund dessen von zwei beliebigen Elementen der Menge stets angegeben werden kann, welches dem anderen vorangeht.

Gegeben seien die endlichen Mengen M_1, M_2, ... M_k, von denen jede ein echter Teil jeder nachfolgenden Menge ist. Durch das Merkmal A' seien innerhalb dieser Mengen die Teilmengen T_1, T_2, ... T_k abgegrenzt, so daß

$$p_1 = \frac{\overline{T_1}}{\overline{M_1}}, \; p_2 = \frac{\overline{T_2}}{\overline{M_2}}, \ldots p_k = \frac{\overline{T_k}}{\overline{M_k}}$$

die zu den einzelnen Mengen gehörigen Wahrscheinlichkeiten von A' sind. Ist es nun möglich, die Reihe der M_1, M_2, M_3, ... unbeschränkt fortzusetzen, und nähern sich mit wachsendem Index die p_1, p_2, p_3, ... einer bestimmten Gruppe p, so heißt p die auf die unendliche Menge M bezügliche Wahrscheinlichkeit von A'.

Für die so definierten, auf unendliche Mengen bezügliche Wahrscheinlichkeiten gilt zunächst das Additionstheorem der Wahrscheinlichkeitsrechnung. Durch die Merkmale A_1', A_2', ... A_n' seien in den Mengen M_i Teilmengen abgegrenzt, und

$$T^{(k)} = (A^{(k)} A_1') + (A^{(k)} A_2') + \cdots + (A^{(k)} A_n') = T_1^{(k)} + T_2^{(k)} + \cdots + T_n^{(k)}$$

sei die durch Vereinigung der auf M_k bezüglichen Teilmengen entstandene Menge. Die Totalwahrscheinlichkeit für das Vorhandensein wenigstens eines der Merkmale A_1', A_2', ... A_n' ist dann, wie oben bewiesen, für die endliche Menge

$$p^{(k)} = \sum p_i^{(k)} - \sum' p_{i,\lambda}^{(k)} + \sum' p_{i,\lambda,k}^{(k)} - \cdots + (-1)^{n-1} p_{1,2,\cdots n}.$$

Falls sämtliche Wahrscheinlichkeiten

$$p_i, p_{i,\varkappa}, p_{i,\varkappa,\lambda}, \cdots (i, \varkappa, \lambda \cdots = 1, 2, \cdots n)$$

bestehen und für die unendliche Menge gültig sind, so besteht auch p. Dies ergibt sich daraus, daß p als Summe einer endlichen Anzahl von Summanden definiert ist, weshalb der Grenzwert der Summe gleich der Summe der Grenzwerte ist. Es gilt also auch für die auf unendliche Mengen bezüglichen Wahrscheinlichkeiten

$$p = \sum p_i - \sum{}' p_{i,\varkappa} + \sum{}' p_{i,\varkappa,l} - \cdots + (-1)^{n-1} p_{1,2,\ldots n}.$$

Haben die Teilmengen T keine Durchschnitte, so ergibt sich das Additionstheorem der Wahrscheinlichkeitsrechnung in einer speziellen Form

$$p = p_1 + p_2 + \cdots + p_n.$$

Zur Ausdehnung des Multiplikationstheorems auf Wahrscheinlichkeiten, die sich auf unendliche Mengen beziehen, muß das Bestehen sämtlicher Wahrscheinlichkeiten $p_1, p_2, \ldots p_n$ vorausgesetzt werden. Die Gültigkeit des Multiplikationstheorems folgt dann aus dem Satze, daß bei einer endlichen Anzahl von Faktoren der Grenzwert des Produktes gleich ist dem Produkte der Grenzwerte der einzelnen Faktoren.

Unter gewissen Voraussetzungen lassen sich diese Sätze noch dahin erweitern, daß n, die Anzahl der Teilmengen, unendlich werden kann. Wir wollen uns jedoch mit dem Nachweise begnügen, daß das Multiplikations- und das Additionstheorem auch für die auf unendliche Mengen bezüglichen Wahrscheinlichkeiten gelten, weshalb die allgemeinen Sätze ohne weiteres auch für die auf unendliche Mengen bezüglichen Wahrscheinlichkeiten gelten. Eine Folge dieser Ausdehnung auf unendliche Mengen ist, daß die Wahrscheinlichkeiten nicht auf die rationalen Brüche beschränkt sind, sondern das Intervall von Null bis Eins stetig erfüllen. Jede Zahl dieses Intervalles kann also als Wahrscheinlichkeit aufgefaßt werden. Wir wollen nun die Anwendung des Wahrscheinlichkeitsbegriffes auf unendliche Mengen an einigen Beispielen erläutern:

Man betrachte die Menge der Zahlen, welche Potenzen von 2 sind, also die Zahlen 2, 4, 8, 16, 32,... Ordnet man diese Zahlen nach ihrer Größe, indem man jedem Elemente der Menge jene Zahl als Stelle anweist, welche angibt, welche Potenz von 2 die Zahl ist, so ist die Menge wohlgeordnet. In der Tat hat jede Zahl ihre Stelle, die ihr und keiner anderen zukommt. Durch diese Zuordnung ist die Menge auch auf die Menge der natürlichen Zahlen abgebildet, und da diese Abbildung gegenseitig ist, so ist die Menge der Potenzen von 2 mit der Menge der natürlichen Zahlen von gleicher Mächtigkeit.

Welches ist die Wahrscheinlichkeit p, daß eine aus der Menge der natürlichen Zahlen herausgegriffene Zahl eine Potenz von 2 ist?

Behufs Beantwortung dieser Frage gehen wir von den endlichen Mengen $M_1, M_2, M_3, \ldots$ aus, die alle natürlichen Zahlen von 1 bis $N_1, N_2, N_3, \ldots$ enthalten, wobei

$$N_1 < N_2 < N_3 < \cdots$$

sein möge. Sind $2^{n_1}, 2^{n_2}, 2^{n_3}, \ldots$ die höchsten in $N_1, N_2, N_3, \ldots$ enthaltenen Potenzen von 2, so daß

$$N_1 = 2^{n_1} + A_1, \ N_2 = 2^{n_2} + A_2, \ N_3 = 2^{n_3} + A_3, \cdots,$$

so sind auf Grund der Definition der mathematischen Wahrscheinlichkeit

$$p_1 = \frac{n_1}{2^{n_1} + A_1}$$

$$p_2 = \frac{n_2}{2^{n_2} + A_2}$$

$$p_3 = \frac{n_3}{2^{n_3} + A_3}$$

$$\cdots \cdots \cdots \cdots$$

die Wahrscheinlichkeiten, daß ein Element dieser endlichen Mengen eine Potenz von 2 sei. Der Grenzwert, dem die $p_1, p_2, p_3, \ldots$ sich mit wachsendem N nähern, ist die für die unendliche Menge aller natürlichen Zahlen geltende Wahrscheinlichkeit. Es ergibt sich nach bekannten Regeln

$$p = \lim_{n_k = \infty} \frac{n_k}{2^{n_k} + A} = 0.$$

In gleicher Weise bestimmt man die Wahrscheinlichkeit, daß eine aus der Menge der natürlichen Zahlen herausgegriffene Zahl durch die ganze Zahl a teilbar sei.

Ordnet man jedem Vielfachen V_k von a als Stelle jene Zahl k zu, die sich aus

$$V_k = a k$$

ergibt, so wird die Menge wohlgeordnet. Da k sämtliche ganzzahligen Werte durchläuft, so ist die Menge der Vielfachen von a mit der Menge der natürlichen Zahlen von gleicher Mächtigkeit.

Man bildet wieder die endlichen Mengen $M_1, M_2, M_3, \ldots$ die alle natürlichen Zahlen von 1 bis $N_1, N_2, N_3, \ldots$ enthalten. Bezeichnet man mit $\left[\dfrac{x}{y}\right]$ die größte ganze Zahl, die in $\dfrac{x}{y}$ enthalten ist, so sind

$$\left[\frac{N_1}{a}\right], \ \left[\frac{N_2}{a}\right], \ \left[\frac{N_3}{a}\right], \ \cdots$$

die Anzahlen der in $M_1, M_2, M_3, \ldots$ enthaltenen ganzzahligen Vielfachen von a. Hieraus ergeben sich die Wahrscheinlichkeiten, daß ein aus diesen Mengen herausgegriffenes Element ein Vielfaches von a sei, mit

$$p_1 = \frac{\left[\frac{N_1}{a}\right]}{N_1}, \ p_2 = \frac{\left[\frac{N_2}{a}\right]}{N_2}, \ p_3 = \frac{\left[\frac{N_3}{a}\right]}{N_3}, \ \cdots$$

Diese Größen nähern sich mit wachsendem N_k der Grenze $\dfrac{1}{a}$, und dies ist demnach die Wahrscheinlichkeit, daß eine nach dem Zufalle aus der Menge der natürlichen Zahlen herausgegriffene Zahl durch a teilbar ist.

Das folgende Beispiel zeigt den Grenzübergang bei einer auf eine stetige Menge bezüglichen Wahrscheinlichkeit. Eine Urne enthält $n = 10$ Kugeln, die mit den Zahlen $0, 1, 2, \ldots 9$ bezeichnet sind. Es werden zwei Kugeln nacheinander gezogen, wobei die erste Kugel vor der zweiten Ziehung zurückgelegt wird. Es soll die Wahrscheinlichkeit bestimmt werden, daß die Differenz der gezogenen Kugeln nicht kleiner als 3 ist.

Die Wahrscheinlichkeit, die Zahl i bei der ersten Ziehung zu erhalten, ist $\frac{1}{10}$. Hat die erste Ziehung die Zahl i ergeben, so ist $\frac{6-i}{10}$ die Wahrscheinlichkeit einer Differenz größer oder gleich 3, falls die zweite Zahl die größere ist. Den gleichen Wert hat die Wahrscheinlichkeit, falls i bei der zweiten Ziehung erscheint. Die gesuchte Wahrscheinlichkeit ist demnach

$$p_{10} = 2 \cdot 10^{-2} \sum_{i=1}^{7} i = 0{,}56.$$

Die Urne enthalte $n = 10^k$ Kugeln, die mit den Zahlen $0, 1, 2, \ldots 10^k - 1$ bezeichnet sind. Es ist die Wahrscheinlichkeit zu bestimmen, daß die Differenz der gezogenen Kugeln nicht kleiner als $3 \cdot 10^{-k-1}$ sei.

Man findet in der gleichen Weise

$$p_{10^2} = 2 \cdot 10^{-4} \sum_{i=1}^{7 \cdot 10} i = 0{,}497.$$

$$p_{10^3} = 2 \cdot 10^{-6} \sum_{i=1}^{7 \cdot 10^2} i = 0{,}4907,$$

$$\cdots \cdots \cdots \cdots \cdots \cdots \cdots \cdots$$

$$p_{10^k} = 2 \cdot 10^{-2k} \sum_{1}^{7 \cdot 10^{k-1}} i = 0{,}49 + 7 \cdot 10^{-k-1}.$$

Die auf die endlichen Mengen bezüglichen Wahrscheinlichkeiten p_{10}, p_{100}, $p_{1000}, \ldots$ streben ersichtlich der Grenze $0{,}49$ zu. Dieser Grenzwert bezieht sich auf die Menge aller Zahlen zwischen 0 und 1, die stetig und meßbar ist. $p = 0{,}49$ ist also die Wahrscheinlichkeit, daß der absolute Betrag der Differenz zweier aus der Menge aller Zahlen zwischen 0 und 1 herausgegriffener Zahlen größer als $0{,}3$ sei.

Da die Menge aller Zahlen von 0 bis 1 von gleicher Mächtigkeit ist mit der Menge aller Punkte der Geraden von 0 bis 1, so kann man die Aufgabe auch in folgender Weise stellen. Auf der Strecke von 0 bis 1 werden zwei Punkte beliebig angenommen. Die Wahrscheinlichkeit, daß die durch diese Punkte begrenzte Strecke größer als $0{,}3$ sei, ist $0{,}49$.

Bei meßbaren Mengen gibt das Verhältnis der den beiden Mengen zugeordneten Maßzahlen die Wahrscheinlichkeit. Gleich wahrscheinlich sind Fälle, deren Mengen gleiches Maß haben. Die sich aus dieser Definition ergebenden Aufgaben sind Gegenstand der sogenannten stetigen oder geometrischen Wahrscheinlichkeit. Sie gehören zu den leichten Aufgaben über unendliche Mengen, da die bekannten Infinitesimalbetrachtungen es überflüssig machen, jede einzelne Wahrscheinlichkeitsbestimmung auf eine Grenzbetrachtung zu stützen. Bei unendlichen, nichtmeßbaren Mengen stößt die Wahrscheinlichkeitsbestimmung auf Schwierigkeiten, die wegen ungenügender Ausbildung der Mengenlehre häufig unüberwindbar sind. Übrigens ist auch der jetzige Zustand der Theorie der stetigen Wahrscheinlichkeiten recht unbefriedigend, da sie eigentlich nur in einer Sammlung von Kunstgriffen besteht, um in gewissen Fällen schwierige, oder vielleicht gar für unsere heutigen Kenntnisse unausführbare Integrationen zu umgehen. Von einer allgemeinen Lösung der sich bei meßbaren Mengen ergebenden Aufgabe, wie sie Fourier angestrebt zu haben scheint, sind wir weit entfernt.

Bei unendlichen Mengen ergibt sich der Fall, daß eine Wahrscheinlichkeit den Wert Null hat, trotzdem die Menge T nicht leer ist. Es ist nicht unmöglich, daß Untersuchungen über die Art des Nullwerdens solcher auf unendliche Mengen bezüglicher Wahrscheinlichkeiten von theoretischem Interesse sein werden. Man nehme das Herausgreifen eines bestimmten Elementes aus einer abzählbar unendlichen Menge erster Ordnung als Maßstab. Bei einer abzählbar unendlichen Menge zweiter Ordnung, die sämtliche Punkte der ersten Menge als Häufungsstellen hat, ist die Wahrscheinlichkeit desselben Ereignisses offenbar Null von einer höheren Ordnung. Hieraus ergibt sich eine Klassifikation des Verschwindens der Wahrscheinlichkeiten für das Herausgreifen eines bestimmten Elementes nach der Ordnung der Menge, d. h. nach der Ordnung jener Ableitung, die eine endliche Menge ist.

Bei stetigen Mengen ist die Verschiedenheit des Verschwindens besonders leicht einzusehen. Die Wahrscheinlichkeiten, einen bestimmten Punkt, einen zu einer bestimmten abzählbar unendlichen Menge gehörigen Punkt, eine bestimmte Gerade, eine bestimmte Ebene aus einem dreidimensionalen Raume herauszugreifen, sind sämtlich gleich Null. Ebenso sind auch die Wahrscheinlichkeiten, einen Punkt aus einer abzählbar unendlichen Punktmenge, ein zu einer abzählbaren unendlichen Punktmenge gehöriges Element aus einer Strecke, eine bestimmte Gerade aus einer Ebene herauszugreifen, sämtlich gleich Null. Es handelt sich um verschwindende Größen verschiedener Ordnung, und man kann versuchen, diese zu klassifizieren.

Ein Hinweis auf die Verschiedenheiten des Nullwerdens von Wahrscheinlichkeiten bei stetigen Mengen findet sich schon bei Cournot[1], der seine Ansicht durch folgendes Beispiel erläutert: Ein Fernrohr

---

1) A. A. Cournot, Matérialisme, rationalisme, vitalisme, S. 321.

von begrenzter Stärke, das nur eine endliche Zahl von über die Himmels-
kugel verstreuten Sternen zeigt, wird keinen Stern zeigen, dessen Deklination genau gleich Null ist, und noch weniger einen Stern, der genau
mit dem Nordpol des Himmels zusammenfällt. Es handelt sich aber
nicht um Wahrscheinlichkeiten derselben Größenordnung. Man kann
den Pol nach allen oder fast allen Richtungen um ein endliches Intervall verrücken, ohne daß er mit einem der benachbarten kleinen Sterne
zusammenfällt, während die entsprechenden Änderungen des Äquators
viele kleine Gestirne von einer auf die andere Hemisphäre übergehen
lassen, was bedeutet, daß sie für entsprechende Lagen des Poles genau
die Deklination Null gehabt hätten.

Bei endlichen Mengen kann sich die Wahrscheinlichkeit Null nur
dann ergeben, wenn die Teilmenge T leer ist. Dies bedeutet, daß das
Merkmal B, auf welches sich die Definition von T stützt, an den Gegenständen der Menge M überhaupt nicht vorkommt, oder daß A mit B
nie koexistent ist. Bei unendlichen Mengen kann sich der Wert Null
auch dann ergeben, wenn T nicht leer ist. Um diese Unterscheidung hervorzuheben, kann man im letzteren Falle sagen, daß die Wahrscheinlichkeit den Grenzwert Null hat. Es existieren in diesem Falle wohl Gegenstände, denen die Merkmale A und B zukommen, allein ihre Anzahl
ist im Verhältnis zur Gesamtzahl der vorhandenen Elemente verschwindend. Man kann Ereignisse dieser Art als physisch unmöglich bezeichnen, während die Leerheit der Teilmenge T als der Fall der logischen
Unmöglichkeit bezeichnet werden kann.

Diese Unterscheidung zwischen logischer und physischer Unmöglichkeit deckt sich mit der von Cournot[2]) eingeführten Erklärung
dieser Begriffe. Nach Cournot ist es physisch unmöglich, auf einer
horizontalen Ebene einen schweren Kegel so auf die Spitze aufzustellen,
daß er sich in der Gleichgewichtslage befindet, oder eine Münze so auf
einen getäfelten Boden zu werfen, daß ihr Mittelpunkt mit dem Schnitt-
punkte der Diagonalen zusammenfällt. Daraus abstrahiert Cournot die
Definition, physisch unmöglich sei ein Ereignis, dessen Wahrscheinlichkeit unendlich klein ist, das aber doch denkbar ist. Interessant ist, daß
Cournot bei diesen Gelegenheiten den Ausdruck „presque toutes" gebraucht, der mit dem modernen „fast immer", „fast überall" gleichbedeutend ist, wenn man auch damit meistens Mengen bezeichnet, die
alle Elemente einer stetigen Menge umfassen mit Ausnahme solcher,
die eine abzählbar unendliche Menge bilden, während Cournot sich
auf Mengen bezieht, die gewissen Elementen die Wahrscheinlichkeit
Null geben.[3])

---

2) A. A. Cournot, Exposition de la théorie des chances et des probabilités, 1843, S. 77—80; Matérialisme, vitalisme, rationalisme, 1875, S. 320 ff.; vgl.
E. Czuber, Entwicklung der Wahrscheinlichkeitstheorie und ihrer Anwendungen, l. c., S. 6.

3) In neuerer Zeit hat die angedeutete Verschiedenheit der Ausdrucksweise

Logisch nicht zu rechtfertigen ist der Versuch, als physisch unmöglich Ereignisse von sehr kleiner, aber endlicher Wahrscheinlichkeit zu erklären. Solche Versuche wurden von D'Alembert, Buffon, De Morgan, Mansion und vielen anderen gemacht.[4]) Alle diese Versuche leiden daran, daß man ohne Willkürlichkeit für die Wahrscheinlichkeit keine zahlenmäßige Grenze angeben kann, bei der die Unmöglichkeit beginnt. Die Unterscheidung zwischen metaphysisch unmöglich, d. h. was absurd ist, physisch unmöglich, d. h. was den Naturgesetzen widerspricht, und unmöglich im Sinne des gesunden Menschenverstandes, soll von dem spanischen Philosophen J. Balines eingeführt worden sein.[5]) Als Beispiel der letzteren Kategorie wird angeführt, daß eine Menge ausgeschütteter Buchstaben die Didoepisode ergeben soll. Es handelt sich also um eine physische Unmöglichkeit im Sinne D'Alemberts. E. Borel operiert auch mit diesem Begriffe, den er durch sein „Wunder der Affen mit der Schreibmaschine" erläutert. Dieses „Wunder" besteht darin, daß ein Affe auf den Tasten einer Schreibmaschine herumklopft und durch Zufall ein längeres Schriftstück — also z. B. wieder die Didoepisode — zustande bringt. Es ist dies offenkundig eine moderne, der Erfindung der Schreibmaschine angepaßte Abänderung des alten Beispieles von Balines. Zu bemerken ist, daß Spekulationen über Möglichkeit und Unmöglichkeit in der mittelalterlichen Philosophie sehr beliebt waren, weshalb es nicht leicht sein dürfte, die Einteilung der Unmöglichkeit auf einen bestimmten Verfasser zurückzuführen. Die Verwendung der Bezeichnung „physische Unmöglichkeit" für Ereignisse sehr kleiner Wahrscheinlichkeit, wird man auf den Wunsch zurückzuführen haben, dem alten Begriffe der physischen Unmöglichkeit durch die neuen Kenntnisse über die Wahrscheinlichkeitslehre neuen Inhalt zu geben.

Die den Ereignissen mit der Wahrscheinlichkeit Null entgegengesetzten Ereignisse haben die Wahrscheinlichkeit Eins. Enthält die Menge T alle Elemente von M, ist also T kein echter Teil von M, so gibt es überhaupt keine Elemente, denen das Merkmal B fehlt, und es ist notwendig, daß bei Vorhandensein von A auch B vorhanden ist.

---

zu einer Meinungsverschiedenheit geführt. Macht man einen Wahrscheinlichkeitsansatz dafür, daß eine nicht näher bezeichnete Taylorsche Reihe fortsetzbar sei, so ergibt sich der Wert Null. Pringsheim, Math. Ann., Bd. 44, 1894, S. 50, drückt diesen Tatbestand dahin aus, daß die nichtfortsetzbaren Taylorschen Reihen die Regel bilden. A. Schönflies, Die Entwicklung der Mengenlehre, 1913, S. 62, findet diesen Ausdruck ungerechtfertigt, weil die Menge der Taylorschen Reihen auch nur von der Mächtigkeit des Kontinuums ist, ebenso wie die Menge der fortsetzbaren Reihen, die von jener ein Teil ist.

4) Literaturnachweise über die Verwendung des Begriffes der physischen Unmöglichkeit in der Wahrscheinlichkeitsrechnung finden sich bei E. Czuber, l. c., S. 11—13; J. Todhunter, A History of the Mathematical Theory of Probability from the Time of Pascal to that of Laplace, 1865, S. 262, 344.

5) Nach O. Sterzinger, Zur Logik und Naturphilosophie der Wahrscheinlichkeitslehre, S. 39.

Gibt es wohl Elemente, denen B abgeht, ist also T ein echter Teil von M, so kann es bei unendlichen Mengen vorkommen, daß sich für die Wahrscheinlichkeit des Herausgreifens eines Elementes einer bestimmten Teilmenge der Grenzwert 1 ergibt. Nach Analogie mit dem früher besprochenen Falle nennt man solche Ereignisse physisch notwendig. Auch hier sollte man diese Bezeichnung nur auf solche Ereignisse anwenden, deren Wahrscheinlichkeit den Grenzwert 1 hat, und es ist logisch nicht zu rechtfertigen, sie auf solche Ereignisse anzuwenden, deren Wahrscheinlichkeit sich von der Einheit um einen zwar sehr kleinen, aber doch noch endlichen Wert unterscheidet.

5. Die Voraussetzung der gleichen Möglichkeit der Fälle.

Für die Rechnung ist die Voraussetzung der gleichen Möglichkeit der Fälle eine Annahme, die nicht weiter diskutiert werden kann. Handelt es sich um eine Anwendung der Wahrscheinlichkeitsrechnung auf wirkliche Vorgänge, so muß diese Voraussetzung näher untersucht und auf ihre Berechtigung geprüft werden. Liegen Beobachtungen über die Ergebnisse wiederholter Realisierungen solcher Ereignisse vor, so wird man in der Übereinstimmung oder in dem Mangel an Übereinstimmung mit den nach den Sätzen der Wahrscheinlichkeitsrechnung zu gewärtigenden Resultaten ein Mittel zur Beurteilung dieser Frage haben. In vielen Fällen liegen aber solche Erfahrungen nicht vor, und es wäre viel zu umständlich, solche zu sammeln, allein wir machen nichtsdestoweniger die Annahme der gleichen Möglichkeit der Fälle mit ziemlicher Zuversicht. Wir gründen in diesen Fällen unsere Anschauungen über die Zufälligkeit der Ereignisse auf die Natur gewisser Prozesse, die eine Ausgleichung der Chancen hervorbringen. Je nach den zu analysierenden Vorgängen werden diese Prozesse verschieden sein, und es wird demgemäß die Erklärung verschieden ausfallen. Wir wollen an einigen Beispielen zeigen, in welcher Weise man in gewissen Fällen zu einer Begründung der Annahme der gleichen Möglichkeit der Fälle kommen kann.

a) Das Mischen von Karten. Bei allen Kartenspielen wird die Voraussetzung gemacht, daß die Verteilung der Karten dem Zufalle überlassen sei. Soweit die Wahrscheinlichkeitsrechnung in Betracht kommt, bedeutet diese Voraussetzung wesentlich, daß jede Karte an jeder Stelle gleich wahrscheinlich sein soll. Um die Verteilung der Karten nicht nur dem Willen des Teilers, sondern auch der Kenntnis der Spieler zu entziehen, bestehen gewisse Vorschriften für das Teilen, die wesentlich darauf hinauslaufen, daß die Karten erst nach wiederholtem Mischen auszuteilen sind. Das Teilen der Karten selbst geschieht nach bestimmten Regeln, die ein weiteres Durcheinandermengen der Karten bezwecken, jedoch hängt das Resultat bereits offenkundig von der durch das Mischen erzeugten Anordnung der Karten ab. Es handelt sich also darum, ob der Prozeß des Mischens von der Art ist, da bei hinreichend lange fortgesetztem Mischen alle Anordnungen der Karten gleich wahrscheinlich sind. Hierzu wäre jedenfalls erforderlich, daß die Wahrscheinlichkeit der verschiedenen Anordnungen von der vor dem Mischen bestehenden Anordnung unabhängig sind.

Handelte es sich nur um eine einmalige Ausführung des Mischens, so wäre diese Annahme gewiß nicht zutreffend. Eine nähere Betrachtung des Mischprozesses führt sofort zu der Überzeugung, daß bei einmaliger Ausführung der Mischbewegung nicht nur nicht alle Anordnungen der Karten gleiche Wahrscheinlichkeiten haben können, sondern gewisse Anordnungen überhaupt ausgeschlossen sind. Beim sogenannten Schneiden, das am raschesten ein gründliches Durcheinandermengen der Karten verbürgt, werden die Karten in zwei Päckchen geteilt, von denen keines zu klein sein darf, worauf die Karten des einen Päckchens zwischen die des anderen gepreßt werden. Besteht das Spiel aus s Karten und enthält das eine Päckchen i, das andere $s-i$ Karten, so kann bei einem solchen Verfahren nach einmaligem Mischen keine jener Anordnungen erzeugt werden, bei denen eine der i ersten Karten vor einer der vorhergehenden erscheint, oder eine der $s-i$ letzten Karten vor einer jener Karten zu liegen kommt, die vor dem Mischen an $(i+1)$-ter oder höherer Stelle standen. Die anderen gebräuchlichen Arten des Mischens hängen zu stark von individuellen Gewohnheiten des Teilers ab, um hier besprochen zu werden, jedoch überzeugt man sich durch die Beobachtung stets leicht, daß bei einmaliger Ausführung der Mischbewegung das Erscheinen gewisser, sehr zahlreicher Anordnungen unmöglich ist. Daraus aber würde sich ergeben, daß die Wahrscheinlichkeiten der Anordnungen der Karten von der vor dem Mischen bestehenden Anordnung abhängen. Eine solche Sachlage würde es zwar nicht unmöglich machen, die Verteilung der Karten zum Gegenstand eines Zufallsspieles zu machen, da hinreichendes Mischen jedenfalls eine Kenntnis der schließlichen Verteilung unmöglich macht, allein die Annahme der Gleichmöglichkeit der Fälle würde ihre Berechtigung verlieren, und es wäre schwer, die Resultate gewisser Beobachtungen, z. B. die Gaußschen Beobachtungen über Asse beim Whist, zu erklären. Es wird sich zeigen, daß in der Vorschrift, die Mischung gründlich, d. h. hinreichend oft auszuführen, die Berechtigung der Annahme der gleichen Möglichkeit der Fälle liegt. Wir werden dies beweisen, indem wir zeigen, daß nach einer hinreichenden Anzahl von Mischungen jede Karte an jeder Stelle die gleiche Wahrscheinlichkeit hat.

Wir bezeichnen mit $p_{i,k}$ die Wahrscheinlichkeit, daß nach einmaliger Ausführung der Mischung die i-te Karte auf dem k-ten Platze liegt. Besteht das Spiel aus s Karten, so ist

$$p_{1,1} + p_{1,2} + \cdots + p_{1,s} = 1$$
$$p_{2,1} + p_{2,2} + \cdots + p_{2,s} = 1$$
$$\cdots \cdots \cdots \cdots \cdots \cdots$$
$$p_{s,1} + p_{s,2} + \cdots + p_{s,s} = 1.$$

Die Werte dieser Größen hängen von den individuellen Gewohnheiten des Teilers ab. Einige der $p_{i,k}$ können gleich Null sein, allein keine der Größen soll gleich Eins sein, so daß in jeder Zeile und in jeder Kolonne mehr als ein Glied größer als Null ist. Die Summen dieser Größen sind gleich Eins, da sich die auf ein bestimmtes Element bezüglichen Wahrscheinlichkeiten, sich auf einer der s Stellen zu befinden, auf 1 ergänzen. Außerdem aber müssen noch die Beziehungen

$$p_{1,1} + p_{2,1} + \cdots + p_{s,1} = 1$$
$$p_{1,2} + p_{2,2} + \cdots + p_{s,2} = 1$$
$$\cdot \ \cdot \ \cdot \ \cdot \ \cdot \ \cdot \ \cdot \ \cdot \ \cdot \ \cdot \ \cdot \ \cdot \ \cdot$$
$$p_{1,s} + p_{2,s} + \cdots + p_{s,s} = 1 \, |$$

stattfinden, da es gewiß ist, daß sich auf jeder Stelle eines der s Elemente befinden muß. Es sei nun $P_{i,k}^{(n)}$ die Wahrscheinlichkeit, daß nach n Mischungen das i-te Element der ursprünglichen Anordnung sich an der k-ten Stelle befinde und es soll gezeigt werden, daß mit wachsendem n alle Größen

$$P_{i,1}^{(n)}, \ P_{i,2}^{(n)}, \ \ldots \ P_{i,s}^{(n)}$$

derselben Grenze zustreben, und da die Summe dieser Größen gleich Eins ist, muß diese Grenze den Wert $\dfrac{1}{s}$ haben.

Das Element i kann in der n-ten Mischung an die k-te Stelle kommen, indem es in der $(n-1)$-ten Ziehung an die 1, 2, ... s-te Stelle kam, wofür die Wahrscheinlichkeiten

$$P_{i,1}^{(n-1)}, \ P_{i,2}^{(n-1)}, \ \ldots \ P_{i,s}^{(n-1)}$$

bestehen, und bei der nächsten Ziehung auf die k-te Stelle kommt, was mit den Wahrscheinlichkeiten

$$p_{1,k}, \ p_{2,k}, \ \ldots \ p_{s,k}$$

geschieht. Indem man k alle zulässigen Werte erteilt, ergeben sich die folgenden Gleichungen

$$P_{i,1}^{(n)} = P_{i,1}^{(n-1)} p_{1,1} + P_{i,2}^{(n-1)} p_{2,1} + \cdots + P_{i,s}^{(n-1)} p_{s,1}$$
$$P_{i,2}^{(n)} = P_{i,1}^{(n-1)} p_{1,2} + P_{i,2}^{(n-1)} p_{2,2} + \cdots + P_{i,s}^{(n-1)} p_{s,2}$$
$$\cdot \ \cdot \ \cdot \ \cdot \ \cdot \ \cdot \ \cdot \ \cdot \ \cdot \ \cdot \ \cdot \ \cdot \ \cdot \ \cdot \ \cdot \ \cdot$$
$$P_{i,s}^{(n)} = P_{i,i}^{(n-1)} p_{1,s} + P_{i,2}^{(n-1)} p_{2,s} + \cdots + P_{i,s}^{(n-1)} p_{s,s}.$$

Es sind also die $P_{i,k}^{(n)}$ die mit den Gewichten $p_{\lambda,\mu}$ genommenen Durchschnitte der $P_{i,k}^{(n-1)}$. Da der Voraussetzung nach keine der Größen $p_{\lambda,\mu}$ gleich 1 ist, so liegt jede der Größen $P_{i,k}^{(n)}$ zwischen dem kleinsten und dem größten Werte von $P_{i,k}^{(n-1)}$. Ist also $K^{(n-1)}$ der kleinste und $G^{(n-1)}$ der größte Wert der $P_{i,k}^{(n-1)}$, so gilt für alle Werte von i und k

$$K^{(n-1)} < P_{i,k}^{(n)} < G^{(n-1)}.$$

Die Wiederholung des Mischungsprozesses führt also einen Ausgleich der Wahrscheinlichkeiten herbei, mit welchen das i-te Element an der k-ten Stelle zu erwarten ist. Wegen

$$P_{i,1}^{(n)} + P_{i,2}^{(n)} + \cdots + P_{i,s}^{(n)} = 1$$

streben alle diese Größen der Grenze $\dfrac{1}{s}$ zu, und man hat also

$$\lim_{n=\infty} P_{i,k}^{(n)} = \frac{1}{s} \begin{pmatrix} i = 1, 2, \ldots s \\ k = 1, 2, \ldots s \end{pmatrix}.$$

Bei hinreichend sorgfältigem Mischen ist die ursprüngliche Verteilung der Karten gleichgültig und die Annahme ist berechtigt, daß jede Karte an jeder Stelle gleich wahrscheinlich ist.

Es ist klar, daß dieser Ausgleich der Wahrscheinlichkeiten um so rascher vor sich gehen muß, je weniger die $p_{\lambda,\mu}$ voneinander verschieden sind. Über die Geschwindigkeit, womit die $P_{i,k}^{(n)}$ ihrer Grenze zustreben, lassen sich ohne Voraussetzungen über die $p_{\lambda,\mu}$ keine allgemeinen Aussagen machen. Es hängt also die Anzahl der Wiederholungen des Mischungsprozesses, nach welchen die Wahrscheinlichkeiten als gleich angesehen werden können, von der Art des Mischungsprozesses ab.

Die Karten eines Spieles bilden eine lineare Folge. und eine Zahl, die die Stelle der Karte bezeichnet, genügt, um die Lage dieser Karte festzulegen. Das Mischen der Karten besteht darin, daß die Karten durch irgendeinen mechanischen Prozeß neu geordnet werden, wobei jede Karte eine bestimmte Wahrscheinlichkeit hat, an einer gewissen Stelle zu liegen zu kommen. Man kann diesen Gedanken verallgemeinern, und von einem Mischungsprozeß in allen jenen Fällen sprechen, in welchen eine lineare Folge von Elementen durch einen Prozeß irgendwelcher Art neu geordnet wird und für jedes Element der Folge eine gewisse Wahrscheinlichkeit besteht, in der neuen Anordnung an einer bestimmten Stelle zu stehen zu kommen. Dabei bezieht sich der Ausdruck „lineare Folge" auch für jene Fälle, in denen eine Gruppierung von Elementen im zwei- oder dreidimensionalen Raume in eine lineare Anordnung gebracht werden kann. Wir wollen dies an folgendem Beispiele zeigen:

Nach den Anschauungen der kinetischen Gastheorie ist eine in ein Gefäß eingeschlossene Gasmenge ein Gemenge von in diesem Raume eingeschlossenen Molekeln, und es wird angenommen, daß jede Verteilung der Molekel gleich wahrscheinlich sei. Dies bedeutet zunächst, daß jedes Molekel an jeder Stelle des Raumes sich befinden kann, wie es schon aus der angenommenen freien Beweglichkeit der Molekel folgt. Außerdem bedeutet es, daß jede Konfiguration der Molekel gleich wahrscheinlich ist. Diese Annahme kann man in folgender Weise erläutern. Die Gesamtheit der Ortsveränderungen, die die Molekel in einer kleinen Zeit erleiden, kann man als einen Mischungsprozeß ansehen. Es sei der Raum würfelförmig, und wir wählen eine der Ecken als den Koordinatenursprung. Der Lage jedes Molekels ist dann ein Zahlentripel (xyz) zugeordnet, und wir treffen die Verabredung, daß das Molekel K vor dem Molekel L kommen soll, denen die Zahlen (xyz) bzw. $(x'y'z')$ zugeordnet sind, falls $z < z'$. Ist $z = z'$, so kommt K vor L, falls $y < y'$. Sind $z = z'$ und $y = y'$, so kommt K vor L, falls $x < x'$. Gleichheit aller drei Zahlenpaare ist ausgeschlossen, da jedem Punkte ein und nur ein Zahlentripel entspricht, und es sind daher die Molekel in eine wohlgeordnete lineare Folge gebracht. Nach Verlauf einer kleinen Zeit wird eine andere Konfiguration vorliegen, und es bestehen für jedes Molekel gewisse Wahrscheinlichkeiten dafür, daß es in der neuen Anordnung gewisse Plätze einnimmt. Die Summe dieser Wahrscheinlichkeiten ist Eins, und man kommt deshalb auf ein System von linearen Gleichungen, das mit dem auf S. 167 identisch ist. Seine Diskussion ergibt, daß nach hinreichender Wiederholung des Mischungsprozesses, d. h. nach einer hinreichend langen Zeit, jedes Molekel die gleiche Wahrscheinlichkeit hat, auf irgendeiner Stelle der linearen Anordnung zu stehen zu kommen.

Bei Anwendung dieses Gedankenganges auf physische Prozesse ist der Umstand unbefriedigend, daß das Vorhandensein des Mischungsprozesses angenommen wird, während man sein Zustandekommen gerne aus den mechanischen Bedingungen des Systemes erkennen möchte. In manchen Fällen bewirken äußere Umstände eine Ausgleichung in der Verteilung der Partikel, z. B. wenn ein Flüssigkeitsgemisch umgerührt wird, und in anderen Fällen führen innere Kräfte, wie Diffusion, diese Ausgleichung herbei. Außerdem zeigt die Erfahrung, daß ein Flüssigkeits- oder Gasgemisch schließlich eine gleichmäßige Zusammensetzung erhält, d. h. daß die verschiedenen Teilchen gleichmäßig verteilt sind. Auch so jedoch handelt es sich um eine Übertragung eines Erfahrungsresultates auf das der direkten Beobachtung nicht zugängliche Gebiet des Unendlichkleinen.

H. Poincaré studierte den Mischungsprozeß bei Flüssigkeiten unter der Annahme, daß die Bewegungsgesetze der Molekel bekannt seien. Aus der Inkompressibilität der Flüssigkeit und aus dem Umstande, daß für alle Punkte des Gefäßes die Normalkomponente der Geschwindigkeit gleich Null sein muß, ergaben sich zwei weitere Gleichungen. Die Wahrscheinlichkeit, daß ein aus einem bestimmten Raumteile v herausgegriffenes Molekel von einer bestimmten Art sei, ist dann durch eine gewisse Differentialgleichung definiert, und es handelt sich darum, zu zeigen, daß das Verhältnis der auf die Raumteile v und v' bezüglichen Wahrscheinlichkeiten P und P' sich nach hinreichend langer Zeit der Einheit nähere. Die Erfahrung zeigt, daß im allgemeinen dieses Verhältnis ohne Rücksicht auf die anfängliche Verteilung sich der Einheit nähere, allein es ist Poincaré nicht gelungen, die Aufgabe allgemein zu lösen. Immerhin konnte er zeigen, daß in gewissen Fällen die Annahme einer gleichförmigen Endverteilung bestimmt nicht zutreffend ist.

b) Das Stoßspiel. Mit diesem Worte bezeichnet man nach v. Krieß ein Spiel, wobei eine Kugel durch einen nicht zu schwachen Antrieb in Bewegung gesetzt wird und gezwungen ist, sich in einer Rinne zu bewegen. Die Rinne ist in eine Anzahl schwarzer und weißer Streifen eingeteilt und die Breite der einzelnen Streifen ist gegenüber der Länge des von der Kugel zurückgelegten Weges sehr klein. Man mißt die Wahrscheinlichkeit, daß die Kugel auf einem weißen bzw. auf einem schwarzen Streifen zur Ruhe kommen werde, durch die Summe der Längen dieser Streifen, setzt sie also im Falle der Gleichheit aller Streifen gleich $\frac{1}{2}$. Es ist die Berechtigung dieser Annahme näher zu untersuchen.

Läßt man von einer Person eine größere Anzahl solcher Versuche ausführen und registriert die erzielten Stoßweiten, so bemerkt man, daß die Resultate zwar von Person zu Person verschieden sind und auch je nach den erteilten Instruktionen schwanken, daß aber in keinem Falle alle Stoßweiten gleich wahrscheinlich sind. Numeriert man also die Streifen mit den Zahlen $1, 2, \ldots n$, so werden in einem solchen Spiele nicht alle Zahlen die gleiche Wahrscheinlichkeit haben. Die relativen Häufigkeiten, mit denen sich zwei Zahlen einstellen, unterscheiden sich um so weniger, je näher die beiden Zahlen beieinander liegen. Gewisse mittlere Zahlen kommen am häufigsten vor, während die höchsten und niedrigsten Zahlen am seltensten auftreten. Betrachtet man die Wahrscheinlichkeit eines Stoßes als Funktion $\varphi(l)$ seiner Länge l, so wird, eine Kurve wie in Fig. 2 diese Funktion darstellen. Die Tatsache, daß bei solchen Versuchen auch manchmal mehrgipfelige Kurven zur Beobachtung kommen, ist für uns ohne Bedeutung, da in den weiteren Überlegungen nur die Stetigkeit und Differentiierbarkeit von $\varphi(l)$ vorausgesetzt werden.

In Fig. 2 (S. 90) sind die weißen und schwarzen Streifen durch weiße bzw. schwarze Flächenstreifen angedeutet. Die Grenzpunkte der Streifen seien $a_0, a_1, \ldots a_n$. Da die Streifen abwechseln und in gleicher Anzahl sein sollen, so muß n eine gerade Zahl sein. Die Wahrscheinlichkeit, daß die Kugeln im Intervalle $a_k a_{k+1}$ zur Ruhe komme, ist

$$\int_{a_k}^{a_{k+1}} \varphi(l)\,dl$$

d. h. sie ist durch den zwischen der Strecke $a_k a_{k+1}$ und der die Funktion darstellenden Kurve liegenden Flächenstreifen gegeben. Die Wahrscheinlichkeiten, daß die Kugel auf einem weißen bzw. einem schwarzen Streifen zur Ruhe kommen werde, sind also

$$W_w = \sum_{k=0}^{\frac{n}{2}-1} \int\limits_{a_{2k}}^{a_{2k+1}} \varphi(l)\,dl$$

$$W_s = \sum_{k=1}^{\frac{n}{2}} \int\limits_{a_{2k-1}}^{a_{2k}} \varphi(l)\,dl.$$

Betrachtet man die zwei benachbarten Streifen $a_{2k-1}a_{2k}$ und $a_{2k}a_{2k+1}$, so hat man nach dem Mittelwertsatze

$$\int\limits_{a_{2k-1}}^{a_{2k}} \varphi(l)\,dl = (a_{2k}-a_{2k-1})\varphi(\xi_{2k}) = d_{2k}\varphi(\xi_{2k})$$

$$\int\limits_{a_{2k}}^{a_{2k+1}} \varphi(l)\,dl = (a_{2k+1}-a_{2k})\varphi(\xi_{2k+1}) = d_{2k+1}\varphi(\xi_{2k+1}).$$

Die Stetigkeit der Funktion $\varphi(l)$ verlangt, daß

$$|\varphi(l+h)-\varphi(l)| < \varepsilon,$$

woraus folgt, daß die Streifen so schmal gemacht werden können, daß der Unterschied

$$|\varphi(\xi_{2k+1})-\varphi(\xi_{2k})|$$

beliebig klein wird. Setzt man diese Größen gleich α_k, so erscheinen die Wahrscheinlichkeiten weißer bzw. schwarzer Streifen in der Form

$$W_w = \sum_{k=0}^{\frac{n}{2}-1} \alpha_k d_{2k+1}$$

$$W_s = \sum_{k=0}^{\frac{n}{2}} \alpha_k d_{2k}.$$

Sind die weißen und schwarzen Intervalle von der gleichen Länge

$$d_1 = d_3 = \cdots = d_{n-1} = d_1$$
$$d_2 = d_4 = \cdots = d_n = d_2,$$

so ist

$$W_w = d_1 \sum_{k=0}^{\frac{n}{2}-1} \alpha_k$$

$$W_s = d_2 \sum_{k=1}^{\frac{n}{2}} \alpha_{2k}$$

und

$$W_w : W_s = d_1 : d_2,$$

d. h. die Wahrscheinlichkeiten verhalten sich wie die Intervalle. In dem speziellen Falle der Gleichheit der Intervalle folgt hieraus

$$W_w = W_s = \tfrac{1}{2}.$$

Gibt man der Rinne die Gestalt eines Kreises und macht die Intervalle von gleicher Länge, so hat man das gewöhnliche Roulettespiel vor sich. Bei diesem verlangen die Regeln des Spieles, daß die Kugel mit einer solchen Kraft in Bewegung gesetzt werde, daß sie die ganze Rinne mehrmals durchlaufe, bevor sie zur Ruhe kommt. Hierdurch wird eine weitere Ausgleichung der Chancen erzielt. Es sei k der Umfang des Kreises und n die Zahl der Intervalle. Die Wahrscheinlichkeit, daß ein bestimmtes Intervall i herauskomme, ist

$$W_i = \int_{a_i}^{a_{i+1}} \varphi(l)\,dl + \int_{a_{i+n}}^{a_{i+n+1}} \varphi(l)\,dl + \int_{a_{i+2n}}^{a_{i+2n+1}} \varphi(l)\,dl + \cdots.$$

Diese Wahrscheinlichkeit ist für das Nachbarintervall

$$W_{i+1} = \int_{a_{i+1}}^{a_{i+2}} \varphi(l)\,dl + \int_{a_{i+n+1}}^{a_{i+n+2}} \varphi(l)\,dl + \int_{a_{i+2n+1}}^{a_{i+2n+2}} \varphi(l)\,dl + \cdots.$$

Der Unterschied zwischen diesen beiden Wahrscheinlichkeiten stellt sich dar als eine Summe von Differenzen von der Form

$$u_k = \int_{a_{i+kn}}^{a_{i+kn+1}} \varphi(l)\,dl - \int_{a_{i+kn+1}}^{a_{i+kn+2}} \varphi(l)\,dl.$$

Wegen der Stetigkeit der Funktion $\varphi(l)$ nähert sich der Ausdruck

$$u_k = (a_{i+kn+1} - a_{i+kn})\varphi(\xi') - (a_{i+kn+2} - a_{i+kn+1})\varphi(\xi'') =$$
$$= \alpha[\varphi(\xi') - \varphi(\xi'')] = 0$$

falls das Intervall d hinreichend klein gewählt wird, der Null als Grenze. Der Unterschied zwischen den beiden Wahrscheinlichkeiten ist kleiner als die Summe der absoluten Beträge der Differenzen, da einige derselben positiv, andere negativ sein müssen.

Man erkennt leicht, welche Rolle in dieser Ableitung die Voraussetzung der Stetigkeit der Funktion $\varphi(l)$ spielt: Sie ermöglicht den Ansatz

$$d\varphi(\xi') = d\varphi(\xi'')$$

für benachbarte Teilbereiche. Man wird also dieselben Überlegungen mit sachgemäßer Änderung überall dort anwenden und auf die den Ereignissen unterliegenden Wahrscheinlichkeiten schließen können, wo das Bereich einer stetigen Funktion in eine Anzahl hinreichend kleiner Teilbereiche zerlegt wird. Wegen der großen Allgemeinheit der über die Funktion $\varphi(l)$ gemachten Annahmen wird man erwarten können, solche Verhältnisse sehr häufig anzutreffen, und hierin kann man eine Erklärung dafür finden, daß wahrscheinlichkeitstheoretische Probleme in den verschiedensten Erfahrungsgebieten angetroffen werden.

Die Länge des Intervalles, für welches der Ansatz

$$\varphi(\xi') = \varphi(\xi'')$$

möglich ist, hängt von der Natur der Funktion $\varphi(l)$, insbesondere von der Raschheit ihrer Veränderlichkeit, ab. Es ist in diesem Zusammenhange vielleicht wünschenswert, eine Bemerkung über die Bedeutung der Vorschrift zu machen, daß der Antrieb, mit welchem die Kugel in Bewegung gesetzt wird, nicht zu klein sein darf. Man gewinnt dadurch eine Einsicht über den Unterschied zwischen Zufallsspielen und gewissen Geschicklichkeitsspielen, bei denen der Zufall je nach der Geschicklichkeit des Spielers einen mehr oder weniger großen Einfluß hat. Instruiert man den Spieler dahin, die Kugel mit der Absicht in Bewegung zu setzen, einem gewissen Punkte möglichst nahezukommen, so werden die erzielten Stöße ebenfalls über ein gewisses Intervall verteilt sein, innerhalb dessen der Spieler den Impuls nicht kontrollieren kann. Die Breite dieses Intervalles hängt von der Geschicklichkeit des Spielers ab, ist aber unter gleichen Bedingungen um so größer, je größer die Entfernung des Zieles ist. Für verschiedene Spieler ist also $\varphi(l)$ verschieden. Setzt der Spieler die Kugel mit der Absicht in Bewegung, sie innerhalb eines gewissen Intervalles zur Ruhe kommen zu lassen, so wird das Resultat dasselbe sein, als ob die Mitte des Intervalles der Zielpunkt gewesen wäre. Bei gegebener Breite des Intervalles gibt es für jeden Spieler eine gewisse Distanz, für welche er die Kugel nicht mehr mit Sicherheit innerhalb des Intervalles zur Ruhe bringen kann. Je geringer die Breite des Intervalles ist im Verhältnisse zur Breite der Streuung, um so geringer wird die Wahrscheinlichkeit eines glücklichen Stoßes oder, wie man sich ausdrückt, desto größer der Einfluß des Zufalles auf das Resultat des Spieles. Die Spielregel, die Kugel mit einem starken Antriebe in Bewegung zu setzen, hat also den Zweck, den Spieler daran zu hindern, ein bestimmtes Resultat absichtlich herbeizuführen. Wären die Intervalle so groß, daß bei Vorhandensein einer gewissen Geschicklichkeit das ganze Gebiet der Streuung in einen solchen Streifen fiele, so hat das Spiel den Charakter eines Zufallsspieles verloren und ist ein Geschicklichkeitsspiel. Ein Stoßspiel dieser Art ist das Golf, bei dem es sich darum handelt, einen Ball innerhalb eines gewissen Gebietes zur Ruhe kommen zu lassen. Je nach der Entfernung ist das Ziel größer oder kleiner, jedoch so, daß bei richtiger Ausführung des Schlages der Ball sicher innerhalb des angezeigten Gebietes zur Ruhe kommt. Besitzt der Spieler die vorausgesetzte Geschicklichkeit nicht, so hat der Zufall einen größeren oder kleineren Einfluß auf den Ausgang des Spieles.

c) Verteilung der Ziffern in den Logarithmen. Aus der Menge aller Zahlen von 1 bis N wird eine Zahl nach dem Zufalle herausgegriffen. Welches ist die Wahrscheinlichkeit, daß der Logarithmus dieser Zahl auf der k-ten Dezimalstelle eine bestimmte Zahl, z. B. also eine Null, habe? Ist N hinreichend groß und handelt es sich um eine höhere Dezimalstelle, so wird man ohne weiteres geneigt sein, die Wahrscheinlichkeiten aller Ziffern als gleich anzunehmen und mit dem Werte $^1/_{10}$ anzusetzen. Wie läßt sich dieses Vorgehen rechtfertigen?

Bei näherem Zusehen zeigt sich sofort, daß die Annahme der gleichen Wahrscheinlichkeit der Ziffern gewisse Voraussetzungen über k und N enthält. Man sieht dies sofort, falls man $N = 10^9$ und $k = 0$ macht, d. h. wenn man sich auf die Charakteristik bezieht. In diesem Falle ist

$$10 - 1 = 9 \text{ das Gebiet der Ziffer } 0,$$
$$100 - 10 = 90 \quad \text{''} \quad \text{''} \quad \text{''} \quad \text{''} \quad 1,$$

und allgemein hat das Gebiet der Ziffer x die Länge $9 \cdot 10^x$. Es sind also die Wahrscheinlichkeiten der einzelnen Ziffern durchaus nicht gleich, sondern die Wahrscheinlichkeit der Ziffer x ist 10 mal so groß wie die der Ziffer $x - 1$. Diese Bemerkung läßt sich verallgemeinern. Wählt man N so, daß $\log N = 10^{-n}$, so sind die Wahrscheinlichkeiten der einzelnen Ziffern auf der $(n + 1)$-ten Dezimale verschieden, und es ist

$$W_x^{(n+1)} = 10\, W_{x-1}^{(n+1)}.$$

Die Wahrscheinlichkeiten der Ziffern hängen also in gewisser Weise von N und k ab.

Wir führen für die Einheit der k-ten Dezimalstelle die Bezeichnung

$$\log p = 10^{-k}$$

ein und nehmen an, daß

$$10n \log p = \log N.$$

Eine Null auf der k-ten Dezimale haben die Logarithmen in den Intervallen

$$0 \text{ bis } 10^{-k}$$
$$1 \cdot 10^{-(k-1)} \quad \text{''} \quad 1 \cdot 10^{-(k-1)} + 10^{-k}$$
$$2 \cdot 10^{-(k-1)} \quad \text{''} \quad 2 \cdot 10^{-(k-1)} + 10^{-k}$$
$$\cdots \cdots \cdots \cdots \cdots \cdots$$
$$1 \cdot 10^{-(k-2)} \text{ bis } 1 \cdot 10^{-(k-2)} + 10^{-k}$$
$$1 \cdot 10^{-(k-2)} + 1 \cdot 10^{-(k-1)} \quad \text{''} \quad 1 \cdot 10^{-(k-2)} + 1 \cdot 10^{-(k-1)} + 10^{-k}$$
$$1 \cdot 10^{-(k-2)} + 2 \cdot 10^{-(k-1)} \quad \text{''} \quad 1 \cdot 10^{-(k-2)} + 2 \cdot 10^{-(k-1)} + 10^{-k}$$
$$\cdots \cdots \cdots \cdots \cdots \cdots$$

Ähnlich lassen sich die Intervalle der anderen Ziffern anschreiben. Diesen Logarithmen entsprechen die Zahlen:

$$\begin{array}{cccccc}
1 & p & p^2 & p^3 & \ldots p^9 & p^{10} \\
& p^{11} & p^{12} & p^{13} & \ldots p^{19} & p^{20} \\
& p^{21} & p^{22} & p^{23} & \ldots p^{29} & p^{30} \\
& \multicolumn{5}{c}{\cdots\cdots\cdots\cdots\cdots\cdots\cdots} \\
& p^{10n-9} & p^{10n-8} & p^{10n-7} & \ldots p^{10n-1} & p^{10n}.
\end{array}$$

Diese Zahlen grenzen die Intervalle ab, innerhalb welcher die Zahlen auf der k-ten Dezimale des Logarithmus eine Nulle haben. Die Intervalle selbst sind

$$\begin{array}{cccc}
p-1 & p(p-1) & p^2(p-1) & \ldots p^9\ (p-1) \\
p^{10}(p-1) & p^{11}(p-1) & p^{12}(p-1) & \ldots p^{19}(p-1) \\
p^{20}(p-1) & p^{21}(p-1) & p^{22}(p-1) & \ldots p^{29}(p-1) \\
\multicolumn{4}{c}{\cdots\cdots\cdots\cdots\cdots\cdots\cdots\cdots\cdots} \\
p^{10n-10}(p-1) & p^{10n-9}(p-1) & p^{10n-8}(p-1) & \ldots p^{10n-1}(p-1).
\end{array}$$

Bezeichnet man die Summe dieser auf die Ziffer x bezüglichen Intervalle mit S_x, so ist

$$S_x = p^x(p-1)\frac{p^{10n}-1}{p^{10}-1}.$$

Die Wahrscheinlichkeit der Ziffer x ergibt sich dann nach der Formel

$$W_x = \frac{S_x}{\Sigma S_x}$$

und da $p^{10n}-1 = N-1$, so ist

$$\sum S_x = \frac{(p-1)(N-1)}{p^{10}-1}\cdot\frac{p^{10}-1}{p-1} = N-1$$

und man hat

$$W_0 = \frac{p-1}{p^{10}-1},\quad W_1 = \frac{p(p-1)}{p^{10}-1},\quad W_2 = \frac{p^2(p-1)}{p^{10}-1},\cdots W_9 = \frac{p^9(p-1)}{p^{10}-1}.$$

Da p stets größer als 1 ist, so ist

$$W_{x-1} < W_x < W_{x+1}$$

und die Wahrscheinlichkeit der Ziffer 9 ist stets am größten. Nähert sich p der Grenze 1, d. h. wählt man die Dezimalstelle hinreichend hoch, so wird der Ausdruck für W_x unbestimmt, allein es ist

$$\lim_{p=1} p^x\,\frac{p-1}{p^{10}-1} = \lim \frac{(x+1)p^x - xp^{x-1}}{10p^9} = \frac{1}{10}.$$

Es nähern sich also die Wahrscheinlichkeiten aller Ziffern der Grenze $\frac{1}{10}$.

Man sieht leicht, daß sich diese Aufgabe in folgender Weise verallgemeinern läßt: Aus der Menge aller Zahlen zwischen N_1 und N_2 wird nach dem Zufalle eine Zahl x herausgegriffen. Welches ist die Wahrscheinlichkeit, daß $Y = f(x)$ auf der k-ten Dezimalstelle eine bestimmte Zahl, z. B. also eine Null, hat? Ist die inverse Funktion $x = \varphi(y)$, so genügen die Werte in den Intervallen

$$\varphi\left(\frac{1}{10^k}\right) - \varphi(0)$$

$$\varphi\left(\frac{1}{10^{k-1}} + \frac{1}{10^k}\right) - \varphi\left(\frac{1}{10^k}\right)$$

$$\varphi\left(\frac{2}{10^{k-1}} + \frac{1}{10^k}\right) - \varphi\left(\frac{2}{10^{k-1}}\right)$$

dieser Bedingung, auf der k-ten Dezimale eine Null zu haben. Ähnlich bestimmen sich die Intervalle der anderen Ziffern. Es handelt sich also darum, ob die Summen

$$\sum_{i,\varkappa}\left[\varphi\left(\cdots\frac{i}{10^{k-2}} + \frac{\varkappa}{10^{k-1}} + \frac{2}{10^k}\right) - \varphi\left(\cdots\frac{i}{10^{k-2}} + \frac{\varkappa}{10^{k-1}} + \frac{1}{10^k}\right)\right]$$

$$\sum_{i,\varkappa}\left[\varphi\left(\cdots\frac{i}{10^{k-2}} + \frac{\varkappa}{10^{k-1}} + \frac{2}{10^k}\right) - \varphi\left(\cdots\frac{i}{10^{k-2}} + \frac{\varkappa}{10^{k-1}} + \frac{1}{10^k}\right)\right]\cdot$$

zu derselben Grenze konvergieren. Es sind dies nun lauter Summen von der Form

$$\sum\left[\varphi\left(a + \frac{\lambda}{10^k}\right) - \varphi\left(a + \frac{\lambda-1}{10^k}\right)\right] \quad (\lambda = 1, 2, \ldots 9).$$

Der Unterschied zwischen zwei Summen S_{λ_1} und S_{λ_2} wird gleich

$$\sum\left[\varphi\left(a_i + \frac{\lambda_1}{10^k}\right) - \varphi\left(a_i + \frac{\lambda_1-1}{10^k}\right) - \varphi\left(a_i + \frac{\lambda_2}{10^k}\right) + \varphi\left(a_i + \frac{\lambda_2-1}{10^k}\right)\right]$$

sein. Es verlangt nun die Stetigkeit von φ, daß λ so gewählt werden kann, daß

$$\left|\varphi\left(a_i + \frac{\lambda_1}{10^k}\right) - \varphi\left(a_i + \frac{\lambda_1-1}{10^k}\right)\right| < \varepsilon_1$$

$$\left|\varphi\left(a_i + \frac{\lambda_2}{10^k}\right) - \varphi\left(a_i + \frac{\lambda_2-1}{10^k}\right)\right| < \varepsilon_2,$$

weshalb die Differenz $S_{\lambda_1} - S_{\lambda_2}$ die Null zur Grenze hat. Hieraus aber folgt, daß die Wahrscheinlichkeiten aller Ziffern auf hinreichend hohen Dezimalstellen gleich sind.

Charakteristisch für diese Aufgabe ist, daß das Bereich der Argumentswerte einer stetigen Funktion in eine große Anzahl von Teilbereichen zersplittert wird, in denen die Funktionswerte gewisse Bedingungen erfüllen, worauf dann die Bereiche, in denen die Funktion die gleiche Bedingung erfüllt, vereinigt werden. Die vorliegenden Untersuchungen lassen erkennen, unter welchen Umständen über die Maße der so entstandenen Teilbereiche eine Aussage möglich ist. Offensichtlich das gleiche Problem liegt vor in dem Beispiele vom Eintreffen der Vormittagsflut an einem bestimmten Punkte und in einem gewissen Viertel der Stunde. Hier wird das Gesamtgebiet der Variablen in 12 Teile

geteilt, die jeder in vier getrennte Gebiete zerfallen, von welchen jedes
die einem der vier möglichen Ergebnisse günstigen Fälle enthält. Wäre
die Gleichheit der Wahrscheinlichkeiten bei dieser Viertelteilung noch
nicht erreicht, so könnte man auf kürzere Teilintervalle, z. B. gerade
und gerade Minuten zurückgehen. Ähnliches gilt auch vom Würfelspiele.

Der Beweis bezieht sich nicht auf Beispiele, wo die Zahl der möglichen Fälle unendlich ist. Erfüllen einzelne Fälle endliche, andere aber
unendlich kleine Teilgebiete, so braucht ein Ausgleich der Chancen nicht
einzutreten. Dies ist in dem folgenden Beispiele der Fall.

d) Wahrscheinlichkeiten bei Kettenbruchentwicklungen. Aus der
Menge der Irrationalzahlen zwischen Null und Eins wird eine Zahl M
herausgegriffen und in einen Kettenbruch

$$M = \cfrac{1}{a_1 + \cfrac{1}{a_2 + \cfrac{1}{a_3 + \cdots}}}$$

entwickelt. Gefragt wird nach den Wahrscheinlichkeiten, daß $a_n \geq k$, bzw.
$a_n = k$ ist. Vorausgesetzt wird, daß in dem Intervalle zwischen Null und
Eins alle Zahlen gleich wahrscheinlich sind.

Da die Wahrscheinlichkeit des Herausgreifens einer Rationalzahl
aus der Menge aller Zahlen zwischen Null und Eins gleich Null ist, so
ist das Problem gleichbedeutend mit der Aufgabe, die angegebenen
Wahrscheinlichkeiten bei Kettenbruchentwicklungen zu untersuchen,
falls die Zahl M aus der Menge aller Zahlen zwischen Null und Eins
nach dem Zufalle herausgegriffen wird.

Die Voraussetzung, die Zahlen zwischen Null und Eins seien gleichwahrscheinlich, ist nur eine der verschiedenen möglichen Arten, diese
Aufgabe bestimmt zu machen. Man könnte auch Voraussetzungen über
die Wahrscheinlichkeiten einführen, mit welchen die natürlichen Zahlen
in den Teilnennern auftreten, und verlangen, daß die Wahrscheinlichkeit des Auftretens von M als Funktion dieses Wertes dargestellt wird.
Die eine Fragestellung hat vor der anderen nur das voraus, daß es
Probleme gibt, bei denen die Voraussetzung der gleichen Wahrscheinlichkeit aller Zahlen zwischen Null und Eins als die naturgemäße Annahme erscheint.

Jeder der Teilnenner a_i kann sämtliche natürliche Zahlen als Werte
annehmen. Da der Kettenbruch als unendlich zu denken ist, so handelt es sich um eine abzählbar unendliche Menge von Wiederholungen
eines Versuches, bei dem eine abzählbar unendliche Menge von Fällen
möglich ist. Die Menge der Kettenbrüche ist also von der Mächtigkeit des Kontinuums, da sie die Belegungsmenge einer abzählbar unendlichen Menge auf sich selbst ist.

Die Wahrscheinlichkeit, womit die einzelnen Zahlen im Teilnenner a_i vorkommen, hängt vom Stellenzeiger i ab. Soll der erste Teilnenner gleich k sein, so ist M von der Form

$$M = \frac{1}{k + \omega} \quad (0 \leqq \omega < 1)$$

und liegt in dem Intervalle $\left(\frac{1}{k+1}, \frac{1}{k}\right)$, dessen Länge $\frac{1}{k(k+1)}$ ist. Bezeichnet man mit $W(n, k)$ die Wahrscheinlichkeit, daß $a_n \geqq k$ und mit $D(n, k)$ die Wahrscheinlichkeit, daß $a_n = k$ ist, so hat man

$$W(1, k) = \sum_{i=k}^{\infty} \frac{1}{i(i+1)} = \frac{1}{k} \quad D(1, k) = \frac{1}{k(k+1)}.$$

Soll der zweite Teilnenner gleich k sein, so ist M von einer der folgenden Formen

$$\frac{1}{1 + \dfrac{1}{k+\omega}}, \quad \frac{1}{2 + \dfrac{1}{k+\omega}}, \quad \frac{1}{3 + \dfrac{1}{k+\omega}}, \quad \cdots \quad (0 \leqq \omega < 1).$$

Diesen entsprechen die Intervalle

$$\left(\frac{k}{k+1}, \frac{k+1}{k+2}\right), \quad \left(\frac{k}{2k+1}, \frac{k+1}{2k+3}\right), \quad \left(\frac{k}{3k+1}, \frac{k+1}{3k+4}\right), \quad \cdots$$

mit den Längen

$$\frac{1}{(k+1)(k+2)}, \quad \frac{1}{(2k+1)(2k+3)}, \quad \frac{1}{(3k+1)(3k+4)}, \quad \cdots$$

Die auf den zweiten Teilnenner bezüglichen Wahrscheinlichkeiten sind demnach

$$D(2, k) = \sum_{i=1}^{\infty} \frac{1}{(ik+1)(ik+i+1)}$$

$$W(2, k) = \sum_{\lambda=k}^{\infty} \sum_{i=1}^{\infty} \frac{1}{(i\lambda+1)(i\lambda+i+1)} = \sum_{\lambda=k}^{\infty} D(2, \lambda).$$

Die auf den n-ten Teilnenner bezüglichen Wahrscheinlichkeiten sind

$$D(n, k) = \sum_{a_1} \sum_{a_2} \cdots \sum_{a_{n-1}} \left| \cfrac{1}{a_1 + \cfrac{1}{a_2 + \cdots + \cfrac{1}{a_{n-1} + \cfrac{1}{k+1}}}} - \cfrac{1}{a_1 + \cfrac{1}{a_2 + \cdots + \cfrac{1}{a_{n-1} + \cfrac{1}{k}}}} \right|$$

$$W(n, k) = \sum_{\lambda=k}^{\infty} D(n, \lambda).$$

Mit dem Ausdrucke, daß die Wahrscheinlichkeit des Auftretens unendlich großer Zahlen im n-ten Teilnenner gleich Null sei, wollen wir folgende Bedeutung verbinden. Gegeben sei eine beliebige kleine Zahl ε. Kann man zu jedem Werte von ε eine natürliche Zahl G finden von der

Art, daß die Wahrscheinlichkeit des Auftretens einer Zahl $Z > G$ im n-ten Teilnenner kleiner als ε, so sagen wir, die Wahrscheinlichkeit des Auftretens unendlich großer Zahlen sei in diesem Teilnenner gleich Null.

Man grenzt um den Punkt Null in positiver Richtung ein Intervall von der Länge ε ab und bezeichnet mit $G = \left[\dfrac{1}{\varepsilon}\right]$ die größte ganze Zahl in $\dfrac{1}{\varepsilon}$. Die Wahrscheinlichkeit, daß eine aus der Menge aller Zahlen nach dem Zufalle herausgegriffene Zahl im ersten Teilnenner ihrer Kettenbruchentwicklung eine Zahl kleiner oder höchstens gleich G stehen habe, ist größer als $1 - \varepsilon$ und nähert sich mit abnehmendem ε der Einheit als Grenze.

Um die gleiche Überlegung hinsichtlich des zweiten Teilnenners durchzuführen, grenzt man um die Punkte

$$\frac{1}{k}\ (k = 1, 2, \ldots G)$$

Intervalle von den Längen

$$\frac{1}{k} - \frac{1}{k + \varepsilon} = \frac{\varepsilon}{k(k + \varepsilon)}$$

ab. Außerhalb dieser Intervalle liegt dann kein Punkt, der einer Zahl entspricht, in deren Kettenbruchentwicklung weder im ersten noch im zweiten Teilnenner eine Zahl größer als G auftritt. Die Summe dieser Intervalle ist

$$\sum_{k=1}^{G} \frac{\varepsilon}{k(k + \varepsilon)} < \varepsilon \sum_{k=1}^{G} \frac{1}{k^2}$$

und nähert sich mit abnehmendem ε der Grenze Null, gleichgültig wie groß G ist.

Man kann das Resultat für die höheren Teilnenner in folgender Weise vorwegnehmen. Durch das Fortschreiten zu dem nächsthöheren Teilnenner wird eine neue Menge konstruiert, die sämtliche Punkte der früheren Menge zu Häufungspunkten hat. Jede Menge ist demnach die Ableitung der nächsthöheren Menge. Da von der Menge ausgegangen wird, die einen einzigen Häufungspunkt (die Null) hat, so kommt man auf diese Weise zu Mengen, die den Inhalt Null haben. Bei jedem Teilnenner mit endlichem Stellenzeiger hat demnach das Auftreten unendlich großer Zahlen die Wahrscheinlichkeit Null.

Dem Auftreten jeder der Zahlen kleiner als G kommt eine gewisse endliche Wahrscheinlichkeit zu. Wir wollen nun untersuchen, ob diese Größen denselben Werten zustreben. Die tatsächliche Berechnung der Summen in den Formeln für die Größen D und W wäre sehr schwierig, allein man kann nach den Angaben von V. Brun durch die folgenden Überlegungen Grenzen für diese Werte angeben. Die möglichen Fälle sind durch Intervalle von der Form

$$\cfrac{1}{a_1 + \cfrac{1}{a_2 + \cdots + \cfrac{1}{a_n + 1}}} - \cfrac{1}{a_1 + \cfrac{1}{a_2 + \cdots + \cfrac{1}{a_n}}}$$

gegeben, und ihre Summe, erstreckt über alle Indizes, muß gleich 1 sein, da sie das Intervall $(0,1)$ erfüllt. Jedes dieser Intervalle enthält ein dem Falle $a_{n+1} = k$, bzw. $a_{n+1} \geq k$ günstiges Intervall. Es sei m die Länge eines der möglichen Intervalle und g die des entsprechenden Intervalles der günstigen Fälle. Das Verhältnis $\frac{g}{m}$ ist dann die Wahrscheinlichkeit, daß der $(n+1)$-te Teilnenner gleich k ist, wenn die vorhergehenden Teilnenner bestimmte Werte angenommen haben. Es sind nun die absoluten Werte

$$m = \left| \cfrac{1}{a_1 + \cfrac{1}{a_2 + \cdots + \cfrac{1}{a_n + 1}}} - \cfrac{1}{a_1 + \cfrac{1}{a_2 + \cdots + \cfrac{1}{a_n}}} \right|$$

$$g = \left| \cfrac{1}{a_1 + \cfrac{1}{a_2 + \cdots + \cfrac{1}{a_n + \cfrac{1}{k}}}} - \cfrac{1}{a_1 + \cfrac{1}{a_2 + \cdots + \cfrac{1}{a_n + \cfrac{1}{k+1}}}} \right|.$$

Bezeichnet man nun mit P_n und Q_n den Zähler und Nenner des n-ten Näherungsbruches und beachtet die Beziehung

$$| P_n Q_{n-1} - P_{n-1} Q_n | = 1,$$

so findet man

$$m = \left| \frac{P_n + P_{n-1}}{Q_n + Q_{n-1}} - \frac{P_n}{Q_n} \right| = \frac{1}{Q_n(Q_n + Q_{n-1})}$$

$$g = \left| \frac{k P_n + P_{n-1}}{k Q_n + Q_{n-1}} - \frac{(k+1) P_n + P_{n-1}}{(k+1) Q_n + Q_{n-1}} \right| = \frac{1}{(k Q_n + Q_{n-1})[(k+1) Q_n + Q_{n-1}]}.$$

Die Wahrscheinlichkeit $\frac{g}{m}$ ist

$$\frac{g}{m} = \frac{Q_n(Q_n + Q_{n-1})}{(k Q_n + Q_{n-1})[(k+1) Q_n + Q_{n-1}]} = \frac{1 + \dfrac{Q_{n-1}}{Q_n}}{\left(k + \dfrac{Q_{n-1}}{Q_n}\right)\left(k + 1 + \dfrac{Q_{n-1}}{Q_n}\right)},$$

wobei die Beziehung gilt

$$\frac{Q_{n-1}}{Q_n} < 1.$$

Ersetzt man den Bruch zuerst im Zähler durch 1 und im Nenner durch Null, und hierauf im Zähler durch Null und im Nenner durch 1, so ergibt sich die Ungleichung

$$\frac{2}{k\,(k+1)} > \frac{g}{m} > \frac{1}{(k+1)\,(k+2)}\,.$$

Diese Ungleichung gilt für die Wahrscheinlichkeiten hinsichtlich aller Intervalle, weshalb sie auch für $D\,(n,k)$ und deshalb auch für $W\,(n,k)$ gelten muß. Man hat also auch

$$\frac{2}{k\,(k+1)} > D\,(n,k) > \frac{1}{(k+1)\,(k+2)}\,,$$

$$\frac{2}{k} > W\,(n,k) > \frac{1}{k+1}\,.$$

Die Wahrscheinlichkeiten, mit welchen die einzelnen Zahlen in den Teilnennern erscheinen, nähern sich also nicht derselben Grenze, und man kann zu einer Zahl k stets eine andere Zahl k' so wählen, daß die beiden Wahrscheinlichkeiten bestimmt verschieden sind.

Die Frage nach den Wahrscheinlichkeiten, mit welchen die natürlichen Zahlen in der Kettenbruchentwicklung einer aus der Menge aller Zahlen zwischen Null und Eins nach dem Zufalle herausgegriffenen Zahl auftreten, heißt das Problem von Gyldén. Dieser stieß auf diese Aufgabe im Zusammenhange mit den folgenden Überlegungen. In der Laplaceschen Theorie der analytischen Darstellung planetarischer Störungen handelt es sich um die Konvergenz oder Divergenz von Reihen, die, abgesehen von periodischen Gliedern, die Form haben

$$\sum s_n^2 a_{n+1}^2 \varepsilon^{s_n}\,,$$

wobei $\varepsilon < 1$ und die Größen a und s aus der Kettenbruchentwicklung des Verhältnisses der mittleren Bewegungen der Körper stammen. Man erkennt ohne weiteres, daß die Zahlen a so gewählt werden können, daß die Reihe divergiert. In der Tat braucht man, um den Fall der Divergenz zu erhalten, nur $a_{n+1} = b^{s_n}$ zu setzen, und für b die kleinste ganze Zahl zu wählen, deren Quadrat größer ist als $\dfrac{1}{\varepsilon}\cdot$

Konvergenzbetrachtungen über diese Reihen sind nicht ganz leicht, weil der Exponent s nicht alle natürlichen Zahlen, sondern nur eine gewisse Teilmenge derselben durchläuft. Auch ohne solche Untersuchungen kann man aber leicht erkennen, daß es in der Umgebung jedes rationalen Punktes zwischen Null und Eins Konvergenz- und Divergenzstellen geben muß. Da die Kettenbruchentwicklung einer Rationalzahl nur eine bestimmte endliche Anzahl von Teilnennern enthält, so kann man eine Irrationalzahl nach Belieben so definieren, daß die ersten n Teilnenner mit jenen der Rationalzahl übereinstimmen, die folgenden Teilnenner aber den Fall der Konvergenz oder der Divergenz ergeben. In dem Intervalle zwischen Null und Eins liegen also die Divergenz- und die Konvergenzstellen der Reihe überall dicht.

Soll die Reihe divergieren, so müssen die Zahlen a jedenfalls sehr rasch wachsen, und da keines der a unendlich werden kann, so muß es eine unendliche Zahl sehr großer Teilnenner geben. Durch diese Bedingung sind aber die Zahlen festgelegt, die sich von Rationalzahlen nur sehr wenig unterscheiden können. Gyldén stellte sich auf den Standpunkt, daß für das Verhältnis der mittleren Bewegungen alle Werte zwischen Null und Eins gleich wahrscheinlich sind, und untersuchte die Wahrscheinlichkeit, daß eine nach dem Zufalle herausgegriffene Zahl den Fall der Divergenz ergibt. Für diese Wahrscheinlichkeit findet sich der Wert Null, d. h. daß man keinen Divergenzpunkt antreffen wird, es sei denn, daß man ihn suche.

Da die Zahl für das Verhältnis der mittleren Bewegung aus Beobachtungen stammt, so ist sie nur mit beschränkter Genauigkeit gegeben und hat notwendig die Form $\frac{m}{n}$. Die Frage der Divergenz der Reihe hat also nur theoretischen Wert. Dieser Umstand ließ es aber Gyldén nicht weniger wünschenswert erscheinen, nach Rechnungsmethoden zu suchen, bei denen eine solche Möglichkeit der Divergenz überhaupt nicht besteht. Mathematische Methoden müssen allgemein und ausnahmslos gelten, und man darf keine Rücksicht darauf nehmen, daß die möglichen Ausnahmen nur sehr selten sind. So kommt es häufig vor, daß eine Funktion auch auf der Berandung ihres Konvergenzbereiches konvergiert mit Ausnahme einer endlichen oder abzählbar unendlichen Menge von Punkten. Trotzdem die Wahrscheinlichkeit des Divergenzfalles Null ist, so pflegt man doch die Berandung selbst nicht mehr zum Konvergenzbereich der Funktion zu rechnen.

Das Überraschende des Problems liegt darin, daß die Wahrscheinlichkeit für das Herausgreifen eines Elementes einer bestimmten Menge gleich Null ist, trotzdem die Menge der günstigen Fälle überall dicht ist. Ähnliche Verhältnisse ergeben sich bei der folgenden Aufgabe. Durch den Punkt 0 einer negativ gekrümmten Fläche wird in beliebiger Richtung die geodätische Linie gezogen. Welches ist die Wahrscheinlichkeit, daß diese Linie ins Unendliche verläuft. Nach den Untersuchungen von Hadamard ist jede durch 0 gehende, ins Unendliche verlaufende Linie von einem Kontinuum geodätischer Linien umgeben, die dieselbe Eigenschaft haben. Umgekehrt reicht jede Änderung, wie klein sie auch sei, in der Richtung einer im Endlichen verbleibenden geodätischen Linie hin, um eine beliebige Änderung ihres Verlaufes zu erzeugen. Es ist also die Wahrscheinlichkeit einer im endlichen Abstande von 0 verbleibenden geodätischen Linie bei beliebiger Wahl der Anfangsrichtung gleich Null.

Wie in so manchen anderen Fällen, wurde die Veröffentlichung des handschriftlichen Nachlasses von Gauß auch dem Prioritätsanspruche Gyldéns gefährlich. Unter dem Datum vom 25. Oktober 1800 findet sich in dem wissenschaftlichen Tagebuche der Vermerk, daß Gauß die Lösung einer Aufgabe über Wahrscheinlichkeiten bei Kettenbruchentwicklungen gelungen sei. Herr Schlesinger fand dann die bezüglichen Ausführungen in den nachgelassenen Schriften, die sich auf das Jahr 1798 beziehen. Der Gedankengang ist wie folgt:

Es sei M eine aus dem Intervalle von Null bis Eins nach dem Zufalle herausgegriffene Zahl M, für die alle Werte gleich wahrscheinlich sind. Die Zahl wird in einen Kettenbruch entwickelt

$$M = \cfrac{1}{a_1 + \cfrac{1}{a_2} + \ldots}$$

wobei die a natürliche Zahlen sind. Gefragt wird nach der Wahrscheinlichkeit, daß der Wert des Kettenbruches

$$\cfrac{1}{a_{n+1} + \cfrac{1}{a_{n+2} + \ldots}}$$

zwischen 0 und x liege. Es ist dies in unserer Bezeichnung $W(n+1, x)$, für welche Gauß eine Rekursionsformel ableitet.

Es ist

$$W(n,x) = \sum_{a_1} \sum_{a_2} \cdots \sum_{a_n} \left| \frac{P_n}{Q_n} - \frac{P_n + x P_{n-1}}{Q_n + x Q_{n-1}} \right| = \sum_{a_1} \sum_{a_2} \cdots \sum_{a_n} \frac{x}{Q_n(Q_n + x Q_{n-1})},$$

woraus wegen

$$Q_{n+1} = a_{n+1} Q_n + Q_{n-1}$$

der nachstehende Ausdruck folgt

$$W(n+1, x) = \sum_{a_1} \sum_{a_2} \cdots \sum_{a_{n+1}} \frac{x}{(a_{n+1} Q_n + Q_{n-1})(a_{n+1} Q_n + Q_{n-1} + x Q_n)}.$$

Diese Summe läßt sich auch folgendermaßen schreiben:

$$W(n+1, x) = \sum_{a_1} \sum_{a_2} \cdots \sum_{a_{n+1}} \left\{ \cfrac{\cfrac{1}{a_{n+1}}}{Q_n\left(Q_n + \cfrac{1}{a_{n+1}} Q_{n-1}\right)} - \cfrac{\cfrac{1}{a_{n+1}+x}}{Q_n\left(Q_n + \cfrac{1}{a_{n+1}+x} Q_{n-1}\right)} \right\}.$$

Diese beiden Ausdrücke sind beziehungsweise $W\left(n, \frac{1}{\lambda}\right)$ und $W\left(n, \frac{1}{\lambda+x}\right)$, und man erhält

$$W(n+1, x) = \sum_{\lambda=1}^{\infty} \left\{ W\left(n, \frac{1}{\lambda}\right) - W\left(n, \frac{1}{\lambda+x}\right) \right\}.$$

Diese Formel benützte Gauß im Jahre 1798, um einige Werte von $W(2, x)$ zu berechnen. Diese Arbeit gab er aber bald auf, weil die Ausdrücke so verwickelt werden, daß die Rechnung aussichtslos wird. In einem Briefe an Laplace vom Jahre 1812 erwähnt Gauß, daß er sich vor 12 Jahren, also im Jahre 1800, mit dieser Aufgabe beschäftigt habe, und teilt mit, daß er „durch sehr einfache Überlegungen" den Grenzwert

$$\lim_{n=\infty} W(n,x) = \frac{\log(1+x)}{\log 2}$$

gefunden habe. Dagegen sei es ihm nicht gelungen, die Differenz

$$W(n,x) - \frac{\log(1+x)}{\log 2}$$

für große Werte von n zu bestimmen. G a u ß hält es für sicher, daß L a p l a c e eine vollständigere Lösung finden würde, falls er sich nur „wenige Augenblicke" mit dieser Aufgabe beschäftigen wollte. Offenbar hat L a p l a c e diese wenigen Augenblicke nicht gefunden, und wir wissen über das asymptotische Verhalten dieser Differenz ebensowenig wie über die „einfachen Überlegungen", durch welche G a u ß diesen Grenzwert bestimmte.

Macht man die Voraussetzung, daß dieser Grenzwert existiert und eine Funktion von x ist, so kann man sich von der Richtigkeit dieser G a u ß schen Lösung in der folgenden Weise überzeugen: Man hat nämlich die Funktionsgleichung

$$f(x) = \sum_{\lambda=1}^{\infty} \left\{ f\left(\frac{1}{\lambda}\right) - f\left(\frac{1}{\lambda+x}\right) \right\}$$

der durch

$$f(x) = \text{const} \cdot \log(1+x)$$

genügt wird. Da, der Natur der Aufgabe entsprechend, $f(1) = 1$ sein muß, so ergibt sich der Wert der Konstante mit $\frac{1}{\log 2}$, und man erhält tatsächlich den angegebenen Wert.

Man kann diesen Grenzwert auch in folgender Weise bestimmen: Setzt man

$$\frac{Q_{n-1}}{Q_n} = q_n$$

und bezeichnet mit $W(q_n,k)$ die Wahrscheinlichkeit, daß bei Vorhandensein des Wertes q_n der Teilnenner a_{n+1} den Wert k erreicht oder übersteigt, so ist

$$W(q_n,k) = \sum_{i=k}^{\infty} \frac{g}{m} = \sum_{i=k}^{\infty} \frac{1+q_n}{(i+q_n)(i+1+q_n)} = \frac{1+q_n}{k+q_n}.$$

Die Wahrscheinlichkeit $D(q_n,k)$, daß bei Vorhandensein von q_n der Teilnenner gleich k sei, ist

$$D(q_n,k) = \frac{g}{m} = \frac{1+q_n}{(k+q_n)(k+1+q_n)},$$

und kann offenbar auch aus der Beziehung

$$D(q_n,k) = W(q_n,k) - W(q_n,k+1)$$

gefunden werden.

Aus der Definition der Größen q folgt, daß q_n mit q_{n+i} in der Beziehung steht

$$q_{n+i} = \cfrac{1}{a_{n+i} + \cfrac{1}{a_{n+i-1} + \cdots + \cfrac{1}{a_{n+1} + q_n}}}.$$

Hieraus ist ersichtlich, daß q_n auf q_{n+i} einen nur geringen Einfluß hat, falls i einigermaßen groß ist. Da nun $D(q_n, k)$ die Wahrscheinlichkeit eines bestimmten Wertes von a_{n+1} ist, so ist dies auch die Wahrscheinlichkeit eines bestimmten Wertes von q_{n+1}. Man kann also schließen, daß die Wahrscheinlichkeiten bestimmter Werte von q_{n+i} nur in geringem Maße von den Werten von q_n abhängen, falls i groß ist.

Es seien x_1 und x_2 zwei Stellen zwischen Null und Eins. Werden um diese Punkte zwei kleine, aber gleiche Strecken abgegrenzt, so nähert sich das Verhältnis der Wahrscheinlichkeiten, daß q_n in die eine oder andere Strecke falle, bei unbegrenzter Verkleinerung der Strecken und wachsenden Werten von n einem von n unabhängigen Grenzwerte. Man kann dann eine Funktion $f(x)$ in der Art bestimmen, daß dieses Verhältnis der Wahrscheinlichkeiten gleich $f(x_1) ; f(x_2)$ wird.

Zwischen q_n und q_{n+1} besteht die Beziehung

$$q_{n+1} = \frac{1}{a_{n+1} + q_n}.$$

Wir setzen a_{n+1}, das eine natürliche Zahl sein muß, gleich k und bezeichnen die Länge der q_n-Strecke mit $\varDelta q_n$, und diejenige der entsprechenden q_{n+1}-Strecke mit $\varDelta q_{n+1}$. Sind diese Strecken sehr klein, so nähert sich ihr Verhältnis dem absoluten Betrage von $\dfrac{d q_{n+1}}{d q_n}$ und ist

$$\lim \frac{\varDelta q_{n+1}}{\varDelta q_n} = \frac{1}{(k + q_n)^2} = q_{n+1}^2.$$

Die Wahrscheinlichkeit, daß bei Vorhandensein von q_n der Wert q_{n+1} gefunden werde, ist

$$\frac{1 + q_n}{(k + q_n)^2 (1 + q_{n+1})} = \frac{q_{n+1}^2 (1 + q_n)}{1 + q_{n+1}}.$$

Die Wahrscheinlichkeit, daß man bei einer Kettenbruchentwicklung in das Intervall $\varDelta q_i$ gelange, ist $f(q_i)\, \varDelta q_i$ proportional. Die Wahrscheinlichkeit, daß q_{n+1} in die Strecke $\varDelta q_{n+1}$ falle, ist dem Ausdrucke

$$\frac{q_{n+1}^2 (1 + q_n)}{1 + q_{n+1}}\, f(q_n)\, \varDelta q_n = \frac{1 + q_n}{1 + q_{n+1}}\, f(q_n)\, \varDelta q_{n+1}$$

gerade proportional. Da sie andererseits auch $f(q_{n+1})\, \varDelta q_{n+1}$ proportional sein muß, so folgt eine Gleichung von der Form

$$(1 + q_n) f(q_n) = \text{const} \, (1 + q_{n+1}) f(q_{n+1}).$$

Führt man statt der Größen q eine stetige Veränderliche z ein, so muß die Konstante offenbar gleich 1 sein, da man die beiden Werte beliebig nahe beieinander wählen kann. Soll die Funktion keine Unstetigkeiten enthalten, so hat die Gleichung

$$(1 + z_1)f(z_1) = (1 + z_2)f(z_2),$$

welche für alle Werte von z gelten soll, die Lösung

$$f(z) = \frac{1}{1 + z}.$$

Die Wahrscheinlichkeit $w(x_1, x_2)$, daß q_n zwischen x_1 und x_2 liege, ist demnach

$$w(x_1, x_2) = \frac{\int_{x_1}^{x_2} \frac{dz}{1 + z}}{\int_{0}^{x_1} \frac{dz}{1 + z}} = \frac{\log(1 + x_2) - \log(1 + x_1)}{\log 2}.$$

Damit $a_n \geq k$, ist wegen

$$q_n = \frac{1}{a_n + q_{n-1}}$$

die Bedingung $q_n < \frac{1}{k}$ notwendig und hinreichend. Daraus ergeben sich die Grenzen $x_1 = 0$, $x_2 = \frac{1}{k}$ und man erhält für

$$\lim_{n = \infty} W(n, k) = W(k) = \frac{\log\left(1 + \frac{1}{k}\right)}{\log 2}$$

in Übereinstimmung mit der Formel von Gauß. Für die Wahrscheinlichkeit, daß $a_n = k$, findet man

$$\lim_{n = \infty} D(n, k) = W(k) - W(k + 1) = \frac{\log\left[\frac{\left(1 + \frac{1}{k}\right)^2}{1 + \frac{2}{k}}\right]}{\log 2}.$$

Es kann die Zahl k so gewählt werden, daß $W(k) < \varepsilon$ wird. Ist die beliebig kleine Zahl ε gegeben, so kann die natürliche Zahl G stets so bestimmt werden, daß die Wahrscheinlichkeiten des Auftretens einer Zahl $Z \geq G$ kleiner ist als ε. Ihre Wahrscheinlichkeit hat demnach den Grenzwert Null. Es besteht die Wahrscheinlichkeit 1 für eine unendlich oftmalige Wiederholung von Zahlen kleiner als G, und die Wahrscheinlichkeit Null für das Auftreten einer Zahl größer als G.

6. Wahrscheinlichkeit von Wiederholungen.

Es handele sich um ein Ereignis mit der konstanten Wahrscheinlichkeit p, dessen Ausbleiben als das Ereignis E' bezeichnet werden soll. E' hat die Wahrscheinlichkeit $q = 1 - p$. Die Entstehungsbedingungen dieser Ereignisse sollen in der Art wiederholt realisiert werden, daß jedesmal entweder E oder E' zur Beobachtung kommen muß. Diese Bedingungen sollen stets die gleichen sein, weshalb auch die Wahrscheinlichkeiten p und q konstant sein müssen.

Man kann sich diese Voraussetzungen realisiert denken durch Ziehungen aus einer Urne, die weiße und schwarze Kugeln in gegebenen Anzahlen enthält. Aus dieser Urne wird eine Kugel gezogen und nach Feststellung ihrer Farbe wieder zurückgelegt, so daß der Inhalt der Ziehung bei jeder Ziehung in der gleichen Weise zusammengesetzt ist. Das Ziehen einer weißen Kugel sei das Ereignis E, das einer schwarzen Kugel das Ereignis E'.

Das Ergebnis von s solchen Realisierungen wird eine ganz bestimmte Folge sein, in welcher E und E' in den einzelnen Versuchen auftraten, z. B. also die Folge

$$E, E', E', E, E', E, E, E \ldots$$

Das Ereignis E möge m mal, e' aber $n = s - m$ mal aufgetreten sein.

Die Wahrscheinlichkeit des Auftretens einer solchen Folge ergibt sich direkt aus dem Multiplikationstheorem. Diese ist

$$P^{(p, q)} = p \cdot q \cdot q \cdot p \cdot q \cdot p \cdot p \cdot p \cdot \ldots = p^n q^m.$$

Dies ist die Wahrscheinlichkeit jeder bestimmten Reihenfolge, in der das Ereignis E n mal eintrat und m mal s ausblieb. Die Anzahl der möglichen Folgen ist gleich der Anzahl der Anordnungen von n Elementen E und $n = s - m$ Elementen E' auf s Plätzen, und ist demnach $\binom{s}{n}$. Die Wahrscheinlichkeit des n maligen Eintreffens und m maligen Ausbleibens von E ohne Rücksicht auf die Reihenfolge ist demnach

$$P_{n, m} = \binom{s}{n} p^n q^m.$$

Macht man in diesem Ausdrucke n der Reihe nach gleich $0, 1, 2, \ldots s$, so ergeben sich die Wahrscheinlichkeiten für das $0, 1, 2, \ldots s$ malige Eintreffen von E in einer Reihe von s Wiederholungen mit

$$P_{0, s} = q^s, \ \ P_{1, s-1} = \binom{s}{1} p q^{s-1}, \ \cdots \ P_{i, s-i} = \binom{s}{i} p^i q^{s-i}, \ \cdots P_{s, 0} = p^s.$$

Dies sind nun die Glieder der Binomialentwicklung von $(p + q)^s$, und man findet demnach diese Wahrscheinlichkeiten, indem man die betreffenden Glieder dieser Entwicklung bestimmt. Die Bedeutung der Identität

$$(p + q)^s = P_{0, s} + P_{1, s-1} + P_{2, s-2} + \cdots + P_{s, 0}$$

besteht darin, daß bei einer s maligen Realisierung der Versuchsbedingungen eines der diesen Wahrscheinlichkeiten entsprechenden Ereignisse eintreten muß.

Man kann die Wahrscheinlichkeiten $P_{i, s-i}$ untersuchen, indem man das Wachsen der Glieder der Binomialentwicklung von $(p + q)^s$ bestimmt. Die

Summe dieser Glieder ist gleich 1, und da ihre Anzahl gleich $s+1$ ist, so müssen die Beträge mit wachsendem s stets abnehmen. Hierbei bleiben sie aber in bestimmten Verhältnissen, die für das Verständnis der weiteren Ausführungen festgehalten werden müssen.

Das dem Gliede $P_{n,\,s-n}$ vorausgehende Glied ist

$$P_{n-1,\,s-n+1} = \binom{s}{n-1} p^{n-1} q^{m+1}$$

und das Verhältnis von $P_{n,\,m}$ zu $P_{n-1,\,m+1}$ ist

$$\frac{m+1}{s-m} \cdot \frac{p}{q}$$

und je nachdem dieser Wert größer oder gleich 1 ist, ist $P_{n,\,m}$ oder $P_{n-1,\,m+1}$ größer.

Man sieht leicht, daß es nicht mehr als zwei benachbarte Glieder geben kann, die gleich sind. Soll es zwei solche Glieder geben, so muß die Gleichung

$$\frac{m+1}{s-m} \cdot \frac{p}{q} = 1$$

durch ganzzahlige Werte von n und m lösbar sein. Dies ist der Fall, wenn entweder $\dfrac{m+1}{q}$ oder $\dfrac{n}{p}$ ganze Zahlen sind. Ist dies nicht der Fall, so gibt es ein Glied, das alle andern an Größe übertrifft.

Soll $P_{m,\,n}$ das größte Glied sein, so muß

$$\frac{n+1}{m} \cdot \frac{q}{p} > 1$$

$$\frac{m+1}{n} \cdot \frac{p}{2} > 1$$

sein. Drückt man m und q durch s und p aus, so folgt

$$sp - q < n < sp + p.$$

Da das Intervall, in welches n eingeschlossen ist, die Länge 1 hat, so ist n hierdurch vollständig bestimmt, mit Ausnahme des Falles, daß die Grenzen ganze Zahlen sind. Dies ergibt den früher besprochenen Fall, daß die Entwicklung zwei gleiche Glieder hat. Ist sp eine ganze Zahl, so ist $n = sp$ die gesuchte Wiederholungszahl, für welche die Wahrscheinlichkeit $P_{n,\,m}$ am größten ist. Keinesfalls aber unterscheidet sich der Bruch $\dfrac{n}{s}$ um mehr als $\dfrac{1}{s}$ von p. Unter den bei s Versuchen möglichen Ergebnissen ist also jenes am wahrscheinlichsten, in welchem die Wiederholungszahl n dem Produkte sp gleich ist oder so nahe als möglich kommt. In diesem Versuchsergebnisse verhalten sich die Wiederholungszahlen $n:m$ so wie die Wahrscheinlichkeiten $p:q$.

Die Wahrscheinlichkeit, daß eine einigermaßen ausgedehnte Versuchsreihe das wahrscheinlichste Ergebnis tatsächlich liefere, ist außerordentlich klein. Aus diesem Grunde ist es wichtig, die Wahrscheinlichkeit zu bestimmen, mit der ein Ergebnis, das sich um gewisse Beträge von dem wahrscheinlichsten unterscheidet, erwartet werden kann. Der Unterschied besteht darin, daß statt der wahrscheinlichsten Wiederholungszahlen n und m die Zahlen n' und m' beobachtet wurde. Die tatsächliche Wiederholungszahl liegt also in der Entfernung $n-n'$ von der wahrscheinlichsten. Man kann also die Frage aufwerfen, mit welcher Wahrscheinlichkeit ein Ergebnis, das sich von dem wahrscheinlichsten Ergebnisse um den absoluten Betrag d — also nach oben und unten — entfernt, zu erwarten ist. Die Antwort ergibt sich sofort durch die Summe

$$P_{-d,d}=P_{n-d,m+d}+P_{n-d+1,m+d-1},+\cdots+P_{n,m}+\cdots+P_{n+d-1,m-d+1}+P_{n+d,m-d}.$$

Für diese Summe läßt sich ein geschlossener Ausdruck nicht finden, und man trachtet daher, für sie wenigstens einen Nährungswert zu finden.

Zu diesem Zwecke betrachtet man zunächst die Wiederholungszahl als stetig veränderliche Größe. Hierauf führt man für die Faktoriellen die sich aus der Stirlingschen Formel

$$n! = s^s e^{-s} \sqrt{2s\pi}$$

sich ergebenden Werte ein. Die Größen P sind nun stetige Funktionen des Index x, deren Summe sich aus der Eulerschen Summenformel mit

$$\sum_{-d}^{d} P_i = 2 \int_0^d P_x\, dx + \frac{1}{2}(P_{-d}+P_d),$$

ergibt, wenn man sich in der Eulerschen Summenformel auf das erste Glied beschränkt. Die Ausführung der Rechnungen ergibt für die Wahrscheinlichkeit, daß die tatsächlich zur Beobachtung kommende Abweichung von dem wahrscheinlichsten Ergebnisse sich innerhalb der Grenzen $-d$, d halte, den Wert

$$P_{-d,d} = \frac{2}{\sqrt{\pi}} \int_0^{\gamma} e^{-t^2}\, dt + \frac{e^{-\gamma^2}}{\sqrt{2\pi spq}}$$

wenn

$$t = \frac{x}{\sqrt{2spq}}$$

$$\gamma = \frac{d}{\sqrt{2spq}}.$$

Man kann diesen Satz folgendermaßen aussprechen: Ist die Versuchszahl s groß, so ist die Wahrscheinlichkeit P dafür, daß die Wiederholungszahl n zwischen den Grenzen

$$sp - \gamma\sqrt{2spq} \quad \text{und} \quad sp + \gamma\sqrt{2spq},$$

die relative Häufigkeit $\frac{n}{s}$ also zwischen die Grenzen

$$p - \gamma\sqrt{\frac{2pq}{s}} \quad \text{und} \quad p + \gamma\sqrt{\frac{2pq}{s}}$$

falle, gegeben durch

$$P = \frac{2}{\sqrt{\pi}} \int\limits_0^\gamma e^{-t^2} dt + \frac{e^{-\gamma^2}}{\sqrt{2\pi s p q}}.$$

Hält man P konstant, so wachsen die Grenzen, innerhalb welcher man die Wiederholungszahl n mit der Wahrscheinlichkeit P erwarten kann, mit wachsender Versuchszahl unbeschränkt, aber nur wie $\sqrt{s}$. Die Abweichungen der relativen Häufigkeit $\frac{n}{s}$ nehmen aber mit wachsender Versuchszahl unbeschränkt ab und nähern sich der Null als Grenze. Für jede noch so kleine vorgegebene Abweichung δ der relativen Häufigkeit $\frac{n}{s}$ von dem wahrscheinlichsten Werte p gibt es eine Versuchszahl S derart, daß eine der Einheit beliebig nahe Wahrscheinlichkeit dafür besteht, daß $\left|\frac{n}{s} - p\right| < \delta$, wenn $s > S$.

Einerseits entspricht die Tatsache, daß in einer großen Versuchszahl jedes Ereignis sich mit einer seiner Wahrscheinlichkeit entsprechenden Häufigkeit einstellt, unserer Erwartung, andererseits hat die mathematische Formulierung dieses Satzes unbestreitbar etwas Überraschendes. Es muß deshalb festgestellt werden, daß der allgemeine Gedankeninhalt dieses Satzes, wie ihn bereits Jakob Bernoulli ausgesprochen hat, sich mit sehr einfachen Mitteln beweisen läßt. Die Formulierung des Zusammenhanges zwischen den Grenzen der Wahrscheinlichkeiten der Abweichungen innerhalb gewisser Grenzen und der Versuchszahl stammt von Laplace, der sie 100 Jahre nach dem Erscheinen der posthumen „Ars Conjectandi" von Bernoulli veröffentlichte. In richtiger Einschätzung des Wertes der Leistungen bezeichnet man das Theorem als den Satz von Bernoulli. Das in der Laplaceschen Formulierung auftretende Integral bezeichnet man als das Wahrscheinlichkeitsintegral, als die $\Phi(\gamma)$-Funktion nach der üblichen Bezeichnung, oder als die Kramp-Laplacesche Transzendente nach dem Citoyen Kramp, der in seiner „Analyse des refractions astronomiques", Strasbourg, an VII., die erste Tabelle dieser Funktion veröffentlichte. Den Wert dieses Integrales zwischen unendlichen Grenzen bestimmte Laplace, jedoch ist dieser Wert auch aus einem bereits von Euler berechneten Integrale zu erhalten, wie Gauß in einer handschriftlichen Notiz zu seiner „Theoria Motus" bemerkt.

Laplaces Formulierung muß ohne Zweifel als ein Meisterstück analytischer Geschicklichkeit bezeichnet werden. Der Erfolg wird durch 3 Kunstgriffe erreicht: 1. wird die Versuchszahl als stetig veränderliche Größe betrachtet; 2. werden die Ausdrücke durch Einführung der Stirlingschen Formel für die Faktoriellen in eine analytisch handliche Form gebracht; und 3. werden die Summen nach dem Eulerschen Satze in bestimmte Integrale verwandelt. Der Zusammenhang zwischen den beiden letzten Schritten ergibt sich durch die angestrebte Genauigkeit. Diese muß man festlegen, sobald man sich für eine Formel für die Faktoriellen entscheidet. Sobald man sich hierüber entschieden hat, ist der Gang der Rechnungen insoweit festgelegt, als es keinen Zweck hat, bei der Anwendung der Summenformel durch Beibehaltung einer größeren Anzahl von Gliedern eine über das ursprüngliche Maß hinausgehende Genauigkeit anzustreben.

Bei der Wahl des asymptotischen Ausdruckes für die Faktoriellen hat man nun eine ziemliche Freiheit. Zunächst besitzt man andere Ausdrücke, die für diese Zwecke geeigneter sind als die Stirlingsche Formel. Dann aber kann man in der Stirlingschen Formel

$$\log x! = \frac{1}{2}\log 2\pi + \left(x + \frac{1}{2}\right)\log x - x + \frac{1}{12\,x} + \frac{1}{360\,x^3} + \frac{1}{1260\,x^5} - \cdots$$

eine beliebige Anzahl von Gliedern beibehalten und dadurch jede vorgeschriebene Genauigkeit erreichen. Es steht also jedermann frei, auf dem von Laplace vorgezeichneten Wege eine neue Formulierung des Bernoullischen Satzes zu gewinnen. Die Laplacesche Formulierung ist jedenfalls insofern sehr glücklich, als die Genauigkeit von der Dimension $\sqrt{s}$ hinreichend ist, zugleich aber doch in der Endformel einen unverhältnismäßig einfachen Ausdruck ergibt.

Eine sehr merkwürdige Annahme ist die Fiktion der Stetigkeit der Versuchszahl s. Es ist im Grunde genommen derselbe Kunstgriff, wie wir ihn beim Messen einer Getreidemenge anwenden, wo wir statt die Körner zu zählen, den von ihnen eingenommenen Raum messen, d. h. die Getreidemenge als kontinuierliches Quantum betrachten. Man kann sich auch darauf berufen, daß jede Größe in der unmittelbaren Erfahrung als diskret gegeben sind, allein in dem vorliegenden Falle besteht die Schwierigkeit darin, daß die Versuchszahl überhaupt nicht anders als diskret zunehmend vorgestellt werden kann. Liebt man solche Betrachtungen nicht, so kann man ihnen aus dem Wege gehen, indem man die Annahme der Stetigkeit von s als ein rein analytisches Hilfsmittel betrachtet, das die weitere Behandlung der Formeln ermöglicht. Durch diese Behandlung einer diskreten Größe als stetig wird ein gewisser Fehler begangen, der aber mit der angestrebten Genauigkeit der Rechnungen verträglich ist.

Wir wollen nun die Bedeutung der Annahme besprechen, daß die Versuchszahl s groß sein muß. Hierbei sollen folgende zwei Punkte hervorgehoben werden:

1. Mit Wachsen der Versuchszahl nimmt die Anzahl der möglichen Ereignisse zu, und die Wahrscheinlichkeit eines jeden Ergebnisses, in welchem bestimmte, vorgegebene Werte der Wiederholungszahlen von E und E' zur Beobachtung kommen, nimmt ab. Diese Abnahme geschieht um so rascher, je mehr sich die Wiederholungszahlen von E und E' in ihrem Verhältnisse von dem Werte $p : q$ entfernen.

2. In der Laplaceschen Formulierung tritt unter dem Integralzeichen die Funktion e^{-x^2} auf, welche die Y-Achse als Symmetrale hat.

Wir wollen diese Verhältnisse an der Hand einiger Zahlenbeispiele verfolgen und durch graphische Darstellungen versinnlichen.

Es handele sich um ein Ereignis E mit der Wahrscheinlichkeit $p = \frac{2}{3}$ und der Gegenwahrscheinlichkeit $q = \frac{1}{3}$. Ein solches Ereignis wäre das Ziehen einer weißen Kugel aus einer Urne, die zwei weiße und eine schwarze Kugel enthält, wenn nach jeder Ziehung die gezogene Kugel wieder in die Ziehung zurückgelegt wird. Es sollen $s = 3$ Ziehungen gemacht werden. Es sind folgende Ergebnisse möglich:

    1. 3 weiße Kugeln;
    2. 2 weiße und 1 schwarze Kugel;
    3. 1 weiße und 2 schwarze Kugeln;
    4. 3 schwarze Kugeln.

Die relativen Häufigkeiten der weißen Kugeln sind in den vier Ergebnissen: 1,00, 0,67, 0,33, 0,00. Die Anzahl der möglichen Ergebnisse ist 27, von welchen den relativen Häufigkeiten 1,00, 0,67, 0,33, 0,00 bzw. 8, 12, 6, 1 Fälle günstig sind, weshalb ihnen die Wahrscheinlichkeiten 0,29 630, 0,44 444, 0,22 222, 0,03 704 entsprechen. Die größte Wahrscheinlichkeit kommt dem Ergebnisse 2 weiße und eine schwarze Kugel zu, jedoch ist die Verteilung um diesen Wert durch asymmetrisch.

Für $s = 9$ sind die möglichen Ergebnisse:

9	weiße und	0	schwarze	Kugeln
8	„ „	1	„	„
7	„ „	2	„	„
6	„ „	3	„	„
5	„ „	4	„	„
4	„ „	5	„	„
3	„ „	6	„	„
2	„ „	7	„	„
1	„ „	8	„	„
0	„ „	9	„	„ .

Die diesen Ergebnissen entsprechenden relativen Häufigkeiten der weißen Kugeln sowie die Anzahl der ihnen günstigen Fälle und die hieraus sich ergebenden Wahrscheinlichkeiten sind:

1,00	512	0,02601	0,44	2016	0,10242
0,89	2304	0,11705	0,33	672	0,03414
0,78	4608	0,23410	0,22	144	0,00731
0,67	5376	0,27313	0,11	18	0,00091
0,56	4032	0,20485	0,00	1	0,00005 .

Man bemerkt das außerordentlich rasche Zunehmen der Anzahl der überhaupt möglichen Fälle und das damit zusammenhängende Abnehmen der Wahrscheinlichkeiten der einzelnen Ergebnisse. Die relativen Häufigkeiten 1,00, 0,67, 0,33, 0,00 kommen auch in diesem Beispiele vor, allein die ihnen entsprechenden Wahrscheinlichkeiten sind für $s = 9$ durchwegs kleiner. Das Verhältnis dieser Wahrscheinlichkeiten für $s = 3$ und $s = 9$ ist der Reihe nach: 11,4, 1,6, 6,5, 729. Die Abnahme dieser

Wahrscheinlichkeiten erfolgt also um so rascher, je weiter das betreffende Ergebnis vom wahrscheinlichsten Werte liegt. Die Ergebnisse, die in der Nähe des wahrscheinlichsten Ergebnisses liegen, häufen sich also verhältnismäßig immer mehr an.

Die größte Wahrscheinlichkeit entspricht dem Ergebnisse 2 weiße und eine schwarze Kugel, also der relativen Häufigkeit 0,67. Von einer Symmetrie der Verteilung der Wahrscheinlichkeiten um den wahrscheinlichsten Wert ist keine Rede. Die Tafel dieser Werte sieht aus wie eine an ihrem oberen Ende abgeschnittene Verteilungstafel. Zu bemerken ist, daß die Werte $P_{7,2}$ und $P_{8,1}$ größer sind wie die zum wahrscheinlichsten Werte symmetrisch gelegenen $P_{5,4}$ und $P_{4,5}$, daß aber $P_{9,0}$ kleiner ist als der symmetrisch gelegene Wert $P_{3,6}$.

Wir geben in ähnlicher Weise noch eine Zusammenstellung der für $s = 15$ möglichen Ergebnisse, der entsprechenden relativen Häufigkeiten der weißen Kugeln, der Anzahl der diesen Ergebnissen günstigen Fälle und der aus diesen sich ergebenden Wahrscheinlichkeiten. Die Anzahl der überhaupt möglichen Ergebnisse ist 14,348,907.

Anzahl der schwarzen Kugeln	weißen Kugeln	Relative Häufigkeit	Zahl der günstigen Fälle	Wahrscheinlichkeit
15	0	1,00	32,768	0,00228
14	1	0,93	245,760	0,01712
13	2	0,87	860,160	0,05995
12	3	0,80	1,863,680	0,12988
11	4	0,73	2,795,520	0,19482
10	5	0,67	3,075,072	0,21431
9	6	0,60	2,562,560	0,17859
8	7	0,53	1,647,360	0,11481
7	8	0,47	823,680	0,05740
6	9	0,40	320,320	0,02232
5	10	0,33	96,096	0,00670
4	11	0,27	21,840	0,00152
3	12	0,20	3,640	0,00025
2	13	0,13	420	0,00003
1	14	0,07	30	0,00000
0	15	0,00	1	0,00000.

Die in dem Beispiele für $s = 9$ angedeuteten Verhältnisse sind hier noch leichter zu erkennen. Das wahrscheinlichste Ergebnis ist wieder jenes, welches dem Erscheinen einer weißen Kugel die relative Häufigkeit 0,67 gibt. Die den einzelnen Ergebnissen entsprechenden Wahrscheinlichkeiten haben weiter abgenommen, allein die am oberen und unteren Ende der Tafel liegenden Werte haben eine viel stärkere verhältnismäßige Abnahme als die in der Nachbarschaft des wahrscheinlichsten Wertes liegenden. Ferner bemerkt man, daß die Wahrscheinlichkeiten $P_{11,4}$, $P_{12,3}$, $P_{13,2}$ größer sind als die zu ihnen in bezug auf $P_{10,5}$ symmetrisch liegenden Größen $P_{9,6}$, $P_{8,7}$, $P_{7,8}$, während bei $P_{14,1}$, $P_{15,1}$ hinsichtlich $P_{6,9}$, $P_{5,10}$ das Umgekehrte der Fall ist.

Zwecks weiterer Verfolgung dieser Verhältnisse sind die Werte $P_{n,m}$ in tabellarischer Form für $s = 25, 50, 100$ zusammengestellt. Die Kolonnen

$\dfrac{n}{s}$	$s = 25$	$s = 50$	$P_{25} : P_{50}$	$s = 100$	$P_{50} : P_{100}$
1,00	0,00004				
0,96	0,00049				
0,92	0,00296	0,00002	148,0		
0,90		0,00010			
0,88	0,01136	0,00039	26,5		
0,86		0,00122		0,00001	122,0
0,85				0,00002	
0,84	0,03130	0,00329	9,5	0,00005	65,8
0,83				0,00012	
0,82		0,00767		0,00029	29,9
0,81				0,00062	
0,80	0,06573	0,01573	4,1	0,00126	12,5
0,79				0,00230	
0,78		0,02860		0,00430	6,7
0,77				0,00728	
0,76	0,10957	0,04648	2,3	0,01171	4,0
0,75				0,01780	
0,74		0,06794		0,02570	2,6
0,73				0,03518	
0,72	0,14875	0,08976	1,6	0,04584	2,0
0,71				0,05686	
0,70		0,10771		0,06725	1,6
0,69				0,07596	
0,68	0,16738	0,11781	1,4	0,08180	1,4
0,67				0,08435	
0,66		0,11781		0,08311	1,4
0,65				0,07837	
0,64	0,15808	0,10798	1,5	0,07074	1,5
0,63				0,06120	
0,62		0,09096		0,05072	1,8
0,61				0,04032	
0,60	0,12645	0,07049	1,8	0,03073	2,3
0,59				0,02249	
0,58		0,05035		0,01590	3,2
0,57				0,01070	
0,56	0,08622	0,03314	2,6	0,00692	4,8
0,55				0,00431	
0,54		0,02017		0,00257	7,8
0,53				0,00148	
0,52	0,05031	0,01135	4,4	0,00081	14,0
0,51				0,00043	
0,50		0,00590		0,00022	26,8
0,49				0 00011	
0,48	0,02514	0,00284	8,9	0,00005	56,8
0,47				0,00002	
0,46		0,00129		0,00001	129,0
0,44	0,01075	0,00053	20,3		
0 42		0,00020			
0,40	0,00393	0,00007	56,1		
0,38		0,00002			
0,36	0,00122				
0,32	0,00032				
0,28	0,00007				
0,24	0,00001				

$P_{25} : P_{50}$ und $P_{50} : P_{100}$ geben die Verhältnisse dieser Werte zu jenen der vorangehenden Spalte und zeigen durch ihren Verlauf die rasche Abnahme dieser Wahrscheinlichkeiten an dem obern und untern Ende der Tafel. Schon bei der verhältnismäßig geringen Versuchszahl $s = 100$ haben nur die in der Nachbarschaft des wahrscheinlichsten Ergebnisses liegenden relativen Häufigkeiten beträchtliche Wahrscheinlichkeiten.

Außerdem bemerkt man in den drei Kolonnen eine merkliche Abnahme der Asymmetrie in der Verteilung der Werte $P_{n,m}$, so daß sie sich für $s = 100$ nicht mehr stark von einer symmetrischen Verteilung unterscheidet. Dies ist hauptsächlich dadurch verursacht, daß die vom wahrscheinlichsten Ergebnisse einigermaßen abliegenden Resultate Wahrscheinlichkeiten haben, die sich mit wachsender Versuchszahl sehr rasch dem Werte Null nähern. Man kann dies dahin ausdrücken, daß die Symmetrie von den beiden Enden der Tafel her hereinkomme, indem die Unterschiede immer mehr ausgeglichen werden. Wählt man irgendein Maß der Asymmetrie — z. B. die Summe der absoluten Beträge der Differenzen symmetrisch gelegener Werte — und verlangt, daß die Abweichung von der Symmetrie eine gewisse Größe nicht überschreiten solle, so läßt sich dies stets erreichen, indem man die Versuchszahl hinreichend groß wählt. Streng symmetrisch bei endlicher Versuchszahl ist die Verteilung aber nur in dem Falle $p = \frac{1}{2}$.

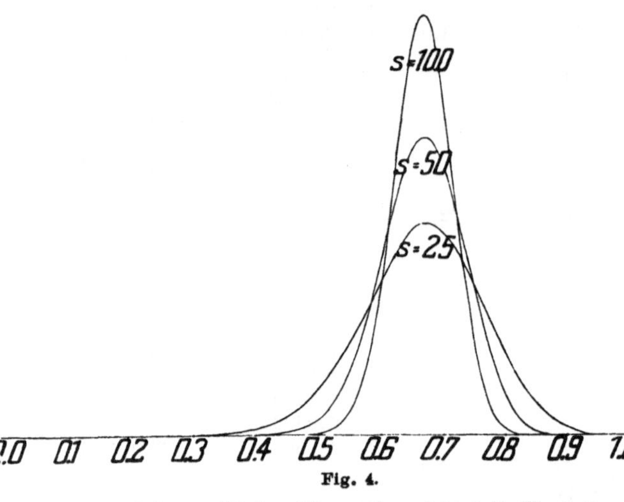

Fig. 3.

Fig. 4.

Die Daten der Tabelle sind in Figur 3 graphisch dargestellt, indem die relativen Häufigkeiten als Abszissen und die ihnen entsprechenden Wahrscheinlichkeiten als Ordinaten aufgetragen sind. Man ersieht sofort die Abnahme der Wahrscheinlichkeiten der einzelnen Ergebnisse und die Einschränkung der beträchtlicheren Werte auf ein bei wachsender Versuchszahl immer kleiner werdendes Gebiet.

Bei einer solchen direkten Übertragung der Daten der Tabelle in die graphische Darstellung ist folgender Umstand nicht berücksichtigt. Die Summe der Größen $P_{n,m}$ muß gleich 1 sein, weil es sich um die Wahrscheinlichkeiten von einander ausschließenden Fällen handelt, von denen einer eintreffen muß. Werden solche Größen durch eine Kurve dargestellt, so tritt der Flächeninhalt an die Stelle der Summe der Ordinaten. Es ist deshalb bei der Konstruktion dieser Kurven die Bedingung zu berücksichtigen, daß der von diesen Kurven und der Abszissenachse eingeschlossene Flächeninhalt gleich sein soll. Dies ist in Fig. 4 geschehen. Man sieht sofort, daß mit wachsender Versuchszahl die Kurven viel schlanker und höher werden. Die Asymmetrie der Kurve für $s=25$ ist noch zu erkennen, allein die Kurve für $s=100$ erscheint dem Auge durchaus als symmetrisch. Strenge Symmetrie wird erst bei unendlicher Versuchszahl erreicht, allein eine für die praktischen Zwecke der Rechnung genügende Annäherung an die Symmetrie wird schon bei verhältnismäßig kleinen Werten erreicht.

7. Begriff der Präzision.

Es sollen 2 Versuchsreihen gemacht werden, von denen die erste s_1 Versuche über das Ereignis E_1 mit der Wahrscheinlichkeit p_1, und die zweite s_2 Versuche über das Ereignis E_2 mit der Wahrscheinlichkeit p_2 enthält. Man kann diese Versuchsreihen daraufhin vergleichen, wie weit die Grenzen sind, innerhalb welcher sich das Resultat mit einer gegebenen Wahrscheinlichkeit P erwarten läßt. Je enger diese Grenzen sind, desto genauer ist die Voraussage über das zu gewärtigende Ergebnis.

Aus P ergibt sich der Wert von γ, und die diesem Werte entsprechenden Intervalle sind

$$p_1 + \gamma \sqrt{\frac{2 p_1 q_1}{s_1}} - \left(p_1 - \gamma \sqrt{\frac{2 p_1 q_1}{s_1}}\right) = 2 \gamma \sqrt{\frac{2 p_1 q_1}{s_1}},$$

$$p_2 + \gamma \sqrt{\frac{2 p_2 q_2}{s_2}} - \left(p_2 - \gamma \sqrt{\frac{2 p_2 q_2}{s_2}}\right) = 2 \gamma \sqrt{\frac{2 p_2 q_2}{s_2}}.$$

Die Länge dieser Intervalle hängt also von der Wahrscheinlichkeit des betreffenden Ereignisses und von der Versuchszahl ab. Man setzt die Präzision der Länge dieser Intervalle verkehrt proportional und bezeichnet die Größe

$$h = \sqrt{\frac{s}{2 p q}}$$

als das Präzisionsmaß. Das Quadrat des Präzisionsmaßes ist der Versuchszahl direkt, dem Produkte pq aber verkehrt proportional. Da das Produkt $p(1-p)$ für $p = \frac{1}{2}$ ein Maximum hat, zu dessen beiden Seiten es sich monoton der Null nähert, so ist die Präzision um so größer, je mehr sich die Wahrscheinlichkeit p einem der Werte 0 oder 1 nähert.

Je mehr sich der Wert von p dem Betrage $\frac{1}{2}$ nähert, desto geringer wird die Präzision.

Die Funktion $\dfrac{h}{\sqrt{\pi}}\,e^{-h^2(x-a)^2}$ hängt von den Konstanten a und h ab. Für $x=a$ erreicht die Funktion ihr Maximum, zu dessen beiden Seiten sie symmetrisch abfällt. Die Raschheit des Abfalles sowie der größte Wert der Funktion hängt von h ab. Man kann diesen Tatbestand dahin ausdrücken, daß von a die Lage und von h die Form der Kurve abhängt. Alle auf die Funktion bezüglichen Werte lassen sich durch a und h ausdrücken, und da für die Rechnung die Lage der Kurve gleichgültig ist, so tritt in den Formeln meist nur h auf. Dies gilt insbesondere von den Größen, die zur Bestimmung der Genauigkeit dienen, die alle von dem Präzisionsmaße h abhängen. Folgende Größen kommen hauptsächlich in Betracht:

1. Die wahrscheinliche Abweichung. Als diese wird jenes Intervall mit symmetrisch zum wahrscheinlichsten Werte gelegenen Endpunkten bezeichnet, für welches die Wahrscheinlichkeit $\frac{1}{2}$ besteht, daß das Ergebnis einer Versuchsreihe zwischen sie falle. Aus dem Ansatze

$$\frac{2}{\sqrt{\pi}}\int_0^{\varrho} e^{-t^2}\,dt + \frac{e^{-t^2}}{\sqrt{2\pi s p q}} = \frac{1}{2}$$

findet man

$$\varrho = 0{,}4769\cdots - \frac{1}{2\sqrt{2spq}}.$$

Die wahrscheinliche Abweichung der Wiederholungszahl ist also

$$sp - \varrho\,\sqrt{2spq} + \tfrac{1}{2},\ sp + \varrho\,\sqrt{2spq} - \tfrac{1}{2}$$

und die Länge dieses Intervalles ist

$$2\varrho\,\sqrt{2spq} - 1.$$

Für die relative Häufigkeit sind diese Grenzen

$$p - \varrho\,\sqrt{\frac{2pq}{s}} + \frac{1}{2s},\ p + \varrho\,\sqrt{\frac{2pq}{s}} - \frac{1}{2s}$$

$$2\varrho\,\sqrt{\frac{2pq}{s}} = \frac{1}{2s}.$$

2. Die mittlere Abweichung der Wiederholungszahl n bzw. der relativen Häufigkeit $\frac{n}{s}$ ist als die Quadratwurzel aus dem mittleren Quadrate der Abweichung definiert. Diese Definition ergibt für die mittlere Abweichung von n die Formel

$$\mu^2 = \sum_{k=0}^{s} (k-sp)^2 \binom{s}{k} p^k q^{s-k}$$

und die Summation ergibt für die mittlere Abweichung der Wiederholungszahl

$$\sqrt{spq}$$

und für jene der relativen Häufigkeit

$$\sqrt{\frac{pq}{s}}.$$

Der gleiche Wert ergibt sich auch aus dem Ansatze

$$\mu^2 = \frac{1}{\sqrt{2\pi spq}} \int\limits_{-\infty}^{\infty} e^{-\frac{\lambda^2}{2spq}} \cdot \lambda^2 \, d\lambda.$$

3. Der Mittelwert der Abweichung ist durch

$$\sum \binom{s}{k}(k-sp)p^k q^{s-k}$$

definiert und hat ersichtlich den Wert Null.

4. Die durchschnittliche Abweichung ist als der Mittelwert des absoluten Betrages der Abweichung definiert, und demnach

$$\vartheta = \sum_{0}^{sp} \binom{s}{k} |sp-k| \, p^k q^{s-k} + \sum_{sp}^{s} \binom{s}{k} |k-sp| \, p^k q^{s-k}.$$

Die Summierung ergibt für die Wiederholungszahl

$$\vartheta = \sqrt{\frac{2spq}{\pi}}$$

und für die relative Häufigkeit

$$\vartheta = \sqrt{\frac{2pq}{\pi s}}.$$

Alle diese Größen stehen in einfachen Beziehungen zum Präzisionsmaße. Bezeichnet h das Präzisionsmaß ohne Rücksicht darauf, ob es sich auf die absolute oder auf die relative Häufigkeit bezieht, so hat man

$$\omega = \frac{\varrho}{h}, \quad \mu = \frac{1}{\sqrt{2}\,h}, \quad \vartheta = \frac{1}{\sqrt{\pi}\,h}.$$

Sämtliche Größen sind also dem Präzisionsmaße verkehrt proportional.

8. Der Bernoullische Satz und die Erfahrung.

Der Satz von Bernoulli bietet die Möglichkeit, die Frage zu beantworten, ob es im Gebiete der Wirklichkeit Ereignisse gibt, die den von der Wahrscheinlichkeitsrechnung als zufällig bezeichneten Ereignissen entsprechen. Es handelt sich also um die Frage, ob die Wahrscheinlichkeitsrechnung in bestimmten Gebieten der Erfahrung objektive Bedeutung hat. Eine einmalige Realisierung der Entstehungsbedingungen eines Ereignisses E, gleichgültig, welchen Wert dessen Wahrscheinlichkeit p hat, kann darüber nicht Aufschluß geben, weil stets der Eintritt von E wie von E' möglich ist.

Etwas verschieden liegen die Verhältnisse, wenn es sich um eine beträchtliche Zahl von Versuchen handelt. Auf diesen Fall bezieht sich die im Bernoullischen Satze enthaltene Wahrscheinlichkeitsaussage für die Annäherung der relativen Häufigkeit an die Wahrscheinlichkeit von E. Gibt es im Gebiete der Wirklichkeit Ereignisse, für welche die Aussagen des Bernoullischen Satzes zutreffen? Es handelt sich darum, durch Versuche ein Material zu gewinnen, an der Hand dessen die nach dem Bernoullischen Satze berechneten Größen mit den aus den Daten der Beobachtung abgeleiteten Werten verglichen werden können.

Die Hauptschwierigkeit solcher Untersuchungen besteht darin, ein Erfahrungsgebiet zu finden, wo die Entstehungsbedingungen des zu untersuchenden Ereignisses mit hinreichender Konstanz beliebig oft realisiert werden können, wobei diese Bedingungen hinreichend bekannt sein müssen, um eine richtige Wahrscheinlichkeitsbestimmung zu ermöglichen. So sind z. B. Versuche mit Würfeln oder Münzen für diese Zwecke minder geeignet, da aus den früher besprochenen Gründen eine genaue Gleichheit der Chancen der einzelnen Seiten nur dann bestehen kann, wenn der geometrische Mittelpunkt der Münze oder des Würfels mit dem Schwerpunkte zusammenfällt, was im allgemeinen nicht der Fall sein wird, und was sich direkt nicht feststellen läßt. Ebenso haben viele Versuche über geometrische Wahrscheinlichkeiten etwas Unbefriedigendes, weil es schwer ist, einen mechanischen Prozeß zu finden, der als Verwirklichung des zufälligen Herausgreifens eines Elementes aus der Menge angesehen werden kann.

Dazu kommt, daß die Gewinnung eines solchen Materiales von hinreichender Ausdehnung einen Aufwand an Zeit und Mühe erfordert, den man sich gerne ersparen würde. Aus diesem Grunde macht man solche Untersuchungen gerne an einem bereits fertig vorliegenden Materiale. Ein solches findet sich in den Aufzeichnungen über die Ergebnisse der öffentlichen Glücksspiele, namentlich der Lotterieziehungen. Wegen des an diesen Spielen hängenden materiellen Interesses werden die Ziehungen mit großer Sorgfalt und nach solchen Vorschriften gemacht, die das Vorhandensein sämtlicher Nummern sowie ihre gründliche Durcheinandermischung gewährleisten. Ein der Forschung halber und ohne direktes materielles Interesse unternommenes Experiment dieser Art wäre wegen der damit verbundenen Kosten und Mühe unmöglich. Die Ergebnisse von Lotterieziehungen sind insofern ein günstigerer Untersuchungsgegenstand als jene des Roulettespieles, da bei diesem der Verdacht bestehen kann, daß ein Mangel an Übereinstimmung zwischen Rechnung und Beobachtung durch eine Unvollkommenheit des Instrumentes bedingt ist, welche den Ereignissen andere als die bei der Rechnung vorausgesetzten Wahrscheinlichkeiten gibt. Bei Lotterie-

ziehungen bilden aber die in der Urne vorhandenen Nummern gleichmögliche Fälle, und die Voraussetzungen der Wahrscheinlichkeitsrechnung sind in hohem Grade erfüllt, falls die Mischung des Urneninhaltes
mit der erforderlichen Sorgfalt geschieht.

G. Th. Fechner hat die Ziehungsergebnisse der sächischen Staats-
lotterie, und E. Czuber jene der Prager und Brünner Lotterie auf
ihre Übereinstimmung mit dem Bernoullischen Satze untersucht.
Beide fanden eine weitgehende Übereinstimmung zwischen Rechnung
und Beobachtung. Ähnliche Resultate ergaben sich in allen Fällen,
wo eine solche Untersuchung an einem Materiale vorgenommen wurde,
das hinsichtlich der Konstanz und Durchsichtigkeit der Versuchsbedingungen der Kritik standhält. Es gibt also im Gebiete der Wirklichkeit Ereignisse, an denen die Voraussetzungen der Wahrscheinlichkeitsrechnung als realisierbar anzusehen sind.

Die Tragweite des Bernoullischen Satzes ist sehr groß, jedoch
muß man sich davor hüten, diesem Satze eine Bedeutung beizulegen,
die ihm nicht zukommt. Zunächst darf man eine Übereinstimmung
zwischen Rechnung und Beobachtung dann nicht erwarten, wenn die
Voraussetzungen für die Anwendbarkeit dieses Satzes nicht gegeben
sind. Dies ist insbesonders dann der Fall, wenn die Versuchsbedingungen
nicht konstant bleiben. Mit Grund kann man diese Aussage nur dann
machen, wenn man die Konstanz des Bedingungskomplexes direkt kontrollieren kann. Dies ist der Fall, wenn der Bedingungskomplex für
die Entstehung des Ereignisses E materiell greifbar ist wie der Inhalt
einer Urne oder die Zusammensetzung eines Kartenspieles. In den meisten anderen Fällen wird man sich mit der Feststellung begnügen müssen, daß auch bei Anwendung der erforderlichen Sorgfalt kein Grund
gefunden werden konnte, der die Annahme begründen könnte, daß das
den Ereignissen unterliegende Bedingungssystem eine Veränderung er-
fahren habe.

Festzuhalten ist ferner, daß der Bernoullische Satz nur eine
Wahrscheinlichkeitsaussage enthält. Die Einhaltung gegebener Grenzen
für die Abweichung der beobachteten relativen Häufigkeit von der
Wahrscheinlichkeit wird nicht unbedingt behauptet, sondern es wird
hierfür nur eine Wahrscheinlichkeit angegeben. Allerdings kann diese
durch hinreichende Vermehrung der Versuchszahl der Einheit beliebig
nahe gebracht werden, allein bei einer erst anzustellenden Versuchsreihe
besteht die Möglichkeit, daß eine diese Grenzen übersteigende Abweichung zur Beobachtung kommen werde.

Der Bernoullische Satz ist also nicht im Sinne eines Natur-
gesetzes aufzufassen, das auf den Ausgleich der Chancen hinwirkt. Auf
Grund einer solchen Vorstellung müßte ein Ereignis mit konstanter
Wahrscheinlichkeit, dessen Wiederholungszahl in einer Versuchsreihe
hinter der wahrscheinlichsten zurückblieb, bei weiterer Fortsetzung der
Versuche eine höhere Wahrscheinlichkeit besitzen. Es bestünde also

zwischen den einzelnen Versuchen eine Abhängigkeit, von deren Natur man sich durchaus keine Vorstellung machen kann.

Diese Auffassung des Ausgleiches der Chancen ist eine sehr weit verbreitete Vorstellung, von der man sich nur schwer befreien kann. Ist beim Roulettespiele eine längere Serie einer Farbe erschienen, so sieht man stets eine große Anzahl Spieler auf die entgegengesetzte Farbe, also auf die Unterbrechung der Serie, setzen. Diese Spieler geben sich nicht darüber Rechenschaft, daß die Zahl der Serien, in welchen zehnmal Rot von dem Ergebnisse Schwarz gefolgt sind, ebenso zahlreich sind wie die Serien von elfmal Rot.

Auf dieser Anschauung beruht die von den englischen Verfassern vertretene Lehre von der „randomness of nature“. H. Bruns hat sie wissenschaftlich formuliert, indem er einen „Satz von der gleichmäßigen Erschöpfung der Fälle“ postuliert. Werden über n gleichberechtigte Ereignisse $E_1, E_2, \ldots E_n$ s Versuche gemacht, so gilt für die relative Häufigkeit $H(E_i, s)$ von E_i nach diesem Satze die Aussage

$$\lim_{s = \infty} H(E_i, s) = \frac{1}{n} \quad (i = 1, 2, \cdots n).$$

Die gleiche Anzahl enthält ein Satz, den Brendel als Axiom einführt. Sind einem Ereignisse E unter m gleichberechtigten Fällen g Fälle günstig, und sind in n Reihen von je m Versuchen $\gamma_1, \gamma_2, \ldots \gamma_n$ die Wiederholungszahlen, so soll

$$\lim_{n = \infty} \frac{1}{n} \sum_{i=1}^{n} \gamma_i = g$$

sein. Diese Formulierung ist insoweit weniger glücklich, als sie sich nicht auf den Fall unendlicher Mengen bezieht. Dem ließe sich wohl abhelfen, jedoch erscheint es nicht richtig, einen derartigen Satz, der eine metaphysische Auffassung des Wahrscheinlichkeitsbegriffes beinhaltet, der Wahrscheinlichkeitsrechnung voranzustellen.

Ferner ist zu bemerken, daß der tatsächliche Verlauf der Annäherung der relativen Häufigkeit an die Wahrscheinlichkeit bei wachsender Versuchszahl nicht identisch zu sein braucht mit dem Verlaufe des mathematischen Grenzprozesses. Für den letzteren Prozeß kann man mit Sicherheit die Aussage machen, daß die Differenz zwischen der Variablen und der Grenze für hinreichend großes s unter einem gegebenen Betrage sein und bleiben wird. Der tatsächliche Verlauf dieses Prozesses kann aber derart vor sich gehen, daß bereits für endliches s die relative Häufigkeit mit der Wahrscheinlichkeit zusammenfällt, für größere Werte von s aber wieder verloren geht.

Schließlich ist hervorzuheben, daß der Bernoullische Satz nicht nur über die Annäherung der relativen Häufigkeit an die Wahrscheinlichkeit, sondern auch über die Werte anderer Größen Aussagen macht. Auch diese Aussagen sind nur Wahrscheinlichkeitsaussagen. Dehnt man also die Untersuchung eines vorliegenden Versuchsmateriales auf eine Anzahl dieser Größen aus, so nimmt die Wahrscheinlichkeit, daß nicht alle beobachteten Werte mit den aus dem Bernoullischen Satze berechneten Werte übereinstimmen, um so mehr zu, je mehr Größen in die Untersuchung einbezogen werden. Es hat also nichts Überraschendes, wenn bei Durcharbeitung eines tadellosen Versuchsmateriales nach verschiedenen Richtungen die Übereinstimmung zwischen Rechnung und Beobachtung bei einzelnen der untersuchten Größen geringer ist.

9. Wahrscheinlichster Wert und Präzision einer Summe.

I. Über die Ereignisse $E_1, E_2, \ldots E_r$ mit den Wahrscheinlichkeiten $p_1, p_2, \ldots p_r$ werden r Reihen mit den Versuchszahlen $s_1, s_2 \ldots s_r$ gemacht. Es ist $F = a_1 X_1 + a_2 X_2 + \cdots + a_r X_r$ eine lineare Funktion der zur Beobachtung kommenden Wiederholungszahlen. Gefragt wird nach dem wahrscheinlichsten Werte dieser Größe F, sowie nach der Präzision dieser Bestimmung.

Der erste Teil der Frage ist durch Einsetzung der wahrscheinlichsten Werte der Wiederholungszahlen unmittelbar beantwortet, denn das Zusammenbestehen dieser Werte hat eine größere Wahrscheinlichkeit als das irgendeiner anderen Kombination der Versuchsergebnisse.

Die bei den Versuchen sich ergebenden Wiederholungszahlen seien $n_1, n_2, \ldots n_r$, so daß die Abweichungen

$$l_1 = s_1 p_1 - n_1, \; l_2 = s_2 p_2 - n_2, \ldots l_r = s_r p_r - n_r$$

zur Beobachtung kommen. In der Bestimmung von F ergibt sich demnach die Abweichung vom wahrscheinlichsten Werte

$$Z = a_1 l_1 + a_2 l_2 + \cdots + a_r l_r.$$

Die Wahrscheinlichkeit dieser Abweichung ist gleich der Wahrscheinlichkeit des Zusammenbestehens dieser Abweichungen. Da

$$\frac{h_i}{\sqrt{\pi}} e^{-h_i^2 (s_i p_i - l_i)^2} \, dl_i \quad (i = 1, 2, \cdots r)$$

die Wahrscheinlichkeit ist, daß in der Versuchsreihe mit E eine Abweichung von der Größe zwischen 1 und $1 + dl$ zur Beobachtung komme, so ist

$$\frac{h_1 h_2 \ldots h_r}{(\sqrt{\pi})^r} \int_{(K)} e^{-\left[h_1^2 (s_1 p_1 - l_1)^2 + h_2^2 (s_2 p_2 - l_2)^2 + \cdots + h_r^2 (s_r p_r - l_r)^2\right]} \, dl_1, dl_2, \cdots dl_r$$

das r-fache Integral, erstreckt über jenes Gebiet, für welches $z < Z < z + dz$, die Wahrscheinlichkeit, daß die Abweichung Z sich zwischen z und $z + dz$ halte. Die Reduktion dieses Integrales ergibt bekanntlich für die Wahrscheinlichkeit einer Abweichung dieser Summe von ihrem wahrscheinlichsten Werte im Betrage zwischen z und $z + dz$ den Wert

$$\frac{H}{\sqrt{\pi}} e^{-H^2 (A - z)^2} \, dz,$$

wobei

$$A = \sum a_i s_i p_i$$

$$H^{-2} = \sum a_i^2 h^{-2}.$$

Ist $E_1 = E_2 = \cdots = E_r$, $s_1 = s_2 = \cdots = s_r = 1$, $a_1 = a_2 = \cdots = a_r = 1$, so handelt es sich um die Wiederholungszahl eines Ereignisses, das in r Versuchen die Wahrscheinlichkeiten $p_1, p_2, \ldots p_r$ hat. Die wahrscheinlichste Wiederholungszahl ist $\sum p_i$ und

$$\frac{1}{H^2} = 2 \sum_{i=1}^{r} p_i q_i.$$

Daraus ergibt sich der folgende Satz:

Hat ein Ereignis E in r aufeinanderfolgenden Versuchen die Wahrscheinlichkeiten $p_1, p_2, \ldots p_s$, so besteht die Wahrscheinlichkeit

$$P = \Phi(\gamma) + \frac{1}{\sqrt{2\pi \Sigma p_i q_i}} e^{-\gamma^2}$$

dafür, daß die Wiederholungszahl von E zwischen den Grenzen

$$\sum p_i - \gamma \sqrt{\sum 2 p_i q_i} \text{ und } \sum p_i + \gamma \sqrt{2 \sum p_i q_i}$$

liege. Die gleiche Wahrscheinlichkeit P besteht dafür, daß die relative Häufigkeit von E zwischen den Grenzen

$$\frac{1}{s} \sum p_i - \frac{\gamma}{s} \sqrt{2 \sum p_i q_i} \text{ und } \frac{1}{s} \sum p_i - \frac{\gamma}{s} \sqrt{2 \sum p_i q_i}$$

liege. Man erkennt sofort, daß mit zunehmender Versuchszahl die Grenzen, innerhalb welcher die Wiederholungszahl mit gegebener Wahrscheinlichkeit zu erwarten ist, unbegrenzt zunehmen. In dem Ausdrucke für die Grenzen, innerhalb welcher die relative Häufigkeit mit der Wahrscheinlichkeit P zu erwarten ist, kann man schreiben

$$\frac{1}{s} \sqrt{2 \sum p_i q_i} = \sqrt{\frac{2 \Sigma p_i q_i}{s}} \cdot \frac{1}{\sqrt{s}},$$

wovon der erste Ausdruck höchstens den Betrag $\sqrt{\frac{1}{2}}$ erreichen kann, da der größte Wert der Produkte $p_i q_i$ gleich $^1/_4$ ist. Mit wachsender Versuchszahl nehmen die Grenzen, innerhalb welcher die relative Häufigkeit von E mit gegebener Wahrscheinlichkeit erwartet werden kann, schneller als $\frac{1}{\sqrt{2s}}$ ab.

Dieser Satz wird als das Poissonsche Theorem bezeichnet. Er regelt die Erwartungsbildung hinsichtlich des Ergebnisses von Versuchen, in welchen das Ereignis E wechselnde Wahrscheinlichkeiten hat. Er ist eine sachgemäße Verallgemeinerung des Bernoullischen Theorems. Im Anschlusse an Poisson wird gewöhnlich dieser Satz durch eine etwas künstliche Analyse gewonnen, welche in ihrem Gange den Zusammenhang mit dem Bernoullischen Satze nicht erkennen läßt.

Derselbe ergibt sich erst am Schlusse, gewissermaßen als Überraschung, durch Gleichsetzen aller Wahrscheinlichkeiten p_i. Es ist nun ein Mangel in der Ökonomie der Darstellung, der mehr als ein bloßer Schönheitsfehler ist, die beiden Sätze unabhängig voneinander abzuleiten und als gleichberechtigt nebeneinander stehen zu lassen, ohne ihren Zusammenhang von vornherein ersichtlich zu machen. Der logische Gang der Darlegung besteht offenbar darin, den Bernoullischen Satz zuerst abzuleiten und dann den Poissonschen Satz durch Ausdehnung der Aufgabe auf den Fall wechselnder Wahrscheinlichkeiten zu gewinnen. Neue analytische Hilfsmittel sind hierzu nicht erforderlich.

Der Ausdruck

$$p = \frac{1}{s} \sum_{i=1}^{s} p_i$$

ist der Durchschnitt der Wahrscheinlichkeiten von E in den s Versuchen und heißt p demgemäß die Durchschnittswahrscheinlichkeit. Die wahrscheinlichste Wiederholungszahl ist $\sum p_i = sp$ und der wahrscheinlichste Wert der relativen Häufigkeit p. Hinsichtlich dieser beiden Größen spielt also die Durchschnittswahrscheinlichkeit die gleiche Rolle wie die konstante Wahrscheinlichkeit p im Bernoullischen Satze. Hinsichtlich der Bestimmung der anderen Größen ist aber die Durchschnittswahrscheinlichkeit ohne Bedeutung.

Man hat für die wahrscheinliche, die mittlere und die durchschnittliche Abweichung der Wiederholungszahl

$$w = \varrho \sqrt{2 \sum p_i q_i},$$
$$\mu = \sqrt{\sum p_i q_i},$$
$$\vartheta = \sqrt{\frac{2}{\pi} \sum p_i q_i}.$$

Dieselben auf die relative Häufigkeit bezüglichen Größen werden aus w, μ, ϑ durch Division durch s gewonnen.

Handelte es sich um die s malige Wiederholung eines Ereignisses mit der konstanten Wahrscheinlichkeit p, so waren diese Größen

$$w = \varrho \sqrt{2spq}, \quad \mu = \sqrt{spq}, \quad \vartheta = \sqrt{\frac{2}{\pi} spq}.$$

Um zu beurteilen, wie diese Größen sich unter die Voraussetzung einer konstanten Wahrscheinlichkeit und unter Voraussetzung einer variablen Wahrscheinlichkeit verhalten, hat man

$$spq = \sum_{i=1}^{s} p_i \left(1 - \frac{1}{s} \sum' p_i\right)$$

mit $\sum p_i q_i = \sum p_i (1 - p_i)$ zu vergleichen. Man hat

$$spq - \sum_{i=1}^{s} p_i(1-p_i) = \sum_{i=1}^{s} p_i^2 - \frac{1}{s}\left(\sum_{i=1}^{s} p_i\right)^2 = \frac{1}{s}\left((s-1)\sum_{i=1}^{s} p_i^2 - \sum_{i,k=1}^{s}{}' 2p_i p_k\right),$$

wobei die letztere Summe zu erstrecken ist über alle Wertkombinationen mit Ausnahme derjenigen, in welchen $i = k$ ist. Diese Differenz kann geschrieben werden

$$\frac{1}{s} \sum_{i,k=1}^{s} (p_i - p_k)^2 .$$

Diese Summe kann nicht negativ werden, da alle Glieder positiv sind, und kann nur dann verschwinden, wenn alle Größen p gleich sind, was den Fall einer konstanten Wahrscheinlichkeit ergibt. Die mittlere Abweichung ist kleiner, die Präzision also größer bei Versuchen mit variabler Wahrscheinlichkeit als bei solchen über Ereignisse, welchen eine konstante Wahrscheinlichkeit unterliegt.

Macht man z Reihen von je s Versuchen unter den Voraussetzungen des Poissonschen Satzes, so sind die zur Beobachtung kommenden Wiederholungszahlen und die aus ihnen abgeleiteten relativen Häufigkeiten enger um ihre wahrscheinlichsten Werte verteilt, als unter den Voraussetzungen des Bernoullischen Satzes zu erwarten ist. Die Verteilung dieser Größen um ihre wahrscheinlichsten Werte nennt man die Dispersion, und bezeichnet jene Dispersion als normal, welche nach dem Bernoullischen Satze dem Falle einer konstanten Wahrscheinlichkeit entspricht. Ist die Gruppierung der Werte dichter als im Falle einer konstanten Wahrscheinlichkeit, so spricht man von einer unternormalen, ist sie weniger dicht, von einer übernormalen Dispersion.

10. Die mathematische Erwartung.

Man pflegt den Begriff der mathematischen Erwartung durch das Beispiel zu erläutern, wonach das Eintreffen eines der einander ausschließenden Ereignisse $E_1, E_2, \ldots E_n$, von denen eines eintreffen muß und deren Wahrscheinlichkeiten $p_1, p_2, \ldots p_n$ sind, mit dem Gewinne der Preise $a_1, a_2, \ldots a_n$ verbunden ist. Man bezeichnet den Ausdruck

$$E = a_1 p_1 + a_2 p_2 + \cdots + a_n p_n$$

als die mathematische Erwartung oder Hoffnung. Die auf eine einzelne Summe bezügliche mathematische Erwartung ist gleich dem Produkte aus der Summe mit der Wahrscheinlichkeit, mit welcher das Eintreffen des betreffenden Ereignisses, also der Gewinn, zu erwarten ist. Die Gesamterwartung hinsichtlich einer Mehrheit von Preisen bestimmt sich als die Summe der Einzelerwartungen.

Ist $p_1 + p_2 + \cdots + p_n = 1$, so ist E der Mittelwert oder Durchschnitt von a. Ist bei stetigen Mengen p eine stetige Funktion des Argumentes a, so ist

$$E = \int a f(a)\, da,$$

wobei

$$\int f(a)\,da = 1,$$

die beiden Integrale erstreckt über die ganze Menge.

Die Bezeichnung mathematische Hoffnung stammt daher, weil diese Mittelwerte zuerst im Zusammenhang mit der Frage nach der Regelung der Einsätze bei Zufallsspielen untersucht wurden. Man kann aber diesen Begriff ungezwungen auch auf folgenden Fall ausdehnen. Eine veränderliche Größe sei der Werte $W_1, W_2, \ldots W_n$ fähig, und nehme dieselben mit den Wahrscheinlichkeiten $p_1, p_2, \ldots p_n$ an. Die Summe $E = W_1 p_1 + W_2 p_2 + \cdots + W_n p_n$ ist der Durchschnitt $D(W)$ von W und gibt die Erwartung hinsichtlich des Wertes von W.

Bei einer einmaligen Realisierung der Entstehungsbedingungen der Ereignisse $E_1, E_2, \ldots E_n$ kommt der mathematischen Erwartung ebensowenig eine Bedeutung zu, wie der Wahrscheinlichkeit eines Ereignisses bei einem einzelnen Versuche. Bei endlichen Mengen braucht E nicht mit einem der Werte a zusammenzufallen, ist also überhaupt nicht ein mögliches Resultat. Bei wiederholten Versuchen kommt aber der mathematischen Erwartung eine große Bedeutung zu, worauf sich der folgende Satz bezieht:

Die Größen $X, Y, Z, \ldots$ seien der Werte

$$x_1, \; x_2, \; \ldots \; x_l$$
$$y_1, \; y_2, \; \ldots \; y_m$$
$$z_1, \; z_2, \; \ldots \; z_n$$
$$\cdots \cdots \cdots \cdots$$

fähig, die sie mit den Wahrscheinlichkeiten

$$p_1, \; p_2, \; \ldots \; p_l$$
$$q_1, \; q_2, \; \ldots \; q_m$$
$$r_1, \; r_2, \; \ldots \; r_n$$
$$\cdots \cdots \cdots \cdots$$

annehmen mögen. Es sind dann

$$a = \sum_{i=1}^{l} x_i p_i, \quad b = \sum_{i=1}^{m} y_i q_i, \quad c = \sum_{i=1}^{n} z_i r_i, \; \ldots$$

die auf die Größen $X, Y, Z, \ldots$ bezüglichen mathematischen Erwartungen und

$$a_1 = \sum_{i=1}^{l} x_i^2 p_i, \quad b_1 = \sum_{i=1}^{m} y_i^2 q_i, \quad c_1 = \sum_{i=1}^{n} z_i^2 r_i, \; \ldots$$

die auf ihre Quadrate bezüglichen mathematischen Erwartungen.

Die Wahrscheinlichkeit, daß die Summe $X + Y + Z + \cdots$ mit den Werten $x_\varkappa + y_\lambda + z_\mu + \cdots$, und demnach die Differenz

$$x_\varkappa + y_\lambda + z_\mu + \cdots - (a + b + c + \cdots)$$

zur Beobachtung komme, ist $p_x q_\lambda r_\mu \ldots$. Der Durchschnitt des Quadrates dieser Differenz ist demnach

$$\sum_{x=1}^{l} \sum_{\lambda=1}^{m} \sum_{\mu=1}^{n} \cdots [(x_x - a) + (y_\lambda - b) + (z_\mu - c) + \cdots)]^2 p_x q_\lambda r_\mu \cdots .$$

Es ist nun

$$\sum_{x=1}^{l} \sum_{\lambda=1}^{m} \sum_{\mu=1}^{n} \cdots (x_x - a)^2 p_x q_\lambda r_\mu \cdots = a_1 - a^2$$

wie sich aus der Entwicklung des Quadrates ergibt, wenn man bedenkt, daß die Summierung nach den andern laufenden Buchstaben für die Produkte $q_\lambda r_\mu \ldots 1$ ergeben muß. Die Summierung des Produktes $2(x_x - a)(y_\lambda - b)$ ergibt für den Zeiger x

$$2(y_\lambda \textstyle\sum p_x x_x - b \sum p_x x_x - a y_\lambda \sum p_x + ab \sum p_x) = 2(a y_\lambda - ab - a y_\lambda + ab) = 0.$$

Hieraus folgt

$$\sum_{x=1}^{l} \sum_{\lambda=1}^{m} \sum_{\mu=1}^{n} \cdots (x_x + y_\lambda + z_\mu + \cdots - a - b - c - \cdots)^2 p_x q_\lambda r_\mu \cdots =$$

$$= a_1 + b_1 + c_1 + \cdots - (a^2 + b^2 + c^2 + \cdots).$$

Läßt man in dem Ausdrucke

$$\frac{\displaystyle\sum_{x=1}^{l} \sum_{\lambda=1}^{m} \sum_{\mu=1}^{n} \cdots (x_x + y_\lambda + z_\mu - a - b - c - \cdots)^2 p_x q_\lambda r_\mu \cdots}{\alpha^2 (a_1 + b_1 + c_1 + \cdots - a^2 - b^2 - c^2 - \cdots)} = \frac{1}{\alpha^2}$$

alle Glieder fort, in denen

$$\frac{(x_x + y_\lambda + z_\mu + \cdots - a - b - c - \cdots)^2}{\alpha^2 (a_1 + b_1 + c_1 + \cdots - a^2 - b^2 - c^2 - \cdots)} < 1 \quad \cdots (A)$$

und ersetzt den Bruch, so oft er größer als 1 ist, durch die Einheit, so gilt

$$\sum_{x=1}^{l} \sum_{\lambda=1}^{m} \sum_{\mu=1}^{n} \cdots p_x q_\lambda r_\mu \cdots < \frac{1}{\alpha},$$

die Summe erstreckt auf jene Wertkombinationen, für welche die Relation A nicht stattfindet. Es ist nun diese Summe nichts anderes als die Totalwahrscheinlichkeit dafür, daß die Relation A nicht stattfinde. Man hat also $1 - P < \frac{1}{\alpha^2}$ oder $P > 1 - \frac{1}{\alpha^2}$. Hieraus folgt: Die Wahrscheinlichkeit P, daß die Differenz $x_x + y_\lambda + z_\mu + \cdots - a - b - c - \cdots$ zwischen den Grenzen

$$-\alpha \sqrt{a_1 + b_1 + c_1 + \cdots - a^2 - b^2 - c^2 - \cdots} \text{ und } \alpha \sqrt{a_1 + b_1 + c_1 + \cdots - a^2 - b^2 - c^2 - \cdots},$$

also die Summe $X + Y + Z + \cdots$ zwischen den Grenzen

$$a + b + c + \cdots - \alpha \sqrt{a_1 + b_1 + c_1 + \cdots - a^2 - b^2 - c^2 - \cdots}$$

und

$$a + b + c + \cdots + \alpha \sqrt{a_1 + b_1 + c_1 + \cdots - a^2 - b^2 - c^2 - \cdots}$$

liege, ist größer als $1 - \dfrac{1}{\alpha^2}$.

Ist N die Anzahl der Größen $X, Y, Z, \ldots$, so besteht eine Wahrscheinlichkeit $P > 1 - \dfrac{1}{\alpha^2 \sqrt{N}}$ dafür, daß der Durchschnitt

$$\frac{x_\varkappa + y_\lambda + z_\mu + \cdots}{N}$$

zwischen den Grenzen

$$\frac{a + b + c + \cdots}{N} - \frac{\alpha}{\sqrt{N}} \sqrt{\frac{a_1 + b_1 + c_1 + \cdots}{N} - \frac{a^2 + b^2 + c^2 + \cdots}{N}}$$

und

$$\frac{a + b + c + \cdots}{N} - \frac{\alpha}{\sqrt{N}} \sqrt{\frac{a_1 + b_1 + c_1 + \cdots}{N} - \frac{a^2 + b^2 + c^2 + \cdots}{N}}$$

liege.

Die wichtigste Folgerung aus diesem Satze ist, daß der Mittelwert $\frac{1}{N}(a + b + c + \cdots)$ der wahrscheinlichste Wert des aus den nach dem Zufalle herausgegriffenen Größen $x_\varkappa, y_\lambda, z_\mu, \ldots$ gebildeten Mittels ist. Der beobachtete Mittelwert nähert sich also dem tatsächlichen Mittelwerte bei · wachsender Versuchszahl. Durch Wahl eines hinreichend großen N kann man es also erzielen, daß der zur Beobachtung kommende Mittelwert mit einer der Einheit beliebig nahen Wahrscheinlichkeit innerhalb beliebig vorgegebener, noch so enger Grenzen erwartet werden kann. Der Mittelwert $a + b + c + \ldots$ spielt also bei solchen Versuchen eine ähnliche Rolle wie die Wahrscheinlichkeit p im Bernoullischen Satze.

Es ist der Mühe wert, darauf hinzuweisen, daß nur in einer größeren Anzahl von Versuchen dem Mittelwerte die Eigenschaft zukommt, der wahrscheinlichste Wert zu sein. Bei einer einmaligen Realisierung der Versuchsbedingungen ist jener Wert Xm von X am wahrscheinlichsten, dem das größte p zukommt, und dieser Wert kann größer, kleiner oder gleich dem Mittelwerte sein. Für eine größere Anzahl von Versuchen aber ist die Verteilung der Größen x für die Bestimmung des Mittelwertes belanglos. Macht man z Reihen von je N Versuchen, so sind diese z Bestimmungen um ihren wahrscheinlichsten Wert symmetrisch, und zwar nach dem Wahrscheinlichkeitsintegrale, verteilt.

Die Größe h, die definiert ist durch

$$h^{-1} = \sqrt{\frac{a_1 + b_1 + c_1 + \cdots}{N} - \frac{a^2 + b^2 + c^2 + \cdots}{N}},$$

vertritt die Stelle des Präzisionsmaßes, weil von ihr die Weite der Grenzen abhängt, zwischen welchen das Resultat mit gegebener Wahrscheinlichkeit zu erwarten ist. Cournot bezeichnet sie als Konvergenzmodul, weil die Annäherung an den Durchschnitt um so rascher erfolgt, je größer h ist.

Der Wurzelausdruck läßt sich in folgender Weise umformen. Mit Rücksicht auf die Bedeutung von a und a_1 hat man identisch

$$a_1 - a^2 = p_1(x_1 - a)^2 + p_2(x_2 - a)^2 + \cdots + p_l(x_l - a)^2$$

und

$$a_1 - a^2 = p_1 p_2 (x_1 - x_2)^2 + p_1 p_3 (x_1 - x_3)^2 + \cdots + p_1 p_n (x_1 - x_l)^2 + p_2 p_3 (x_2 - x_3)^2 + \cdots.$$

Man kann also schreiben

$$h^{-1} = \sqrt{\frac{1}{N}\left(\sum_{i=1}^{l} p_i(x_i - a)^2 + \sum_{i=1}^{m} q_i(y_i - b)^2 + \sum r_i(z_i - c)^2 + \cdots \right)}$$

$$h^{-1} = \sqrt{\frac{1}{N}\left(\sum_{k=i+1}^{l}\sum_{i=1}^{l} p_i p_k (x_i - x_k)^2 + \sum_{k=i+1}^{m}\sum_{i=1}^{m} q_i q_k (y_i - y_k)^2 + \sum_{k=i+1}^{n}\sum_{i=1}^{n} r_i r_k (z_i - z_k)^2 + \cdots \right)}$$

Die Größe h hat ersichtlich ein Minimum, für konstantes N bei

$$x_1 = a, \ x_l = b, \ p_1 = \tfrac{1}{2}, \ p_2 = p_3 = \cdots = p_{l-1} = 0, \ p_l = \tfrac{1}{2},$$
$$y_i = 0 \quad (i = 1, 2, \cdots m),$$
$$z_i = 0 \quad (i = 1, 2, \cdots n).$$

Es ergibt sich dann

$$h = \frac{2\sqrt{N}}{b - a}.$$

Sonst ist h aller positiven Werte fähig und hat keine obere Grenze.

Sind die Größen $X, Y, Z, \ldots$ innerhalb der Intervalle

$$\alpha \leqq x \leqq \beta, \ \gamma \leqq y \leqq \delta, \ \varepsilon \leqq z \leqq i, \ \cdots$$

aller Werte fähig und sind die Wahrscheinlichkeiten

$$p = \varphi(x), \ q = \psi(y), \ r = \omega(z), \ \cdots$$

stetige Funktionen der Argumente, so treten an die Stelle der Summen bestimmte Integrale, und man hat

$$a = \int_{\alpha}^{\beta} x\varphi(x)\,dx, \quad b = \int_{\gamma}^{\delta} y\psi(y)\,dy, \quad c = \int_{\varepsilon}^{i} z\omega(z)\,dz, \ \cdots$$

$$a_1 = \int_{\alpha}^{\beta} x^2 \varphi(x)\,dx, \quad b_1 = \int_{\gamma}^{\delta} y^2 \psi(y)\,dy, \quad c_1 = \int_{\varepsilon}^{i} z^2 \omega(z)\,dz, \ \cdots$$

$$a_1 - a^2 = \int_{\alpha}^{\beta} (x - a)\varphi(x)\,dx$$

$$a_1 - a^2 = \iint_{\alpha}^{\beta}\!\!{}^{\beta} (x - x')\varphi(x)\varphi(x')\,dx\,dx'.$$

Die entsprechenden Ausdrücke für h kann man unmittelbar niederschreiben.

Macht man $X = Y = Z = \cdots$, so handelt es sich um eine empirische Bestimmung des Durchschnittes von X aus N Beobachtungen. Es besteht eine Wahrscheinlichkeit $P > 1 - \frac{1}{\alpha^2}$, daß der zur Beobachtung kommende Mittelwert innerhalb der Grenzen

$$a - \frac{\alpha}{\sqrt{N}} \sqrt{a_1 - a^2} \quad \text{und} \quad a + \frac{\alpha}{\sqrt{N}} \sqrt{a_1 - a^2}$$

liege. Macht man $x_1 = 1$, $p_1 = p$, $p_2 = p_3 = \cdots = p_{l-1} = 0$, $p_l = \frac{1}{2}$, so ist $a = a_1 = p$, $\sqrt{a_1 - a^2} = \sqrt{p(1-p)}$. Es handelt sich um die Bestimmung der relativen Häufigkeit des Ereignisses in N Versuchen. Man sieht, daß p die wahrscheinlichste Bestimmung ist, und die Grenzen, innerhalb welcher die relative Häufigkeit mit gegebener Wahrscheinlichkeit zu erwarten ist, wie $\sqrt{\frac{pq}{N}}$ abnehmen, was im wesentlichen die im Bernoullischen Satze enthaltene Aussage ist.

Beziehen sich $X, Y, Z, \ldots$ auf dasselbe Ereignis E und ist

$$p_1 = p, \quad p_2 = 1 - p \quad x_1 = 1, \; x_2 = 0$$
$$q_1 = q, \quad q_2 = 1 - q \quad y_1 = 1, \; y_2 = 0$$
$$r_1 = r, \quad r_2 = 1 - r \quad z_1 = 1, \; z_2 = 0$$
$$\cdots \cdots \cdots \cdots \cdots \cdots \cdots$$

so ist

$$a_1 = a = p, \; b_1 = b = q, \; c_1 = c = r, \; \cdots,$$

so ist

$$x_\varkappa + y_\lambda + z_\mu + \cdots$$

die Wiederholungszahl des Ereignisses, dem in den einzelnen Versuchen die Wahrscheinlichkeiten $p, q, r, \ldots$ zukommen. Die Aussage, daß eine Wahrscheinlichkeit $P > 1 - \frac{1}{\alpha^2}$ dafür bestehe, daß die Summe $x_\varkappa + y_\lambda + z_\mu + \cdots$ zwischen den Grenzen

$$p + q + r + \cdots - \alpha\sqrt{p(1-p) + q(1-q) + r(1-r) + \cdots}$$

und

$$p + q + r + \cdots + \alpha\sqrt{p(1-p) + q(1-q) + r(1-r) + \cdots}$$

bzw. die relative Häufigkeit von E zwischen den Grenzen

$$\frac{p + q + r + \cdots}{N} - \frac{\alpha}{\sqrt{N}} \sqrt{\frac{p(1-p) + q(1-q) + r(1-r) + \cdots}{N}}$$

und

$$\frac{p + q + r + \cdots}{N} + \frac{\alpha}{\sqrt{N}} \sqrt{\frac{p(1-p) + q(1-q) + r(1-r) + \cdots}{N}}$$

liege, entspricht dem Poissonschen Satze.

Dieser Satz unterscheidet sich von dem Bernoullischen Satze dadurch, daß für die Wahrscheinlichkeit, mit der das Resultat innerhalb gegebener Grenzen erwartet werden kann, nur eine andere Grenze angegeben wird, während der Bernoullische und der Poissonsche Satz für diese Größe einen bestimmten Wert angeben. Dagegen ist er nicht in gleichem Maße an die Voraussetzung einer großen Versuchszahl gebunden, welche bei der Ersetzung der Faktoriellen nach dem Stirlingschen Satze unentbehrlich ist. Die sehr elegante Ableitung dieses Satzes stammt von Tschebitscheff, nach dessen Namen dieser Satz bezeichnet wird.

Wir wollen über diesen Satz noch folgende Bemerkung machen: Die Gültigkeit der in ihm enthaltenen Aussage ist daran gebunden, daß keine der Größen $a, b, c, \ldots$ und $a_1, b_1, c_1, \ldots$ unendlich werde. Sind einer oder mehrere dieser Mittelwerte unendlich, so ergeben sich für das Intervall, in welchem das Ergebnis mit gegebener Wahrscheinlichkeit erwartet werden kann, unendliche Grenzen, und die ganze Aussage wird gegenstandslos. So selbstverständlich diese Bemerkung ist, so wurde sie doch bisher nicht beachtet.

Die Einsätze bei Zufallsspielen sind bekanntlich in der Weise geregelt, daß die mathematische Erwartung eines jeden Spielers gleich Null ist. Hat ein Spieler den Gewinn A mit der Wahrscheinlichkeit p, und den Verlust B mit der Wahrscheinlichkeit $q = 1 - p$ zu gewärtigen, wobei $B = \dfrac{Ap}{1-p}$, so besteht die Wahrscheinlichkeit $P > 1 - \dfrac{1}{\alpha^2}$ dafür, daß in N Spielen der Gewinn oder Verlust den Betrag $\alpha A \sqrt{Np}$ übersteigt. Bei einem, wie man sich ausdrückt, nach der Regel der Billigkeit eingerichteten Spiele, ist a stets Null, allein es lassen sich Verabredungen für das Spiel treffen, wobei sich für a_1 ein unendlicher Wert ergibt. Gewinn und Verlust schwanken dann innerhalb unendlicher Grenzen, was bedeutet, daß die mathematische Regelung dieser Spiele belanglos ist.

Eine gewisse Berühmtheit hat das sogenannte Problem von St. Petersburg gewonnen, welches auf einer Außerachtlassung dieser Bedingung beruht. Gefragt wird nach dem Einsatze für das folgende Spiel. Es wird eine Münze so lange geworfen, bis sie Wappen zeigt. Geschieht dies beim ersten Wurfe, so beträgt der Gewinn 1 Dukaten; fällt Wappen zuerst am zweiten Wurf, so beträgt der Gewinn 2 Dukaten; und so beträgt der Gewinn bei jedem späteren Wurfe das Doppelte jenes Betrages, der gewonnen worden wäre, wenn Wappen zuerst beim vorhergehenden Wurfe erschienen wäre.

Die Wahrscheinlichkeiten der Gewinne sind $\frac{1}{2}, \frac{1}{4}, \ldots$, und die aus den zu erwartenden Gewinnen resultierende mathematische Erwartung ist $\frac{1}{2} \cdot 1 + \frac{1}{4} \cdot '' + \cdots$, was bei der vorausgesetzten Möglichkeit einer unendlichen Spieldauer den Wert unendlich ergibt.

Es ist ersichtlich, daß niemand einen auch nur halbwegs beträchtlichen Betrag riskieren wird, um an diesem etwas törichten Spiele teilzunehmen, und der Widersinn liegt darin, daß ein unendlicher Einsatz

gefordert werden muß. Behufs Beseitigung dieses Widerspruches wurde
eine ganze Reihe von Erklärungsversuchen unternommen, die teilweise,
wie Daniel Bernoullis Lehre vom moralischen Vermögen, von
hohem Scharfsinn zeugen. Gegen diese Erklärung muß gesagt werden,
daß sie Elemente verwendet, welche dem Gegenstande fremd sind. An-
sprechender ist die Erklärung, daß der Einsatz durch den größten Gewinn, den der Gegenspieler auszuzahlen in der Lage ist, beschränkt
wird. Selbst bei einem sehr beträchtlichen Vermögen ergibt sich dann
ein nur geringfügiger Einsatz. Wesentlich für die Beurteilung dieses
Spieles ist, daß die Bedeutung der mathematischen Erwartung erst bei
einer größeren Zahl von Wiederholungen des Spieles hervortritt, solche
aber durch die eigentümlichen Bedingungen des Spieles unmöglich gemacht sind. Entweder nämlich dauert das Spiel unendlich lange oder
der eine Spieler verliert sofort seinen unendlichen Einsatz, womit das
Spiel für immer beendet ist.

Das Problem von St. Petersburg verliert viel von seinem überraschenden Charakter, wenn man es neben anderen Spielen betrachtet,
bei welchen die gewöhnliche Bestimmung des Einsatzes versagt. Man
kann solche Beispiele in beliebiger Anzahl erzeugen, indem man für
die Spiele solche Verabredungen festsetzt, daß sich für die in dem
Wurzelausdrucke vorkommenden Ausdrücke divergierende Reihen ergeben. Besonders instruktiv in dieser Beziehung sind jene Beispiele,
bei denen wohl a einen endlichen Wert hat, a_1 aber divergiert.

Man setze, wie im Petersburger Problem, auf das erstmalige Ein-
treffen von Wappen im $k$ten Wurfe einen Preis von $2^{\frac{k}{2}(1-\alpha)}$ Münzeinheiten,
wobei α eine nicht negative Zahl sein soll. Man hat in diesem Falle für
alle Werte von $\alpha > -1$

$$a = \frac{1}{2^{\alpha+1} - 1}$$

für alle nicht negativen Werte von α, und

$$a_1 = \frac{1}{2^{\alpha} - 1}$$

für alle positiven, von Null verschiedenen Werte von α. Für $\alpha = 0$ divergiert die Reihe für a_1 und das Spiel läßt sich nicht in der gewöhnlichen Art
regeln. Für Werte von α in dem Intervalle $0 \leq \alpha < -1$ bleibt wohl a
endlich, allein a_1 divergiert.

Je weiter die Grenzen sind, innerhalb welcher das Resultat mit
gegebener Wahrscheinlichkeit zu erwarten ist, als desto gefährlicher
muß das Spiel angesehen werden. Nähert α sich dem Werte Null, so
wachsen diese Grenzen unbeschränkt, und für $\alpha = 0$ selbst ist der zu gewärtigende Gewinn oder Verlust so groß, daß es keinen Sinn hat, das
Spiel nach der mathematischen Erwartung zu regeln. Mit zunehmendem Werte von α sinkt die Gefährlichkeit des Spieles. Zu gleicher Zeit
nehmen die zu erhoffenden Preise und die zu leistenden Einsätze ab,

und man nähert sich dem interesselosen Falle, daß in einem gänzlich ungefährlichen Spiele ein verschwindend kleiner Gewinn gegen einen verschwindend kleinen Einsatz gewonnen werden kann.

11. Wahrscheinlichkeiten a posteriori.

Es gibt verhältnismäßig wenige Gebiete, auf denen die Entstehungsbedingungen der Ereignisse so durchsichtig und bekannt sind, daß auf Grund dieser Kenntnisse die Wahrscheinlichkeiten vorausbestimmt werden können. Die vorhandenen n Formationen setzen uns nicht in die Lage, die Mächtigkeiten bzw. die Maße der in Betracht kommenden Mengen zu bestimmen, weshalb ein Wahrscheinlichkeitsansatz mißlingen muß.

Allein selbst dann, wenn die Bedingungen vollständig bekannt sind, ist oft eine Wahrscheinlichkeitsbestimmung a priori wegen der Länge und Kompliziertheit der damit verbundenen Rechnungen unmöglich. Wollte man die mathematische Erwartung des Spielers in dem unter dem Namen Canfield Solitaire bekannten Spiele bestimmen, dessen Regeln so einfach sind, daß die fehlerfreie Durchführung des Spieles von jedem Spieler vorausgesetzt werden kann, so stieße man auf verwickelte Rechnungen, an deren tatsächliche Durchführung nicht zu denken ist, und für deren näherungsweise Durchführung die analytischen Mittel fehlen. Wollte man noch berücksichtigen, daß in den Geschicklichkeitsspielen der Spieler die Regeln nicht mit der Unverbrüchlichkeit eines Uhrwerkes einhält, so hätte man ein Element, das sich einer apriorischen Wahrscheinlichkeitsbestimmung überhaupt entzieht. Die Wahrscheinlichkeit, daß einem Spieler beim Whist ein Gedächtnisfehler unterlaufen wird, daß er eine gegebene Situation falsch auffassen oder beim Durchdenken der Spielmöglichkeiten einen Denkfehler begehen wird, läßt sich a priori weder genau noch näherungsweise bestimmen oder einschätzen. Gerade darin liegt aber der Reiz der Geschicklichkeitsspiele, daß die Auswahl der aus einer gegebenen Kartenverteilung sich ergebenden Spielmöglichkeiten nicht blind nach dem Zufalle erfolgt, sondern dem Ermessen und der Geschicklichkeit ein gewisser Spielraum gelassen ist. Die Folge davon ist, daß die Auswahl der Kombinationen nicht ganz nach dem Zufalle geschieht. So ist z. B. vom Standpunkte der Kombinatorik ein Stich im Whist eine Kombination von 52 Elementen zur 4ten Klasse. Beobachtet man aber in tatsächlichen Spielen die Häufigkeit, mit welcher die Kombinationen Aß-König auftreten, so findet man eine viel höhere als die erwartungsmäßige Häufigkeit, weil eben der Spieler es darauf anlegt, den König mit dem Asse zu fangen. Trotzdem die Bedingungen, unter welchen dies gelingt, vollständig bekannt sind, böte die Berechnung dieser Wahrscheinlichkeit sehr große Schwierigkeiten.

Es liegt der Gedanke nahe, solche Wahrscheinlichkeiten, deren apriorische Berechnung nicht möglich ist, durch Beobachtung der relativen Häufigkeiten der betreffenden Ereignisse zu bestimmen. Unter konstanten Versuchsbedingungen läßt der Bernoullische Satz voraussehen, daß die Abweichungen der zur Beobachtung kommenden relativen Häufigkeiten mit einer gewissen Wahrscheinlichkeit innerhalb gewisser Grenzen liegen werden. Durch Steigerung der Versuchszahl kann man also dem unbekannten Werte dieser Wahrscheinlichkeit beliebig nahekommen. Es handelt sich darum, die Schritte zu zeigen, mit welchen ein solcher Schluß in sachgemäßer Weise erreicht werden kann.

Es bedeutet dies eine sehr wichtige Erweiterung des Gebietes der Wahrscheinlichkeitsrechnung, denn die meisten praktischen Anwendungen betreffen derartige Fragen. Bei einem in seinen Entstehungsbedingungen nicht weiter analysierbaren Vorgange ist unser Wissen von der Art, daß für die unbekannte Wahrscheinlichkeit eine endliche, meistens aber eine unendliche Anzahl von Werten als möglich angesehen werden muß. Aus jeder Annahme eines bestimmten Wertes ergibt sich eine ganz bestimmte Wahrscheinlichkeit, mit welcher das tatsächlich beobachtete Resultat zu erwarten war. Dementsprechend kommen den verschiedenen Annahmen über den Wert der unbekannten Wahrscheinlichkeit, aus welchem das erhaltene Resultat zu erklären ist, verschiedene Wahrscheinlichkeiten zu.

Jeden Bedingungskomplex, der der unbekannten Wahrscheinlichkeit eines Ereignisses einen bestimmten Wert gibt, nennt man eine Ursache. Dieser Sprachgebrauch ist üblich geworden, trotzdem es vielleicht passender wäre, von Annahmen oder Hypothesen über den Wert der unbekannten Wahrscheinlichkeit zu sprechen. In diesem Sinne spricht man auch von der Wahrscheinlichkeit der Ursachen oder Annahmen. Die Grundlage für die Beurteilung der Wahrscheinlichkeiten von Ursachen bildet der folgende Satz von Bayes, den Condorcet und Laplace als Ausgangspunkt für ihre Lehre von den aus der Erfahrung abgeleiteten Wahrscheinlichkeiten gemacht haben. Auch dieser Satz war hin und wieder Gegenstand einer irrtümlichen Auffassung und bietet Gelegenheit zur Darlegung der Bedingungen, unter welchen einer Wahrscheinlichkeitsgröße objektive Bedeutung zukommt. Es soll noch darauf hingewiesen werden, daß bei der Ableitung der Sätze über die aposteriorischen Wahrscheinlichkeiten ausschließlich mit den Begriffen der Wahrscheinlichkeitsrechnung operiert wird, und daß keinerlei fremde, etwa der Erfahrung entnommene Begriffe verwendet werden. In diesem Sinne also bildet die Wahrscheinlichkeitsrechnung ein geschlossenes logisches System.

12. Der Satz von Bayes.

Es liegen n äußerlich gleiche Urnen vor, die folgendermaßen gefüllt sind:

Die Urne U_1 enthält c_1 Kugeln, von welchen a_1 weiß sind;

„ „ U_2 „ c_2 „ „ „ a_2 „ „ ;

. . . .

„ „ U_n „ c_n „ „ „ a_n „ „ .

Eine dieser Urnen wird nach dem Zufalle herausgegriffen und aus ihr eine Ziehung gemacht, die eine weiße Kugel ergibt. Es wird nach der Wahrscheinlichkeit gefragt, daß die Ziehung aus der Urne U_i erfolgte.

Die n Urnen repräsentieren die n gleichmöglichen Ursachen des im Erscheinen einer weißen Kugel bestehenden Ereignisses. Wir denken uns die Urnen auf die gleiche Kugelanzahl gebracht, wobei aber das Mischungsverhältnis der weißen Kugeln ungeändert bleiben soll. Ist v ein Vielfaches der Zahlen $c_1, c_2, \ldots c_n$, und ist

$$v = t_1 c_1 = t_2 c_2 = \cdots = t_n c_n,$$

so enthalten die Urnen je v Kugeln, von denen

$$t_1 a_1, t_2 a_2, \ldots t_n a_n$$

weiß sind. Die Verhältnisse ändern sich offenbar nicht, wenn man alle Kugeln in einer Urne vereinigt, nachdem die der Urne U_i entstammenden Kugeln mit der Zahl i bezeichnet hat, und nach der Wahrscheinlichkeit fragt, daß eine dieser neuen Urne entnommene weiße Kugel mit der Zahl i bezeichnet ist. Da für diese Aufgabe ausschließlich die weißen Kugeln in Betracht kommen, so ist die gesuchte Wahrscheinlichkeit gleich der Wahrscheinlichkeit, aus einer Urne, die

$$t_1 a_1 + t_2 a_2 + \cdots + t_n a_n$$

Kugeln enthält, von denen $t_i a_i$ mit der Zahl i bezeichnet sind, eine Kugel zu ziehen, die die Nummer i trägt. Man hat auf Grund der Definition der Wahrscheinlichkeit

$$P_i = \frac{t_i a_i}{t_1 a_1 + t_2 a_2 + \cdots + t_n a_n},$$

was man wegen der Bedeutung von t auch schreiben kann

$$P_i = \frac{\dfrac{a_i}{c_i}}{\dfrac{a_1}{c_1} + \dfrac{a_2}{c_2} + \cdots + \dfrac{a_n}{c_n}}.$$

Nun ist aber

$$p_k = \frac{a_k}{c_k} \qquad (k = 1, 2, \cdots n)$$

die Wahrscheinlichkeit, aus der Urne U_k eine weiße Kugel zu ziehen, woraus sich die schließliche Lösung der gestellten Aufgabe ergibt

$$P_i = \frac{p_i}{p_1 + p_2 + \cdots + p_n}.$$

Dies ergibt den Satz: Sind für das Ereignis E mehrere a priori gleichwahrscheinliche Ursachen möglich, von welchen eine notwendig wirksam war, so ist die Wahrscheinlichkeit, daß die Ursache U_i wirksam war, gleich der Wahrscheinlichkeit, mit welcher bei Zutreffen dieser Annahme das Ereignis E zu erwarten ist, geteilt durch die Summe der auf die verschiedenen Ursachen bezogenen Wahrscheinlichkeiten dieses Ereignisses.

Die Ausdehnung dieses Satzes auf den Fall, daß die Ursachen verschiedene, a priori bekannte Wahrscheinlichkeiten besitzen, ergibt sich sofort. In dem eben gelösten Beispiele sind die Urnen $U_1, U_2, \ldots U_n$ in verschiedenen Anzahlen vorhanden, und es seien $c_1, c_2, \ldots c_n$ bzw. die Anzahlen der Urnen, deren Gesamtzahl $c = c_1 + c_2 + \cdots + c_n$ ist. Man denke sich die weißen Kugeln in der Anzahl $a = a_1 + a_2 + \cdots + a_n$ in einer Urne vereint, nachdem die aus einer der Urnen U_i stammenden Kugeln mit der Zahl i bezeichnet wurden. Die Wahrscheinlichkeit, daß eine dieser Urne entnommene Kugel mit der Zahl i bezeichnet sei, ist

$$P_i = \frac{a_i}{a_1 + a_2 + \cdots + a_n} = \frac{\dfrac{c_i}{c} \dfrac{a_i}{a}}{\dfrac{c_1}{c} \dfrac{a_1}{a} + \dfrac{c_2}{c} \dfrac{a_2}{a} + \cdots + \dfrac{c_n}{c} \dfrac{a_n}{a}}.$$

Es ist nun $\dfrac{c_i}{c} = \omega_i$ die Wahrscheinlichkeit, daß aus einer der Urnen U_i gezogen werde, und $\dfrac{a_i}{a} = p_i$ ist die Wahrscheinlichkeit, daß bei einer Ziehung aus dieser Urne eine weiße Kugel erscheine. Die gesuchte Wahrscheinlichkeit ist demnach

$$P_i = \frac{\omega_i p_i}{\omega_1 p_1 + \omega_2 p_2 + \cdots + \omega_n p_n}.$$

Wir wollen den Bayesschen Satz auf folgende Aufgabe anwenden: Gegeben ist eine Anzahl von Urnen, über die bekannt ist, daß jede derselben 3 Kugeln enthält. Die Urnen der ersten Art enthalten 3 weiße, die der zweiten Art eine schwarze und zwei weiße, und die der dritten Art eine weiße und zwei schwarze Kugeln. Eine der Urnen wird nach dem Zufalle herausgegriffen und aus ihr eine Ziehung gemacht, die eine weiße Kugel ergibt. Gefragt wird nach der Wahrscheinlichkeit, daß die Kugel aus einer Urne der ersten, zweiten oder dritten Art stamme.

Man findet sofort

$$P_1 = \frac{1}{1 + \dfrac{2}{3} + \dfrac{1}{3}} = \frac{1}{2}, \quad P_2 = \frac{1}{3}, \quad P_3 = \frac{1}{6}.$$

Man kann sich denken, daß 3 Spieler übereinkommen, folgendes Spiel zu spielen. Es wird eine der Urnen herausgegriffen und aus ihr eine Ziehung gemacht. Ergibt sich eine schwarze Kugel, so wird die Urne zurückgelegt, und dieses Resultat bleibt ohne Folgen. Ergibt die Ziehung eine weiße Kugel, so wettet der erste Spieler, daß die beiden übrigen Kugeln weiß seien, der zweite Spieler, daß eine der Kugeln weiß und die andere schwarz sei, und der dritte Spieler, daß beide Kugeln schwarz seien. Ihre Einsätze müssen offenbar in dem Verhältnisse $3:2:1$ stehen, und in einer großen Zahl von Spielen würden die von den einzelnen Spielern gewonnenen Partien auch ungefähr in dem Verhältnisse $3:2:1$ stehen.

Eine solche Wahrscheinlichkeitsbestimmung hat objektive Bedeutung, denn sie stützt sich auf eine Kenntnis der in Betracht kommenden Mengen und ihrer Zusammensetzung.

Anders aber liegen die Verhältnisse, wenn nur bekannt ist, daß die Urnen drei Kugeln enthalten, die weiß oder schwarz sein können. Man weiß also nichts über die Anzahl der vorhandenen Urnen mit verschiedenen Füllungen, und ist nicht einmal darüber informiert, ob die Urne nach dem Zufalle herausgegriffen oder absichtlich gewählt wurde. Einer solchen Urne wird eine Kugel entnommen, die weiß ist. In welcher Weise ist der Einsatz der Spieler zu regeln, von denen der erste wettet, daß die beiden übrigen Kugeln weiß, der zweite, daß eine Kugel weiß, die andere schwarz sei, und der dritte, daß die beiden übrigen Kugeln schwarz seien.

Vor der Ziehung sind 4 Annahmen über die Zusammensetzung des Urneninhaltes möglich, nämlich daß

      1. 3 weiße und 0 schwarze Kugeln
      2. 2   „   „ 1   „   „
      3. 1   „   „ 2   „   „
      4. 0   „   „ 3   „   „

in der Urne enthalten seien. Das Resultat der Ziehung schließt die vierte Annahme aus. Wollte man sich auf ein solches Spiel wirklich einlassen, so bliebe nichts anderes übrig, als wieder die Einsätze im Verhältnis 3:2:1 festzusetzen, indem man die den Spielern zugängliche Information verwertet. In diesem Falle kann man aber nicht die Aussage machen, daß in einer großen Zahl von Spielen die Anzahlen der von den einzelnen Spielern gewonnenen Partien ebenfalls in dem Verhältnisse 3:2:1 stehen werden. Berücksichtigt man, daß die Annahme, die Urnen der drei Arten seien in gleichen Anzahlen vorhanden, nur eine der sehr zahlreichen Annahmen, die über die Anzahl der vorhandenen Urnen verschiedener Art möglich sind, ist, und daß möglicherweise absichtlich stets Urnen, deren Inhalt in bestimmter Weise zusammengesetzt ist, für die Ziehung verwendet werden, so muß man sich auf den Standpunkt stellen, daß die Daten für eine objektiv gültige Wahrscheinlichkeitsbestimmung überhaupt nicht vorhanden sind.

Manche der in früheren Zeiten geübten Anwendungen des Bayesschen Satzes entfernen sich nicht sehr von diesem Beispiele. So wurde die folgende Frage aufgeworfen: Eine Frau hat als erstes Kind einen Knaben geboren; welches ist die Wahrscheinlichkeit, daß das nächste von dieser Frau zur Welt gebrachte Kind das gleiche Geschlecht habe, also ebenfalls ein Knabe sei.

Bei unserer vollständigen Unkenntnis über die Bedingungen, welche eine Geburt bestimmten Geschlechtes herbeiführen, kann man die Geburt eines Kindes einer bestimmten Frau mit Ziehungen aus einer Urne vergleichen, die weiße und schwarze Kugeln in unbekanntem

Mischungsverhältnisse enthält. Die vorliegende Frage entspricht also der folgenden Aufgabe: Aus einer Urne, die weiße und schwarze Kugeln in unbekannten Anzahlen enthält, wird eine weiße Kugel gezogen und nicht zurückgelegt. Welches ist die Wahrscheinlichkeit, daß eine abermalige Ziehung eine Kugel der gleichen Farbe ergeben wird? Keine Wahrscheinlichkeitsbestimmung a priori kann diese Frage entscheiden, die höchstens auf Grund statistischer Erhebungen über diesen Gegenstand beantwortet werden kann.

Das Unzureichende des für eine solche Wahrscheinlichkeitsbestimmung verwendeten Materiales wird besonders dann klar, wenn unsere sonstigen Kenntnisse über den zur Beurteilung vorliegenden Tatbestand uns veranlassen, eine Änderung des vorausgesetzten Wertes der Wahrscheinlichkeit nur mit größter Behutsamkeit vorzunehmen. Dies ist in dem folgenden Beispiele der Fall, das sich von dem eben besprochenen nur dadurch unterscheidet, daß wir für die Wahrscheinlichkeit p den genauen Wert $\frac{1}{2}$ anzunehmen geneigt sind, während die Wahrscheinlichkeit einer männlichen Geburt den Wert $\frac{1}{2}$ etwas übersteigt. Mit einer Münze, die sich äußerlich nicht von anderen, ähnlichen Münzen unterscheidet, wird ein Wurf gemacht, der Wappen ergeben hat. Welches ist die Wahrscheinlichkeit, daß der nächste Wurf ebenfalls Wappen ergeben wird? Es ist offenkundig, daß diese geringfügige Erfahrung über die Münze nicht ausreicht, um dem Wurfe Wappen mit dieser Münze eine vom Werte $\frac{1}{2}$ verschiedene Wahrscheinlichkeit beizumessen.

13. Der Bayessche Satz für unendliche Mengen von Ursachen und die wahrscheinlichste Annahme.

Das vorliegende Tatsachenmaterial bestehe in der Beobachtung des m maligen Eintreffens und $n = (s - m)$ maligen Ausbleibens des Ereignisses E in s Versuchen. Unsere Kenntnis über die Entstehungsbedingungen von E sei derartig, daß wir a priori für seine unbekannte Wahrscheinlichkeit p jeden Wert zwischen 0 und 1 als gleichwahrscheinlich ansehen müssen. Ist x ein solcher Wert, so ist

$$y = x^m (1 - x)^n$$

die Wahrscheinlichkeit des beobachteten Resultates. Die Wahrscheinlichkeit, daß p in dem Intervalle $x, x - dx$ liege, ist

$$p_x = \frac{y\, dx}{\int\limits_0^1 y\, dx}$$

und die Wahrscheinlichkeit, daß sie in dem endlichen Intervalle (a, b) liege, ist

$$p_{a,b} = \frac{\int\limits_a^b y\, dx}{\int\limits_0^1 y\, dx}.$$

Kommen den verschiedenen Annahmen über die Werte von p verschiedene Wahrscheinlichkeiten a priori zu, so sind sie Funktionen von x, und $w(x)$ sei eine solche Funktion. Die beiden vorhergehenden Formeln schreiben sich dann

$$p_x = \frac{w(x)\,y\,dx}{\int\limits_0^1 w(x)\,y\,dx}\;, \qquad p_{a,b} = \frac{\int\limits_a^b w(x)\,y\,dx}{\int\limits_0^1 w(x)\,y\,dx}\;.$$

Für gegebenes $w(x)$ sind die Nenner dieser Ausdrücke konstant, und die größte Wahrscheinlichkeit kommt jenem Werte zu, der y bzw. $w(x)y$ zu einem Maximum macht. Dieser Wert ist die wahrscheinlichste Annahme über den unbekannten Wert der Wahrscheinlichkeit des Ereignisses E. Der Differentialquotient von y verschwindet für

$$x = \frac{m}{m+n} = \frac{m}{s}\,,$$

dem das Maximum von y

$$M = \frac{m^n\,n^n}{s^s}$$

entspricht. Setzt man $x = \dfrac{m}{s} + z$, so wird

$$y = M\left(1 + \frac{s}{m}z\right)^m\left(1 - \frac{s}{n}z\right)^n = MZ.$$

Bricht man die Entwicklung des Logarithmus von Z bei der zweiten Potenz von z ab, und geht wieder zu den Zahlen über, so findet man

$$y = M e^{-\frac{s^3}{2\,m\,n}z^2}.$$

Die Wahrscheinlichkeit, daß die unbekannte Wahrscheinlichkeit p von E zwischen den Grenzen $\dfrac{m}{s} - \delta$ und $\dfrac{m}{s} + \delta$ liege, ist

$$P = \frac{\int\limits_{\frac{m}{s}-\delta}^{\frac{m}{s}+\delta} y\,dx}{\int\limits_0^1 y\,dx}\;.$$

Das Integral im Nenner ist die Eulersche B-Funktion und hat den Wert

$$\frac{m!\,n!}{(m+n+1)!}\;.$$

Setzt man im Zähler $x = \dfrac{m}{s} + z$, so kann man es in der früher angedeuteten Weise näherungsweise ausdrücken, und erhält

$$P = \frac{(s+1)!\,m^m n^n}{m!\,n!\,s^s}\int\limits_0^\delta e^{-\frac{s^3}{2\,m\,n}z^2}\,dz.$$

Durch Ersetzen der Fakultäten durch die Stirlingsche Formel und bei
Berücksichtigung des Umstandes, daß s groß sein soll, erhält man

$$P = \sqrt{\frac{s^3}{2\pi m n}} \int_{-\delta}^{\delta} e^{-\frac{s^3}{2mn} z^2} \, dz.$$

Setzt man noch

$$h = \sqrt{\frac{s^3}{2mn}}, \quad hz = t, \quad h\delta = \gamma,$$

so ergibt sich der Satz:

Es besteht die Wahrscheinlichkeit

$$P = \Phi(\gamma),$$

daß die unbekannte Wahrscheinlichkeit des Ereignisses E, das in s Versuchen m mal eingetroffen und $n = s - m$ mal ausgeblieben ist, zwischen
den Grenzen

$$\frac{m}{s} - \gamma \sqrt{\frac{2mn}{s^3}} \quad \text{und} \quad \frac{m}{s} + \gamma \sqrt{\frac{2mn}{s^3}}$$

liege.

Dieser Satz ist die Umkehrung des Bernoullischen Theorems. Dieser
Satz gestattet, aus der bekannten Wahrscheinlichkeit p eines Ereignisses
auf die Wahrscheinlichkeit zu schließen, mit welcher die Wiederholungszahl bzw. die relative Häufigkeit zwischen gegebenen Grenzen zu erwarten
ist. Die Umkehrung des Satzes gestattet es, aus der durch Beobachtung
bestimmten relativen Häufigkeit von E auf die unbekannte Wahrscheinlichkeit dieses Ereignisses zu schließen. Bernoulli hat die Tragweite
seines Satzes in dieser Richtung bereits vollkommen erkannt.

Die wichtigste Folgerung aus diesem Satze ist, daß man es durch Steigerung der Versuchszahl erzielen kann, daß die Grenzen, innerhalb welcher
die unbekannte Wahrscheinlichkeit mit gegebener Wahrscheinlichkeit angenommen werden kann, beliebig enge werden. Wir können also durch
Fortsetzung der Beobachtungen uns der Wahrheit beliebig nähern. Hierdurch ist die Forderung begründet, daß die empirische Bestimmung unbekannter Wahrscheinlichkeiten auf möglichst ausgedehnte Versuchsreihen
gestützt sein soll.

Es ist wichtig, folgende Bemerkung zu machen. Der Bernoullische Satz enthält eine Aussage über das Ergebnis einer noch anzustellenden Versuchsreihe, und wir haben zu gewärtigen, daß das tatsächliche
Resultat sich von unserer Voraussage um gewisse Beträge entfernt. Die
Korrektur wird von der Erfahrung selbst besorgt.

Weisen wir auf Grund von gemachten Beobachtungen einer unbekannten Wahrscheinlichkeit nach der Umkehrung des Bernoullischen Satzes einen bestimmten Wert zu, der von dem wahren Werte
abweicht, so begehen wir einen Fehler. Die Umkehrung des Bernoullischen Satzes gibt die Wahrscheinlichkeiten, mit welcher wir
Abweichungen zu erwarten haben, und aus diesem Grunde muß man
sagen, daß dieser Satz die Wahrscheinlichkeiten der Fehler von be-

stimmter Größe bei empirischen Bestimmungen unbekannter Wahrscheinlichkeiten gibt.

Die wahren Werte dieser Wahrscheinlichkeiten sind und bleiben uns fast stets unzugänglich, und aus diesem Grunde sind uns auch die wahren Fehler unbekannt. Eine Ausnahme bilden nur jene Fälle, wo über Ereignisse von bekannter Wahrscheinlichkeit Versuche angestellt wurden, aus welchen diese Wahrscheinlichkeiten empirisch bestimmt werden können. Aus solchen Daten lassen sich die wahren Fehler bestimmen, woraus sich die Grundlagen für die Beantwortung der Frage ergeben, wieweit die Vorgänge der Wirklichkeit mit den Voraussetzungen der Theorie übereinstimmen. Diese Frage ist aber für die gesamte Theorie der Beobachtungsfehler von grundlegender Wichtigkeit. Aus diesem Grunde sind derartige Versuche, wie sie namentlich E. Czuber in vorbildlicher Weise angestellt hat, von hervorragendem Interesse.

Von der Größe h hängen die Grenzen ab, innerhalb welcher der unbekannte Wert mit gegebener Wahrscheinlichkeit angenommen werden kann. Sie ist der Quadratwurzel aus der dritten Potenz der Versuchszahl gerade, und der Wurzel aus $2\,m\,n$ verkehrt proportional. Für $m = n$ hat dieses Produkt ein Maximum, zu dessen beiden Seiten es symmetrisch abnimmt. Die Präzision ist um so größer, die Beobachtung also um so genauer, je mehr die unbekannte Wahrscheinlichkeit sich einem der Werte 0 oder 1 nähert.

Man kann die Größe h auch folgendermaßen schreiben

$$h = \sqrt{\frac{s}{2\,\dfrac{m}{s}\cdot\dfrac{n}{s}}} = K\sqrt{s} \qquad \left(K \leqq \frac{1}{\sqrt{2}}\right).$$

Der Faktor K enthält die wahrscheinlichsten Bestimmungen der Wahrscheinlichkeit und der Gegenwahrscheinlichkeit des Ereignisses E, deren Werte durch die Entstehungsbedingungen von E bestimmt sind. Man kann also sagen, daß die Präzision einer empirischen Bestimmung einer unbekannten Wahrscheinlichkeit der Wurzel aus der Versuchszahl gerade proportional ist, und außerdem von einer Konstante abhängt, die durch die Art der zu untersuchenden Größe bestimmt ist.

Die Verteilung der Fehler ist um den wahrscheinlichsten Wert symmetrisch. Hieraus folgt sofort, daß der Mittelwert des Fehlers gleich 0 ist. Für den mittleren Fehler μ, den durchschnittlichen Fehler ϑ und den wahrscheinlichen Fehler w findet man wieder die Beziehungen

$$\mu = \frac{1}{h\sqrt{2}} = \frac{1}{K\sqrt{2s}},$$

$$\vartheta = \frac{1}{h\sqrt{\pi}} = \frac{1}{K\sqrt{s\,\pi}},$$

$$\omega = \frac{\varrho}{h} = \frac{\varrho}{K\sqrt{s}}.$$

14. Die Methode der kleinsten Quadrate.

Mit diesem Namen bezeichnet man ein Rechnungsverfahren zur Bestimmung der wahrscheinlichsten Werte einer oder mehrerer Unbekannter aus einem überbestimmten Gleichungssysteme, sowie der Fehler, mit welchen diese Resultate behaftet sind. Voraussetzung der Rechnung ist, daß die Gleichungen aus direkten Beobachtungen stammen, deren Fehler nach dem Wahrscheinlichkeitsintegrale verteilt sind. Gewöhnlich wird dieses Rechnungsverfahren in der Theorie der Beobachtungsfehler empirischer Größen entwickelt, was insofern berechtigt ist, als dies ohne Zweifel das wichtigste Anwendungsgebiet der Methode der kleinsten Quadrate ist.

In der Theorie der Beobachtungsfehler ist die Voraussetzung der Fehlerverteilung nach dem Wahrscheinlichkeitsintegrale eine Annahme, die näher untersucht und erläutert werden muß, weshalb es sich empfiehlt, das Rechnungsverfahren nach der Methode der kleinsten Quadrate im Zusammenhange mit dem Bernoulli schen Satze zu entwickeln, wo über das Zutreffen der gemachten Voraussetzung kein Zweifel besteht. Man kann hier an einfachen Aufgaben sämtliche Begriffe, mit welchen in der Theorie der Beobachtungsfehler operiert wird, in einfacher Weise einführen. Die Methode der kleinsten Quadrate wird zunächst für das begrenzte Gebiet der empirischen Bestimmungen unbekannter Wahrscheinlichkeiten abgeleitet, und ihre Ausdehnung auf die Theorie der Beobachtungsfehler ergibt sich sodann durch den Nachweis der Bedingungen, unter welchen die Annahme einer Fehlerverteilung nach dem Wahrscheinlichkeitsintegrale zutrifft.

1. Aufgabe. Über die unbekannte Wahrscheinlichkeit P des Ereignisses E liegen die Ergebnisse von n gleich ausgedehnten Versuchsreihen vor, in welchen für E die relativen Häufigkeiten $r_1, r_2, \ldots r_n$ zur Beobachtung kamen. Es ist der wahrscheinlichste Wert r von P sowie die Präzision dieser Bestimmung zu berechnen.

In den einzelnen Versuchsreihen sind nach der Umkehrung des Bernoullischen Satzes die relativen Häufigkeiten von E, also $r_1, r_2, \ldots r_n$ die wahrscheinlichsten Bestimmungen der unbekannten Wahrscheinlichkeit P. Diese Resultate entsprechen den wahren Fehlern

$$\varepsilon_1 = P - r_1$$
$$\varepsilon_2 = P - r_2$$
$$\cdots \cdots \cdots$$
$$\varepsilon_n = P - r_n \,.$$

Ist h die Präzision der Bestimmung, so ist

$$\frac{h}{\sqrt{\pi}}\, e^{-h^2 \varepsilon_i^2} \qquad (i = 1, 2, \ldots n)$$

die Wahrscheinlichkeit eines Fehlers von der Größe ε_i, und

$$W = \frac{h^n}{(\sqrt{\pi})^n}\, e^{-h^2 [(P - r_1)^2 + (P - r_2)^2 + \cdots + (P - r_n)^2]}$$

ist die Wahrscheinlichkeit für das Zusammenbestehen der Fehler $\varepsilon_1, \varepsilon_2, \ldots \varepsilon_n$. Der wahrscheinlichste Wert p von P ist jener Wert, für den W ein Maximum ist. Hieraus ergibt sich für p die Bedingung, daß die Summe

$$(P - r_1)^2 + (P - r_2)^2 + \cdots + (P - r_n)^2$$

so klein als möglich sein muß, was für

$$p = \frac{1}{n}(r_1 + r_2 + \cdots + r_n)$$

der Fall ist. Hieraus ergibt sich der Satz, daß das arithmetische Mittel als der mit der kleinsten Quadratsumme der scheinbaren Fehler, d. h. der Abweichungen vom wahrscheinlichsten Werte, die wahrscheinlichste Bestimmung von P ist. Das auf diese Eigenschaft des arithmetischen Mittels gestützte Rechenverfahren sollte also eigentlich die Methode der kleinsten Quadratsumme heißen.

Das arithmetische Mittel ist der uns zugängliche wahrscheinlichste Wert der unbekannten Wahrscheinlichkeit, deren wahrer Wert uns unzugänglich bleibt. Aus diesem Grunde bleiben uns auch die wahren Fehler unbekannt. Es wird gefragt, welche Folgerungen man aus dem bekannten Verteilungsgesetze der wahren Fehler ε_i auf die Verteilung der scheinbaren Fehler λ_i, d. h. der Abweichungen vom wahrscheinlichsten Werte, ziehen kann. Diese Abweichungen sind

$$\lambda_1 = p - r_1$$
$$\lambda_2 = p - r_2$$
$$\cdot \ \cdot \ \cdot \ \cdot \ \cdot \ \cdot \ \cdot$$
$$\lambda_n = p - r_n,$$

wobei wegen der Definition des arithmetischen Mittels

$$\lambda_1 + \lambda_2 + \cdots + \lambda_n = 0$$

sein muß. Die Differenzen zwischen den wahren und den scheinbaren Fehlern sind

$$\varepsilon_1 - \lambda_1 = \varepsilon_2 - \lambda_2 = \cdots = \varepsilon_n - \lambda_n = P - p,$$

woraus

$$\varepsilon_1 + \varepsilon_2 + \cdots + \varepsilon_n = n(P - p)$$

folgt. Durch Vereinigung der beiden letzten Beziehungen ergibt sich

$$\lambda_1 = \frac{n-1}{n}\varepsilon_1 - \frac{1}{n}\varepsilon_2 - \frac{1}{n}\varepsilon_3 - \cdots - \frac{1}{n}\varepsilon_n$$

$$\lambda_2 = -\frac{1}{n}\varepsilon_1 + \frac{n-1}{n}\varepsilon_2 - \frac{1}{n}\varepsilon_3 - \cdots - \frac{1}{n}\varepsilon_n$$

$$\lambda_3 = -\frac{1}{n}\varepsilon_1 + \frac{1}{n}\varepsilon_2 + \frac{n-1}{n}\varepsilon_3 - \cdots - \frac{1}{n}\varepsilon_n$$

$$\cdot \ \cdot \ \cdot \ \cdot \ \cdot \ \cdot \ \cdot \ \cdot \ \cdot \ \cdot \ \cdot \ \cdot \ \cdot \ \cdot \ \cdot \ \cdot \ \cdot \ \cdot$$

Die scheinbaren Fehler sind also lineare Funktion der wahren Fehler. Hieraus folgt, daß ihre Wahrscheinlichkeiten nach der Funktion

$$\frac{H}{\sqrt{\pi}} e^{-H^2 \lambda_i^2}$$

verteilt sind, wobei

$$H = \frac{h}{\sqrt{(n-1)\frac{1}{n} + \left(\frac{n-1}{n}\right)^2}} = h\sqrt{\frac{n}{n-1}}.$$

Für den mittleren, den durchschnittlichen und den wahrscheinlichen Fehler findet man

$$\mu = \frac{1}{h}\sqrt{\frac{n-1}{2n}}, \qquad \vartheta = \frac{1}{h}\sqrt{\frac{n-1}{n\pi}}, \qquad w = \frac{\varrho}{h}\sqrt{\frac{n-1}{n}}.$$

Diese Formeln sind für die Rechnung noch unbrauchbar, da die auf den wahren Wert P bezügliche Präzision h darin auftritt. Aus den beobachteten Werten ergibt sich nun nach der Definition von μ und ϑ

$$\vartheta = \frac{[\,|\lambda|\,]}{n}, \qquad \mu = \sqrt{\frac{[\lambda\lambda]}{n}}.$$

Hieraus folgt je eine Bestimmung von h, welche zur Berechnung von ϑ, μ und w verwendet werden können. Aus der $[\,|\lambda|\,]$ bestimmen sich

$$\frac{1}{h} = [\,|\lambda|\,]\sqrt{\frac{\pi}{n(n-1)}}, \qquad \vartheta = \frac{[\,|\lambda|\,]}{\sqrt{n(n-1)}}, \qquad \mu = [\,|\lambda|\,]\sqrt{\frac{\pi}{2n(n-1)}},$$

$$w = \varrho\,[\,|\lambda|\,]\sqrt{\frac{\pi}{n(n-1)}}.$$

Bei Verwendung von $[\lambda\lambda]$ hat man

$$\frac{1}{h} = \sqrt{\frac{2[\lambda\lambda]}{n-1}}, \qquad \vartheta = \sqrt{\frac{2[\lambda\lambda]}{\pi(n-1)}}, \qquad \mu = \sqrt{\frac{[\lambda\lambda]}{n-1}}, \qquad w = \varrho\sqrt{\frac{2[\lambda\lambda]}{n-1}}.$$

Für das Verhältnis der beiden Summen findet man

$$\frac{\sqrt{[\lambda\lambda]}}{[\,|\lambda|\,]} = \sqrt{\frac{\pi}{2n}}.$$

Bei Verteilung der Fehler nach dem Wahrscheinlichkeitsintegrale sind die aus der Summe der absoluten Werte der Abweichungen und die aus der Summe der Quadrate der Abweichungen vom arithmetischen Mittel abgeleiteten Werte des mittleren durchschnittlichen und wahrscheinlichen Fehlers gleich. Man kann diese Eigenschaft dazu benützen, um eine vorliegende Gruppe von Beobachtungsresultaten daraufhin zu untersuchen, ob die Voraussetzung der Verteilung der Fehler nach dem Wahrscheinlichkeitsintegrale zutrifft. Am einfachsten geschieht eine solche Kontrolle durch Untersuchung des Wertes von $\sqrt{[\lambda\lambda]} : [\,|\lambda|\,]$.

Man erkennt sofort, daß die auf das arithmetische Mittel von n gleichgenauen Beobachtungen bezügliche Präzision h_n zu der einer einzelnen Beobachtung im Verhältnisse $\sqrt{n} : 1$ steht. Für den auf das arithmetische Mittel bezüglichen durchschnittlichen, mittleren und wahrscheinlichen Fehler, ausgedrückt durch die Quadratsumme der Abweichungen vom Mittel, ergeben sich die Werte

$$\vartheta_p = \sqrt{\frac{2[\lambda\lambda]}{\pi n(n-1)}}, \qquad \mu_p = \sqrt{\frac{[\lambda\lambda]}{n(n-1)}}, \qquad w = \varrho\sqrt{\frac{2[\lambda\lambda]}{n(n-1)}}.$$

Bei Verwendung der Summe der absoluten Beträge der Abweichungen lauten die Ausdrücke für diese Größen

$$\vartheta_p = \frac{[\,|\lambda|\,]}{n\sqrt{n-1}}, \qquad \mu_p = \frac{[\,|\lambda|\,]}{n}\sqrt{\frac{\pi}{2(n-1)}}, \qquad w = \varrho\,\frac{[\,|\lambda|\,]}{n}\sqrt{\frac{\pi}{n-1}}.$$

Wichtig ist an diesen Formeln, daß die Präzision einer Beobachtung durch die Abweichungen vom Mittel — indirekt also durch die Abweichungen der einzelnen Beobachtungsresultate voneinander — ausgedrückt wird. Hieraus ergibt sich für die Präzision die Auffassung als Maß der Übereinstimmung der einzelnen Beobachtungen miteinander.

Diese Ausführungen sollen an dem folgenden Beispiele erläutert werden, wobei auf die Übereinstimmung der Rechnung mit der Erfahrung Nachdruck gelegt wird. Das Beispiel ist dadurch wichtig, weil der wahre Wert der zu bestimmenden Wahrscheinlichkeit bekannt ist, so daß die theoretischen Ausführungen auf ihre Übereinstimmung mit den tatsächlichen Verhältnissen geprüft werden können. Die betreffenden Daten wurden von E. Czuber gesammelt.

Aus einer Urne mit sechs mit den Nummern 1 bis 6 bezeichneten Kugeln sind Ziehungen je einer Kugel mit Zurücklegen der jeweils gezogenen Kugel ausgeführt worden. Die gezogenen Nummern wurden notiert. Im ganzen wurden $n = 37$ Versuchsreihen von je 100 Ziehungen gemacht.

Es ist aus den Beobachtungsergebnissen die Wahrscheinlichkeit des Erscheinens einer ungeraden Nummer zu bestimmen.

Stellt man sich auf den Standpunkt, daß diese Größe unbekannt ist, so ist die in jeder Reihe zur Beobachtung kommende relative Häufigkeit r_k der ungeraden Nummern eine empirische Bestimmung der unbekannten Wahrscheinlichkeit P. Da alle Versuchsreihen gleich ausgedehnt sind, so sind ihre Ergebnisse gleichgenau. Tatsächlich ist aber der wahre Wert von P bekannt, so daß sich die Gelegenheit bietet, auch die wahren Fehler zu bestimmen. Die Beobachtungsdaten, die scheinbaren Fehler λ, die wahren Fehler ε, sowie die Quadrate dieser Größen sind aus der folgenden Tabelle zu ersehen.

Nr.	r_k	$\lambda_k = p - r_k$	λ_k^2	$\varepsilon_k = P - r_k$	ε_k^2
1	0,56	$-$ 0,059	0,003481	$-$ 0,06	0,0036
2	0,47	$+$ 0,031	0,000961	$+$ 0,03	0,0009
3	0,49	$+$ 0,011	0,000121	$+$ 0,01	0,0001
4	0,46	$+$ 0,041	0,001681	$+$ 0,04	0,0016
5	0,52	$-$ 0,019	0,000361	$-$ 0,02	0,0004
6	0,53	$-$ 0,029	0,000841	$-$ 0,03	0,0009
7	0,58	$-$ 0,079	0,006241	$-$ 0,08	0,0064
8	0,46	$+$ 0,041	0,001681	$+$ 0,04	0,0016
9	0,50	$+$ 0,001	0,000001	0,00	0,0000
10	0,42	$+$ 0,081	0,006561	$+$ 0,08	0,0064
11	0,54	$-$ 0,039	0,001521	$-$ 0,04	0,0016
12	0,52	$-$ 0,019	0,000361	$-$ 0,02	0,0004
13	0,56	$-$ 0,059	0,003481	$-$ 0,06	0,0036
14	0,50	$+$ 0,001	0,000001	0,00	0,0000
15	0,44	$+$ 0,061	0,003721	$+$ 0,06	0,0036
16	0,49	$+$ 0,011	0,000121	$+$ 0,01	0,0001
17	0,56	$-$ 0,059	0,003481	$-$ 0,06	0,0036
18	0,50	$+$ 0,001	0,000001	0,00	0,0000
19	0,56	$-$ 0,059	0,003481	$-$ 0,06	0,0036
20	0,47	$+$ 0,031	0,000961	$+$ 0,03	0,0009
21	0,47	$+$ 0,031	0,000961	$+$ 0,03	0,0009
22	0,51	$-$ 0,009	0,000081	$-$ 0,01	0,0001
23	0,52	$-$ 0,019	0,000361	$-$ 0,02	0,0004
24	0,48	$+$ 0,021	0,000441	$+$ 0,02	0,0004
25	0,56	$-$ 0,059	0,003481	$-$ 0,06	0,0036
26	0,43	$+$ 0,071	0,005041	$+$ 0,07	0.0049
27	0,58	$-$ 0,079	0,006241	$-$ 0,08	0,0064
28	0,52	$-$ 0,019	0,000361	$-$ 0,02	0,0004
29	0,49	$+$ 0,011	0,000121	$+$ 0,01	0,0001
30	0,49	$+$ 0,011	0,000121	$+$ 0,01	0,0001
31	0,44	$+$ 0,061	0,003721	$+$ 0,06	0,0036
32	0,50	$+$ 0,001	0,000001	0,00	0,0000
33	0,54	$-$ 0,039	0,001521	$-$ 0,04	0,0016
34	0,51	$-$ 0,009	0,000081	$-$ 0,01	0,0001
35	0,45	$+$ 0,051	0,002601	$+$ 0,05	0,0025
36	0,47	$+$ 0,031	0,000961	$+$ 0,03	0,0009
37	0,45	$+$ 0,051	0,002601	$+$ 0,05	0,0025
	18,54	$+$ 0,651 $-$ 0,654	0,067757	$+$ 0,63 $-$ 0,67	0,0678
		$-$ 0,003		$-$ 0,04	

Aus der Summe der relativen Häufigkeiten berechnet sich das arithmetische Mittel mit

$$p = \frac{18,54}{37} = 0,501.$$

Die Abweichungen vom Mittel sind die scheinbaren Fehler λ. Aus der Summe der Quadrate und der Summe der absoluten Werte der scheinbaren Fehler bestimmt sich

$$\frac{\sqrt{[\lambda\lambda]}}{[|\lambda|]} = \frac{\sqrt{0,067757}}{1,305} = 0,200,$$

während sich

$$\sqrt{\frac{\pi}{2\,n}} = \sqrt{\frac{\pi}{74}} = 0,206$$

ergibt. Die Beziehung

$$\frac{\sqrt{[\lambda\lambda]}}{[|\lambda|]} = \sqrt{\frac{\pi}{2\,n}}$$

ist also nahezu erfüllt, woraus geschlossen werden kann, daß die Verteilung der Fehler nahezu nach dem Wahrscheinlichkeitsintegrale erfolgt.

In der Tat kamen die einzelnen Resultate mit den folgenden Häufigkeiten zur Beobachtung:

Der scheinbare Fehler			Der wahre Fehler		
0,001	4	mal	0,00	4	mal
0,009	3	„	0,01	6	„
0,011	4	„	0,02	5	„
0,019	4	„	0,03	5	„
0,021	1	„	0,04	4	„
0,029	1	„	0,05	2	„
0,031	4	„	0,06	7	„
0,039	2	„	0,07	1	„
0,041	2	„	0,08	3	„
0,051	2	„			
0,059	5	„			
0,061	2	„			
0,071	1	„			
0,079	2	„			
0,081	1	„			

Die Anzahl der berechneten und der beobachteten Fehler ist aus der folgenden Zusammenstellung ersichtlich:

Fehler im absoluten Betrage			beobachtet	berechnet
0,000	bis	0,020	14	13,2
0,000	„	0,040	22	23,8
0,000	„	0,060	31	30,8
0,000	„	0,080	36	34,3
0,000	„	0,100	37	36,2

Für die Präzision, den mittleren und den durchschnittlichen Fehler ergeben sich folgende Bestimmungen. Aus $[|\lambda|]$

$$h = 15,78 \qquad \mu = 0,045 \qquad \vartheta = 0,036$$

und aus $[\lambda\lambda]$

$$h = 16,32 \qquad \mu = 0,043 \qquad \vartheta = 0,035\,.$$

Dieselben Größen bestimmen sich aus der auf die wahren Fehler bezogenen Summe $[|\varepsilon|]$ mit

$$h = 15,84 \qquad \mu = 0,045 \qquad \vartheta = 0,036\,.$$

Damit sind zu vergleichen die Werte, die sich für diese Größen aus dem Bernoullischen Satz ergeben:

$$h = 14,14 \qquad \mu = 0,050 \qquad \vartheta = 0,041 \,.$$

Es besteht also zwischen diesen Größen eine Übereinstimmung, die mit Hinsicht auf die zu untersuchenden Erfahrungsdaten und den verhältnismäßig geringen Umfang der Beobachtungen als durchaus befriedigend angesehen werden kann.

Aus dem mittleren Fehler einer einzelnen Beobachtung ergibt sich der mittlere Fehler des Mittels mit $\dfrac{0,045}{\sqrt{37}} = 0,007$, und man schreibt das Ergebnis der ganzen Versuchsreihe

$$p = 0,501 \pm 0,007 \,.$$

2. **Aufgabe.** Über die unbekannte Wahrscheinlichkeit p des Ereignisses E liegen die Ergebnisse von n Reihen mit $s_1, s_2, \ldots s_n$ Versuchen vor, in welchen für E die relativen Häufigkeiten $r_1, r_2, \ldots r_n$ zur Beobachtung kamen. Es ist der wahrscheinlichste Wert p von P und die Präzision dieser Bestimmung zu berechnen.

Diese Aufgabe unterscheidet sich von der vorhergehenden dadurch, daß die Versuchsreihen verschieden ausgedehnt sind. Die wahrscheinlichsten Bestimmungen von P in den einzelnen Versuchsreihen sind wieder $r_1, r_2, \ldots r_n$, und entsprechen diesen die wahren Fehler

$$\varepsilon_1 = P - r_1$$
$$\varepsilon_2 = P - r_2$$
$$\cdot \;\cdot\;\cdot\;\cdot\;\cdot\;\cdot\;\cdot$$
$$\varepsilon_n = P - r_n \,.$$

Die Präzisionsmaße in den einzelnen Versuchsreihen sind $h_1, h_2, \ldots h_n$, und die Wahrscheinlichkeit eines Fehlers von der Größe ε_i in der i-ten Versuchsreihe ist

$$\frac{h_i}{\sqrt{\pi}}\, e^{-h_i^2 \varepsilon_i^2} \qquad (i = 1, 2, \ldots n) \,.$$

Demgemäß ist die Wahrscheinlichkeit für das Zusammenbestehen der Fehler $\varepsilon_1, \varepsilon_2, \ldots \varepsilon_n$

$$W = \frac{h_1, h_2, \ldots h_n}{(\sqrt{\pi})^n}\, e^{-\left[h_1^2 (P - r_1)^2 + h_2^2 (P - r_2)^2 + \cdots + h_n^2 (P - r_n)^2 \right]} \,.$$

Soll W ein Maximum sein, so muß die Summe

$$h_1{}^2 (P - r_1)^2 + h_2{}^2 (P - r_2)^2 + \cdots + h_n^2 (P - r_n)^2$$

möglichst klein sein. Diese Summe hat ein Minimum für

$$p = \frac{h_1{}^2 r_1 + h_2{}^2 r_2 + \cdots + h_n^2 r_n}{h_1{}^2 + h_2{}^2 + \cdots + h_n^2} \,.$$

Da die Präzisionsmaße sich auf Beobachtungen über dieselbe Wahrscheinlichkeit beziehen, so ist $h_1 = K \sqrt{s_1}, h_2 = K \sqrt{s_2}, \cdots h_n = K \sqrt{s_n}$, und es ergibt sich für p

$$p = \frac{s_1 r_1 + s_2 r_2 + \cdots + s_n r_n}{s_1 + s_2 + \cdots + s_n} \,.$$

Die Multiplikationen der Zahlen $r_1, r_2, \cdots r_n$ nennt man die Gewichte dieser Größen, und der wahrscheinlichste Wert p ist das mit den den einzelnen Beobachtungen entsprechenden Gewichten genommene Mittel. Aus den beiden Formeln für p ersieht man, daß 1. das Gewicht einer Beobachtungsreihe proportional ist dem Präzisionsmaße, und 2. daß das Gewicht proportional ist der Anzahl der Versuche, auf welchen die Bestimmung beruht.

Die letztere Definition ist die direkteste Erklärung des Begriffes des Gewichtes einer Beobachtungsreihe. In der Tat können sich 2 Versuchsreihen, die sich auf die Bestimmung derselben Wahrscheinlichkeit beziehen, hinsichtlich ihrer Präzision nur dann unterscheiden, falls sie verschieden ausgedehnt sind. Bestände in irgendeiner andern Hinsicht eine Verschiedenheit, so könnten sich die beiden Versuchsreihen überhaupt nicht auf dieselbe Wahrscheinlichkeit beziehen, und es wäre ein Widersinn, sie überhaupt zur Bestimmung derselben zu vereinen.

Die gleiche Überlegung zwingt dazu, die Präzision der einzelnen Beobachtungen gleich $K\sqrt{s_i}$ zu setzen, wobei K in allen Versuchsreihen gleich ist. Man könnte daran denken, die Präzision durch $\sqrt{\dfrac{s_i}{r_i(1-r_i)}}$ auf Grund des erhaltenen Beobachtungsergebnisses zu bestimmen. Dies wäre jedoch verfehlt, weil die auf dieselbe Wahrscheinlichkeit bezüglichen Beobachtungen nicht auf Grund des erhaltenen Resultates sondern nur auf Grund der Eigenschaften der Beobachtungen selbst als verschieden genau eingeschätzt werden können. Eine solche Verschiedenheit kann aber, wie früher ausgeführt, nur hinsichtlich der Ausdehnung der Versuchsreihe bestehen.

Die scheinbaren Fehler, d. h. die Abweichungen vom wahrscheinlichsten Werte p, sind

$$\lambda_1 = p - r_1$$
$$\lambda_2 = p - r_2$$
$$\cdots \cdots \cdots$$
$$\lambda_n = p - r_n ,$$

wobei wegen der Definition von p

$$s_1\lambda_1 + s_2\lambda_2 + \cdots + s_n\lambda_n = [s\lambda] = 0 .$$

Durch Bildung der Differenzen $\varepsilon_i - \lambda_i$ und Summierung mit den Gewichten s_i erhält man

$$[s\varepsilon] - [s\lambda] = [s](P - p) = S(P - p),$$

weshalb auch gilt

$$P - p = \frac{s_1}{S}\,\varepsilon_1 + \frac{s_2}{S}\,\varepsilon_2 + \cdots + \frac{s_n}{S}\,\varepsilon_n .$$

Die Abweichung der Bestimmung p von P ist demnach eine lineare Funktion der wahren Fehler ε_i, und die Wahrscheinlichkeit einer Abweichung von der Größe z ist

$$\frac{H}{\sqrt{\pi}}\,e^{-H^2 z^2},$$

wobei

$$\frac{1}{H^2} = \frac{\left(\dfrac{s_1}{S}\right)^2}{h_1^2} + \frac{\left(\dfrac{s_2}{S}\right)^2}{h_2^2} + \cdots + \frac{\left(\dfrac{s_n}{S}\right)^2}{h_n^2} .$$

Führt man für $h_i^2 = s_i K^2$ ein, so ergibt sich hieraus

$$H = K\sqrt{S} .$$

Die Größe K kann man definieren als die Präzision der Beobachtung vom Gewichte 1, und man ersieht aus dieser Rechnung, daß die Präzision mehrerer Beobachtungen, die sich auf dieselbe Wahrscheinlichkeit beziehen, erhalten wird durch Summierung der Gewichte.

Auf dem in der Lösung der früheren Aufgabe angedeuteten Wege erhält man für die Präzision den mittleren, den durchschnittlichen und den wahrscheinlichen Fehler einer Beobachtungsreihe vom Gewicht 1

$$h = \sqrt{\frac{n-1}{2[s\lambda\lambda]}}, \quad \mu = \sqrt{\frac{[s\lambda\lambda]}{n-1}}, \quad \vartheta = \sqrt{\frac{2[s\lambda\lambda]}{\pi(n-1)}}, \quad w = \varrho\sqrt{\frac{2[s\lambda\lambda]}{n-1}}$$

bei Verwendung der mit den Gewichten genommenen Quadratsumme der Abweichungen, und

$$h = \frac{\sqrt{n(n-1)}}{[|s\lambda|]\sqrt{\pi}}, \quad \mu = [|s\lambda|]\sqrt{\frac{\pi}{2\,n(n-1)}}, \quad \vartheta = \frac{[|s\lambda|]}{\sqrt{n(n-1)}}, \quad w = \varrho\,[|s\lambda|]\sqrt{\frac{\pi}{n(n-1)}}$$

bei Verwendung der mit den Gewichten genommenen Summe der absoluten Beträge der Abweichungen.

Die auf den wahrscheinlichsten Wert p bezüglichen Größen sind

$$H = \sqrt{\frac{(n-1)S}{2[s\lambda\lambda]}}, \quad \mu = \sqrt{\frac{[s\lambda\lambda]}{(n-1)S}}, \quad \vartheta = \sqrt{\frac{2[s\lambda\lambda]}{\pi(n-1)S}}, \quad w = \varrho\sqrt{\frac{2[s\lambda\lambda]}{(n-1)S}},$$

$$H = \frac{\sqrt{Sn(n-1)}}{[|s\lambda|]\sqrt{\pi}}, \quad \mu = \frac{[|s\lambda|]\sqrt{\pi}}{\sqrt{2Sn(n-1)}}, \quad \vartheta = \frac{[|s\lambda|]}{\sqrt{Sn(n-1)}}, \quad w = \frac{\varrho\,[|s\lambda|]\sqrt{\pi}}{\sqrt{Sn(n-1)}}.$$

3. Aufgabe. Es sei $F(P_1, P_2, \ldots P_n)$ eine Funktion der voneinander unabhängigen Wahrscheinlichkeiten $X_1, X_2, \ldots X_n$ der Ereignisse $E_1, E_2, \ldots E_n$. Für diese Wahrscheinlichkeiten wurden durch Beobachtung die wahrscheinlichsten Werte $p_1, p_2, \ldots p_n$ mit den Präzisionen $h_1, h_2, \ldots h_n$ ermittelt. Welches ist der wahrscheinlichste Wert von F und dessen Präzision?

Der wahrscheinlichste Wert f von F wird offenbar durch Einsetzen der wahrscheinlichsten Werte $p_1, p_2, \ldots p_n$ erhalten, es ist also

$$f = F(p_1, p_2, \ldots p_n).$$

Soll die Genauigkeitsbestimmung allgemein durchgeführt werden, so dürfen die wahren Fehler $\varepsilon_1, \varepsilon_2, \ldots \varepsilon_n$ der Bestimmungen nur klein sein. In diesem Falle kann man die Taylorsche Reihe mit den linearen Gliedern abbrechen und erhält

$$F = F(p_1 + \varepsilon_1, p_2 + \varepsilon_2, \cdots p_n + \varepsilon_n) = f + \frac{\partial f}{\partial p_1}\varepsilon_1 + \frac{\partial f}{\partial p_2}\varepsilon_2 + \cdots + \frac{\partial f}{\partial p_n}\varepsilon_n.$$

Die Differenz $F - f$ stellt sich also als lineare Funktion der wahren Fehler ε_i dar, und die auf diese Bestimmung bezügliche Präzision ist

$$\frac{1}{H^2} = \frac{\left(\dfrac{\partial f}{\partial p_1}\right)^2}{h_1^2} + \frac{\left(\dfrac{\partial f}{\partial p_2}\right)^2}{h_2^2} + \cdots + \frac{\left(\dfrac{\partial f}{\partial p_n}\right)^2}{h_n^2}.$$

In dem Beispiele zur ersten Aufgabe wurde für die Wahrscheinlichkeit einer ungeraden Nummer der erfahrungsmäßige Wert $p = 0{,}501 \pm 0{,}007$ gefunden. Es soll die Wahrscheinlichkeit bestimmt werden, daß in 10 Ziehungen nicht weniger als 2 mal und nicht öfter als 4 mal eine ungerade Nummer erscheine.

Bezeichnet man die Wahrscheinlichkeit des Erscheinens einer ungeraden Nummer mit x, so ist die gesuchte Wahrscheinlichkeit

$$P(x) = \binom{10}{2}x^2(1-x)^8 + \binom{10}{3}x^3(1-x)^7 + \binom{10}{4}x^4(1-x)^6 = 15\,x^2(1-x)^6(3 + 2x + 9x^2)$$

und

$$P'(x) = 90\,x(1-x)^5(1 - 3x + 3x^2 - 15x^3).$$

Durch Einsetzen des wahrscheinlichsten Wertes ergibt sich $P = 0{,}363$, $P'(0{,}501) = -2{,}252$. Für die Präzision findet man

$$H = \frac{h}{2{,}252},$$

und das Resultat mit seiner Genauigkeit ausgedrückt durch den mittleren Fehler ist

$$p = 0{,}363 \pm 0{,}015$$

4. **Aufgabe.** Als Erläuterung der Natur dieser Aufgabe diene folgendes Beispiel. Eine Urne enthalte Kugeln, die mit den Zahlen $1, 2, \ldots q$ bezeichnet sind, jedoch ist über die Zusammensetzung des Urneninhaltes nichts weiter bekannt. Es sollen die erfahrungsmäßigen Wahrscheinlichkeiten der Zahlen $1, 2, \ldots k$ $(k < q - 1)$ bestimmt werden, und zwar liegen zu diesem Zwecke die Ergebnisse folgender Versuchsreihen vor.

In der ersten Versuchsreihe werden $k_1 \leq k$ Zahlen $\alpha_1, \beta_1, \gamma_1 \ldots$ die sämtlich kleiner als k sind, ins Auge gefaßt, und die relative Häufigkeit r_1 des Ereignisses, das im Erscheinen einer dieser Zahlen besteht, beobachtet. In der zweiten Versuchsreihe werden $k_2 \leq k$ Zahlen $\alpha_2, \beta_2, \gamma_2, \ldots$ ins Auge gefaßt, und die relative Häufigkeit r_2 des Ereignisses, das im Erscheinen einer dieser Zahlen besteht, beobachtet. Im ganzen werden $n > k$ derartige Versuchsreihen gemacht, und es wird die Aufgabe gestellt, die wahrscheinlichsten Werte der unbekannten Wahrscheinlichkeiten $P_1, P_2, \ldots P_k$ zu bestimmen.

Jede Beobachtung ergibt eine Gleichung von der Form

$$P_{\alpha_i} + P_{\beta_i} + \cdots + P_{k_i} = r_i,$$

und es liegen also $n > k$ lineare Gleichungen zur Bestimmung von k Unbekannten vor. Wäre $n = k$, so ließe sich diesem Systeme genau entsprechen, jedoch wären die errechneten Werte nicht die wahren Werte, da die r_i als empirische Bestimmungen unbekannter Wahrscheinlichkeiten mit Fehlern behaftet sind.

Wären die Größen r_i fehlerfrei, so könnte man aus dem vorliegenden überbestimmten Systeme irgendwelche k Gleichungen auswählen, und müßte ihre Lösung auch jedes andere System von k Gleichungen erfüllen. In dem Mangel an Übereinstimmung zwischen den verschiedenen möglichen Lösungen äußern sich die Fehler in der Bestimmung der Größen r_i. Es ist ein naheliegender Gedanke, die bei Einführung einer bestimmten Wertekombination der Unbekannten in die Gleichungen sich ergebenden Widersprüche dazu zu benützen, um den Grad der erreichten Genauigkeit zu bestimmen.

An Stelle dieses Problems wollen wir eine etwas allgemeinere Aufgabe lösen. In dem Beispiele ergibt sich ein System linearer Gleichungen, in welchen die Koeffizienten sämtlicher Unbekannter gleich 1 sind. Wir nehmen nun an, daß eine Anzahl von k unbekannten Wahrscheinlichkeiten $P_1, P_2, \ldots P_k$ miteinander in der Beziehung

$$a P_1 + b P_2 + \cdots + k P_k = L$$

stehen. Direkt beobachtet wird V. Zu jeder Beobachtung l_i von V gehöre das Wertesystem $a_i, b_i, \ldots k_i$, die absolut genaue Zahlengrößen sein sollen. Sind $\varepsilon_1, \varepsilon_2, \ldots \varepsilon_n$ die wahren Fehler von $l_1, l_2, \ldots l_n$, so hat man das Gleichungssystem

$$a_1 P_1 + b_1 P_2 + \cdots + k_1 P_k = l_1 + \varepsilon_1$$
$$a_2 P_1 + b_2 P_2 + \cdots + k_2 P_k = l_2 + \varepsilon_2$$
$$\cdot \cdot \cdot \cdot \cdot \cdot \cdot \cdot \cdot \cdot \cdot \cdot \cdot \cdot \cdot \cdot \cdot \cdot$$
$$a_n P_1 + b_n P_2 + \cdots + k_n P_k = l_n + \varepsilon_n.$$

Die Präzisionen dieser Bestimmungen seien $h_1, h_2, \ldots h_n$.

Von jeder vorgeschlagenen Lösung muß man verlangen, daß sie zu einem Rechenverfahren führt, nach welchem sich aus jedem vorgelegten Gleichungssysteme in eindeutiger Weise die Werte der Unbekannten ergeben. Solcher Algorithmen gibt es eine unbeschränkte Anzahl, woraus sich die Notwendigkeit ergibt, die getroffene Wahl durch Gründe zu rechtfertigen. Der am nächsten liegende Gedanke besteht darin, jenes System der Unbekannten zu bestimmen, für dessen Bestehen die Wahrscheinlichkeit ein Maximum ist. Man fragt nach den wahrscheinlichsten Werten der Unbekannten $P_1, P_2, \ldots P_n$.

Man nennt diese Aufgabe das Problem der vermittelnden Beobachtungen. Die Unbekannten heißen die Elemente.

Da die Größen l aus empirischen Beobachtungen unbekannter Wahrscheinlichkeiten stammen, so ist

$$\frac{h_i}{\sqrt{\pi}}\, e^{-h_i^2\,\varepsilon} \quad (i = 1, 2, \cdots n)$$

die Wahrscheinlichkeit eines Fehlers von der Größe ε. Die Wahrscheinlichkeit des Zusammenbestehens der Fehler $\varepsilon_1, \varepsilon_2, \ldots \varepsilon_n$ ist

$$\frac{h_1 h_2 \ldots h_n}{(\sqrt{\pi})^n}\, e^{-(h_1^2\varepsilon_1^2 + h_2^2\varepsilon_2^2 + \cdots + h_n^2\varepsilon_n^2)},$$

und es hat deshalb jenes Fehlersystem die größte Wahrscheinlichkeit, welches die Summe

$$h_1{}^2\varepsilon_1{}^2 + h_2{}^2\varepsilon_2{}^2 + \cdots h_n{}^2\varepsilon_n{}^2 = [hh\varepsilon\varepsilon]$$

zu einem Minimum macht. Durch Nullsetzen der partiellen Ableitung nach P_i dieser Summe findet man

$$[hhai]P_1 + [hhbi]P_2 + \cdots + [hhii]P_i + \cdots + [hhkk]P_k = [hhli].$$

Es ergibt sich für jede Unbekannte eine Gleichung dieser Art, und man findet demnach die wahrscheinlichsten Werte $p_1, p_2, \ldots p_k$ der Unbekannten $P_1, P_2, \ldots P_k$, indem man das System von k Gleichungen mit k Unbekannten

$$[hhaa]p_1 + [hhab]p_2 + \cdots + [hhak]p_k = [hhal]$$
$$[hhab]p_1 + [hhbb]p_2 + \cdots + [hhbk]p_k = [hhbl]$$
$$\cdots\cdots\cdots\cdots\cdots\cdots\cdots$$
$$[hhak]p_1 + [hhbk]p_2 + \cdots + [hhkk]p_k = [hhkl]$$

auflöst. Man nennt dieses System die Normalgleichungen, und zwar heißt die durch Nullsetzen der Ableitung nach P_i der Summe $[hh\varepsilon\varepsilon]$ entstandene Gleichung die Normalgleichung für P_i. Man erkennt leicht, welche Rolle beim Zustandekommen der Normalgleichungen die Tatsache spielt, daß die Fehler der Beobachtungen nach dem Wahrscheinlichkeitsintegrale verteilt sind. Ist das Gesetz der Fehlerverteilung unbekannt, so ist die Aufgabe überhaupt unlösbar, und wird eine andere Fehlerverteilung vorausgesetzt, so ergibt sich ein anderes Rechnungsverfahren. Die durch den Algorithmus der Methode der kleinsten Quadrate errechneten Resultate haben nur deshalb die Bedeutung der wahrscheinlichsten Werte der Unbekannten, weil die Fehler in den Beobachtungen der Größen L nach dem Gesetze $\dfrac{h}{\sqrt{\pi}}\, e^{-h^2\varepsilon^2}$ verteilt sind.

Zum Zwecke der Durchführung der Genauigkeitsbestimmung wollen wir annehmen, daß alle Beobachtungen gleich genau sind. Es fallen demnach sämtliche h aus den Normalgleichungen heraus, und die Lösung für p_1 lautet:

$$p_1 = \frac{\begin{vmatrix} [al] & [ab] & \ldots & [ak] \\ [bl] & [bb] & \ldots & [bk] \\ \cdot & \cdot & \cdot & \cdot \\ [kl] & [kb] & \ldots & [kk] \end{vmatrix}}{\begin{vmatrix} [aa] & [ab] & \ldots & [ak] \\ [ba] & [bb] & , \ldots & [bk] \\ \cdot & \cdot & \cdot & \cdot \\ [ka] & [kb] & \ldots & [kk] \end{vmatrix}} = \frac{L_1}{\varDelta}$$

Von den in diesem Ausdrucke auftretenden Größen sind nur die l_i mit Fehlern behaftet, während die übrigen Größen als genau anzusehen sind. Man entwickele in L die Summen der ersten Kolonne und schreibe:

$$p_1 = \frac{l_1}{\varDelta} \begin{vmatrix} a_1 & [ab] & \dots & [ak] \\ b_1 & [bb] & \dots & [bk] \\ \dots & \dots & \dots & \dots \\ k_1 & [kb] & \dots & [kk] \end{vmatrix} + \frac{l_2}{\varDelta} \begin{vmatrix} a_2 & [ab] & \dots & [ak] \\ b_2 & [bb] & \dots & [bk] \\ \dots & \dots & \dots & \dots \\ k_2 & [kb] & \dots & [kk] \end{vmatrix} + \dots + \frac{l_n}{\varDelta} \begin{vmatrix} a_n & [ab] & \dots & [ak] \\ b_n & [bb] & \dots & [bk] \\ \dots & \dots & \dots & \dots \\ k_n & [kb] & \dots & [kk] \end{vmatrix}.$$

Man hat mit leichtverständlicher Symbolik

$$p_1 = \frac{R_1^{(i)}}{\varDelta} l_1 + \frac{R_2^{(i)}}{\varDelta} l_2 + \dots + \frac{R_n^{(i)}}{\varDelta} l_n,$$

wenn $R_\lambda^{(i)}$ die entsprechend gebaute Determinante ist, die in dem Ausdrucke für p_i als Faktor von l_λ vorkommt. Wegen

$$\frac{\partial p_i}{\partial l_\lambda} = \frac{R_\lambda^{(i)}}{\varDelta}$$

bestimmt sich die Präzision H_i von p_i aus der Präzision h der einzelnen Beobachtungen

$$H_i^{-2} = \frac{[R^{(i)}R^{(i)}]}{h^2 \varDelta^2}.$$

Wir beziehen uns im folgenden nur auf H_1 und schreiben kurz R_i statt $R_i^{(1)}$. Ferner soll jene Subdeterminante von $\varDelta$, welche dem Elemente $[\varkappa\lambda]$ adjungiert ist, mit $S_{\varkappa\lambda}$ bezeichnet werden. Entwickelt man R_i nach den Elementen der ersten Kolonne, so ist

$$R_i = a_i S_{aa} + b_i S_{ba} + \dots + k_i S_{ka}.$$

Quadriert man und bildet die Summe aller Glieder von $i = 1$ bis $i = n$, so wird

$$[RR] = S_{aa}([aa]S_{aa} + [ab]S_{ab} + \dots + [ak]S_{ak}) +$$
$$+ S_{ba}([ba]S_{aa} + [bb]S_{ab} + \dots + [bk]S_{ak}) +$$
$$\dots \dots \dots \dots \dots \dots \dots \dots \dots \dots \dots \dots$$
$$+ S_{ka}([ka]S_{aa} + [kb]S_{ab} + \dots + [kk]S_{kk}).$$

Beachtet man $S_{\varkappa\lambda} = S_{\lambda\varkappa}$, so ist nach dem Satze über die Komposition der Reihe einer Determinante mit den Subdeterminanten zu den Elementen paralleler Reihen

$$[R] = \varDelta S_{aa}.$$

Setzt man noch die Präzision der einzelnen Beobachtungen gleich 1, so ist

$$H_1^{-2} = \frac{S_{aa}}{\varDelta}.$$

Statt auf die Präzision H_i bezieht man sich gebräuchlicherweise auf das Gewicht $\pi = H^2$. Ist π_1 das Gewicht der ersten Unbekannten, und $q_2, q_3, \dots q_k$ irgendwelche sonstige Größen, so ergibt die Lösung nach $\frac{1}{\pi_1}$ von

$$[aa]\frac{1}{\pi_1} + [ab]q_2 + \dots + [ak]q_k = 1$$

$$[ba]\frac{1}{\pi_1} + [bb]q_2 + \dots + [bk]q_k = 0$$

$$\dots \dots \dots \dots \dots \dots \dots \dots \dots \dots$$

$$[ka]\frac{1}{\pi_1} + [kb]q_2 + \dots + [kk]q_k = 0$$

und man überzeugt sich leicht, daß ähnliche Gleichungssysteme mit ihren Lösungen auch die Gewichte jeder der übrigen Unbekannten bestimmen. Aus diesem Grunde heißen diese Gleichungen das System der Gewichtsgleichungen der betreffenden Unbekannten.

Die Präzision einer Bestimmung, und a fortiori das Gewicht, ist eine wesentlich positive Größe. Es soll gezeigt werden, daß die Lösungen der Gewichtsgleichungen stets positiv sind, weil die Systemdeterminante Δ und die Unterdeterminanten $S_{\varkappa\lambda}$ in Summen von Quadraten aufgelöst werden können.

Die Elemente von Δ sind Summen von je n Gliedern, und Δ kann deshalb als Summe von n^k Determinanten dargestellt werden, deren Elemente einfach sind. Von diesen sind aber alle jene Determinanten gleich Null, bei deren Bildung Kolonnen verwendet wurden, die in den Summen gleiche Stellenzeiger haben. Es bleiben also nur $n(n-1)\ldots(n-k+1)$ Determinanten übrig, welche von Null verschiedene Werte haben.

Wir schreiben kurz

$$\sum aa = \sum_{i=1}^{k} a_i a_i, \quad \sum ab = \sum_{i=1}^{k} a_i b_i, \quad \sum ac = \sum_{i=1}^{k} a_i c_i, \ldots$$

Es sind nun in der Determinante

$$\begin{vmatrix} \sum aa & \sum ab & \cdots & \sum ak \\ \sum ba & \sum bb & \cdots & \sum bk \\ \cdots & \cdots & \cdots & \cdots \\ \sum ka & \sum kb & \cdots & \sum kk \end{vmatrix} = \begin{vmatrix} a_1 & b_1 & \cdots & k_1 \\ a_2 & b_2 & \cdots & k_2 \\ \cdots & \cdots & \cdots & \cdots \\ a_k & b_k & \cdots & k_k \end{vmatrix}^2 = (a_1 b_2 \cdots k_k)^2$$

$k!$ von diesen Determinanten enthalten. Da aus den n Stellenzeigern auf $\binom{n}{k}$ Arten k verschiedene Kombinationen ausgewählt werden können, so sind in

$$\sum (a_1 b_2 \ldots k_k)^2,$$

die Summe ausgedehnt über alle möglichen Kombinationen, alle jene $n(n-1)\ldots (n-k+1)$ Determinanten enthalten, welche keine gleichen Kolonnen enthalten. Da die Summe keine anderen Determinanten enthält, so ist tatsächlich

$$\Delta = \sum (a_1 b_2 \ldots k_k)^2$$

und als Summe von lauter Quadraten stets positiv. Das gleiche gilt von den Subdeterminanten $S_{\varkappa\lambda}$, da sie in derselben Weise wie Δ gebaut sind.

Es soll nun der Zusammenhang zwischen den Größen

$$\frac{R_\lambda^{(i)}}{\Delta} \quad \begin{array}{l} i = 1, 2, \ldots k \\ \lambda = 1, 2, \ldots n \end{array}$$

und den Multiplikatoren α in der zweiten Ableitung der Methode der kleinsten Quadrate von Gauß gezeigt werden. Bei dieser Ableitung wird jede Fehlergleichung

$$\varepsilon_i = -l_i + a_i X_1 + b_i X_2 + \cdots + k_i X_k$$

mit einem Faktor α_i multipliziert und hierauf die Summe über alle i gebildet. Der gleiche Prozeß wird mit den Faktoren $\beta_i, \gamma_i, \ldots \varkappa_i$ durchgeführt, was die Gleichungen ergibt:

$$[\alpha\varepsilon] = -[\alpha l] + [\alpha a] X_1 + [\alpha b] X_2 + \cdots + [\alpha k] X_k$$

$$[\beta\varepsilon] = -[\beta l] + [\beta a] X_1 + [\beta b] X_2 + \cdots + [\beta k] X_k$$

$$\cdots \cdots \cdots \cdots \cdots \cdots \cdots \cdots \cdots$$

$$[\varkappa\varepsilon] = -[\varkappa l] + [\varkappa a] X_1 + [\varkappa b] X_2 + \cdots + [\varkappa k] X_k.$$

Unterwirft man die Zahlen $\alpha, \beta, \ldots \varkappa$ den Bedingungen

$$[\alpha a] = 1, \ [\alpha b] = [\alpha c] = \cdots = [\alpha k] = 0$$
$$[\beta a] = 0, \ [\beta b] = 1, \ [\beta c] = \cdots = [\beta k] = 0$$
$$\cdots\cdots\cdots\cdots\cdots\cdots\cdots\cdots\cdots$$
$$[\varkappa a] = [\varkappa b] = \cdots = [\varkappa i] = 0, \ [\varkappa k] = 1,$$

so werden

$$X_1 = [\alpha l] + [\alpha \varepsilon], \ X_2 = [\beta l] + [\beta \varepsilon], \cdots X_k = [\varkappa l] + [\varkappa \varepsilon].$$

Dasselbe Verfahren mit den scheinbaren Fehlern λ durchgeführt, ergibt

$$x_1 = [\alpha l] + [\alpha \lambda], \ x_2 = [\beta l] + [\beta \lambda], \cdots x_k = [\varkappa l] + [\varkappa \lambda],$$

und die Präzisionen dieser Bestimmungen sind bei gleicher Genauigkeit der einzelnen Beobachtungen

$$H_1 = \frac{h}{\sqrt{[\alpha \alpha]}} \cdot H_2 = \frac{h}{\sqrt{[\beta \beta]}}, \cdots H_k = \frac{h}{\sqrt{[\varkappa \varkappa]}} \cdot$$

Nach dem Prinzipe des kleinsten Fehlerrisikos müssen die konstanten Teile der Fehler verschwinden und die Quadratsummen $[\alpha \alpha], [\beta \beta], \ldots [\varkappa \varkappa]$ so klein als möglich werden. Die Lösung dieser Aufgabe führt in bekannter Weise zur Aufstellung der Normalgleichungen. Da die Unbekannten nur in einer Weise als lineare Funktionen der l mit gegebenen Funktionen der Koeffizienten der Normalgleichungen als Faktoren dargestellt werden können, so ist in der Tat

$$\frac{R_i^{(1)}}{\varDelta} = \alpha_i, \ \frac{R_i^{(2)}}{\varDelta} = \beta_i, \cdots \frac{R_i^{(k)}}{\varDelta} = \varkappa_i \quad (i = 1, 2, \cdots n).$$

Hieraus ergibt sich, daß die Genauigkeitsbestimmung in der bekannten Weise weitergeführt werden kann. Insbesondere läßt sich der mittlere Fehler einer Beobachtung aus den scheinbaren Fehlern in der von Gauß angegebenen Weise bestimmen. Man findet für den mittleren Fehler einer Beobachtung

$$\mu = \sqrt{\frac{[\lambda \lambda]}{n - k}},$$

wobei die λ die Residuen sind, die sich bei Einführen der wahrscheinlichsten Werte in die Beobachtungsgleichungen ergeben. Ist μ_i der mittlere Fehler der i-ten Beobachtung mit dem aus den Gewichtsgleichungen bestimmten Gewichte π_i, so hat man

$$\mu_i = \frac{\mu}{\sqrt{\pi_i}} \cdot$$

Die Summe $[\lambda \lambda]$ läßt sich in der Form einer Determinante darstellen. Es ist

$$[\lambda \lambda] = [(-l + a p_1 + b p_2 + \cdots + k p_k)^2] =$$
$$[ll] + p_1 ([aa] p_1 + [ab] p_2 + \cdots + [ak] p_k - [al])$$
$$+ p_2 ([ba] p_1 + [bb] p_2 + \cdots + [bk] p_k - [bl])$$
$$\cdots\cdots\cdots\cdots\cdots\cdots\cdots\cdots\cdots\cdots$$
$$+ p_k ([ka] p_1 + [kb] p_2 + \cdots + [kk] p_k - [kl])$$
$$- [al] - [bl] - \cdots - [kl].$$

Mit Rücksicht auf die Normalgleichungen sind die in runden Klammern eingeschlossenen Ausdrücke Null, weshalb der Ausdruck für die Summe der λ sich auf

$$[\lambda \lambda] = - [al] p_1 - [bl] p_2 - \cdots - [kl] p_k + [ll]$$

reduziert. Die auf die wahrscheinlichsten Werte bezügliche Quadratsumme der Abweichungen wird erhalten, indem man für p_i seinen Wert $\frac{L_i}{\varDelta}$ einführt. Bringt man in allen Determinanten L_i die Kolonne $[al], [bl], \ldots [kl]$ an die letzte Stelle, so ist

$$\varDelta\,[\lambda\lambda] = (-1)^k \left\{ [al]\,L_1 - [bl]\,L_2 + \cdots + (-1)^k\,[kl]\,L_k \right\}.$$

Der Klammerausdruck ist identisch mit der Determinante

$$M = \begin{vmatrix} [l\,a]\,[l\,b] \ldots [l\,k]\,[l\,l] \\ [a\,a]\,[a\,b] \ldots [a\,k]\,[a\,l] \\ [b\,a]\,[b\,b] \ldots [b\,k]\,[b\,l] \\ \cdots\cdots\cdots\cdots\cdots \\ [k\,a]\,[k\,b] \ldots [k\,k]\,[k\,l] \end{vmatrix},$$

die aus $\varDelta$ durch Rändern mit $[l\,a], [l\,b], \ldots [l\,k], [l\,l], [a\,l], [b\,l], \ldots [k\,l]$ entsteht.

Für die Quadrate der mittleren Fehler der Unbekannten ergeben sich demnach bei Berücksichtigung der Formeln für ihre Gewichte die Werte

$$\mu_1^2 = \frac{S_{aa}\,M}{(n-k)\,\varDelta^2}, \quad \mu_2^2 = \frac{S_{bb}\,M}{(n-k)\,\varDelta^2}, \cdots \mu_k^2 = \frac{S_{kk}\,M}{(n-k)\,\varDelta^2}.$$

Die Genauigkeitsbestimmung im Falle ungleicher Genauigkeit der Beobachtungen läßt sich auf den Fall gleichgenauer Beobachtungen zurückführen. Es seien $h_1, h_2, \ldots h_n$ die Präzisionen der Beobachtungen, so daß in der i-ten Beobachtung ein Fehler von der Größe ε die Wahrscheinlichkeit

$$\frac{h_i}{\sqrt{\pi}}\,e^{-h_i^2\varepsilon_i^2}$$

hat. Multipliziert man die Gleichung mit h_i, so ist die neue Präzision $h_i' = 1$, und das Produkt $\varepsilon_i h_i = \varepsilon_i'$ hat die Wahrscheinlichkeit

$$\frac{1}{\sqrt{\pi}}\,e^{-\varepsilon_i'^2}.$$

Führt man die Multiplikation für alle Beobachtungsgleichungen durch, so kommt man zu den Normalgleichungen mit den Koeffizienten $[hhaa], [hhab], \ldots$ an denen man die Genauigkeitsbestimmung, wie oben ausgeführt, vornimmt. Der mittlere Fehler der Beobachtung vom Gewichte 1 ist

$$\mu = \sqrt{\frac{[p\lambda\lambda]}{n-k}}.$$

Bezeichnet man die Determinante

$$\begin{vmatrix} [hhaa]\,[hhab] \ldots [hhak] \\ [hhba]\,[hhbb] \ldots [hhbk] \\ \cdots\cdots\cdots\cdots\cdots\cdots \\ [hhka]\,[hhkb] \ldots [hhkk] \end{vmatrix}$$

mit $\varDelta'$ und die zu dem Element $[hh\alpha\beta]$ adjungierte Unterdeterminante mit $S_{\alpha\beta}'$, so sind durch

$$H_1^{-2} = \frac{S_{aa}}{\varDelta}, \quad H_2^{-2} = \frac{S_{bb}}{\varDelta}, \cdots H_k^{-2} = \frac{S_{kk}}{\varDelta}$$

die Präzisionen der Unbekannten gegeben. Man erkennt leicht, daß sich hieraus für jede Unbekannte ein System der Gewichtsgleichungen bestimmt, dessen Lösung das Gewicht der Unbekannten gibt.

Aufgabe 5. Es wird dieselbe Aufgabe zur Lösung gegeben wie in Aufgabe 4, nur ist $k = q$. Es wird also nach den erfahrungsmäßigen Wahrscheinlichkeiten sämtlicher in der Urne vorhandenen Kugelarten gefragt. In diesem Falle ändert sich der Ansatz zur Bestimmung der Wahrscheinlichkeiten insofern, als noch die Bedingung hinzukommt, daß die Summe aller Unbekannten gleich 1 sein muß. In der Tat muß diese Bedingung streng erfüllt sein, wenn die errechneten Größen die Wahrscheinlichkeiten von einander ausschließenden Fällen sein sollen, von welchen einer eintreffen muß. Während die aus den Beobachtungen stammenden Gleichungen nur möglichst genau erfüllt werden können, muß die Summe der Unbekannten genau gleich 1 sein. Solche Gleichungen, die a priori Beziehungen aussagen, die aus den allgemeinen Eigenschaften der zu untersuchenden Unbekannten folgen, heißen Bedingungsgleichungen. Die wahrscheinlichsten Werte der Unbekannten müssen die Bedingungsgleichungen genau erfüllen, bei den Beobachtungsgleichungen aber die mit den Gewichten genommene Quadratsumme der Abweichungen zu einem Minimum machen.

Man kann dieses Beispiel einer bedingten Beobachtung verallgemeinern und leicht auf das Problem vermittelnder Beobachtungen zurückführen. Es handle sich um n Größen $P_1, P_2, \ldots, P_n$, zwischen welchen $r < n$ lineare Beziehungen von der Form

$$\varphi_1 = \alpha_1 P_1 + \beta_1 P_2 + \cdots + \nu_1 P_n - \lambda_1 = 0$$
$$\varphi_2 = \alpha_2 P_1 + \beta_2 P_2 + \cdots + \nu_2 P_n - \lambda_2 = 0$$
$$\cdots \cdots \cdots \cdots \cdots \cdots \cdots \cdots \cdots \cdots$$
$$\varphi_r = \alpha_r P_1 + \beta_r P_2 + \cdots + \nu_r P_n - \lambda_k = 0$$

bestehen. Außerdem liegen $k > n - r$ Beobachtungsgleichungen

$$a_1 P_1 + b_1 P_2 + \cdots + n_1 P_n = l_1 \quad \text{mit dem Gewichte} \quad h_1{}^2$$
$$a_2 P_1 + b_2 P_2 + \cdots + n_2 P_n = l_2 \quad \text{„} \quad \text{„} \quad \text{„} \quad h_2{}^2$$
$$\cdots \cdots \cdots \cdots \cdots \cdots \cdots \cdots \cdots, \cdots \cdots \cdots$$
$$a_k P_1 + b_k P_2 + \cdots + n_k P_n = l_k \quad \text{„} \quad \text{„} \quad \text{„} \quad h_k{}^2$$

vor. Es soll ein System von Werten $p_1, p_2, \ldots p_n$ gefunden werden, welches den Bedingungsgleichungen genau genügt und hinsichtlich der Beobachtungsgleichungen am wahrscheinlichsten ist.

Man sieht, daß es sich um eine Minimumaufgabe mit Nebenbedingungen handelt. Bildet man die Funktion

$$\Phi = [k\,h\,v\,v] + k_1\,\varphi_1 + k_2\,\varphi_2 + \cdots + k_r\,\varphi_r,$$

worin $v_i = a_i p_1 + b_i p_2 + \cdots + n_i p_n - l_i$ $(i = 1, 2, \cdots k)$, so ergeben sich aus

$$\frac{\partial \Phi}{\partial P_i} = 0 \qquad (i = 1, 2, \cdots n)$$

n Gleichungen, welche zusammen mit den r Gleichungen $\varphi_i = 0$ $(i = 1, 2, \ldots r)$ zur Bestimmung der $n + r$ Unbekannten $P_1, P_2, \ldots P_n$; $k_1, k_2, \ldots k_r$ hinreichen.

Es soll noch eine Bemerkung gemacht werden, die eine wichtige Einsicht in das Wesen der Methode der kleinsten Quadrate vermittelt. Bezeichnen wir wieder mit $\sum ab$ kurz die Summe $\sum\limits_{i=1}^{k} a_i b_i$, so ist

$$\begin{vmatrix} \sum al & \sum ab & \cdots & \sum ak \\ \sum bl & \sum bb & \cdots & \sum bk \\ \cdots & \cdots & \cdots & \cdots \\ \sum kl & \sum kb & \cdots & \sum kk \end{vmatrix} = \begin{vmatrix} a_1 & b_1 & \cdots & k_1 \\ a_2 & b_2 & \cdots & k_2 \\ \cdots & \cdots & \cdots \\ a_k & b_k & \cdots & k_k \end{vmatrix} \cdot \begin{vmatrix} l_1 & b_1 & \cdots & k_1 \\ l_2 & b_2 & \cdots & k_2 \\ \cdots & \cdots & \cdots \\ l_k & b_k & \cdots & k_k \end{vmatrix}$$

und deshalb ist der Zähler von p_1

$$L_1 = \sum (a_1\, b_2 \cdots k_k)\,(l_1\, b_2 \cdots k_k),$$

die Summe erstreckt über die Kombinationen der n Stellenzeiger zur k-ten Klasse.

Die durch Auflösung des Systems der Normalgleichungen bestimmten wahrscheinlichsten Werte der Unbekannten können geschrieben werden

$$p_1 = \frac{\sum (a_1\, b_2 \ldots k_k)\, (l_1\, b_2 \ldots k_k)}{\sum (a_1\, b_2 \ldots k_k)^2}$$

$$p_2 = \frac{\sum (a_1\, b_2 \ldots k_k)\, (a_1\, b_2 \ldots k_k)}{\sum (a_1\, b_2 \ldots k_k)^2}$$

$$\cdots \cdots \cdots \cdots \cdots$$

$$p_k = \frac{\sum (a_1\, b_2 \ldots k_k)\, (a_1\, b_2 \ldots l_k)}{\sum (a_1\, b_2 \ldots k_k)^2}$$

wobei die Indizes von p und l stets gleich sind. Greift man aus den vorliegenden n Beobachtungsgleichungen ein System von k Gleichungen heraus, was auf $\binom{n}{k}$ verschiedene Arten geschehen kann, so gibt jedes solche System Lösungen von der Art

$$\bar{p}_1 = \frac{(l_1\, b_2 \ldots k_k)}{(a_1\, b_2 \ldots k_k)}, \quad \bar{p}_2 = \frac{(a_1\, l_2 \ldots k_k)}{(a_1\, b_2 \ldots k_k)}, \quad \cdots \bar{p}_k = \frac{(a_1\, b_2 \ldots l_k)}{(a_1\, b_2 \ldots k_k)}.$$

Die Nenner dieser Ausdrücke sind gleich der betreffenden Systemdeterminante. Bezeichnet man diese mit G, so hat man für die durch die Normalgleichungen wahrscheinlichsten Werte

$$p_1 = \frac{G_1{}^2 \bar{p}_1 + G_2{}^2 \bar{p}_2 + \cdots + G_z{}^2 \bar{p}_z}{G_1{}^2 + G_2{}^2 + \cdots + G_z{}^2}$$

$$p_2 = \frac{G_1{}^2 \bar{p}_2 + G_2{}^2 \bar{p}_2 + \cdots + G_z{}^2 \dot{p}_z}{G_1{}^2 + G_2{}^2 + \cdots + G_z{}^2} \qquad z = \binom{n}{k}.$$

$$\cdots \cdots \cdots \cdots \cdots \cdots \cdots$$

Die Bedeutung dieser Formeln ist folgende. Aus den n Beobachtungsgleichungen lassen sich auf $\binom{n}{k}$ verschiedene Arten k Gleichungen herausgreifen, welche zur Bestimmung der Unbekannten gerade hinreichen. Der nach der Methode der kleinsten Quadrate bestimmte wahrscheinlichste Wert einer Unbekannten ist gleich dem mit den Gewichten $G_1{}^2, G_2{}^2, \ldots$ genommenen Mittel aller möglichen Bestimmungen dieser Größe, wobei die Größen $G_1, G_2, \ldots$ die den einzelnen Lösungen entsprechenden Systemdeterminanten sind. Die einzelnen Lösungen haben also verschiedenen Einfluß auf die Bildung des Endresultates.

Soll die Aufgabe, aus den vorliegenden Beobachtungen die Unbekannten zu bestimmen, lösbar sein, so muß das System der Normalgleichungen eine Lösung besitzen. Die notwendige und hinreichende Bedingung hierfür besteht in dem Nichtverschwinden der Determinante Δ. Da $\Delta = G_1{}^2 + G_2{}^2 + \cdots + G_z{}^2$ nur dann Null werden kann, wenn alle Größen G Null sind, so gibt es stets eine Lösung der Normalgleichungen, falls man aus den n Beobachtungen irgendeine Gruppe von k Gleichungen herausgreifen kann, welche eine Bestimmung der k Unbekannten ergeben.

V. Die Grundlagen der Theorie der Beobachtungs-
fehler.

1. Zweck der Ausgleichung.

Die Ergebnisse von Messungen empirischer Größen sind niemals genau. Wird dieselbe Größe wiederholt gemessen, so äußert sich diese Ungenauigkeit in Widersprüchen zwischen den einzelnen Messungsergebnissen. Es entsteht zunächst die Aufgabe, die Messungsergebnisse in dem Sinne widerspruchslos zu machen, daß durch ein in allen Fällen anwendbares Rechenverfahren aus jeder vorliegenden Gruppe von Messungsergebnissen in eindeutiger Weise ein Wert gewonnen wird, der der zu bestimmenden Größe zugeordnet werden soll. Ein Verfahren, das zu diesem Zwecke dient, heißt eine Ausgleichung der Beobachtungen.

Der hierbei am häufigsten angewendete Algorithmus ist die Methode der kleinsten Quadrate. Ihre erste Anwendung fand sie in der Astronomie und Geodäsie, weil auf diesen Gebieten sich zuerst Gelegenheit zu Messungen hoher Präzision ergab. Heute findet sie aber auf fast allen Gebieten der messenden Naturbeobachtung Anwendung, und wenn man von der Theorie der Beobachtungsfehler spricht, so meint man fast immer die Methode der kleinsten Quadrate. Eine solche Identität besteht in Wirklichkeit nicht, denn es sind auch andere Ausgleichsverfahren möglich, und außerdem gibt es auch nicht-rechnerische Ausgleichsmethoden.

Die Eindeutigkeit des Rechenverfahrens ist die erste Aufforderung, die an eine Ausgleichsmethode zu stellen ist. Dies ist der Standpunkt Legendres bei seiner Einführung der Methode der kleinsten Quadrate, wenn er hervorhebt, daß ihr Algorithmus sich stets durchführen läßt. Da sich offenbar eine unbegrenzte Menge von Rechenvorschriften angeben läßt, die dieser Bedingung genügen, so rechtfertigt Legendre seine Wahl dieses besonderen Verfahrens damit, daß es „keinen allgemeineren oder genaueren Grundsatz, noch einen solchen von leichterer Anwendung gibt, als die Ausgleichung der Messungsergebnisse nach dem Gesichtspunkte, daß die Summe der Quadrate der Abweichungen so klein als möglich sein solle".

Gegen einen solchen Standpunkt können mancherlei Bedenken geltend gemacht werden. Die Einfachheit des aus dem gewählten Prinzipe sich ergebenden Rechenverfahrens ist offenbar kein Grund für seine Verwendung bei Untersuchungen, deren Zweck die Erforschung objektiver Verhältnisse ist. Für die Theorie spielt die Einfachheit des Rechenverfahrens überhaupt keine Rolle, da man gerne jedes auch noch so verwickelte Verfahren in Kauf nimmt, wenn dadurch die Erhaltung des objektiv richtigen Wertes gewährleistet wird. Die Belanglosigkeit dieses Momentes erweist Tait durch das Beispiel eines Rechners, der die Anziehung zweier Massen der Entfernung verkehrt proportional setzen wollte, weil auf Grund dieses Ansatzes das n-Körperproblem einfach und genau gelöst werden kann. Auch für die Praxis kommt diese Erwägung erst in zweiter Linie in Betracht, da man in dem Falle, daß sich sehr langwierige und umständliche Rechnungen ergeben sollten, abgekürzte Rechnungsmethoden erfinden kann, die den richtigen Wert mit hinreichender Annäherung ergeben, wenn man nur erst weiß, welches der zu bestimmende Wert eigentlich ist.

Die Behauptung, daß es kein allgemeineres oder genaueres als das gewählte Verfahren gibt, ist vollständig willkürlich, falls sie nicht durch bestimmte Gründe gestützt wird. Tatsächlich ist jedes Verfahren, nach welchem in eindeutiger Weise auf Grund feststehender Vorschriften aus den vorhandenen Meinungsergebnissen ein einziger Wert gefunden wird, ebenso allgemein. Was die Frage der Genauigkeit betrifft, so läßt sie sich überhaupt nicht beantworten, solange nicht eine Verabredung darüber getroffen wird, in welcher Art die Genauigkeit gemessen werden soll.

Gauß ging in seiner ersten Ableitung der Methode der kleinsten Quadrate von der Annahme aus, daß das arithmetische Mittel einer Reihe von Messungsergebnissen der wahrscheinlichste Wert der zu bestimmenden Größe ist. Aus dieser Annahme ergibt sich durch eine Reihe strenger Schlüsse, daß die nach der Methode der kleinsten Quadrate berechneten Werte die wahrscheinlichsten Bestimmungen der unbekannten Größen sind. Gestützt wird diese Annahme durch den Hinweis, daß es allgemein üblich sei, das Mittel der Beobachtungsergebnisse als Bestimmung der zu messenden Größe zu nehmen. Ein solcher Vorgang ist aber gleichbedeutend mit der Annahme, daß das arithmetische Mittel jedem anderen Werte vorzuziehen sei, d. h. daß es der wahrscheinlichste Wert sei. Man kann den Tatbestand kurz in folgender Weise ausdrücken: In der Theoria Motus leitet Gauß die Methode der kleinsten Quadrate als den dem bei Messungen üblichen Verfahren entsprechenden Algorithmus ab.

Das Prinzip vom arithmetischen Mittel erscheint als eine überaus selbstverständliche Annahme. Unter den Forschern, die sich mit der Theorie der Beobachtungsfehler beschäftigten, dürfte es nur wenige gegeben haben, die nicht anfangs hofften, diesen Satz aus allgemeinen Voraussetzungen strenge beweisen zu können. Es besteht eine gewisse Ähnlichkeit dieses Satzes mit dem Parallelenaxiom der Geometrie: Solange man nicht weiter darüber nachgedacht hat, erscheint das Prinzip vom arithmetischen Mittel als klar und unbezweifelt, und erst wenn man sich über die Voraussetzungen, welche dieser Satz beinhaltet, klar geworden ist, empfindet man die Notwendigkeit, diesen Satz in irgendeiner Weise zu begründen, oder die Theorie der Beobachtungsfehler auf eine andere Grundlage zu stellen.

Die Notwendigkeit eines Beweises wird besonders fühlbar, wenn man sich den Gedankengang des vorhergehenden Abschnittes vergegenwärtigt. Die Methode der kleinsten Quadrate wurde dort als das Verfahren abgeleitet, durch welches aus vorliegenden Beobachtungsergebnissen die wahrscheinlichsten Werte der betreffenden unbekannten Wahrscheinlichkeiten bestimmt werden. Der Satz, daß das arithmetische Mittel einer vorliegenden Gruppe von Ergebnissen direkter Beobachtungen der wahrscheinlichste Wert der zu bestimmenden Wahrscheinlichkeiten ist, findet seine Stütze in dem Satze von Bernoulli. Handelt es sich um Vorgänge, die als im mathematischen Sinne zufällige Ereignisse betrachtet werden müssen, so hat man überhaupt keine andere Wahl als die Ausgleichung der Beobachtungen nach der Methode der kleinsten Quadrate. Es liegen also bestimmte, zwingende Gründe für die Wahl dieses Rechenverfahrens vor.

Solche Gründe fehlen, falls man in der Theorie der Beobachtungsfehler den Satz vom arithmetischen Mittel als Prinzip postuliert, und es liegt hierin eine Willkürlichkeit in dem Aufbaue des Systems. Gauß empfand das Unbefriedigende dieser Art der Ableitung, und gründete später die Theorie der Beobachtungsfehler auf den Satz, daß jene Bestimmung der Unbekannten als die zweckmäßigste anzusehen ist, welche den kleinsten mittleren Fehler befürchten läßt. Eine Messung wird gewissermaßen als ein Spiel betrachtet, bei dem man nur verlieren kann, und der zu gewärtigende Verlust wird nach dem mittleren Fehler abgeschätzt. Auch diese Ableitung ist nicht frei von Willkürlichkeiten, da man statt des mittleren Fehlers jede stets positive Funktion der Fehler als Maß der Gefährlichkeit des Spieles wählen kann.

Wenige Gegenstände der Mathematik wurden in gleicher Weise wie die Theorie der Beobachtungsfehler durch Arbeiten der scharfsinnigsten und tiefsten Forscher ausgezeichnet. Im Laufe des verflossenen Jahrhunderts war die Methode der kleinsten Quadrate wiederholt Gegenstand der eingehendsten Untersuchungen. Es ergab sich, daß dieses Rechnungsverfahren aus sehr verschiedenen Voraussetzungen abgeleitet werden kann, allein stets ist die Einführung einer neuen Annahme notwendig, welche sich nicht aus den allgemeinen, rein mathematischen Sätzen ableiten läßt. Zur Ableitung der Methode der kleinsten Quadrate braucht man also in der Theorie der Beobachtungsfehler nicht gerade den Satz vom arithmetischen Mittel, wohl aber eine diesem Satze äquivalente Voraussetzung.

Bei ernsthaften Beweisversuchen dieser Art kommen Fehlschlüsse nicht vor und wären, falls sie nur Details betreffen, gegebenenfalls leicht zu berücksichtigen. Entspricht die Beweisführung den an sie zu stellenden logischen Ansprüchen, so hat man vom rein formalen Standpunkte aus keine Möglichkeit, zwischen den verschiedenen Beweisen zu wählen, da sie sich nur durch den materialen Gehalt der gemachten Voraussetzungen unterscheiden. Bei einer Beurteilung der Beweise könnte man sich nur auf die naturphilosophische Bedeutung der gemachten Annahmen stützen, wobei zu untersuchen ist, in welchem Grade sie unseren sonstigen, nichtmathematischen Anschauungen entsprechen.

Das Prinzip vom arithmetischen Mittel kann also bei der Ableitung der Methode der kleinsten Quadrate in der Theorie der Beobachtungsfehler in verschiedener Weise durch andere Voraussetzungen ersetzt werden. Hinsichtlich des erstrebten Zweckes, d. h. der Ableitung der Methode der kleinsten Quadrate, leisten alle Beweise das gleiche, und die eine Ableitung hat diese, die andere jene Vorzüge. In allen diesen Gedankengängen findet sich aber eine gewisse Willkürlichkeit bei der Wahl der gemachten Voraussetzungen. Hieraus ist zu schließen, daß die Einführung eines neuen Satzes notwendig ist, der weder in den Grundsätzen der Mathematik enthalten ist, noch sich aus ihnen ableiten läßt. Die Theorie der Beobachtungsfehler bedarf also zur Ableitung ihres Ausgleichsverfahrens neben ihren mathematischen Prinzipien auch Sätze nichtmathematischen Charakters. Diese Sätze beziehen sich offenbar auf den allgemeinen Charakter unserer Messungsmethoden.

Es ist leicht zu erkennen, daß der Begriff der Genauigkeit einer Messung den Grundbegriffen der abstrakten Mathematik fremd ist. Für die Messung der Genauigkeit müssen erst bestimmte Verabredungen getroffen werden. Gewöhnlich verbindet man mit diesem Worte die Vorstellung, daß das erhaltene Resultat nach oben oder unter um gewisse Größen abgeändert werden kann, ohne daß es möglich wäre, auf Grund des angewendeten Messungsverfahrens diese Änderung zu entdecken. In der Theorie der Beobachtungsfehler wird aber dieser Begriff in der Weise gefaßt, daß man sich auf die Übereinstimmung der Ergebnisse wiederholter direkter Beobachtungen derselben Größe stützt. Je genauer unsere Beobachtungsmittel sind, desto besser werden die erhaltenen Resultate miteinander übereinstimmen, und desto enger werden sie um jenen Wert verteilt sein, der der zu bestimmenden Größe zuzuordnen ist. Auf dieser Grundlage läßt sich die Genauigkeit einer einzelnen Beobachtung erst dann bestimmen, wenn die Ergebnisse wiederholter Beobachtungen vorliegen. Die Theorie enthält kein Mittel, durch welches die Genauigkeit einer einzelnen Beobachtung direkt bestimmt werden könnte.

Betrachtet man die Messungsergebnisse einfach als Kollektivgegenstand, so kommen für die Bearbeitung der Daten die aus der Theorie bekannten Methoden in Betracht. Eine solche Untersuchung ist ohne Zweifel von großem Interesse, kann aber keine allgemeine Grundlage für die Lehre von den Beobachtungsfehlern geben, weil die erhaltenen Resultate nicht verallgemeinert werden können. Beweiskraft hat ein solches Resultat höchstens für Beobachtungen, die genau nach dem gleichen Verfahren unternommen werden. Da Untersuchungen dieser Art schwer anzustellen und überaus mühsam sind, so kann es als ausgeschlossen angesehen werden, auf diesem Wege zum Ziele zu kommen.

Um zu einer für die Zwecke der Ausgleichsrechnung tauglichen Definition zu kommen, muß man den Begriff der Genauigkeit in allgemeiner Weise festlegen. Bekanntlich stützt man sich hierbei auf die Summe der Quadrate der Abweichungen vom Mittel. Es ist aber nicht notwendig, daß diese Abweichungen auf das arithmetische Mittel oder sonst einen bestimmten Wert bezogen werden. Wie Andrae und Helmert nachgewiesen haben, ergeben sich die Formeln für die Genauigkeitsmaße auch dann, wenn man von den Abweichungen der Beobachtungen untereinander ausgeht. Es ist also tatsächlich die Übereinstimmung der Beobachtungen untereinander, welche dieser Definition der Genauigkeit unterliegt.

Es ist etwas schwieriger zu erkennen, daß in jedem Messungsverfahren der Definition des Wertes, welcher der zu messenden Größe zuzuordnen ist, eine gewisse Willkürlichkeit liegt. Dieser Wert ergibt sich niemals direkt, sondern wird erst als Ergebnis eines, manchmal recht verwickelten, systematischen Verfahrens gefunden. In jeder Messungsmethode werden zunächst die Bedingungen festgelegt, unter welchen beobachtet werden soll. Hierauf wird bestimmt, daß die zu messende Größe nach und nach mit verschiedenen bekannten Größen verglichen werden soll, bis schließlich eine bekannte Größe gefunden wird, die vom Beobachter als mit der zu messenden Größe gleich beurteilt wird. Eine Messungsmethode ist also eine Vorschrift für die sukzessive Vergleichung der zu bestimmenden Größe mit einer Anzahl bekannter Größen unter genau bestimmten Beobachtungsbedingungen. In manchen Fällen spielen sich die Vergleichsakte sehr rasch ab und folgen so schnell aufeinander, daß die Messung leicht als einheitlicher Akt erscheint. Tatsächlich ist aber jeder Messungsprozeß aus einer Anzahl von Vergleichsurteilen zusammengesetzt, und die Gleichheit der zu messenden Größe mit einer bekannten Größe wird erst gefunden, nachdem ihre Ungleichheit mit einer Anzahl anderer Größen konstatiert wurde.

Die Richtigkeit dieser Behauptung ist für den Fall von Durchgangsbeobachtungen sofort ersichtlich. Das zu beobachtende Ereignis besteht in dem Zusammenfallen des Sternes mit dem Meridiane. Der Beobachter verfolgt den Lauf des Sternes und markiert, z. B. durch Drücken des Tasters, den Augenblick, da das Zusammentreffen des Sternes mit dem Faden eintritt. Das Unterlassen der Markierung ist gleichbedeutend mit dem Urteile, daß in dem betreffenden Augenblicke das Zusammenfallen des Sternes mit dem Meridiane noch nicht stattgefunden hat.

Das Zerfallen des Messungsprozesses in einzelne Vergleichsurteile ist besonders deutlich bei Gewichtsbestimmungen zu sehen. Der Körper unbekannten Gewichtes wird mit bekannten Gewichten verglichen, bis man auf ein Gewicht stößt, das die Wage als dem zu wägenden Körper gleich anzeigt.

Hinsichtlich des Wertes, der als Ergebnis einer einzelnen Messung anzusetzen ist, muß noch eine Verabredung getroffen werden. Es kommt nämlich niemals ein einziger, genau bestimmter Zahlenwert zur Beobachtung, sondern das Verhältnis der Gleichheit mit der zu messenden Größe besteht, soweit unsere Wahrnehmung reicht, für die Punkte eines ganzen Intervalles der verwendeten Vergleichsskala. Je nach der Schärfe der verwendeten Messungsmittel ist dieses Intervall weiter oder enger, allein bei der begrenzten Schärfe unserer Sinnesorgane kommt niemals ein scharfdefinierter Zahlenwert als Messungsergebnis zur Beobachtung. Die einzelne Beobachtung ist also nur innerhalb eines gewissen Intervalles festgelegt, dessen Weite von der Schärfe der Sinneswahrnehmung abhängt. Diese ist bestimmt durch die Sinnesorgane des Beobachters, sowie durch die physikalischen und sonstigen Hilfsmittel, welche bei Ausführung der Beobachtung angewendet werden.

Dieser Begriff des Spielraumes, innerhalb dessen empirische Größen durch Messung festgelegt werden, ist seit Felix Klein sehr bekannt. Man kann ihn durch folgendes Beispiel erläutern: Man bestimme das Gewicht eines Körpers mit einer Wage, die nur auf Zentigramme empfindlich ist, während ein in Milligrammen abgestufter Gewichtssatz vorhanden ist. Innerhalb der durch die Empfindlichkeit der Wage gegebenen Grenzen kann man das Vergleichsgewicht beliebig verkleinern oder vergrößern, ohne daß die Wage einen Unterschied anzeigt. Soweit unsere Beobachtungen mit dieser Wage reichen, kann jeder Punkt dieses Intervalles dem unbekannten Gewichte als Maßzahl zugeordnet werden. Verwenden wir eine genauere Wage, so wird dieses Intervall der Ungewißheit verkleinert, allein bei endlicher Schärfe der Beobachtungen kann es nie verschwinden.

Es muß eine Verabredung darüber getroffen werden, welcher Punkt dieses Intervalles als Maßzahl der zu messenden Größe zugeordnet werden soll.

Die Vorschriften der gebräuchlichen Messungsmethoden legen fest, daß die Mitte dieses Intervalles als Resultat der Messung zu nehmen ist. Dies kommt darauf hinaus, daß die obere und untere Größe des Intervalles zu bestimmen sind, und daß aus diesen beiden Größen das arithmetische Mittel genommen werden soll. Die Grenzen des Intervalles können bestimmt werden, indem man die Vergleichsgrößen in sehr kleinen Schritten zu- bzw. abnehmen läßt, bis eine Verschiedenheit merkbar wird.

Gleichwertig mit diesem Verfahren ist die Bestimmung der Grenzen, indem man von Vergleichsgrößen, die größer als die zu messende

Größe sind, ausgeht und diese so lange verringert, bis kein Unterschied wahrgenommen wird. Der erste Wert, bei dem dies geschieht, ist die obere Grenze des Intervalles der Ungewißheit. Behufs Bestimmung der unteren Grenze geht man von Vergleichsgrößen aus, die kleiner sind als die zu messende Größe, und vergrößert diese in kleinen Schritten so lange, bis kein Unterschied wahrgenommen wird. Die kleinste Größe, bei der kein Unterschied wahrgenommen wird, ist die untere Grenze des Intervalles. Um eine schärfere Bestimmung der Grenzen des Intervalles der Ungewißheit zu erzielen, kann man die Verfahren mit Ausgehen von Gleichheit, bzw. Verschiedenheit vereinen.

Es ist also bereits jedes einzelne Messungsergebnis das arithmetische Mittel zweier Bestimmungen. Man könnte leicht geneigt sein, in diesem Umstande eine Rechtfertigung des Satzes vom arithmetischen Mittel zu sehen, oder dieses Verfahren durch allgemeine Erwägungen zu rechtfertigen.

In der Tat läßt es sich strenge beweisen, daß das arithmetische Mittel von zwei gleich genauen direkten Beobachtungen der wahrscheinlichste Wert ist, falls nach der Voraussetzung Enckes positive und negative Abweichungen von gleichem absoluten Beträge gleichwahrscheinlich sind. Es seien u und o die Ergebnisse zweier Messungen, und $f(X)$ die Wahrscheinlichkeit einer Abweichung vom Betrage X. Der wahrscheinlichste Wert x ist dann als jener Wert bestimmt, für den

$$W = f(x - u)\, f(x - 0)$$

ein Maximum wird. Die Bedingung hierfür ist

$$\frac{f'(x - u)}{f(x - u)} + \frac{f'(x - o)}{f(x - o)} = 0.$$

Da f eine gerade Funktion ist so ist f' ungerade, und man kann die vorstehende Gleichung auch schreiben

$$\frac{f'(x - u)}{f(x - u)} - \frac{f'(o - x)}{f(o - x)} = 0,$$

und diese Gleichung wird durch $x = \frac{1}{2}(u + o)$ identisch erfüllt.

Dieser von Glaisher stammende Gedankengang läßt alle Voraussetzungen klar erkennen. Man darf aber die Tragweite dieses Beweises nicht überschätzen und nicht übersehen, daß er auf den vorliegenden Fall überhaupt keine Anwendung findet. Der Beweis ist eine notwendige Folge der Annahme, daß eine Messung ebenso leicht um einen gegebenen Betrag zu groß wie zu klein ausfallen kann. In diesem Falle erkennt man aber auch ohne mathematische Analyse, daß das arithmetische Mittel der Beobachtungen der wahrscheinlichste Wert sein muß. Die Grenzen u und o des Intervalles der Ungewißheit sind aber gar nicht Messungen derselben empirischen Größe im Sinne der Theorie der Beobachtungsfehler, sondern es handelt sich um zwei ganz verschiedene Größen. Ihre Vereinigung zum Mittel kann also nicht auf Grund des Glaisherschen Beweises beurteilt werden.

Soll die Festsetzung, daß der Mittelpunkt des Intervalles der Ungewißheit als der der unbekannten Größe zuzuordnende Wert zu wählen ist, nicht ganz willkürlich sein, so muß man folgende Frage stellen: Kommen dem als Mittelpunkt zwischen u und o definierten Werte besondere Eigenschaften zu, welche seine Wahl als der der Größe zuzuordnende Wert rechtfertigen? Allgemeine Gründe kommen für diese Untersuchung nicht in Betracht, da diese nur in Annahmen bestehen können, die mit den aus ihnen abgeleiteten Folgerungen logisch äquivalent sind. Es kann sich nur um erfahrungsmäßige Feststellungen handeln. Es wird sich zeigen, daß diesem Verfahren eine ganz besondere Definition des Begriffes der wahrgenommenen Gleichheit zweier empirischer Größen unterliegt.

Solange ein einzelnes Beobachtungsergebnis keiner weiteren rechnerischen Behandlung unterworfen wurde, bezieht es sich nur auf die besonderen Bedingungen, unter welchen die Messung angestellt wurde. Dies ergibt sich daraus, daß jede Gruppe von Beobachtungsbedingungen ganz bestimmte konstante Fehler mit sich bringen. Von dem endgültigen Messungsergebnisse müssen wir nun offenbar verlangen, daß es von dem besonderen Verfahren, nach welchem die Messung ausgeführt wurde, unabhängig sei. Eine quantitative Aussage über empirisch gegebene Verhältnisse können wir nur dann als richtig ansehen, wenn sie von dem Beobachter, seinem Standpunkte und den angewendeten Messungsmethoden unabhängig ist.

Um dies zu erreichen, enthält jedes Messungsverfahren genaue Vorschriften über die Eliminierung der konstanten Fehler. Diese werden teils auf rechnerischem Wege, teils aber durch geeignete Kombination von unter verschiedenen Bedingungen angestellten Beobachtungen entfernt. Man verfährt dabei in der Art, daß in je zwei Beobachtungen gegebene konstante Einflüsse gerade entgegengesetzt sind, weshalb angenommen werden kann, daß sie bei Vereinigung der Resultate einander aufheben. Die Forderung, daß in einer Beobachtungsreihe die Beobachtungsbedingungen konstant sein sollen, erklärt sich daraus, daß nur in diesem Falle die systematischen Einflüsse konstant bleiben und aus dem Endresultate entfernt werden können. Bei dem noch nicht weiter bearbeiteten Messungsergebnisse ist aber das Vorhandensein systematischer Einflüsse unvermeidlich.

Die Wahrscheinlichkeiten der Urteile bei der Vergleichung zweier Größen. Eine Messung setzt sich zusammen aus einer Anzahl von Vergleichen zweier Größen: Der zu messenden unbekannten Größe und einer bekannten Größe der Vergleichsskala. Um zu einer Analyse des Messungsprozesses zu gelangen, muß man die beim Zustandekommen eines Urteiles über den Vergleich zweier Größen bestehenden tatsächlichen Verhältnisse erforschen.

Beim Vergleiche der Größen A und B kann das Urteil dahin lauten, daß entweder A kleiner als B, A größer als B wahrgenommen wird, oder daß zwischen den beiden Größen kein Unterschied wahrnehmbar ist, in welchem A als gleich B beurteilt wird. Läßt man zwei wenig verschiedene Größen A und B von demselben Beobachter unter den gleichen Versuchsbedingungen wiederholt vergleichen, so wechseln die verschiedenen Urteile ab, ohne daß man voraussehen kann, welches Urteil in einem gegebenen Versuche zur Abgabe kommen werde. Voraussetzung ist, daß nicht nur die physischen Versuchsbedingungen konstant bleiben, sondern daß auch die in der psychophysischen Natur des Beobachters gelegenen Bedingungen möglichst unverändert bleiben. Der Beobachter muß also an jeden Vergleich in der gleichen Verfassung herantreten wie beim ersten Versuche, was nur möglich ist, wenn er über die Ergebnisse früherer Beurteilungen in Unkenntnis erhalten wird. Um diese Unwissentlichkeit des Verfahrens zu erzielen, müssen solche Versuche mit besonderen Kautelen umgeben werden, die es dem Beobachter unmöglich machen, zu erkennen, welches Urteil er auf ein gegebenes Paar von Vergleichsreizen abgibt.

Unter solchen Bedingungen ist die Urteilsabgabe insofern ein zufälliges Ereignis, als man nicht voraussehen kann, welches Urteil über das Verhältnis der beiden Größen A und B in einem gegebenen Versuche abgegeben werden wird, trotzdem man weiß, daß jeder gelungene Versuch unbedingt eines der drei möglichen Urteile herbeiführen muß. Dies ist der formale Charakter der im mathematischen Sinne zufälligen Ereignisse, deren typischer Repräsentant das Ziehen einer Kugel aus einer Urne ist. Macht man Ziehungen aus einer Urne, die weiße, schwarze und rote Kugeln in gegebenen Anzahlen enthält, so besteht hinsichtlich des Ergebnisses der einzelnen Ziehung die gleiche subjektive Zufälligkeit.

Es entsteht nun die Frage, ob die Abgabe eines Urteiles über den Vergleich zweier Größen auch den materialen Charakter von zufälligen Ereignissen konstanter Wahrscheinlichkeit habe. In diesem Falle kann man aus den Zahlen relativer Häufigkeit nach dem Satze von Bernoulli die wahrscheinlichsten Werte der unbekannten Wahrscheinlichkeiten der drei Urteile berechnen.

Da der Bedingungskomplex für das Zustandekommen der Urteile nicht in gleicher Weise unmittelbar greifbar ist wie bei Ziehungen aus einer Urne, wo die konstante Zusammensetzung des Inhaltes bei jeder Ziehung direkt festgestellt werden kann, so kann sich das Urteil über die Konstanz oder Variabilität des Bedingungskomplexes nur auf Beobachtungen über die relativen Häufigkeiten stützen. Man verfährt dabei in der Art, daß man die Versuchsreihe fraktioniert, und die in den Teilreihen sich ergebenden Relativzahlen untereinander und mit jenen vergleicht, die sich aus der Gesamtreihe ergeben. Die Häufigkeiten in den einzelnen Reihen können nicht gleich sein, jedoch müssen sich die Unterschiede innerhalb gewisser Grenzen halten.

Die Weite der für diese Abweichungen zulässigen Grenzen ist durch den Bernoullischen Satz gegeben. Für die Zwecke dieses Vergleiches benützt man zwei in verschiedener Weise berechnete Werte des Präzisionsmaßes oder der aus demselben abgeleiteten Größen. Man kann dieses entweder direkt nach dem Bernoullischen Satze oder aus den beobachteten Abweichungen der auf die einzelnen Teilreihen bezüglichen Abweichungen berechnen.

Kamen für ein Ereignis E in z Versuchsreihen von je s Versuchen die Wiederholungszahlen $m_1, m_2, \ldots m_z$ zur Beobachtung, so sind die Relativzahlen $\dfrac{m_1}{s}, \dfrac{m_2}{s}, \cdots \dfrac{m_z}{s}$ gleich genaue empirische Beobachtungen der unbekannten Wahrscheinlichkeit, deren wahrscheinlichster Wert

$$p_0 = \frac{m_1 + m_2 + \cdots + m_z}{s z}$$

ist. Die Präzision ist

$$h' = \sqrt{\frac{s}{2\,p_0\,(1 - p_0)}}.$$

Geht man aber von den Abweichungen λ der beobachteten relativen Häufigkeiten von ihrem Mittelwerte aus, so ist .

$$h'' = \sqrt{\frac{z - 1}{2\,[\lambda\lambda]}}.$$

Das Verhältnis

$$Q = \frac{h'}{h''}$$

wird als Divergenzkoeffizient bezeichnet. Bei einer konstanten Wahrscheinlichkeit darf er sich nicht viel von dem Werte 1 entfernen.

Zwecks Untersuchung dieser Verhältnisse wurde eine Versuchsreihe hergestellt, in der von verschiedenen Beobachtern ein Gewicht von 100 g mit Gewichten von 84, 88, 92, 96, 100, 104 und 108 g verglichen wurden. Die Vergleichung geschah durch sukzessives Heben der Gewichte, wobei nur die Hand im Handgelenk bewegt wurde. Die Bewegungen der Hand wurden durch die Schläge eines Metronoms geregelt. Die Gewichte wurden durch eine geeignete Vorrichtung beim Beginne jeder Hebung in die gleiche Stellung relativ zur Hand des Beobachters gebracht, und es wurden auch sonst sorgfältig alle Maßregeln getroffen, um jene Bedingungen, deren Einfluß auf die Urteilsbildung bekannt ist, konstant zu erhalten. Die Gewichte selbst waren den Blicken des Beobachters entzogen, so daß die durch die Bewegung ausgelösten Empfindungen das einzige Moment waren, auf das sich der Beobachter bei der Bildung seines Urteiles über das Gewichtsverhältnis der beiden Reize stützen konnte. Die vollkommene Unwissentlichkeit des Verfahrens wurde tatsächlich erreicht.

In dieser Weise wurden von jedem Beobachter auf jedes der angeführten sieben Paare von Vergleichsgewichten 450 Urteile abgegeben. Die für eine der Versuchspersonen erhaltenen Resultate sind aus der

	84			88			92			96			100			104			108		
	Größer	Gleich	Kleiner	Größer	Gleich	Kleiner	Größer	Gleich	Kleiner	Größer	Gleich	Kleiner	Größer	Gleich	Kleiner	Größer	Gleich	Kleiner	Größer	Gleich	Kleiner
1	1	3	46	1	4	45	4	9	37	11	10	29	22	17	11	31	7	12	47	3	0
2	3	0	47	0	7	43	6	8	36	13	13	24	22	17	11	35	8	7	42	6	2
3	1	0	49	0	6	44	2	7	41	15	12	23	29	9	12	43	1	6	45	5	0
4	2	5	43	2	3	45	10	7	33	17	10	23	24	13	13	38	3	9	47	3	0
5	0	1	49	1	8	41	8	8	34	17	10	23	25	13	12	39	5	6	42	6	2
6	0	2	48	1	6	43	3	12	35	15	14	21	21	9	20	47	2	1	46	1	3
7	1	3	46	3	6	41	4	10	36	16	15	19	27	14	9	48	2	0	45	5	0·
8	1	4	45	1	7	42	3	14	33	11	21	18	34	11	5	43	7	0	46	4	0
9	1	2	47	2	4	44	10	10	30	17	11	22	34	5	11	43	5	2	47	3	0

vorstehenden Tabelle ersichtlich. Die Resultate sind in Gruppen von je 50 Versuchen fraktioniert. Die erhaltenen Resultate rechtfertigen die Anschauung, daß die Abgabe eines Urteiles über den Vergleich zweier Größen ein zufälliges Ereignis ist. Trotzdem die größte Sorgfalt darauf verwendet wurde, die Versuchsbedingungen konstant zu erhalten, wurde keines der Paare von Vergleichsgewichten durchgehends in der gleichen Weise beurteilt, und die Wiederholungszahlen der Urteile schwanken in gänzlich unvorhersehbarer Weise.

Aus diesen Daten lassen sich die Divergenzkoeffizienten bestimmen. Aus den Wiederholungszahlen werden die relativen Häufigkeiten der drei Urteilsarten für die einzelnen Vergleichsreize bestimmt und ihr arithmetisches Mittel genommen. Nach Berechnung der Summe der Quadrate der Abweichungen hat man alle zur Berechnung der Divergenzkoeffizienten notwendigen Stücke. Die Werte des Divergenzkoeffizienten sind für jeden Vergleichsreiz und die drei Urteile aus der folgenden Zusammenstellung ersichtlich.

	Größer	Gleich	Kleiner			Größer	Gleich	Kleiner
84	0,891	1,178	1,097		100	1,410	1,304	1,322
88	0,891	0,740	0,630		104	2,216	1,270	2,222
92	1,389	0,849	0,951		108	0,955	0,864	1,372
96	0,761	1,148	0,900					

Mit Ausnahme der Daten für den Vergleichsreiz 104 g unterscheiden sich diese Daten nur sehr wenig von der Einheit. Die Mittelwerte der Divergenzkoeffizienten für die Urteile Größer, Gleich, Kleiner sind bzw. 1,216, 1,050, 1,213. Zieht man die Resultate für den Vergleichsreiz 104 g nicht in Berücksichtigung, so sind diese Mittelwerte 1,049, 1,014, 1,045. Für die Vergleichsreize 84, 88, 92, 96, 100 108 besteht also kein Zweifel an der normalen Dispersion. Auch bei Berücksichtigung der Daten für den Vergleichsreiz 104 widersprechen diese Zahlen der Annahme einer normalen Dispersion nicht.

Die beobachteten relativen Häufigkeiten haben also die Eigenschaften von Wahrscheinlichkeitsgrößen normaler Dispersion. Daraus hat man zu schließen, daß die Abgabe eines Urteiles über den Vergleich zweier Größen von einem Komplexe von Bedingungen abhängt, der in derselben Art konstant ist wie der Inhalt einer Urne, die weiße, schwarze und rote Kugeln in gegebenen Anzahlen enthält, wenn die gezogene Kugel nach jeder Ziehung zurückgelegt wird. Die psychophysische Konstitution des Beobachters, sowie die physischen Bedingungen, unter welchen die Vergleichung der Größen stattfindet, bestimmen die Urteilsabgabe in der gleichen Art, wie die Zusammensetzung des Urneninhaltes die Farbe der gezogenen Kugel bestimmt. Die Konstanz des Bedingungskomplexes, von welchem die Ereignisse abhängen, ist in beiden Fällen ungefähr die gleiche.

Die erhaltenen Zahlen relativer Häufigkeit können demnach als empirische Bestimmungen der unbekannten Wahrscheinlichkeiten der Urteile beim Vergleiche des Gewichtes 100 mit den Gewichten 84, 88, 92, 96, 100, 104, 108 angesehen werden. Diese Bestimmungen sind mit Fehlern behaftet, von denen man nach dem Satze von Bernoulli die Aussage machen kann, daß sie nach dem Wahrscheinlichkeitsintegrale verteilt sind. Für die wahrscheinlichsten Werte dieser unbekannten Wahrscheinlichkeiten ergeben sich die folgenden Bestimmungen:

	Größer	Gleich	Kleiner			Größer	Gleich	Kleiner
84	0,0222	0,0444	0,9333		100	0,5289	0,2400	0,2311
88	0,0244	0,1133	0,8622		104	0,8156	0,0889	0,0956
92	0,1111	0,1889	0,7000		108	0,9044	0,0800	0,0156.
96	0,2933	0,2578	0,4489					

Mit diesen Zahlen kann man ebenso rechnen wie mit empirischen Bestimmungen unbekannter Wahrscheinlichkeiten.

2. Die psychometrischen Funktionen.

Hält man die übrigen Versuchsbedingungen konstant, so sind die Wahrscheinlichkeiten der drei Urteilsarten offenbar Funktionen $f(X_1, X_2)$, $g(X_1, X_2)$, $h(X_1, X_2)$ der beiden Größen X_1 und X_2, die miteinander verglichen werden. Diese Funktionen, die die Wahrscheinlichkeiten der zugelassenen Urteilsarten als Funktionen der miteinander verglichenen Größen ausdrücken, heißen die psychometrischen Funktionen. Es ist selbstverständlich, daß ein solcher Funktionsausdruck nur für ganz spezielle Beobachtungsbedingungen gilt, da ein Wechsel der Versuchsbedingungen die Wahrscheinlichkeiten der Urteile vollständig verändern kann. Sind die psychometrischen Funktionen als analytische Ausdrücke gegeben, in welchen alle Konstanten bekannt sind, so läßt sich das voraussichtliche Ergebnis einer Versuchsreihe im vorhinein bestimmen.

Für die Zwecke der gegenwärtigen Untersuchung ist der Fall wichtig, daß eine der beiden Größen, von welchen die Funktion abhängt, konstant bleibt. Die psychometrischen Funktionen sind also in diesem Falle nur von einem Argumente abhängig. Sie beziehen sich also nicht nur auf ganz spezielle Versuchsbedingungen, sondern auch auf den Vergleich der als variabel gedachten Größe mit einem konstanten Reize.

Zur tatsächlichen Ausführung der Rechnungen ist es notwendig, nicht nur den analytischen Ausdruck, der die durch die psychometrische Funktion ausgedrückte Abhängigkeitsbeziehung gibt, sondern auch die darin auftretenden Konstanten zu kennen. Es ist nun klar, daß diese Konstanten nur durch Beobachtung bestimmt werden können, da es keinen Anhaltspunkt gibt, wie sie apriorisch bestimmt werden können. Da die Erfahrung zeigt, daß die relativen Häufigkeiten, mit denen ein Urteil unter sonst gleichen Versuchsbedingungen sich auf ein gegebenes Paar von Vergleichsreizen einstellt, von Beobachter zu Beobachter verschieden sind, so müssen die Konstanten der psychometrischen Funktionen auch für verschiedene Versuchspersonen verschieden sein. Die Frage, ob ein analytischer Ausdruck mit in geeigneter Weise bestimmten Konstanten tauglich sei, für jede Versuchsperson die in der psychometrischen Funktion zum Ausdruck kommende Abhängigkeitsbeziehung darzustellen, oder ob hierzu verschiedene Ausdrücke notwendig sind, wollen wir bis auf weiteres offen lassen. Hinsichtlich der analytischen Ausdrücke, welche als Annahmen über die psychometrischen Funktionen in Betracht kommen, sind folgende Bemerkungen zu machen.

Bei sehr beträchtlichen Unterschieden zwischen den zu vergleichenden Größen kommen erfahrungsgemäß nur Urteile über die Wahrnehmung eines Unterschiedes in bestimmter Richtung vor. Es haben also die Urteile „größer“ und „kleiner“ in je einem unendlichen Intervalle die Wahrscheinlichkeit 1, während die Wahrscheinlichkeiten der anderen Urteile 0 sind. Stetige Funktionen dieser Art gibt es nicht, und will man im Interesse einer handlichen Rechnung auf die Stetigkeit nicht verzichten, so muß man für die Darstellung dieser Abhängigkeitsbeziehung Funktionen verwenden, die zwischen den Werten 0 und 1 asymptotisch verlaufen.

Praktisch entsteht dadurch kein Unterschied, denn es kommt auf dasselbe heraus, ob ich sage, daß ein Ereignis eine unendlich kleine Wahrscheinlichkeit habe, oder daß es überhaupt nicht eintrete. Außerdem ist die Beobachtung zu verwerten, daß die relative Häufigkeit des Urteiles kleiner beim Wachsen des Vergleichsreizes stets abnimmt, während die Wahrscheinlichkeit des Urteiles „größer“ stets zunimmt. Die psychometrische Funktion der „kleiner“-Urteile verläuft monoton abnehmend, jene der „größer“-Urteile monoton zunehmend zwischen den Werten 0 und 1.

Die Wahrscheinlichkeit der Gleichheitsurteile nimmt mit wachsender Intensität des Vergleichsreizes erst zu, dann aber nach Erreichung eines gewissen Maximums wieder ab. Für die Darstellung der psychometrischen Funktion der Gleichheitsurteile kommen solche Funktionen in Betracht, welche von einem Maximum zu beiden Seiten monoton abfallend sich dem Wert 0 asymptotisch nähern.

Endlich kommt die Bedingung hinzu, daß für jeden Argumentswert die Summe der drei psychometrischen Funktionen gleich 1 sein muß. Dies folgt daraus, daß es sich um die Wahrscheinlichkeiten von einander ausschließenden Ereignissen handelt, von welchen eines eintreten muß.

Diese allgemeinen Bedingungen genügen zur Festlegung der psychometrischen Funktionen nicht. Eine Hypothese über diese Funktionen muß der Erfahrung entnommen und an der Erfahrung erprobt werden. Wollte man die Funktionen durch allgemeine Erwägungen ableiten, so könnte dies nur auf Grund theoretischer Annahmen geschehen, die man durch anderweitige Gründe oder Überlegungen stützt. Man erkennt in dieser Aufgabe leicht das Problem der Darstellung statistischer Regelmäßigkeiten, wie es oben besprochen wurde.

Es macht keine Schwierigkeiten, Funktionen anzugeben, die als Hypothesen über die psychometrischen Funktionen dienen können, weil ihr Verlauf unseren allgemeinen Vorstellungen entspricht. Ein Kriterium des Wertes dieser Hypothesen über die Abhängigkeitsbeziehung zwischen der Wahrscheinlichkeit der Urteile und der Intensität des Vergleichsreizes kann nur in der größeren oder geringeren Übereinstimmung mit der Erfahrung liegen. Zu diesem Zwecke berechnet man aus den angenommenen Ausdrücken die sich ergebenden Wahrscheinlichkeiten und vergleicht sie mit den aus der tatsächlichen Beobachtung sich ergebenden Werten. Die Güte der Übereinstimmung kann nur an der Summe der Quadrate der Abweichungen gemessen werden, da es sich um empirische Beobachtungen unbekannter Wahrscheinlichkeiten handelt.

Es ist wichtig, folgende Bemerkung zu machen. Ein als Hypothese über eine psychometrische Funktion angenommener Ausdruck hängt von einer Anzahl von Konstanten ab, die aus den Beobachtungen zu bestimmen sind. Diese Beobachtungen sind nach dem Bernoullischen Satze mit Fehlern behaftet, die es uns unmöglich machen, die zu berechnenden Konstanten exakt zu bestimmen. Dieser Mangel an Genauigkeit in der Bestimmung der Konstanten verursacht eine Nichtübereinstimmung zwischen den beobachteten und berechneten Werten selbst dann, wenn die gemachte Annahme über die psychometrische Funktion zutreffend wäre. Man spricht in diesem Falle von Nichtübereinstimmung zwischen Rechnung und Beobachtung wegen fehlerhafter Bestimmung der Konstanten oder von Fehlern der Beobachtung.

Solange wir keine Einsicht in den Prozeß haben, durch welchen das Urteil über den Vergleich zweier Größen zustande kommt, können wir zwischen den möglichen Annahmen über die psychometrischen Funktionen keine endgültige Entscheidung treffen. Wird nun ein Ausdruck angenommen, der nicht der Natur der psychometrischen Funktionen entspricht, so könnte zwischen den beobachteten und den berechneten Werten selbst dann keine Übereinstimmung bestehen, falls die Beobachtungen, aus denen die Konstanten abgeleitet werden, absolut genau wären. Fehler, welche durch eine unrichtige Annahme über die psychometrischen Funktionen verursacht werden, sollen als Fehler der Theorie bezeichnet werden.

Die Frage, ob es sich in einem gegebenen Falle um Fehler der Theorie oder um Fehler der Beobachtung handelt, läßt sich nicht kurzerhand entscheiden, da Fehler der Beobachtung unvermeidlich sind, und die Fehler der Theorie mit jenen der Beobachtung vermischt auftreten. Die Frage kann nur in der Weise gestellt werden, daß danach gefragt wird, welche Funktionen von einer gegebenen Gruppe von Funktionen ein vorliegendes Beobachtungsmaterial am besten darstellt. Da das System der Beobachtungsfehler unverändert bleibt, so kann man in diesem Falle aus der größeren oder geringeren Übereinstimmung der Rechnung mit der Beobachtung auf die Güte der Theorie schließen.

Man könnte folgendes Verfahren vorschlagen, um zur Kenntnis der in den psychometrischen Funktionen ausgedrückten Abhängigkeitsbeziehung zu gelangen. Man bestimmt in den Ausdrücken, die als Hypothesen über die psychometrischen Funktionen in Betracht kommen, die Konstanten in der Weise, daß dem vorliegenden Beobachtungsmateriale so genau als möglich entsprochen wird. Hierauf bestimmt man für jeden Ausdruck die Summe der Quadrate der Abweichungen der berechneten von den beobachteten Werten. Jener Ausdruck, der die kleinste Quadratsumme der übrigbleibenden Fehler gibt, ist als die wahrscheinlichste Annahme anzusehen.

Zu einer abschließenden Erledigung der Frage kann man auf diesem Wege allerdings nicht gelangen. Den allgemeinen Bedingungen, denen die psychometrischen Funktionen entsprechen müssen, kann durch eine unendliche Menge von Funktionen entsprochen werden, weshalb immer die Möglichkeit offenbleibt, daß einer der noch nicht untersuchten Ausdrücke eine bessere Übereinstimmung zwischen Rechnung und Beobachtung ergibt.

Zu bemerken ist ferner, daß das streng schematische Verfahren der Beurteilung der erreichten Übereinstimmung zwischen Rechnung und Beobachtung auf Grund der Quadratsumme der Abweichungen nur dann durchzuführen ist, wenn zwischen den vorgelegten Ausdrücken sonst in keiner Weise unterschieden werden kann. Meist wird man aber geneigt sein, auch den Grad der Kompliziertheit der Funktionen zu berücksichtigen, und dies ist ein Moment, das sich einer genauen, quantitativen Festlegung entzieht. Außerdem ist klar, daß bei gleicher oder ungefähr gleicher Größe der Quadratsumme der Abweichungen wir den Ausdruck bevorzugen werden, welcher von der kleineren Anzahl von Konstanten abhängt, da man einem gegebenen Beobachtungsmateriale offenbar um so genauer genügen kann, je mehr Konstanten man

17*

zur Verfügung hat. Allgemeine Gesichtspunkte, nach welchen Verschiedenheiten die Quadratsummen der Abweichungen zu beurteilen sind, wenn die Anzahl der zu vergebenden Konstanten verschieden ist, dürften sich nur schwer finden lassen.

Lehnt man es ab, über die Natur der psychometrischen Funktionen eine Annahme zu machen, so kann man von dem Satze ausgehen, daß jede Funktion sich in eine Potenzreihe entwickeln läßt, und in diesem allgemeinen Ansatze so viele Koeffizienten als möglich auf Grund der vorliegenden Beobachtungsresultate bestimmen. Wurden die Wahrscheinlichkeiten der Urteile für n Werte des Vergleichsreizes beobachtet, so können n Koeffizienten berechnet werden, wodurch eine ganze algebraische Funktion vom Grade $n-1$ bestimmt ist. Dies ist die einfachste Art, wie n Beobachtungen genau genügt werden kann.

Es ist leicht einzusehen, daß die Voraussetzung einer durch algebraische Funktionen ausgedrückten Abhängigkeit zwischen den Wahrscheinlichkeiten der Urteile und der Intensität des Vergleichsreizes nicht richtig sein kann. In der Tat wird eine ganze algebraische Funktion für unendliche Argumentswerte unendlich, verläßt also das Intervall von $0-1$, worauf die Werte beschränkt sein müssen, falls sie mathematische Wahrscheinlichkeiten darstellen sollen. Die Darstellung der Beobachtungen durch ganze algebraische Funktionen ist also keine definitive Lösung des Problems, sondern nur eine rechnerische Maßnahme für die Zwecke der Interpolation. Man muß sich hierbei gegenwärtig halten, daß die Ergebnisse dieser Rechnung nur in der Mitte der Tafel wirklich befriedigend sind, an den Enden dagegen oft unverläßlich sind. Selbst wenn die Ergebnisse der Interpolation vollkommen befriedigend sind, darf eine solche Formel aber nicht für die Zwecke der Extrapolation verwendet werden. Zugunsten dieses Rechnungsverfahrens läßt sich sagen, daß es die kleinste Zugabe an theoretischen Voraussetzungen enthält, die eine mathematische Behandlung der Beobachtungsdaten ermöglichen.

Eine ganze algebraische Funktion vom Grade $n-1$ stellt eine Gruppe von n Beobachtungen genau dar. Es ist nun klar, daß eine solche Genauigkeit der Rechnung überflüssig ist, da die einzelnen Beobachtungen selbst mit Fehlern behaftet sind, die also in die Rechnung aufgenommen werden. Es wohnt jedem Beobachtungsmateriale eine gewisse Genauigkeit inne, und es ist überflüssig, die Rechnung mit einer größeren Genauigkeit durchzuführen. Man kann sich auf den Standpunkt stellen, daß das vorliegende Beobachtungsmaterial es nicht rechtfertigt, eine größere Übereinstimmung zwischen Rechnung und Beobachtung zu erwarten. Man kann also auf Grund des vorliegenden Materiales nicht zwischen Funktionen unterscheiden, die eine Quadratsumme kleiner oder gleich der durch die Genauigkeit der Beobachtung gerechtfertigten ergeben.

Daraus ergibt sich das Problem, die einfachste Funktion aufzustellen, die einem gegebenen Beobachtungsmateriale mit gegebener Genauigkeit entspricht. Gelöst wird dieses Problem durch die Aufstellung der ganzen algebraischen Funktion niedrigsten Grades, bei der die Quadratsumme der Abweichungen zwischen Rechnung und Beobachtung unterhalb einer gewissen Größe liegt. Wie früher auseinandergesetzt wurde, wird diese Aufgabe in sachgemäßer Weise durch die Tschebytscheffschen ψ-Funktionen gelöst.

Wir haben demnach bei der Behandlung der psychometrischen Funktionen zwischen dem provisorischen Verfahren, das nur eine rechnerische Behandlung für die Zwecke der Interpolation ermöglicht, und dem definitiven Verfahren auf Grund einer Annahme über die psychometrischen Funktionen zu unterscheiden. Man kann aber auch Verfahren mit und ohne Ausgleichung der Beobachtungsfehler unterscheiden. Ist ein Ausdruck für die psychometrischen Funktionen gegeben, so sind in demselben noch eine Anzahl von Konstanten unbestimmt, die aus den Daten der Beobachtung berechnet werden müssen. Die Anzahl der Beobachtungen ist entweder gleich der der zu bestimmenden Konstanten, so daß diese direkt gefunden werden können, oder aber sie ist größer, in welchem Falle das resultierende Gleichungssystem überbestimmt ist. Da die Beobachtungen mit Fehlern behaftet sind, ergeben sich Widersprüche, die eliminiert werden müssen.

Die Art, wie dies zu geschehen hat, ergibt sich aus der Natur der Fehler. Die einzelnen Daten sind die Ergebnisse direkter Beobachtungen unbekannter Wahrscheinlichkeiten. Da gezeigt wurde, daß die erhaltenen Zahlen relativer Häufigkeiten den formalen und materialen Charakter mathematischer Wahrscheinlichkeiten haben, so haben nach dem Satze von Bernoulli Fehler von gegebener Größe Wahrscheinlichkeiten, wie sie dem Wahrscheinlichkeitsintegrale entsprechen. Hieraus aber folgt, daß die Ausgleichung nur nach der Methode der kleinsten Quadrate geschehen kann. Da man bei Rechnung nach bestimmten Annahmen über die psychometrischen Funktionen stets mehr Beobachtungen anstellen wird, als Konstanten zu bestimmen sind, bei Anwendung der gewöhnlichen Interpolationsformeln aber die Beobachtungen zur Bestimmung der Konstanten gerade hinreichen, so fällt die oben gemachte Unterscheidung tatsächlich mit der Einteilung in Methoden mit und ohne Ausgleichung der Beobachtungen zusammen.

Bei Behandlung der mitgeteilten Daten nach der Lagrangeschen Interpolationsformel kann man zwischen den beobachteten Werten eine beliebige Anzahl von Werten einschieben und die erhaltenen Punkte durch eine Kurve verbinden. Das Ergebnis dieses Verfahrens ist in der nebenstehenden Fig. 5 dargestellt. Der Verlauf der Kurven entspricht im mittleren Teile den allgemeinen Vorstellungen über den Verlauf der psychometrischen Funktionen. An den beiden Enden zeigen sich aber Unregelmäßigkeiten, die teils durch Beobachtungsfehler, teils aber durch die Natur der zur Interpolation verwendeten Funktionen zu erklären sind. So zeigen die interpolierten Werte in dem Intervalle von 84 bis 88 g ein Maximum der Wahrscheinlichkeiten der „größer"-Urteile an, trotzdem der beobachtete Wert für 84 g kleiner ist als der für 88 g. Man sieht ohne viel Mühe ein, daß eine ganze algebraische Funktion, die außerhalb dieses Intervalles so rasch ansteigen soll, wie die Beobachtungen vorschreiben, durch diese Punkte nur so gelegt werden kann, daß sie in dem Intervalle ein Extremum hat. Das gleiche gilt von den Unregelmäßigkeiten des Verlaufes der Funktionen am oberen Ende des Beobachtungsintervalles.

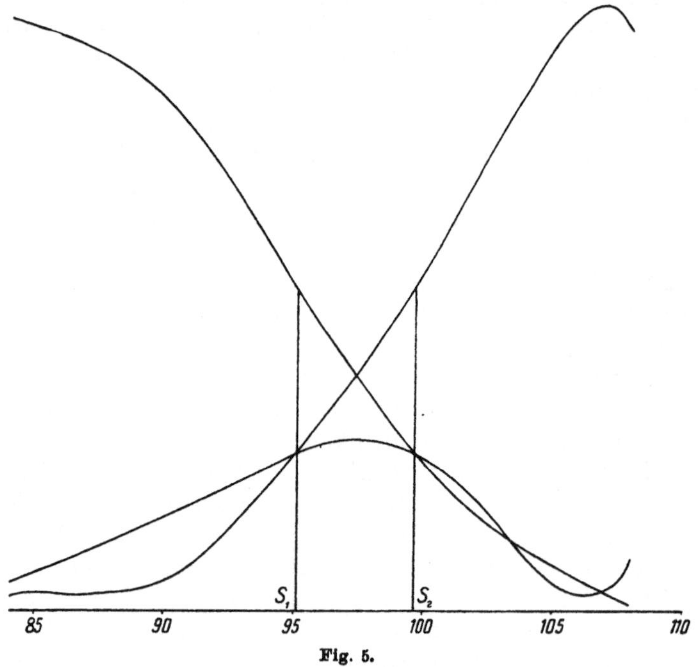

Fig. 5.

Die Linien $S_1 S_1'$ und $S_2 S_2'$ haben die Länge $\frac{1}{2}$. Das Intervall $S_1 S_2$ enthält jene Argumentswerte, für welche die psychometrischen Funktionen der „größer" und der „kleiner"·Urteile Werte kleiner als $\frac{1}{2}$ haben. Da die Daten der Tabelle der Beobachtungsergebnisse zeigen, daß die Wahrscheinlichkeiten der Gleichheitsurteile den Betrag $\frac{1}{4}$ nur unwesentlich übersteigen, so hat in dem Intervalle $S_1 S_2$ keines der drei zugelassenen Urteile eine den Betrag $\frac{1}{2}$ übersteigende Wahrscheinlichkeit. Man nennt dieses Intervall das Intervall der Ungewißheit. Seine Grenzen sind durch jene Argumentswerte bestimmt, für welche die psychometrischen Funktionen der „größer"-bzw. „kleiner"-Urteile den Wert $\frac{1}{2}$ annehmen.

Die psychometrischen Funktionen sind der Ausdruck der unmittelbaren Erfahrung über den Vergleich des konstanten mit einem variablen Gewichte. Die Erfahrung gibt nur Anhaltspunkte über die Wahrscheinlichkeiten der Urteile, denn von einer Gleichmäßigkeit in der Beurteilung irgendeines Paares von Vergleichsreizen kann keine Rede sein. Insbesondere gibt es keinen Vergleichsreiz, der stets als mit dem konstanten Gewichte gleich beurteilt wird.

Der Verlauf der psychometrischen Funktionen zeigt klar, daß die Gleichheit zweier Reize kein Gegenstand der unmittelbaren Erfahrung ist. Man erkennt sofort, daß zur Festlegung, welches Gewicht als das dem konstanten Gewicht subjektiv gleiche genommen werden soll, eine neue Definition erforderlich ist. Es handelt sich also um die Bestimmung jenes Gewichtes, das unter den besonderen Versuchsbedingungen, unter welchen die Vergleichung stattfand, dem konstanten Gewicht von 100 g gleich erscheint. Man nennt dies den Punkt subjektiver Gleichheit. In den vorliegenden Versuchen sind die konstanten Fehler sehr beträchtlich, allein es ist darauf zu achten, daß solche Fehler immer gegenwärtig sind, solange sie nicht durch Kombination der Beobachtungen eliminiert wurden. Die Bedingungen, unter welchen die Beobachtungen angestellt werden, definiert für die zu messende Größe einen gewissen Wert, der der zu messenden Größe gleich geschätzt wird.

In der Wahl der Definition des Punktes subjektiver Gleichheit ist man vollständig frei. Man wird jedoch darauf achten müssen, hierbei nicht mit den Vorstellungen, die wir gewöhnlich mit dem Begriffe der Gleichheit verbinden, in Widerspruch zu geraten. So muß eine Definition als unbefriedigend angesehen werden, wenn sich auf Grund derselben für den Punkt subjektiver Gleichheit ein Wert ergeben kann, der außerhalb des Intervalles der Ungewißheit liegt. Außerhalb dieses Intervalles hat eines der Urteile „größer" oder „kleiner" eine den Betrag $1/_2$ übersteigende Wahrscheinlichkeit, und es eignet sich ein Vergleichsreiz, der einem Urteile über die Wahrnehmung eines Unterschiedes eine Wahrscheinlichkeit größer als $1/_2$ gibt, offenbar nicht als Punkt subjektiver Gleichheit.

Es scheint ein naheliegender Gedanke zu sein, die Definition des Punktes subjektiver Gleichheit auf die psychometrische Funktion der Gleichheitsurteile zu stützen. Man faßt die Gleichheitsurteile für einen gegebenen konstanten Reiz als Kollektivgegenstand und die psychometrische Funktion, die $f(x)$ heißen möge, als Verteilungsfunktion auf. Jeder der aus der Kollektivmaßlehre bekannten Werte kommt dann für die Definition des Punktes subjektiver Gleichheit in Betracht. Wir besprechen die folgenden Größen.

1. Der Zentralwert, d. h. jener Wert, der in der Mitte des Intervalles, über welches die Elemente des Kollektivgegenstandes verstreut sind, liegt. Die Bestimmung dieses Wertes ist in der vorliegenden Aufgabe jedenfalls sehr unverläßlich, da die Grenzen, innerhalb welcher die Gleichheitsurteile von 0 verschiedene Wahrscheinlichkeiten haben, nur sehr ungenau bestimmt werden können.

2. Der Wert der mittleren Wahrscheinlichkeit, welcher definiert ist durch

$$\int_u^\xi f(x)\,dx = \int_\xi^o f(x)\,dx,$$

wobei u und o die untere bzw. obere Grenze des Intervalles ist, innerhalb dessen die Gleichheitsurteile von 0 verschiedene Wahrscheinlichkeiten haben. Diese Größe ist aus dem gleichen Grunde wie der Zentralwert für eine Definition des Punktes subjektiver Gleichheit ungeeignet.

3. Das arithmetische Mittel, das durch

$$A = \frac{\int_u^o x\,f(x)\,dx}{\int_u^o f(x)\,dx}$$

definiert ist. Um sich in der Definition von u und o freizumachen, kann man es auch durch die Summen

$$A = \frac{\sum_1^n x_k\,f(x_k)}{\sum_1^n f(x_k)}$$

definieren.

4. Der wahrscheinlichste Wert, das ist jeder Argumentswert, für welchen $f(x)$ ein Maximum wird. Die direkte Ausführung der Rechnung durch Aufstellen der Funktion nach der Lagrangeschen Interpolationsformel und Nullsetzen ihrer Ableitung erfordert umständliche Zahlenrechnungen, bei denen es nicht immer leicht ist, Fehler zu vermeiden. Aus diesem Grunde empfiehlt es sich, in der Nähe des Maximum äquidistant zu interpolieren durch die drei größten Werte A, B, C, die den Argumenten x_{k-1}, x_k, x_{k+1} entsprechen mögen, eine Parabel $g(x) = ax^2 + bx + c$ zu legen. Wählt man x_k als Anfangspunkt der Messung und das Tafelintervall als Einheit, tritt das Maximum für

$$\xi = \frac{C - A}{2(A + C - 2B)}$$

ein.

Die Untersuchung dieser Werte wurde an einem Materiale durchgeführt, das noch 6 weitere Versuchsreihen, die in ähnlicher Ausdehnung mit anderen Beobachtern angestellt wurden, enthielt. Das Ergebnis war insoweit negativ, als weder der Maximalwert der Wahrscheinlichkeit noch das aus den Gleichheitsurteilen abgeleitete arithmetische Mittel in bezug auf das Intervall der Ungewißheit eine bestimmte Lage haben. Bei einigen Beobachtern liegen diese Größen außerhalb des Intervalles der Ungewißheit. Man muß daraus den Schluß ziehen, daß die Definition des Punktes subjektiver Gleichheit auf die Gleichheitsurteile allein nicht gestützt werden kann.

Daraus ergibt sich die Notwendigkeit, die Definition des Punktes subjektiver Gleichheit auf die Urteile über die Wahrnehmung eines Unterschiedes zu stützen. Man definiert den Punkt subjektiver Gleichheit als jenen Vergleichsreiz, der den Urteilen „größer" und „kleiner" gleiche Wahrscheinlichkeiten gibt. Sind also r, s, t der Reihe nach die Wahrscheinlichkeiten der Urteile „kleiner", „gleich", „größer", so ist der Punkt subjektiver Gleichheit durch $r = t$ definiert, ohne daß über die Größe s etwas bestimmt ist.

Man sieht sofort, daß dieser Wert stets innerhalb des Intervalles der Ungewißheit liegen muß. Eine Untersuchung an dem erwähnten Versuchsmateriale zeigt ferner, daß dieser Wert stets sehr nahe dem Mittelpunkte des Intervalles der Ungewißheit liegt, und zwar manchmal in der oberen, manchmal in der unteren Hälfte des Intervalles. Wir wollen also davon ausgehen, daß der Punkt subjektiver Gleichheit als jener Vergleichsreiz definiert ist, für den die gleiche Wahrscheinlichkeit besteht, daß er als größer oder als kleiner als der konstante Reiz beurteilt wird. Die Erfahrung zeigt, daß dieser Punkt sehr nahe mit dem Mittelpunkte des Intervalles der Ungewißheit zusammenfällt.

Wir wollen nun zeigen, wie sich die Bearbeitung des Beobachtungsmateriales gestaltet, falls man bei der Rechnung bestimmte Annahmen über die psychometrischen Funktionen macht. Es seien $f\,(x)$, $g\,(x)$, $h\,(x)$ der Reihe nach die psychometrischen Funktionen der Urteile „größer", „gleich", „kleiner". Jede dieser Funktionen hängt noch von einer Anzahl von Konstanten ab, die aus den Beobachtungen zu bestimmen sind. Um deutlich zu sein, kann man schreiben $f\,(x\,;\,a_1,\,b_2,\ldots)$, $g\,(x\,;\,a_2,\,b_2,\ldots)$, $h\,(x\,;\,a_3,\,b_3,\ldots)$. Die Zahl der Konstanten kann in den drei Funktionen gleich oder verschieden sein.

Es mögen mit den Vergleichsgrößen $x_1, x_2, \ldots x_\nu$ Versuche gemacht worden sein, die für die drei Urteilsarten die relativen Häufigkeiten

$$\frac{m_i}{s_i},\ \frac{o_i}{s_i},\ \frac{n_i}{s_i} \quad (i = 1, 2, \cdots \nu)$$

ergeben haben. Diese sind als empirische Bestimmungen der unbekannten Wahrscheinlichkeiten der Urteile anzusehen. Nach dem Bernoullischen Satze hat ein Fehler von der Größe λ die Wahrscheinlichkeit

$$\frac{h}{\sqrt{\pi}}\,e^{-h^2 \lambda^2},$$

wobei das Präzisionsmaß gegeben ist durch

$$\sqrt{\frac{s_i^3}{2\,m_i(s_i - m_i)}},\ \sqrt{\frac{s_i^3}{2\,o_i(s_i - o_i)}},\ \sqrt{\frac{s_i^3}{2\,n_i(s_i - n_i)}}.$$

Aus den Beobachtungen für jeden Vergleichsreiz ergeben sich also drei Gleichungen von der Form

$$f(x_i; a_1, b_1, \cdots) = \frac{m_i}{s_i}, \quad g(x_i; a_2, b_2, \cdots) = \frac{o_i}{s_i}, \quad h(x_i; a_3, b_3, \cdots) = \frac{n_i}{s_i}.$$

Ist die Zahl der zu bestimmenden Konstanten gleich der der vorliegenden Gleichungen, so können sie direkt bestimmt werden. Ist die Zahl der Unbekannten kleiner als die der vorliegenden Gleichungen, so ergibt sich ein überbestimmtes Gleichungssystem, aus welchem die wahrscheinlichsten Werte der Unbekannten nach der Methode der kleinsten Quadrate zu bestimmen sind.

Hierbei sind zu berücksichtigen, daß die Beziehung

$$f(x) + g(x) + h(x) = 1$$

für jeden Argumentswert bestehen und demnach identisch erfüllt sein muß. Eine der drei Funktionen ist demnach als Differenz zwischen der Einheit und der Summe der beiden anderen Funktionen bestimmt, weshalb die Rechnung nur für zwei dieser Funktionen durchgeführt zu werden braucht. In der Wahl derselben ist man frei, und wir wollen die Rechnung für $f(x)$ und $h(x)$ durchführen.

Da die auf $f(x)$ bezüglichen Konstanten von $a_1, b_1, \ldots$ von den auf $h(x)$ bezüglichen Größen $a_2, b_2, \ldots$ getrennt auftreten, so ergeben sich zwei Systeme von Gleichungen, die getrennt gelöst werden können. Wir wollen also von $f(x)$ sprechen und an den Unbekannten die Indizes auslassen. Die allgemeine Lösung der Aufgabe ließe sich nur durch sukzessive Verbesserung der Näherungswerte erzielen. Von besonderem Interesse ist aber der Fall, daß die Unbekannten $a, b, \ldots$ in $f(x)$ in der Weise auftreten, daß sie einen linearen Komplex $\alpha_i a_i + \beta_i b_i + \cdots$ bilden, worin die Koeffizienten $\alpha_k, \beta_k, \ldots$ sich irgendwie aus dem Argumente x_k ableiten, und demnach für verschiedene Vergleichsreize verschieden sind. Es gibt dann eine Funktion F von der Art, daß

$$\alpha_k a + \beta_k b + \cdots = F\left(\frac{m_k}{s_k}\right).$$

Jede der Beobachtungen ergibt eine solche Gleichung, die mit dem richtigen Gewichte anzusetzen ist. Direkt beobachtet sind nicht die Werte von F, sondern die relativen Häufigkeiten $\frac{m_k}{s_k} = p_k$. Die Präzision in der Bestimmung von F ist

$$\frac{1}{H_k^2} = \frac{\left(\dfrac{dF}{dp}\right) p = p_k}{h_1^2}.$$

Die Präzisionsmaße zweier Beobachtungen stehen mit ihren Gewichten in der Beziehung

$$H_1^2 : H_2^2 = P_1 : P_2,$$

weshalb sich für die Bestimmung der Unbekannten a, b, ... das folgende System linearer Gleichungen verschiedenen Gewichtes ergibt:

$$\alpha_1 a + \beta_1 b + \cdots = F(p_1) \text{ mit dem Gewichte } P_1 = \frac{h_1}{F'(p_1)}$$

$$\alpha_2 a + \beta_2 b + \cdots = F(p_2) \quad , \quad , \quad , \quad P_2 = \frac{h_2}{F'(p_2)}$$

$$\cdots \cdots \cdots \cdots \cdots \cdots \cdots \cdots$$

$$\alpha_\nu a + \beta_\nu b + \cdots = F(p_\nu) \quad , \quad , \quad , \quad P_\nu - \frac{h_\nu}{F'(p_\nu)},$$

schreibt man noch $F'(p_i) = M_i$, so lauten die Normalgleichungen

$$[P\alpha\alpha] a + [P\alpha\beta] b + \cdots = [P\alpha M]$$

$$[P\alpha\beta] a + [P\beta\beta] b + \cdots = [P\beta M]$$

$$\cdots \cdots \cdots \cdots \cdots \cdots \cdots \cdots$$

deren Auflösung die wahrscheinlichsten Werte der Unbekannten gibt.

Es ist notwendig, hinsichtlich der Gewichtsbestimmung der Beobachtungsgleichungen folgende Bemerkung zu machen. Ergibt die Beobachtung für eine der zu bestimmenden Wahrscheinlichkeiten den Wert 0 oder 1, so wird die kombinatorische Präzision unendlich. Die Gewichte der Beobachtungsgleichungen sind der kombinatorischen Präzision direkt, der Ableitung von F verkehrt proportional, wobei in diesem Falle $p = 0$ bzw. $p = 1$ zu setzen ist. Wegen des asymptotischen Verlaufes der psychometrischen Funktionen zwischen 0 und 1 ist

$$\lim_{p=0} F'(p) = \infty \qquad \lim_{p=1} F'(p) = \infty$$

und der Ausdruck für das Gewicht P wird unbestimmt. Je nach dem Grenzwerte, den P annimmt, kommt einer solchen Beobachtungsgleichung ein endliches, unendliches oder das Gewicht 0 zu. Eine Beobachtung mit dem Gewichte 0 ansetzen, bedeutet, daß das betreffende Resultat bei der Rechnung nicht berücksichtigt zu werden braucht. Mit Beobachtungen unendlicher Genauigkeit kann man nicht rechnen, worauf bei der Wahl der als Hypothesen für die psychometrischen Funktionen zu verwendenden Ausdrücke Rücksicht genommen werden muß.

Das hier dargelegte Rechnungsverfahren gründet sich auf zwei Voraussetzungen, deren Bedeutung nicht zu unterschätzen ist. Die erste Voraussetzung besteht darin, daß die psychometrischen Funktionen als bekannt angenommen werden, während die zweite Voraussetzung diese Annahme noch weiter dahin spezialisiert, daß die Existenz der Funktion F angenommen wird. Diese zweite Annahme dient nur zur Vereinfachung der Rechnung. Sie ist aber nicht notwendig, da sich die Rechnungen auch im allgemeinen Falle durchführen lassen, wenn sie auch viel verwickelter und mühevoller werden. Man wird gegen diese Annahme nur dann Einspruch erheben, falls man beabsichtigt, die Rechnung allgemein durchzuführen, ein Unternehmen, das keinerlei grundsätzliche Schwierigkeiten bietet.

Anders liegt die Frage nach der Berechtigung der ersten Annahme. Es ist klar, daß eine Funktion nicht Gegenstand der unmittelbaren Erfahrung sein kann, sondern nur aus den den Versuchsresultaten unterliegenden Regelmäßigkeiten erschlossen werden kann. Behandelt man die Beobachtungsergebnisse nach der Newtonschen oder gar Lagrangeschen Formel, so werden die Beobachtungsfehler, über deren Größe und Zeichen gar nichts bekannt ist, in das Endresultat aufgenommen. Unterwirft man aber die Resultate einer Ausgleichung, so kommt nur die Methode der kleinsten Quadrate in Betracht. Ist aber die Natur der psychometrischen Funktionen unbekannt, so hat man keine Möglichkeit, die Beobachtungsgleichungen mit den richtigen Gewichten anzusetzen, da in der Formel für das Gewicht die Ableitung der Funktion F vorkommt.

Hierin besteht die eigentümliche Schwierigkeit dieses Problemes, daß man entweder eine Annahme machen muß, die a priori nicht mehr berechtigt ist als irgendeine andere, oder daß man der Größe und dem Vorzeichen nach gänzlich unbekannte Fehler in das Resultat aufnehmen muß. Ganz ohne Willkürlichkeit läßt sich die Aufgabe nicht lösen. Es scheint der richtigste Weg zu sein, die endgültige Beantwortung der Frage zu verschieben, bis das Material zur Bildung einer plausibeln Hypothese vorliegt. Inzwischen aber müssen Methoden angegeben werden, nach welchen das Material gesichtet werden kann. Die Behandlung der Resultate unter bestimmten Voraussetzungen über die psychometrischen Funktionen liefert wertvolle Fingerzeige.

Es ist nicht schwer, Funktionen anzugeben, welche als Hypothesen über die psychometrischen Funktionen der „größer"-und der „kleiner"-Urteile in Betracht kommen. Es sei $\varphi(x)$ eine stets positive Funktion, deren Integral zwischen den Grenzen $-\infty$ und ∞ bestehen und den Wert M haben möge. Es ist dann

$$f(x) = \frac{1}{M} \int_{-\infty}^{x} \varphi(\eta)\, d\eta$$

eine mit wachsendem x stets zunehmende, und

$$h(x) = \frac{1}{M} \int_{x}^{\infty} \varphi(\eta)\, d\eta$$

eine stets abnehmende Funktion, die beide zwischen den Werten 0 und 1 asymptotisch verlaufen. Durch Spezialisierung der Annahmen über $\varphi(x)$ kann man eine beliebige Anzahl von Hypothesen über die psychometrischen Funktionen erzeugen.

Ein Beispiel einer zwischen den Grenzen $-\infty$ und ∞ integrierbaren, stets positiven Funktion ist

$$\varphi(x) = e^{-h^2(x-S)^2}.$$

Geht man von dieser Funktion aus, so ergeben sich für die psychometrischen Funktionen der Urteile „kleiner", „gleich", „größer" folgende Ausdrücke, in welchen zu beachten, daß $\Phi(\gamma)$ eine ungerade Funktion ist:

$$f(x) = \tfrac{1}{2} - \tfrac{1}{2}\,\Phi\,[h_1(x - S_1)]$$
$$g(x) = \tfrac{1}{2}\,\{\,\Phi\,[h_1(x - S_1)] - \Phi\,[h_2(x - S_2)]\,\}$$
$$h(x) = \tfrac{1}{2} + \tfrac{1}{2}\,\Phi\,[h_2(x - S_2)].$$

Macht man in $f(x)$ $x = S_1$ und in $h(x)$ $x = S_2$, so wird $f(S_1) = h(S_2)$ $= \tfrac{1}{2}$. S_1 ist also die untere, S_2 die obere Grenze des Intervalles der Ungewißheit. Der Punkt subjektiver Gleichheit ist durch

$$\xi = \frac{h_1\,S_1 + h_2\,S_2}{h_1 + h_2}$$

bestimmt. Er ist das mit den Gewichten h_1 und h_2 genommene Mittel von S_1 und S_2. Die Abstände des Punktes subjektiver Gleichheit von den Grenzen des Intervalles der Ungewißheit stehen im Verhältnisse

$$\frac{\xi - S_1}{S_2 - \xi} = \frac{h_2}{h_1},$$

sind also den Größen h_1 und h_2 verkehrt proportional. Da erfahrungsgemäß diese beiden Größen nur wenig voneinander verschieden sind, so liegt der Punkt subjektiver Gleichheit stets nahe der Mitte des Intervalles der Ungewißheit.

Zwischen den Werten $f(x)$, $g(x)$, $h(x)$ bestehen verschiedene interessante Beziehungen, auf die hier jedoch nicht eingegangen werden soll. Um ein gegebenes Beobachtungsmaterial durch diese Ausdrücke darzustellen, müssen die Konstanten h_1, S_1, h_2, S_2 so bestimmt werden, daß den Daten möglichst genau entsprochen wird. Da diese Aufgabe von einer gewissen Bedeutung ist, wurde eine rechnerische Technik entwickelt, die es gestattet, die Ausgleichung rasch und ohne besondere Rechenanstrengung durchzuführen. Die Durchführung dieser Rechnung für das oben mitgeteilte Beobachtungsmaterial ergibt für die wahrscheinlichsten Werte der Unbekannten folgende Zahlen:

$$h = 0{,}1053 \quad S = 95{,}08,$$
$$h = 0{,}1109 \quad S = 99{,}27.$$

Die Länge des Intervalles der Ungewißheit ergibt sich hieraus mit $S - S$ $= 4{,}19$ und der Punkt der subjektiven Gleichheit $\xi = 97{,}23$.

	Kleiner		Größer		Gleich	
	Berechnet	Abweichung	Berechnet	Abweichung	Berechnet	Abweichung
84	0,9504	− 0,0171	0,0075	0,0147	0,0421	0,0023
88	0,8540	0,0082	0,0357	− 0,0113	0,1103	0,0030
92	0,6767	0,0233	0,1200	− 0,0089	0,2033	− 0,0144
96	0,4456	0,0033	0,2920	0,0013	0,2624	− 0,0046
100	0,2320	− 0,0009	0,5319	− 0,0030	0,2361	0,0039
104	0,0922	0,0034	0,7605	0,0551	0,1473	− 0,0584
108	0,0272	− 0,0116	0,9091	− 0,0047	0,0637	0,0163

Mit diesen Werten der Konstanten kann man für jeden Vergleichsreiz die Wahrscheinlichkeiten der drei Urteile bestimmen. Es sind
dies die wahrscheinlichsten Werte dieser Größen unter Voraussetzung
der gemachten Annahmen über die psychometrischen Funktionen. Eine
Zusammenstellung dieser berechneten Werte für jene Argumente, für
welche tatsächlich Beobachtungen gemacht wurden, findet sich in der
vorstehenden Tabelle. In den Spalten mit der Aufschrift „Beobachtet"
finden sich die Abweichungen der berechneten von den beobachteten
Werten der betreffenden Wahrscheinlichkeiten. Die Übereinstimmung

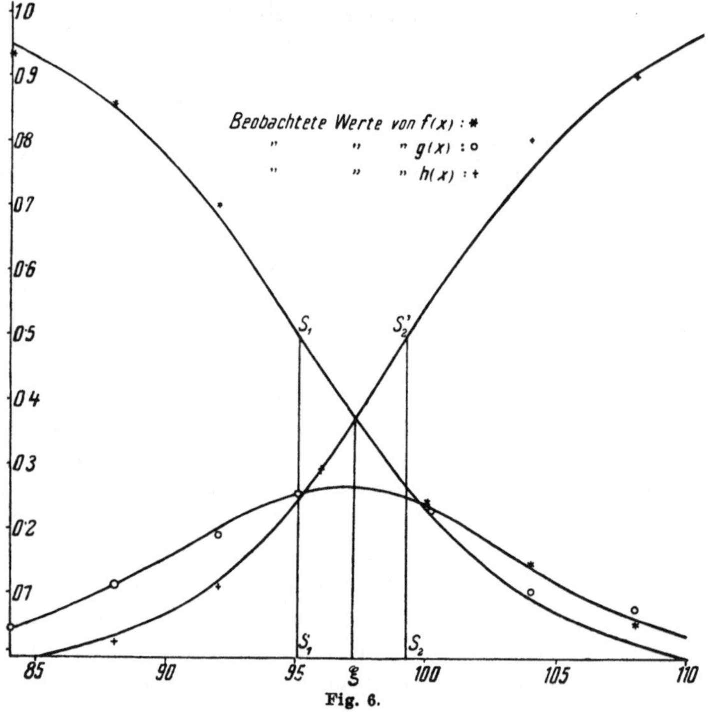

Fig. 6.

zwischen Rechnung und Beobachtung ist namentlich im mittleren Teile
der Beobachtungsreihe recht befriedigend. Beträchtlichere Abweichungen kommen nur an den Enden der Beobachtungsreihe vor, und selbst da
sind sie nicht von solchem Betrage, als daß sie nicht aus der solchen Beobachtungen anhaftenden Ungenauigkeit erklärt werden könnten. Die
graphische Darstellung in Fig. 6 ermöglicht einen sofortigen Überblick über diese Verhältnisse. Man sieht sofort, daß die mit den angegebenen Konstanten gezeichneten Kurven in der Tat den Verlauf
der Beobachtungsdaten recht gut darstellen.

Die Formel für den Punkt subjektiver Gleichheit hat eine allgemeinere
Bedeutung und ist nicht auf diese besondere Annahme über die psychometrischen Funktionen beschränkt. Es sei ψ eine zwischen $-\frac{1}{2}$ und $\frac{1}{2}$
asymptotisch verlaufende, stets zunehmende Funktion, deren Ableitung

ein Maximum für $x = S$ hat, zu dessen beiden Seiten sie symmetrisch abfällt. Es stellen dann

$$f(x) = \tfrac{1}{2} - \psi\left[h_1(x - S_1)\right]$$
$$h(x) = \tfrac{1}{2} + \psi\left[h_2(x - S_2)\right]$$

mögliche Annahmen über die psychometrischen Funktionen der „größer"-bzw. „kleiner"-Urteile dar. Die Punkte $x = S_1$ bzw. $x = S_2$ sind Wendepunkte dieser Kurven. Die diese Funktionen darstellenden Kurven bestehen aus zwei Teilen, die durch Spiegelung an den Geraden $y = \tfrac{1}{2}$ und $x = S_i$ bzw. $x = S_2$ ineinander übergehen. Für den Punkt subjektiver Gleichheit ergibt sich in allen Fällen

$$\xi = \frac{h_1 S_1 + h_2 S_2}{h_1 + h_2}.$$

Man sieht leicht, daß die Kurven für $f(x)$ und $h(x)$ den ganzen unendlichen Streifen zwischen der Abszissenachse und der Geraden $y = 1$ bedecken mit Ausnahme des Rechteckes zwischen diesen beiden Geraden und den Geraden $x = S_1$ und $x = S_2$. Man kann diese Tatsache benützen, um einige Integrale, die sich sonst nicht leicht bestimmen ließen, zu berechnen, jedoch soll darauf nicht eingegangen werden.

3. Die Methode der ebenmerklichen Unterschiede.

Mit diesem Namen bezeichnet man das folgende Verfahren zur Feststellung der Unterschiedsempfindlichkeit einer Versuchsperson. Man geht von zwei Vergleichsreizen aus, die der Versuchsperson als gleich erscheinen. Man erhält die eine Größe konstant und vergrößert die andere in kleinen Schritten, bis ein Unterschied wahrgenommen wird, d.h. also bis der variable Reiz als größer als der konstant gehaltene Reiz beurteilt wird. Der kleinste Vergleichsreiz, auf den das Urteil „größer" abgegeben wird, ist eine Beobachtung des ebenmerklichen positiven Unterschiedes. Hierauf geht man von einem Vergleichsreize aus, der als größer als der konstante Reiz beurteilt wird, und verringert den Unterschied zwischen den beiden Reizen so lange, bis sie der Versuchsperson als gleich erscheinen. Der größte Vergleichsreiz der verwendeten Reihe, auf den kein „größer"-Urteil abgegeben wurde, heißt eine Bestimmung des ebenunmerklichen positiven Unterschiedes.

In ähnlicher Weise verfährt man zur Bestimmung des ebenmerklichen und des ebenunmerklichen negativen Unterschiedes. Man geht zunächst von Gleichheit der beiden Größen aus und verringert die eine derselben in kleinen Schritten, bis sie als kleiner als der konstant gehaltene Reiz erscheint. Der größte Reiz, auf welchen das Urteil „kleiner" abgegeben wurde, ist eine Bestimmung des ebenmerklichen negativen Unterschiedes. Hierauf geht man von einem Vergleichsreize aus, der als kleiner als der konstante Reiz beurteilt wird, und verkleinert den Unterschied zwischen den beiden Größen in kleinen Schritten so lange, bis zwischen den beiden Reizen kein Unterschied mehr wahrgenommen wird. Der kleinste Vergleichsreiz der Reihe, auf welchen ein anderes Urteil als das Urteil „kleiner“ abgegeben wurde, ist eine Bestimmung des ebenunmerklichen negativen Unterschiedes.

Diese vier Größen sind unter möglichst konstanten Bedingungen wiederholt zu bestimmen. Die so erhaltenen Resultate werden als wiederholte Beobachtungen derselben Größen, die nur durch zufällige Fehler beeinträchtigt sind, angesehen. Die endgültigen Resultate der Bestimmungen des ebenmerklichen und des ebenunmerklichen positiven Unterschiedes, des ebenmerklichen und des ebenunmerklichen negativen Unterschiedes sind demnach durch die arithmetischen Mittel der betreffenden Beobachtungen gegeben. Hierauf nimmt man das Mittel zwischen dem ebenmerklichen und dem ebenunmerklichen positiven Unterschiede und bezeichnet diesen Wert als die Schwelle in der Richtung der Zunahme. Das arithmetische Mittel aus dem ebenmerklichen und dem ebenunmerklichen negativen Unterschiede heißt die Schwelle in der Richtung der Abnahme. Den Unterschied zwischen diesen beiden Größen nennt man die Schwelle und benützt sie als Maß der Genauigkeit, mit welcher die Unterschiede von dem konstanten Reize wahrgenommen werden. Die Unterschiedsempfindlichkeit ist um so größer, je kleiner die Schwelle ist.

Wir betrachten eine Reihe von Vergleichsreizen $r_1 < r_2 < r_3 < \cdots < r_n$, die beim Vergleiche mit der Reihe R dem Urteile „größer“ die Wahrscheinlichkeiten $p_1 < p_2 < \cdots < p_n$ geben mögen. Die Wahrscheinlichkeiten, daß entweder das Urteil „gleich“ oder kleiner gegeben werde, sind als die Gegenwahrscheinlichkeiten bestimmt und sind $q_1 = 1 - p_1$, $q_2 = 1 - p_2$, ... $q_n = 1 - p_n$. Jeder der Vergleichsreize $r_1, r_2, \ldots r_n$ wird einmal mit R verglichen, wobei es gleichgültig ist, ob die r der Größe nach oder in sonst irgendeiner Anordnung aufeinanderfolgen. Die Wahrscheinlichkeit P_k, das r_k als Bestimmung des ebenmerklichen Unterschiedes zur Beobachtung komme, setzt sich zusammen aus der Wahrscheinlichkeit, daß r_k das Urteil „größer“ gegeben werde, während dieses Urteil auf keinen der kleineren Reize gegeben wurde. Man hat demnach

$$P_k = q_1 q_2 \cdots q_{k-1} p_k$$

für diese Wahrscheinlichkeit.

Ebenso ist die Wahrscheinlichkeit Q_k, daß die Größe r_k als Resultat einer Bestimmung des ebenunmerklichen positiven Unterschiedes zur Beobachtung komme, gleich der zusammengesetzten Wahrscheinlichkeit, daß beim Vergleiche von r_k mit R eines der Urteile „gleich“ oder „kleiner“ abgegeben werde, während alle größeren Reize $r_{k+1}, r_{k+2}, \ldots r_n$ als größer als R beurteilt werden. Man hat demnach

$$Q_k = q_k p_{k+1} p_{k+2} \cdots p_n.$$

Die Wahrscheinlichkeiten der Urteile „kleiner“ sind für den Vergleich derselben Vergleichsreize $r_1, r_2, \cdots r_n$ mit R bzw. $r_n k_1 > k_2 > k_3 > \cdots > k_n$. Die Wahrscheinlichkeiten der Urteile „gleich“ oder „größer“ sind gleich den Gegenwahrscheinlichkeiten $l_1 = 1 - k_1, l_2 = 1 - k_2, \cdots l_n = 1 - k_n$. Die Wahrscheinlichkeit P_i, daß der Vergleichsreiz r_i als Resultat einer Beobachtung des ebenmerklichen negativen Unterschiedes zur Beobachtung komme, ist gleich der zusammengesetzten Wahrscheinlichkeit, daß dies der größte Vergleichsreiz sei, auf den das Urteil „kleiner" abgegeben wird. Es muß demnach auf r_i beim Vergleiche mit R das Urteil „kleiner" gegeben werden, während alle größeren Vergleichsreize als „gleich" oder „größer" beurteilt werden. Man hat demnach

$$P_i' = k_i l_{i+1} l_{i+2} \cdots l_n.$$

Die Wahrscheinlichkeit Q_i', daß r_i als Bestimmung des ebenunmerklichen negativen Unterschiedes zur Beobachtung komme, ist gleich der zusammengesetzten Wahrscheinlichkeit, daß auf r_i beim Vergleiche mit R entweder das Urteil „gleich" oder „größer" abgegeben werde, während alle kleineren Vergleichsreize als kleiner als R beurteilt werden. Es ist demnach

$$Q_i' = k_1 k_2 \ldots k_{i-1} l_i.$$

Die Formeln für P und Q' beziehen sich auf aufsteigende, jene für P' und Q auf absteigende Reihen von Vergleichsreizen. Die Wahrscheinlichkeiten p und die Gegenwahrscheinlichkeiten l sind stets zunehmende Größen, während die Wahrscheinlichkeiten k und die Gegenwahrscheinlichkeiten q stets abnehmende Größen sind. Die Formeln für P_k entsprechen in ihrem Baue jenen für Q', die für Q jenen für P'. Aus diesem Grunde werden wir uns auf die Besprechung von P und Q beschränken.

Die Bedingung dafür, daß $P_k < P_{k+1}$ ist, besteht darin, daß

$$p_k < q_k p_{k+1}.$$

Da man in der Wahl der Reize, die zum Vergleiche mit dem konstanten Reize herangezogen werden, frei ist, so kann man diese Bedingung stets erfüllen, solange $p_k < \frac{1}{2}$ ist, indem man den nächsten Vergleichsreiz hinreichend groß wählt. Ist aber $p_k > \frac{1}{2}$, so ist stets unabhängig von der Wahl des Vergleichsreizes $P_k > P_{k+1}$.

Es ist jedoch stets möglich, x_{k+1} so zu wählen, daß $P_k > P_{k+1}$. Es sei $p = f(x)$ die psychometrische Funktion und $x_{k+1} = x_k + h$. Entwickelt man $f(x)$ in eine Reihe und bricht bei der ersten Potenz ab, so ergibt sich

$$h < \frac{f(x)^2}{f'(x)[1 - f(x)]}$$

als Bedingung, daß $P_k > P_{k+1}$. Soll eine solche Bestimmung der Sinnesempfindlichkeit sachgemäß ausgeführt werden, so dürfen die Intervalle zwischen den Vergleichsreizen nicht zu klein sein. Durch den Verlauf der psychometrischen Funktionen ist für jeden Vergleichsreiz eine untere Grenze bestimmt, unter welche man die Schritte, in denen die Vergleichsreize aufeinanderfolgen, nicht verkleinern darf.

Wählt man die Vergleichsreize in unregelmäßigen oder zu kleinen Intervallen, so ist der Verlauf der Größen P_k ganz unregelmäßig. Man kann

es leicht erzielen, daß die Wahrscheinlichkeiten P_k zwischen Zunahme
und Abnahme fortwährend schwanken oder eine fortwährend abnehmende
Reihe bilden. Ist aber das Intervall, in welchem die Vergleichsreize aufeinanderfolgen, nicht zu klein, so steigen die Werte erst zu einem Maximum an, um dann ohne Unterbrechung abzufallen. Man sieht leicht, daß
im allgemeinen der Abfall dieser Werte schneller stattfinden muß als ihr
Anstieg. Die Verteilung der Größen P_k ist also nicht symmetrisch. Sinken die Intervalle zwischen den Vergleichsreizen nicht unter die durch
die obige Ungleichung angegebene Grenze, so findet sich das Maximum
der P_k jedenfalls auf einem der Vergleichsreize x_m oder x_{m+1}, welche durch
die Beziehung $p_m < \frac{1}{2} < p_{m+1}$ bestimmt sind.

Wir wollen nun die durch die obigen Untersuchungen über den Verlauf der psychometrischen Funktionen nahegelegte Annahme machen,
daß

$$p = f(x) = \tfrac{1}{2} + \psi\,|\,h(x - S)\,|$$

ist, worin $\psi(x)$ eine zwischen den Werten $-\tfrac{1}{2}$ und $\tfrac{1}{2}$ asymptotisch verlaufende Funktion ist, deren erste Ableitung für $x = S$ ein Maximum hat,
zu dessen beiden Seiten sie symmetrisch abfällt. Schreibt man $\xi = x - S$,
so wird

$$f(x + \xi) = \tfrac{1}{2} + \psi(h\xi),$$

wobei $\psi(h\xi) = -\psi(-h\xi)$. Vergleichsreize, die sich von S um den gleichen Betrag nach oben und unten unterscheiden, geben dem Urteile „größer" die Wahrscheinlichkeiten

$$f(S - \xi) = \tfrac{1}{2} - \psi(h\xi)$$
$$f(S + \xi) = \tfrac{1}{2} + \psi(h\xi).$$

Man hat also

$$1 - f(S - \xi) = f(S + \xi),$$

d. h. die Wahrscheinlichkeit des Urteiles „größer" auf einen Vergleichsreiz, der um den Betrag ξ größer ist als S, ist gleich der Gegenwahrscheinlichkeit dieses Urteiles auf jenen Vergleichsreiz, der um den Betrag ξ
kleiner ist als S.

Wir bezeichnen mit $P_k(x)$ die Wahrscheinlichkeit, daß der Vergleichsreiz x als k-ter Reiz einer Reihe als Bestimmung des ebenmerklichen positiven Unterschiedes zur Beobachtung kommt. Demgemäß ist $Q_k(x)$ die
Wahrscheinlichkeit, als k-ter Reiz einer absteigenden Reihe als Beobachtung über den ebenunmerklichen Unterschied zur Beobachtung
komme. Für jede beliebige aufsteigende Reihe von Vergleichsreizen

$$S - \xi_1,\; S - \xi_2,\; \cdots S + \xi_{k-1},$$

wird es eine absteigende Reihe

$$S + \xi_1,\; S + \xi_2,\; \cdots S + \xi_{k-1}$$

von der Art, daß

$$P_k(S - \xi_k) = Q_k(S + \xi_k).$$

Hieraus aber folgt, daß die Verteilung der Größen P zu jener der Größen Q um die Gerade $x = S$ symmetrisch ist.

Durch Vereinigung der Wahrscheinlichkeiten P und Q entsteht also eine symmetrische Verteilung. Der Zentralwert fällt mit dem arithmetischen Mittel zusammen und gibt jenen Vergleichsreiz, für welchen die Wahrscheinlichkeit des Urteiles „größer" gleich $^{1}/_{2}$ ist.

Die gleichen Betrachtungen lassen sich hinsichtlich der Schwelle in der Richtung der Abnahme durchführen, indem man sich auf die psychometrische Funktion der „kleiner"-Urteile bezieht. Das arithmetische Mittel des ebenmerklichen und des ebenunmerklichen negativen Unterschiedes bestimmt jenen Vergleichsreiz, für welchen die Wahrscheinlichkeit des Urteiles „kleiner" gleich $^{1}/_{2}$ ist. Der Unterschied zwischen der Schwelle in der Richtung der Zunahme und jener in der Richtung der Abnahme gibt demnach das Intervall der Ungewißheit. Das Mittel der beiden Schwellen gibt eine angenäherte Bestimmung des Vergleichsreizes, für welchen die Wahrscheinlichkeit des Urteiles „kleiner" gleich der Wahrscheinlichkeit des Urteiles „größer" ist.

Das Verfahren zur Bestimmung der beiden Schwellen ist seinem Wesen nach eine wahrscheinlichkeitstheoretische Methode zur empirischen Bestimmung der Wurzeln der Gleichungen $f(x) = \frac{1}{2}$ und $h(x) = \frac{1}{2}$. Man kann es also mit den bekannten wahrscheinlichkeitstheoretischen Methoden zur empirischen Bestimmung der Zahl π vergleichen.

Das zur Analyse der Methode der ebenmerklichen Unterschiede angewendete Verfahren hat offensichtlich eine allgemeinere Bedeutung. Die Formeln für die Größen P, P', Q, Q' beziehen sich nur auf die besonderen Vorschriften dieser Methode, allein zu ähnlichen Formeln wird man in allen jenen Fällen kommen, in welchen durch ein systematisches Verfahren auf Grund sukzessiver Vergleiche einer unbekannten Größe mit einer Reihe bekannter Größen ein Wert bestimmt wird. Sieht dieses Verfahren aufsteigende und absteigende Reihen vor, so wird sich bei Bestehen unserer Voraussetzungen über die Funktionen $f(x)$ und $h(x)$ stets eine symmetrische Verteilung ergeben.

4. Begriff der Präzision von Beobachtungen.

Bei empirischen Messungen wird die unbekannte Größe sukzessive mit den äquidistanten Größen des Vergleichsmaßstabes verglichen. In den meisten Fällen kommt dabei ein Verfahren zur Anwendung, welches dem der Methode der ebenmerklichen Unterschiede ähnlich ist. Tatsächlich ist die Methode der ebenmerklichen Unterschiede nichts anderes als das Verfahren, das man zur Anwendung bringen müßte, falls die Schwellen unbekannte empirische Größen wären. Da das Verfahren, auf Grund dessen der der unbekannten Größe zuzuordnende Wert durch sukzessive Vergleichung derselben mit den bekannten Größen der Skala der Vergleichswerte gefunden wird, systematisch ist, so wird es stets Formeln geben, die jenen für P, P', Q, Q' analog sind. Sieht das Verfahren absteigende und aufsteigende Reihen vor, so wird die Verteilung unter der erwähnten Annahme über $f(x)$ und $h(x)$ symmetrisch sein.

Bei Messungen kommen die Schwellen selbst nicht direkt zur Beobachtung. Bestimmt wird nur der zwischen den Unbestimmtheitsgrenzen liegende Wert. Dies aber ist der Mittelpunkt des Intervalles der Ungewißheit, und es unterliegt demnach den gebräuchlichen Messungsverfahren die Definition, daß als der wahre Wert der unbekannten Größe jener zu nehmen ist, der den Urteilen „kleiner" und „größer" gleiche Wahrscheinlichkeiten gibt.

Aus den Wahrscheinlichkeiten, mit welchen die Vergleichsgrößen als Bestimmungen der Schwellen zur Beobachtung kommen, ergeben sich die Wahrscheinlichkeiten, als Bestimmungen der zu messenden Größe erhalten werden. Es seien $x_1, x_2, \ldots x_n$ die Reihe der Vergleichsgrößen, mit welchen bei einer Messung die unbekannte Größe verglichen wird. Als aufeinanderfolgende Werte der Skala sind die Größen x äquidistant, und ihr Intervall $2d$ ist gleich der Einheit des verwendeten Maßstabes. Es ist dann $x_k = x_1 + 2(k-1)d$. Führt man die Bezeichnungen ein

$$u_k = \tfrac{1}{2}(P_k' + Q_k')$$
$$v_k = \tfrac{1}{2}(P_k + Q_k) \qquad (k = 1, 2, \cdots n)$$

so sind u_k und v_k die Wahrscheinlichkeiten, mit welchen die Größe x_k als Bestimmung der Schwelle in der Richtung der Zunahme bzw. der Abnahme erhalten wird.

Da das Messungsverfahren vorschreibt, das Mittel zwischen je zwei erhaltenen Bestimmungen der Schwellen als Wert von X zu nehmen, so kommen für diese Größe die Werte $x_1, x_1 + d, x_1 + 2d, \cdots x_1 + (2n-1)d$, $x_1 + 2d$ als mögliche Bestimmungen in Betracht.

Die Wahrscheinlichkeit w_k, mit welcher $x_1 + kd$ als Bestimmung von X erhalten wird, ist

$$w_k = u_1 v_{2k-1} + u_2 v_{2k-2} + \cdots + u_{2k-1} v_1,$$

solange $k < \tfrac{1}{2}n$, und

$$w_k = u_n v_{n-2k} + u_{n-1} v_{n-2k+1} + \cdots + u_{n-2k} v_n,$$

sobald $k > \tfrac{1}{2}n$ ist. Man kann die Frage stellen, mit welcher Wahrscheinlichkeit in einer Reihe von r solcher Bestimmungen die Summe s erhalten werde. Man sieht sofort, daß es sich in dieser Aufgabe um eine von Laplace behandelte Verallgemeinerung des Moivreschen Problemes handelt. Es wird sich aber zeigen, daß die für unsere Zwecke wesentlichen Schlüsse auch ohne umständliche Rechnungen gezogen werden können.

Wegen der Symmetrie der Größen u und v ist zunächst

$$w_k = w_{n-k}.$$

Es sind also auch die Wahrscheinlichkeiten, mit welchen die einzelnen Werte als Bestimmungen von X zur Beobachtung kommen, symmetrisch verteilt. Es ist also

$$\varphi(X - x) = \varphi(X + x).$$

Die Verteilung der w wird eingipflig sein, falls die Maxima S_1 und S_2 nicht zu weit auseinander liegen. Die Funktion φ fällt dann zu beiden Seiten ihres Maximums symmetrisch ab, und ihr Abfall wird niemals durch einen Anstieg unterbrochen.

Dies aber sind die beiden Bedingungen über die Fehlerverteilung, die Gauß in seiner zweiten Ableitung der Methode der kleinsten Quadrate unterlegt. Diese Voraussetzung beinhaltet folgende Bedingungen:

1. Der unbekannten Größe wird als Wert jener Punkt der Wertskala zugeordnet, für den die Wahrscheinlichkeiten der Urteile „größer" und „kleiner" gleich sind.

2. Aufsteigende und absteigende Reihen werden abwechselnd verwendet.

3. Die psychometrischen Funktionen der Urteile „größer" und „kleiner" sind von der Gestalt

$$f(x) = \tfrac{1}{2} \pm \psi(S + x),$$

worin ψ eine zwischen $-\tfrac{1}{2}$ und $\tfrac{1}{2}$ asymptotisch verlaufende Funktion ist, deren erste Ableitung zu beiden Seiten ihres bei S gelegenen Maximums symmetrisch abfällt.

4. Das Intervall der Ungewißheit muß hinreichend klein sein.

Unter diesen Voraussetzungen treffen die Gaußschen Bedingungen zu, und man ist berechtigt, auf derartige Messungsergebnisse behufs Ausgleichung die Methode der kleinsten Quadrate anzuwenden. Die beiden ersten Voraussetzungen hängen mit dem bei Messungen gebräuchlichen Verfahren enge zusammen. Die Bedeutung der Annahme über die Natur der psychometrischen Funktionen wurde oben erklärt, wobei nachgewiesen wurde, daß sie in der Tat mit den vorliegenden Beobachtungen gut übereinstimmt. Die vierte Annahme besagt wesentlich, daß an Messungsergebnisse, die nach der Methode der kleinsten Quadrate ausgeglichen werden sollen, hinsichtlich ihrer Güte gewisse Anforderungen gestellt werden müssen. Das verwendete Beobachtungsverfahren muß an und für sich bereits einen gewissen Grad der Genauigkeit haben, wenn die Bedingungen für eine Ausgleichung gegeben sein sollen.

Wegen der Symmetrie der Verteilung der w fällt ersichtlich der Zentralwert mit dem Mittelwerte zusammen. Dieser Mittelwert läßt sich durch folgende Überlegungen bestimmen. In dem Produkte

$$(x^1 u_1 + x^2 u_2 + \cdots + x^n u_n) \cdot (x^1 v_1 + x^2 v_2 + \cdots + x^n v_n)$$

gibt der Faktor von x^k die Wahrscheinlichkeit, mit welcher das Messungs ergebnis x_k aus den Beobachtungen $x_\varkappa$ und x_λ erhalten wird. Schreibt man diese Faktoren in der Anordnung

$$u_1 v_1 \; u_1 v_2 \; u_1 v_3 \ldots u_1 v_n$$
$$u_2 v_1 \; u_2 v_2 \; u_2 v_3 \ldots u_2 v_n$$
$$u_3 v_1 \; u_3 v_2 \; u_3 v_3 \ldots u_3 v_n$$
$$\cdot \;\cdot\;\cdot\;\cdot\;\cdot\;\cdot\;\cdot\;\cdot\;\cdot\;\cdot$$
$$u_n v_1 \; u_n v_2 \; u_n v_3 \ldots u_n v_n$$

so sind dies die Wahrscheinlichkeiten, mit welchen die Werte

$$
\begin{array}{llll}
x_1 & x_1 + d & x_1 + 2d \cdots x_1 + nd \\
x_1 + d & x_1 + 2d & x_1 + 3d \cdots x_1 + (n+1)d \\
x_1 + 2d & x_1 + 3d & x_1 + 4d \cdots x_1 + (n+2)d \\
\cdot \;\cdot\;\cdot\;\cdot\;\cdot\;\cdot\;\cdot\;\cdot\;\cdot\;\cdot\;\cdot\;\cdot\;\cdot \\
x_1 + nd & x_1 + (n+1)d & x_1 + (n+2)d \cdots x_1 + 2(n-1)d .
\end{array}
$$

Die Summierung dieser Doppelreihe ergibt

$$\sum_{k=1}^{n} \sum_{i=1}^{n} [x_1 + (k+i)d] u_k v_i = x_1 + d \sum_{k=1}^{n} k u_k + d \sum_{i=1}^{n} i v_i = \tfrac{1}{2}(S_1 + S_2).$$

Es ist also der als Mittel der Beobachtungen definierte Wert der unbekannten Größe in der Tat gleich dem Mittel der beiden Schwellen.

Um die Wahrscheinlichkeit zu bestimmen, daß das beobachtete Mittel sich innerhalb gegebener Grenzen vom wahren Mittel befinde, könnte man auf Grund der Formeln für das verallgemeinerte Moivresche Problem die Wahrscheinlichkeiten der Summen gegebenen Wertes in i Beobachtungen bestimmen und diese Wahrscheinlichkeiten innerhalb der vorgeschriebenen Grenzen summieren. Der allgemeine Verlauf der Rechnungen wäre dem bei Ableitung des Satzes von Bernoulli ähnlich. Der Satz von Tschebytscheff bietet jedoch die Möglichkeit, über die Wahrscheinlichkeiten solcher Abweichungen direkt eine Aussage zu machen.

Wir führen die Bezeichnungen

$$w_1 x_1^2 + w_2 x_2^2 + \cdots + w_{2n-2} x_{2n-2}^2 = a$$
$$w_1 x_1 + w_2 x_2 + \cdots + w_{2n-1} x_{2n-1} = \tfrac{1}{2}(S_1 + S_2) = S,$$

wobei x_λ dem Werte $x_1 + (k-1)d$ in der früheren Bezeichnung entspricht. Ist i die Anzahl der ausgeführten Bestimmungen, so besteht eine Wahrscheinlichkeit $P > 1 - \dfrac{1}{\alpha^2 \sqrt{i}}$ dafür, daß das beobachtete Mittel innerhalb der Grenzen

$$S - \frac{\alpha}{\sqrt{i}} \sqrt{\frac{1}{i}(a - S^2)} \quad \text{und} \quad S + \frac{\alpha}{\sqrt{i}} \sqrt{\frac{1}{i}(a - S^2)}$$

liege. Dies ist gleichbedeutend mit der Aussage, daß die Wahrscheinlich keit $P > 1 - \dfrac{1}{\alpha^2 \sqrt{i}}$ dafür bestehe, daß der absolute Betrag der Abweichung des beobachteten Mittels vom wahren Mittel, also der Fehler, kleiner sei als

$$\frac{\alpha}{\sqrt{i}} \sqrt{\frac{1}{i} (a - S^2)} \cdot$$

Der Wurzelausdruck kann auch geschrieben werden

$$\sqrt{\frac{1}{i} \sum p_k (S - x_k)^2} \cdot$$

Hieraus folgt, daß die Genauigkeit der Übereinstimmung der Beobachtung mit dem wahren Werte der Quadratwurzel aus der mit den Gewichten genommenen Summe der Quadrate der Abweichungen verkehrt proportional ist. Hiermit ist der zweite Teil der Voraussetzungen, unter welchen Gauß die Methode der kleinsten Quadrate ableitet, bewiesen. Bei Beobachtungen, auf welche die oben angeführten Voraussetzungen zutreffen, ergibt die Rechnung nach der Methode der kleinsten Quadrate immer die vorteilhaftesten Werte der Unbekannten. Diese Aussage hat ihre Quelle in dem Satze von Tschebytscheff.

Laplace hat bekanntlich die Methode der kleinsten Quadrate abgeleitet, indem er von der Summe der absoluten Beträge der Abweichungen als Maß der Genauigkeit ausging. Zwischen seiner Annahme und der von Gauß ließ sich keine Entscheidung im eigentlichen Sinne des Wortes treffen, da beide Voraussetzungen in gewissem Grade willkürlich sind. Zugunsten der Summe der Quadrate der Abweichungen als Genauigkeitsmaß läßt sich nur sagen, daß dies die einfachste Annahme ist, die eine stets positive Funktion ergibt; daß sie den großen Abweichungen einen entsprechend größeren Einfluß einräumt, was mit unseren Vorstellungen übereinstimmt, da ein Fehler vom Betrage $2x$ offenbar gefährlicher ist als das zweimalige Auftreten des Fehlers vom absoluten Betrage x; und daß sie die Unstetigkeit vermeidet, die der Funktion x anhaftet.

Wir wollen nun den Mittelwert der Summe der absoluten Beträge der Abweichungen bestimmen. Ist a das arithmetische Mittel der Größen x, so hat man

$$\sum_{i,k=1}^{n} |x_i - x_k| = \sum_{k=1}^{n} a - x_k \cdot$$

Die Wahrscheinlichkeit, daß für die Schwellen die Werte x_i und x_k, demnach die Differenz $x_k - x_i$ zur Beobachtung komme, ist $u_i r_k$. Der Mittelwert dieser Differenz ist also

$$\sum_{i,k=1}^{n} u_i v_k (x_k - x_i) = S_2 - S_1 \cdot$$

Da ferner

$$\left[\frac{\varDelta}{i}\right] = \vartheta = \frac{1}{h\sqrt{\pi}},$$

so ist

$$h = \frac{1}{\sqrt{\pi}\,(S_2 - S_1)}.$$

Die Laplacesche Definition stützt sich also direkt auf das Intervall der Ungewißheit als Maß der Genauigkeit einer Beobachtung.

Die Größe h, das Gaußsche Präzisionsmaß, ist demnach dem Intervalle der Ungewißheit verkehrt proportional. Beobachtungen verschiedener Präzision verhalten sich zueinander so, als ob sie mit Sinnesorganen verschiedener Empfindlichkeit ausgeführt worden wären. Das Präzisionsmaß ist zugleich ein Maß dieser Empfindlichkeit.

Vorlesungen über mathematische Statistik. Die Lehre von den stat. Maßzahlen. Von Dr. *E. Blaschke*, Prof. an d. Univ. Königsberg. Mit 17 Fig. u. 5 Tafeln. [VIII u. 268 S.] gr. 8. 1906. (TmL 23.) Geh. M. 17.—, geb. M. 20.20

Versicherungsmathematik. Von Dr. *H. Broggi*, Prof. a. d. Univ. Buenos Aires u. La Plata. Deutsche Ausg., besorgt vom Verf. [VIII u. 360 S.] gr. 8. 1911. Geh. M. 10.60, geb. M. 13.20

Die mathematischen Grundlagen der Lebensversicherung. Von Dr. *H. Schütze*, Stuttgart. [IV u. 48 S.] 8. 1922. (Math.-phys. Bibl. Bd. 46.) M. 1.40

Versicherungswesen. Von Dr. *A. Manes*, Prof. an der Handelshochschule Berlin. 3., neubearb. u. erw. Aufl. I. Band: Allgemeine Versicherungslehre. [XIV u. 231 S.] gr. 8. 1922. Geh. M. 6.—, geb. M. 8.—. II. Band: Besondere Versicherungslehre. [XIV u. 357 S.] gr. 8. 1922. Geh. M. 8.50, geb. M. 11.—. (Teubn. Handb. f. Handel und Gewerbe.)

Die Ausgleichungsrechnung nach der Methode der kleinsten Quadrate. Von Geh. Reg.-Rat Prof. *E. Hegemann*, Berlin. Mit 11 Fig. im Text. [IV u. 127 S.] 8. 1919. Kart. M. 2.60, geb. 3.20

Die Ausgleichungsrechnung nach der Methode der kleinsten Quadrate. Mit Anwendungen auf die Geodäsie, die Physik und die Theorie der Meßinstrumente. Von Geh. Reg.-Rat Prof. Dr. *F. R. Helmert*, weil. Dir. des Geodät. Instituts zu Potsdam. 3. Aufl. [In Vorb. 1923.]

Ausgleichsrechnung nach der Methode der kleinsten Quadrate in ihrer Anwendung auf Physik, Maschinenbau, Elektrotechnik und Geodäsie. Von Ing. *V. Happach*, Charlottenburg. Mit 7 Figuren. [IV u. 74 S.] gr. 8. 1923. (Teubn. techn. Leitf. Bd. 18.) Kart. M. 3.—

Über die mathematische Erkenntnis. Von Geh. Rat Dr. Dr.-Ing. h. c. *A. Voss*, Prof. an der Universität München. [VI u. 148 S.] Lex.-8. 1914. (KdG III, 1, E.) Geh. M. 4.80

Über das Wesen der Mathematik. Von Geh. Rat Dr., Dr.-Ing. h. c. *A. Voss*, Prof. a. d. Univ. München. 3., verb. Aufl. [VI u. 123 S.] gr. 8. 1922. Steif geh. M. 4.—

Die Beziehungen der Mathematik zur Kultur der Gegenwart. Von Geh. Rat Dr. h. c. *A. Voss*, Prof. an der Universität München. In einem Bande mit Die Verbreitung mathem. Wissens u. mathem. Auffassung. Von Dr. *H. E. Timerding*, Prof. an der Techn. Hochschule Braunschweig. [VI u. 161 S.] Lex.-8. 1914. (KdG III, 1, A.) Geh. M. 5.20

Über den Bildungswert der Mathematik. Ein Beitrag zur philos. Pädag. Von Dr. *W. Birkemeier*, Berlin. [VI u. 191 S.] 8. 1923. M. 9.—, geb. M. 10.—

Die logischen Grundlagen der exakten Wissenschaften. Von Geh. Reg.-Rat Dr. *P. Natorp*, Prof. an der Univ. Marburg. 3. Aufl. (WuH XII.) [Unter der Presse 1923.]

Das Wissen der Gegenwart in Mathematik und Naturwissenschaft. Von *É. Picard*, membre de l'Institut, Prof. in Paris. Deutsch von Geh. Hofrat Dr. *F. Lindemann*, Prof. an der Universität München, und *L. Lindemann* in München. [IV u. 292 S.] 8. 1913. (WuH XVI.) Geb. M. 9.20

Wissenschaft und Hypothese. Von *H. Poincaré*, membre de l'Institut, weil. Prof. in Paris. Deutsch von Geh. Hofrat Dr. *F. Lindemann*, Prof. an der Univ. München, u. *L. Lindemann* in München. 3., verbesserte Auflage. [XVII u. 357 S.] 8. 1914. (WuH I.) Geb. M. 10.—

Springer Fachmedien Wiesbaden GmbH